图书在版编目（CIP）数据

空间与地形：风景园林案例形式解析 = SPACE AND TOPOGRAPHY MORPHOLOGICAL ANALYSIS OF LANDSCAPE ARCHITECTURE CASES / 郭巍等著 . — 北京：中国建筑工业出版社，2020.4
ISBN 978-7-112-24819-3

Ⅰ . ①空… Ⅱ . ①郭… Ⅲ . ①园林设计 Ⅳ . ① TU986.2
中国版本图书馆 CIP 数据核字（2020）第 022568 号

责任编辑：杜　洁
责任校对：王　烨

空间与地形——风景园林案例形式解析
SPACE AND TOPOGRAPHY MORPHOLOGICAL ANALYSIS OF LANDSCAPE ARCHITECTURE CASES
郭巍　侯晓蕾　等著
*
中国建筑工业出版社出版、发行（北京海淀三里河路9号）
各地新华书店、建筑书店经销
北京建筑工业印刷厂制版
临西县阅读时光印刷有限公司印刷
*
开本：880毫米×1230毫米　1/16　印张：12¼　字数：347千字
2020年10月第一版　2020年10月第一次印刷
定价：**128.00**元
ISBN 978-7-112-24819-3
（35362）

“若要洞察设计的过程，分析现有的设计作品是一可行的途径，如此的分析研究，我们称为设计分析。假如设计是一种创造的过程，能制造出原本不存在的事物，那么分析就是以该过程所得的成果为开始，并尝试取得在其底层的概念与原则。”

——Bernard leupen

前言
PREFACE

关于设计分析

一、以形式解析为基础的设计分析

风景园林学科就其内容而言，可以简单的总结为：安排土地建设家园。作为一个设计学科，风景园林教学的最后成果最终都得落实到形式：功能要依靠形式生效，意义要凭借形式传达，材料技术也是凝结于形式。形式是设计创造实实在在的结果，而且通常也是理解设计的唯一依据[1]。因此，形式解析成为风景园林设计分析的重要内容，也是案例研究的核心。

形式解析使对案例作品的感性认识转化为理性认识，部分案例的分析结果所具有的类型抽象特性，还可以使学习者获得更具普适性的设计知识。由于这种结果取自于具体的案例，因此，它与从一般的原理说教所获得的认识相比会更生动，却又比一般的案例阅读更深刻。一个具有分析习惯的学习者由此会获得更为有效的设计策略，并有可能在其自己的设计过程中创造性地运用这些设计策略，从而弥合经验与突破、模仿与创造的矛盾纠缠[2]。

一般而言，形式解析通常具有过程性和开放性特征，它以案例作品为依托，探寻并表达出设计的主导概念、结构逻辑和过程逻辑，进而呈现出其形式的来源。它关注的是如何将设计意图转化为结果，设计分析其实质是一种设计解读，是设计实践的逆过程，是指对设计自身的一种追溯，一种从设计的结果出发倒推其过程逻辑的“反设计”。

另外，形式解析有时也与建筑史、园林史研究相联系，但与史论不同，更非考据，它建立在设想基础上，并不固定最终结果。设计者的设计逻辑并不等同于分析者的分析逻辑。也正因为这样，对于一些经典作品，一直存在着多重解读，这与分析者的目的和分析角度相关。形式解析这种开放性特征对于风景园林设计教学而言，也是具有颇多益处的。

二、形式解析的源流

形式解析方法源于艺术史研究领域，古典时期建筑、雕刻和绘画通常是不可分割的一个整体，建筑形式解析常常是艺术史分析的一个重要部分。19 世纪末，从 Jacob Burckhart、Alois Riegl 到 Heinrich Wolffin，逐渐形成较为完善的艺术形式解析理论，认为艺术作品的形式系统是一个不依赖社会等外部世界的独立存在，主张借助几何学、数学等工具来揭示艺术作品中的形态构图，关注形式秩序和形而上学的美学问题。Aby Warburg、Erwin Panofsky 等在此基础上引入图像学的成果，关注艺术作品的观念和象征方面的意义。这些艺术史研究对不少设计师和理论家产生了相当的影响，例如 Nikolaus Pevsner、Sigfried Giedion、Colin Rowe 等。

20 世纪 50 年代，Bernhard Hoesli、Colin Rowe、Robert Slutzky、John Hejduck 等一批富有探索精神的年轻学者在得克萨斯建筑学院研究探索现代建筑的系统教育方法影响深远，被冠为“得州骑警”的美誉，形成了今天现代设计及教学研究的一个重要源流。他们将设计分析作为教学的一个基本策略，将设计分解为问题、要求和目标，并每次都配以对应的设计原理和方法的讲解，以使学生进入一种有序的设计过程。建筑设计分析选择了现代主义建筑大师的著名作品，相关的设计分析具有明确的主题，例如空间的透明性、功能组织、结构系统、平面、体积、视觉连续性、空间与结构的关联性等。通过对现代作品各个层面的分解，学生得以深层次解读由内在逻辑控制的形式操作，并在自己的设计中运用分析成果。“得州骑警”的设计分析使得现代建筑成为可以传授的知识和方法体系[3]。

20 世纪六七十年代以后，形式解析方法由于“得州骑警”成员的流动而得到传播和发展，并形成众多的分枝。例如瑞士联邦理工学院的“苏黎世模式”，提出一系列新的设计分析：空间的延伸、空间中的空间、处于文脉中的空间等，并进一步将建筑设计课程发展成包括空间使用、场地环境和材料结构三条线索在内的一套结构有序的教学体系。而荷兰代尔夫特理工大学学派则从秩序与组织、功能体系、结构技术、类型、环境等视角，广泛讨论了设计分析的内容和方法，由于风景园林设计的意义系统有时比建筑更为复杂，社会、文化等因素都会影响到设计的最终形式。

三、形式解析的方法和内容

Wolffin 在艺术史研究中，经常使用正方形、对角线等图形关系来分解艺术作品，这一做法对后来的建筑理论家影响较大，并逐渐形成以“图解”作为解释说明的工具。形式解析通常将图解作为一种批判性的方法工具，以风景园林设计解析为例，“不同于文字和概念，它们来源于其他学科，图解完全就是风景园林（设计），就是三维设计。如果不能画出来，在最深层次上，它就不能被算作风景园林的设计。因此，批判性地再现对象是将现存设计作为构图加以分析的唯一方式，并使得设计评论成为可能”[4]。

一般而言，形式解析经常使用图解来表达不同景观元素相互关联的方式，例如投影、轴测和透视等制图方式，在形式解析的教学中，它们绝不仅仅是一种绘图方式，而更多的是作为一种体验和思考空间的方式。另外，图解还可以揭示与具体图像没有直接联系的抽象元素或者潜在结构，它可以划分成各种操作类型：简化、增加、划分、分解、拼接和转化等。这些操作关注设计形式的各个方面[4]。图解最重要的作用是有助于学生接近优秀设计中的原创思想，得出较为理性的结论，从而培养学生敏锐的洞察力。

以形式解析为主的设计分析通过使用图解工具揭示设计结果下隐藏的结构和过程，有时还会指向类型化的普遍性特征。对于一个风景园林作品，采用何种设计分析方式，使用何种分析工具，通常取决于设计本身的特征。以书中的雪铁龙公园而言，设计在两个方面表现出较高的品质：首先，它的基本概念是可以解析的；其次，设计过程的系列操作保证了设计意图。因此，分析可以分解为以下三个步骤。

1. 分层：设计成果的还原

分析之初，通过收集相关资料（包括实景照片、平面图尤其是设计者的手稿等）形成初步的感性认识。为了摆脱具象结果的干扰，必须对设计作还原性的分析。这类分析通常包括轴测再现、空间拆解、空间类型化等。它们首先帮助学生在风景园林的知识体系内重建了作品的结构。重构的成果既有一定客观性，同时也是面向学生个人的，并与学生的分析目的相关。例如，学生首先对雪铁龙公园的结构进行模型再现，然后按照构筑、地形和植被分层化处理，使学生注意到雪铁龙公园的基本形式与空间形式的特征。

2. 概念：探寻设计原动力

对第一阶段的成果进行筛选和判断后，接下来寻找设计的关键概念。因为它不仅揭示了设计概念的产生过程，还提示了设计者的设计意图和旨趣，是以下所有分析的线索所在。例如，通过对大尺度内城市肌理的研究，可以发现雪铁龙公园设计的概念来源：巴黎旧城是由不同尺度和等级的巴洛克轴线构成的。例如从卢浮宫经香榭丽舍大街至拉德芳斯的主轴线以及荣军院轴线、埃菲尔铁塔轴线等，这些轴线大多会与塞纳河发生联系，因此，可以发现场地中的轴线，尤其与塞纳河的关系处理成为雪铁龙公园形式发展的起点。由此，可以确定公园结构的基本控制线：主轴线、原始地形基准线和塞纳河的水线。

3. 重构：设计过程的解析

在推测了设计概念之后分析继续深入，开始着眼于设计中的一系列过程，尝试对设计过程进行演绎。例如，以原始地形基准线为界，对雪铁龙公园主轴线的发展进行了反向推导，由此形成公园中心区域的基本形态，包括了大温室的抬升、主草坪的下沉尤其是与塞纳河一端的形态处理；在此基础上，引发了接下来的中心区域的边界操作——系列小花园与瞭望台；紧接着在其余不规则的剩余地段，运动园、彩色园和黑白园等园中园的顺势介入，形成了中心与边缘的结构；然后，规则性的种植也强化了设计特征，最终形成公园的形态结构。

4. 总结

以形式解析为基础的设计分析不同于作为历史研究的评述，也不同于强调体验的描述，它关心的是设计者如何推动设计意图的实现。设计分析的操作者始终谨守设计者的立场，从结果开始回溯设计的源头，努力把握设计的推动因素[5]。作为设计的分析者，最有趣的莫过于在分析过程中把自己代入设计者的角色，与设计者共同经历一场设计的历程。

可见，很大程度上，以形式解析为基础的设计分析是对经验主义设计方式的提升，风景园林学科涵盖面越来越广，因此，将设计学习落实在诸如形式解析这样的“设计工具”上，并加以应用，似乎是很有必要的。

参考文献：

[1] 董璁. 景观形式的生成与系统 [D]. 北京：北京林业大学，2000.

[2] 韩冬青. 分析作为一种学习设计的方法 [J]. 建筑师，2007，1(125)：15-17.

[3] 吴佳维，顾大庆. 结构化设计教学之路：赫伯特・克莱默的“基础设计”教学——教案的沿革与操作 [J]. 建筑师，2018，(06)：26-33.

[4] Clemens S，Composing Landscapes:Analysis、Typology and Experiments for Design [M]. Birkhauser，2008，Basel · Boston · Berlin:32.

[5] 顾大庆. 空间、建构和设计 [J]. 建筑师，2006，7(119)：36-45.

目录
CONTENTS

风景园林类 Landscape Architecture

建筑类 Architecture

风景园林类
Landscape Architecture

01 瑞思大街码头花园 Race Street Pier

项目地点：美国费城
项目面积：0.39hm²
设计（建成）时间：2009-2011 年
设计师：James Corner Field Operations

项目概况

瑞思大街码头花园（Race Street Pier）坐落于美国费城的特拉华河（Delaware）沿岸，占地 0.39hm²。公园与本杰明·富兰克林大桥（Benjamin Franklin Bridge）平行，从岸线向水面延伸了 152.4m。旧瑞思大街码头始建于 1896 年，是有一座大型的二层建筑以满足各种使用需求，下层用于停泊船只，上层则用于娱乐休憩。后伴随着水运的衰退，该建筑逐渐破败并被拆除，只剩下一层码头平台。在城市滨水区复兴的建设背景下，新的瑞思大街码头花园成为特拉华河滨水中心建设计划的第一批公共空间之一。

设计构思

新的瑞思大街码头花园试图通过将原有的码头平台转变为一个氛围轻松活跃的城市公园，以实现复兴城市滨水区的目标。瑞思大街码头花园三面环水，使人们能够身临其境地感受与体验特拉华河。草坪和阶梯座椅则为人们观看风景及进行其他休闲活动提供了充足的停留空间。

景观布局

瑞思大街码头花园在平面和竖向上都被划分为两个部分，创造了两层不同的场地以容纳许多对比强烈的活动—上层是一条供行人散步、骑自行车和慢跑的“空中长廊”，下层则作为供游人自由活动的社交活动空间。上下两层空间由一个长长的坡道连接为一个整体。沿步道种植的 25 棵橡树在强调公园的空间感和通达性的同时，还遮挡了来自市区方向的视线干扰。一系列人造木制长椅沿着倾斜的坡道排列，界定了 3.5m 高的二层平台边界。

多功能的大草坪位于布满阳光的下层平台之上，草坪边有花坛和座椅。码头的外围护栏杆向内斜，其倾斜角度顺应坡度设计，与码头甲板呈 65° 夹角，长长的阶梯座椅将两层平台连接起来，占据着码头的一端。新的码头公园复兴了城市滨水区，并重新建立起城市与河流的联系，为费城市民建立起了一处新的与众不同的室外活动空间。

参考文献：
[1] RACE STREET PIER[EB/OL].[2019-3-15]. https://www.fieldoperations.net/home.html

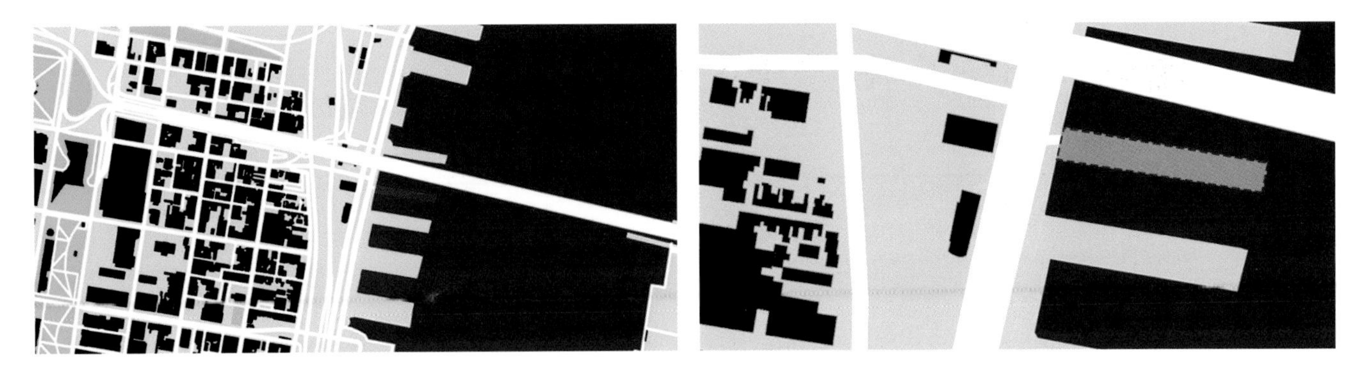

图 1　区位图

城市和街区尺度上的瑞思大街码头花园。

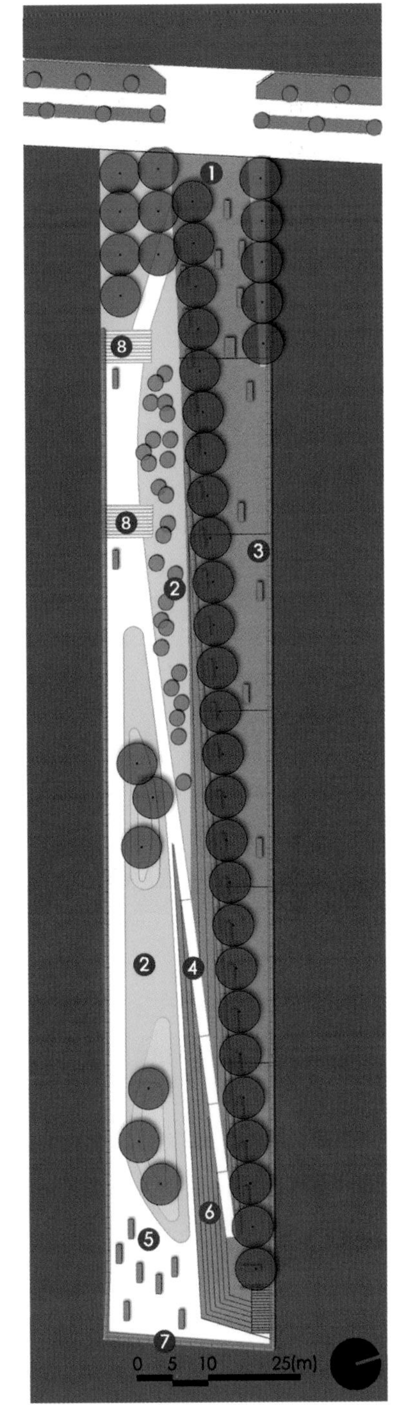

1 入口广场
2 草坪
3 空中长廊
4 坡道
5 社交娱乐空间
6 阶梯座椅
7 栏杆
8 码头

图 2　平面图

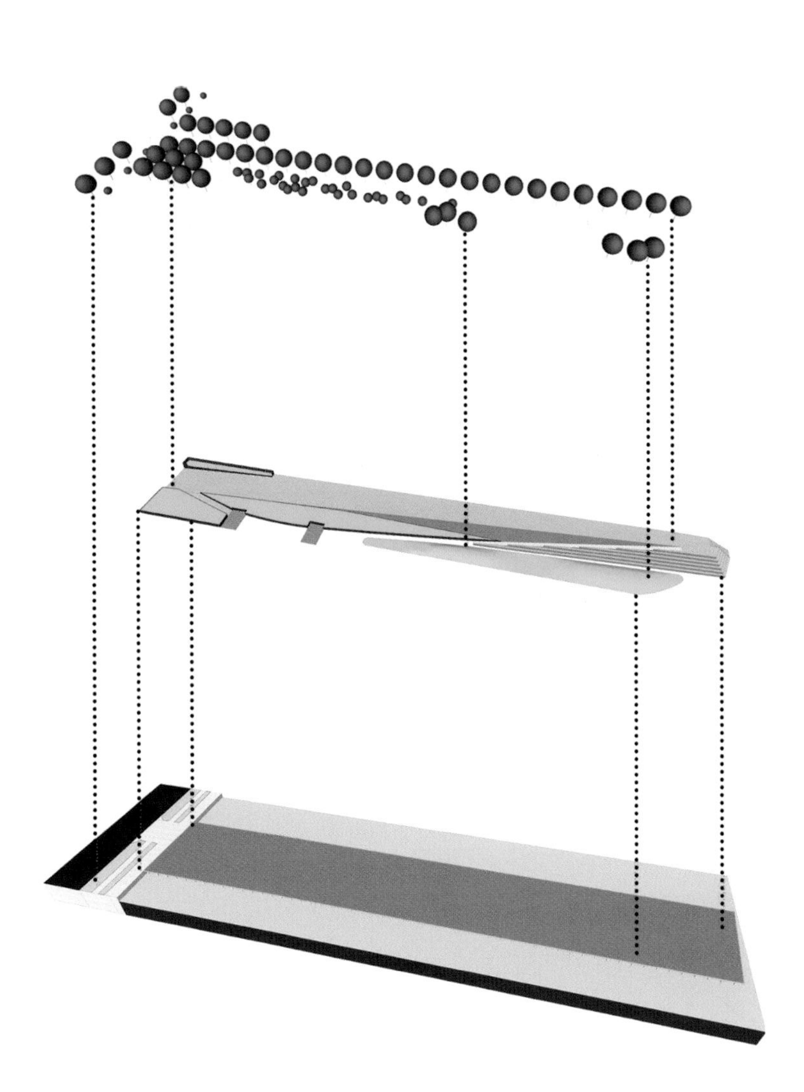

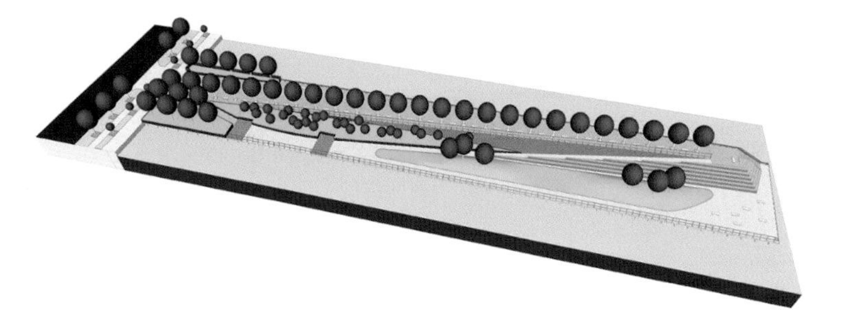

图 3　结构分析图

分层展示瑞思大街码头花园的景观结构。

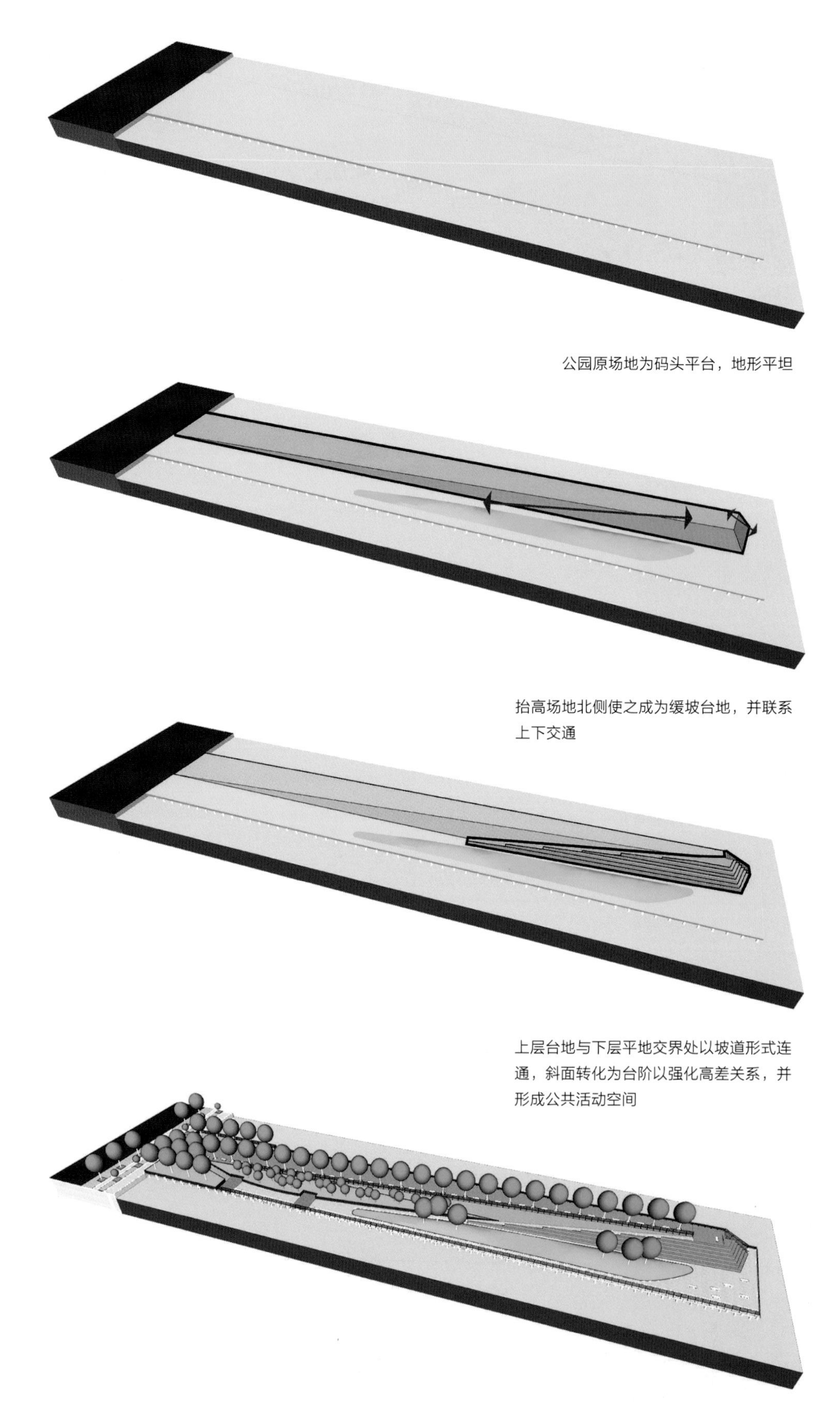

图 4　设计生成分析图

展现瑞思大街码头花园由原场地开始的形态生成过程。

图 5　鸟瞰图

从三个不同的角度展现瑞思大街码头花园的整体设计。

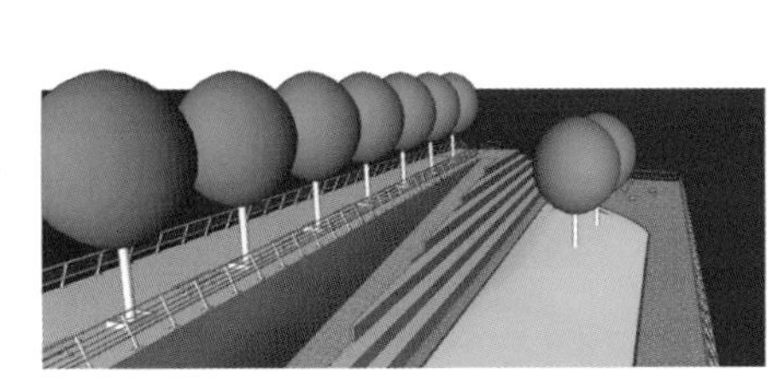

公园上层空中长廊和连接上下两层的坡道

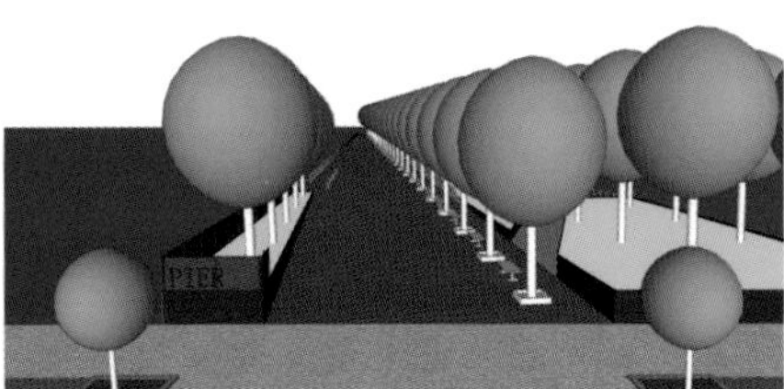

公园入口种植广场

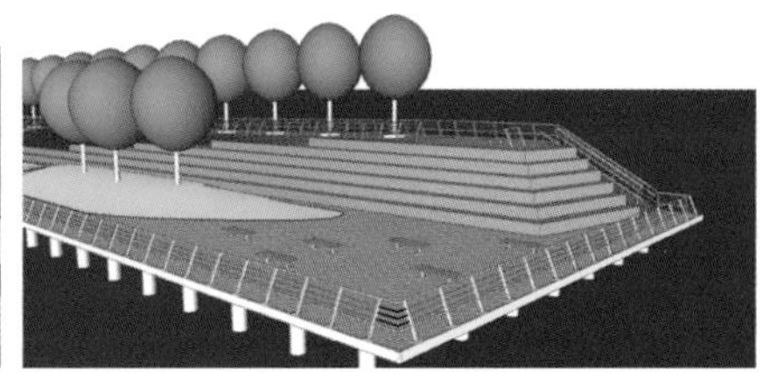

公园的自由社交娱乐场地和阶梯座椅

图 6　效果图

多角度直观展现瑞思大街码头花园的设计细节。

02 泪珠公园 Teardrop Park

项目地点：美国纽约
项目面积：0.73hm²
设计（建成）时间：1999-2006 年
设计师：Michael Van Valkenburgh

项目概况

泪珠公园（Teardrop Park）坐落于曼哈顿下城区西南侧的巴特雷（Battery）公园城，是一个占地约0.73hm²的开放性公园，于2009年获得ASLA设计荣誉奖。原场地由1970年哈德逊河（Hudson）填海形成，因此场地侧面部分面临较高水位的威胁，海水渗透的可能限制了场地的开挖深度。同时，由于场地四周围绕着高层住宅（每栋公寓楼的高度从64-72m不等），南面场地得不到充足光照，北面场地每天也只有4h左右的日照。这些条件都给公园设计带来了巨大的挑战。泪珠公园的设计由多方团队协作完成——景观设计师作为主要顾问负责主持概念设计及组织项目团队，同时，结构工程师、照明顾问、促进儿童发展专家、喷泉设计师等提供相关专业建议。

设计构思

场地有着严格的限制：面积小、日照短、地下水位高，同时，周边居民希望公园在满足儿童游乐需求的同时还能拥有独特的自然环境。为创造更好的休闲空间，以形成家庭和睦且具有社会认同感的社区。设计师采用了丰富细腻的地形设计，将水景、天然石材景墙及植物等元素进行精心整合，并按照业主要求，布置了一定面积的沙坑、戏水区和草坪，形成了一处具有当地自然景观特征且富于空间变化、为城市儿童提供自然体验的城市绿洲。

景观布局

设计师为泪珠公园设计了丰富的地形，兼顾空间体验与使用舒适度。一方面，设计师注重景观材料、植被和循环动线的组织，在小尺度的场地中塑造出无限的空间体验，包括斜坡、沙地沙坑、休憩台阶、圆形剧场、地质剖面展示及作为公园标志性界面的冰水墙等。另一方面，公园基于场地自然条件开展设计——风力研究表明公园东、西通道常有来自哈德逊河的强烈干冷风，遂将活动空间设于建筑物之间；场地南北部日照条件不同，遂将草坪设置于北边日照较长区域，而阴影区、风力保护区设置儿童游戏场地。

植物设计方面将大量的乡土和非乡土植物混杂配植，以形成非常自然的景观面貌，主要包括唐棣属植物种植区、山毛榉树林、金缕梅种植区。同时，植物设计充分体现在空间塑造及场地功能整合方面——开敞草坪用于休闲散步或公共活动；丰富的种植设计则与沙坑、叠石等组成的儿童游戏空间相结合。原场地内部的土壤来自于填海时期，难以满足植物生长需求。设计师对土壤进行了改良——采用三种土壤层，并针对不同植物和场地风力条件，选用不同的土壤层组合方式，从而解决了植物生长的问题，且后期维护不依赖杀虫剂、除草剂或杀真菌剂等。公园灌溉用水来自周边大楼的回收水以及场地的雨水径流。

参考文献：

[1] Michael Van Valkenburgh Associates.TEARDROP PARK[EB/OL].(2007-04-19)[2018-11-15].http://www.mv- vainc.com/project.php?id=2#

[2] Frederic P M, Agnes F V, John M. Michael Van Valkenburgh[M].Alphascript Publishing，2010.

[3] Berrizbeitia A. Michael Van Valkenburgh Associates :Reconstructing Urban Landscapes[M].New Haven, CT [etc.]: Yale University Press，2009.

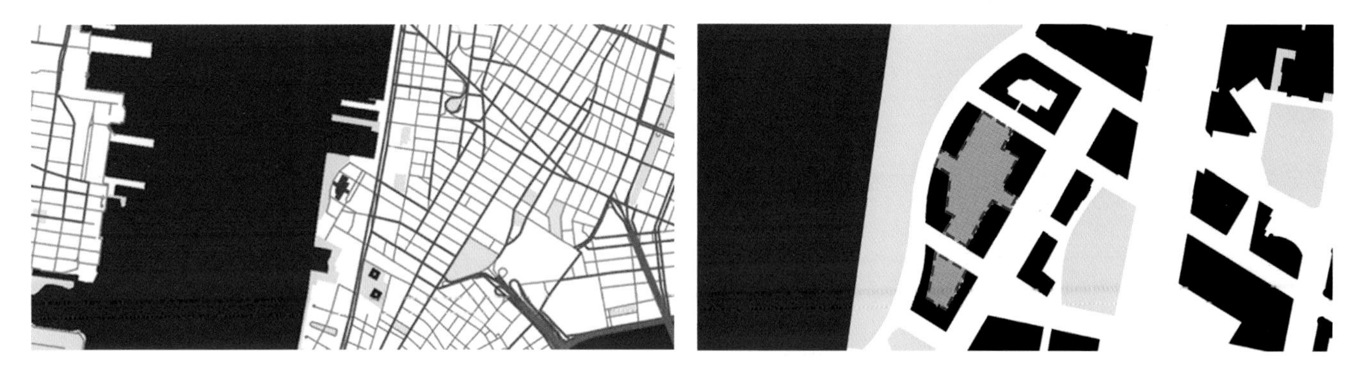

图1　区位图

城市和街区尺度上的泪珠公园。

图2　平面图

1 唐棣属植物种植区
2 入口门洞
3 戏水区
4 斜坡
5 儿童玩耍区
6 喷泉
7 休憩台阶
8 沙坑
9 剧场
10 观景台
11 湿地水池
12 下凹草坪
13 地质剖面展示墙
14 山毛榉树林
15 阅读角
16 叠石墙
17 冰水墙
18 金缕梅种植区

填海前

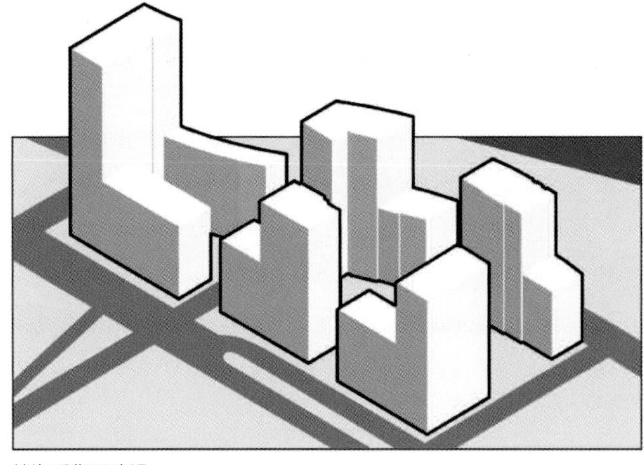

填海后街区建设

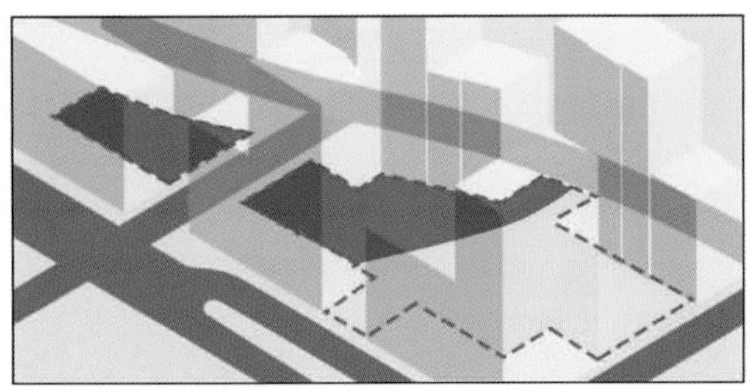

选址内平均光照条件为重要设计依据

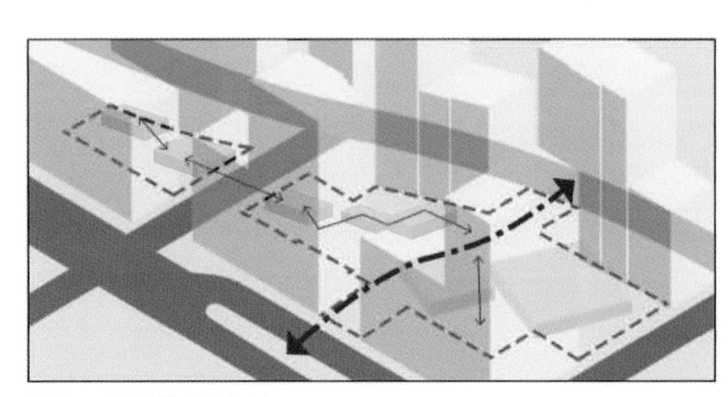

组织疏密有致的空间序列

图 3　设计生成分析图

展现泪珠公园由原场地开始的形态生成过程。

从大草坪南望冰水墙的透视效果

儿童游戏空间透视效果

图 4　透视图

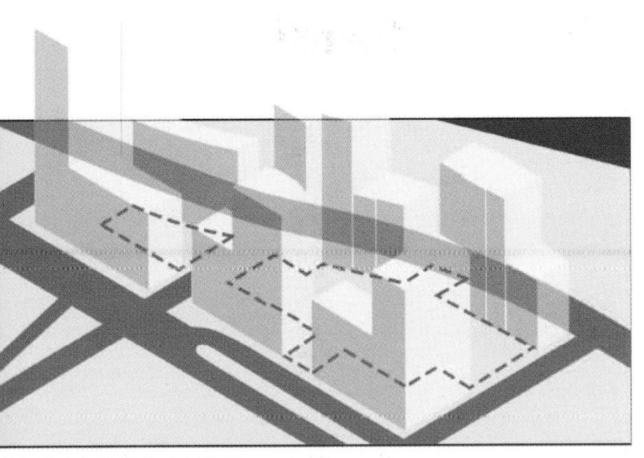

楼间的空闲地成为公园选址

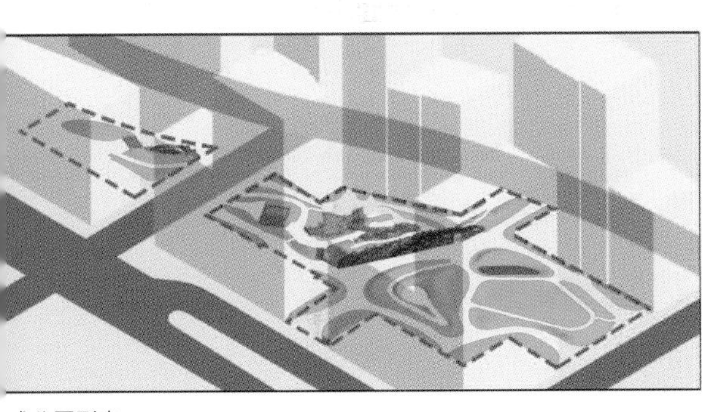

成公园形态

园游步道透视效果

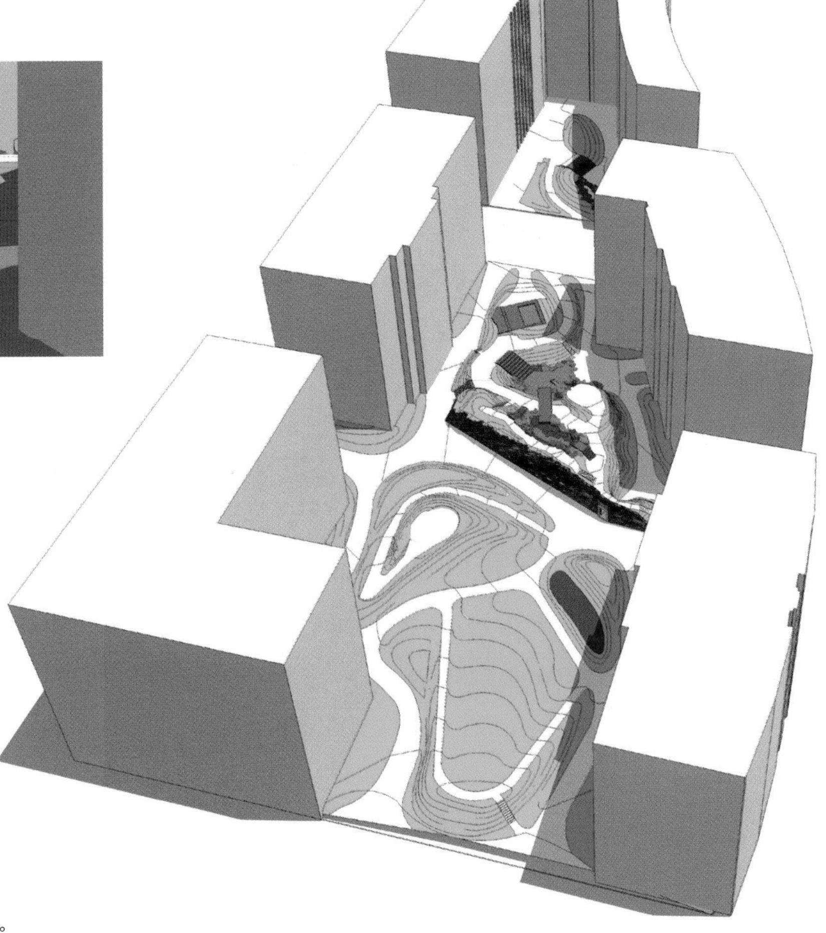

图 5　鸟瞰图

汨珠公园全园鸟瞰图，可见公园与周边建筑的空间关系。

地形分析

泪珠公园整体地形组织收放有致，塑造了丰富的空间感受。北部草坪区地形舒缓、开敞；中部的小游园结合了景墙、叠石等，地形陡峭，形成较强的空间围合感，并结合蜿蜒的步道、小空间序列丰富了游园体验。

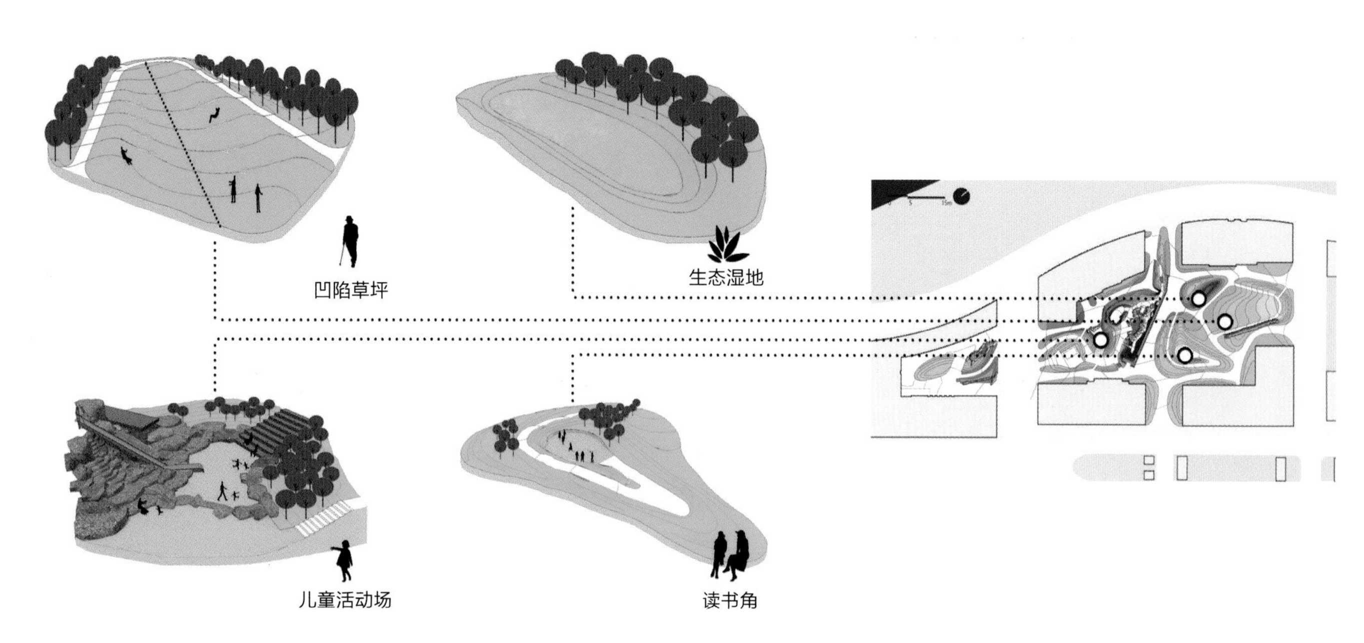

图 6　地形单体分析图

公园中主要几处活动空间的地形设计，可见缓坡地形、叠石、园路、沙地、水池、设施、植物之间的组合关系。

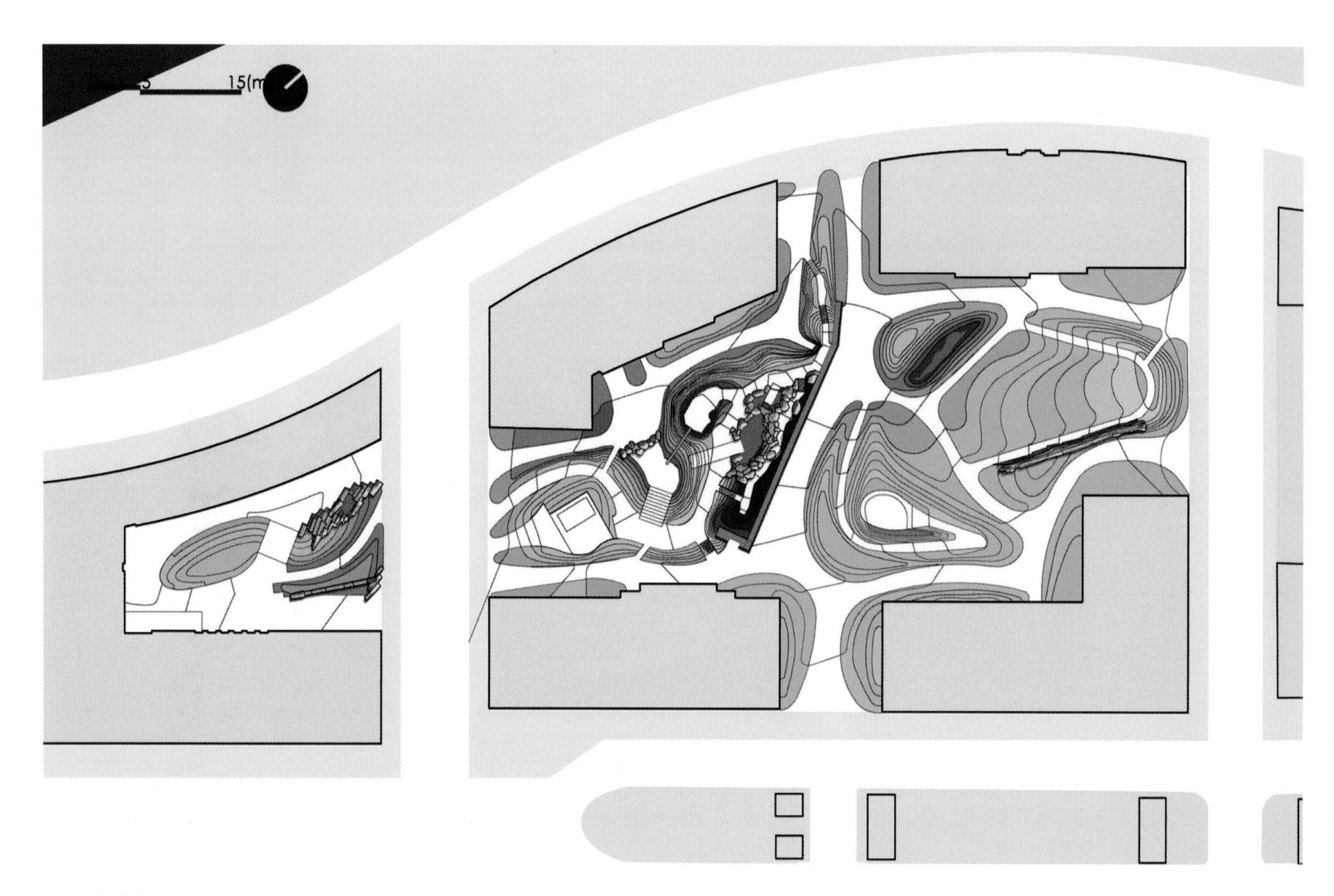

图 7　竖向平面图

泪珠公园竖向平面图（等高距 0.3m）。

缓坡草地剖面变化

缓坡草地剖面变化

道路、冰水墙、地形间的剖面变化

图 8　剖透视图

泪珠公园剖透视图序列。

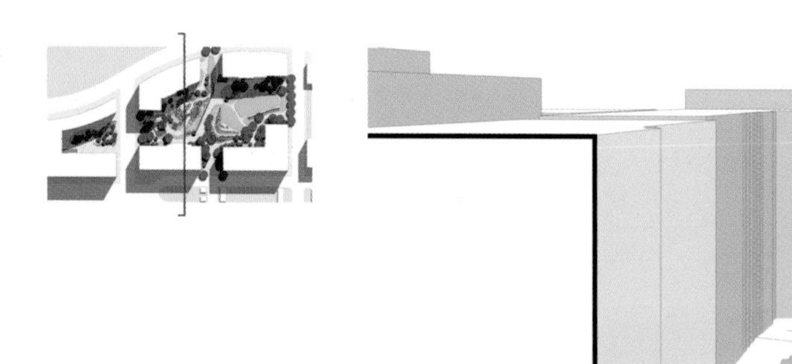

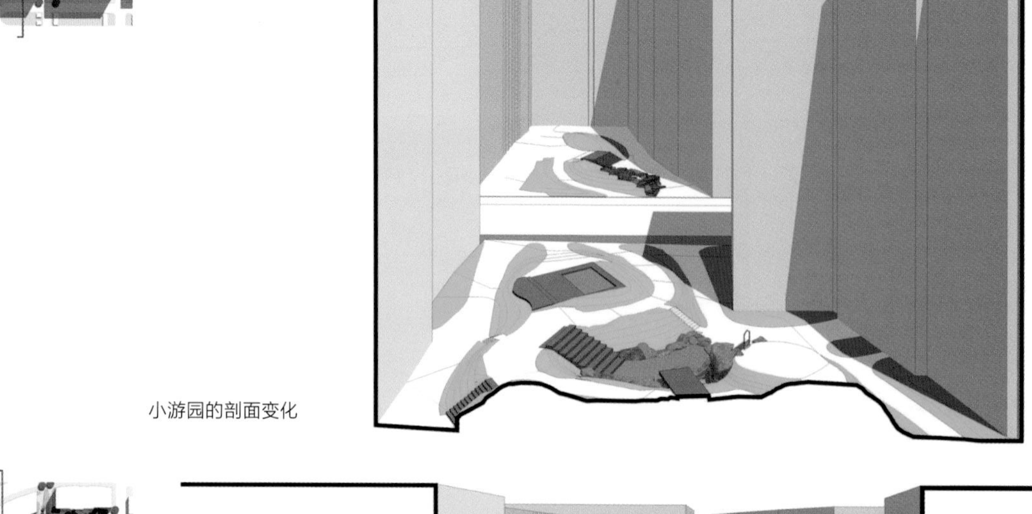

小游园的剖面变化

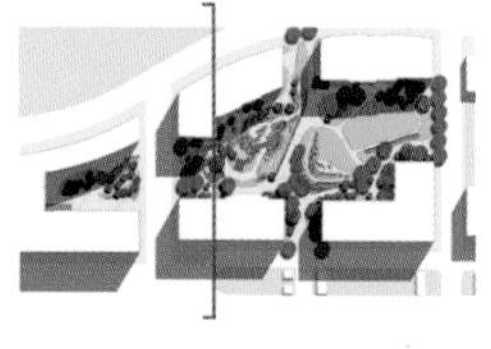

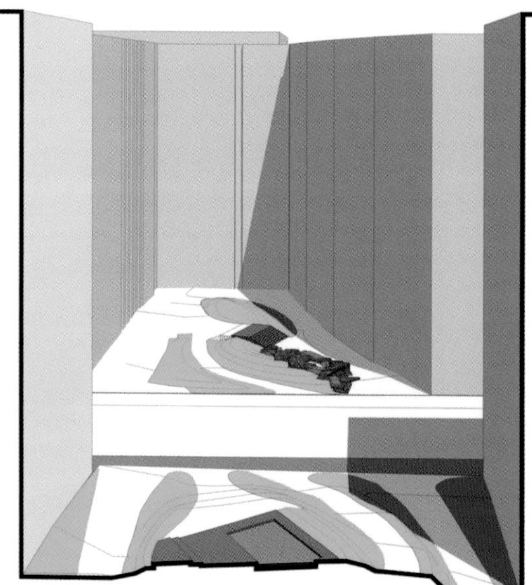

小游园的剖面变化

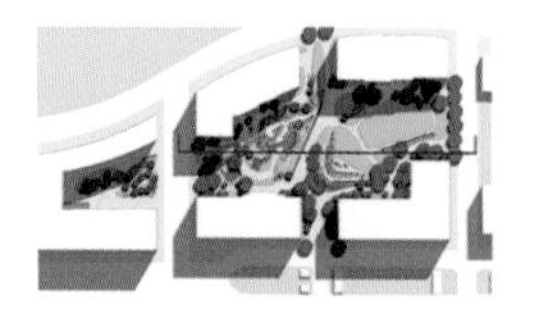

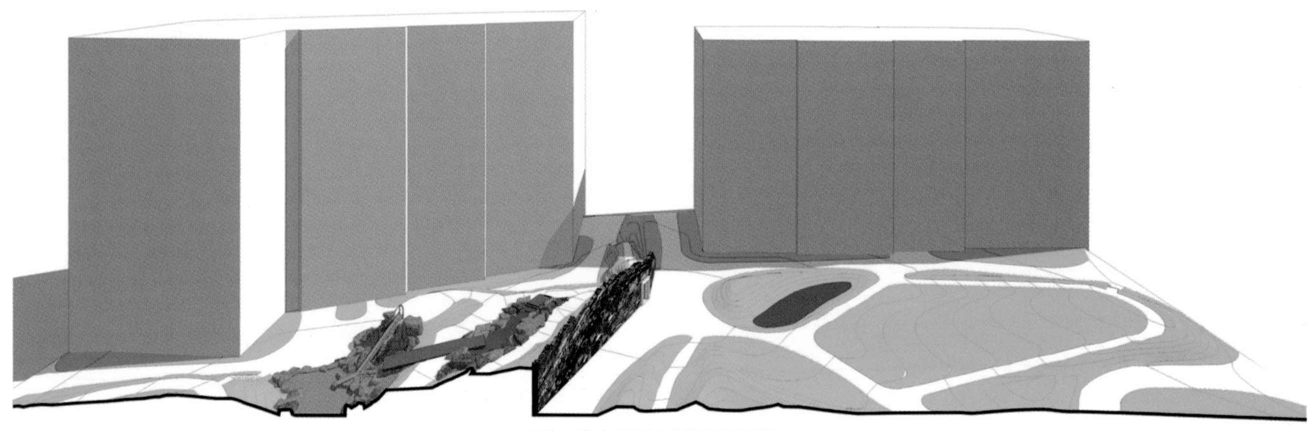

西南－东北方向全园的剖面变化

图 9　剖透视图

泪珠公园剖透视图序列。

冰水墙设计分析

冰水墙作为泪珠公园的标志性界面，其选址、建造形式都经过仔细推敲。一方面，公园西北－东南方向穿越性道路是公园的控制性结构，连接了北边滨水公园与南边城市干道；另一方面，根据场地的光照分析，公园可划分为常年阴影区与常年光照区，其交界线与穿越性道路相重合。基于以上考虑，公园将此界面作为主结构界面，划分公园的空间层次。

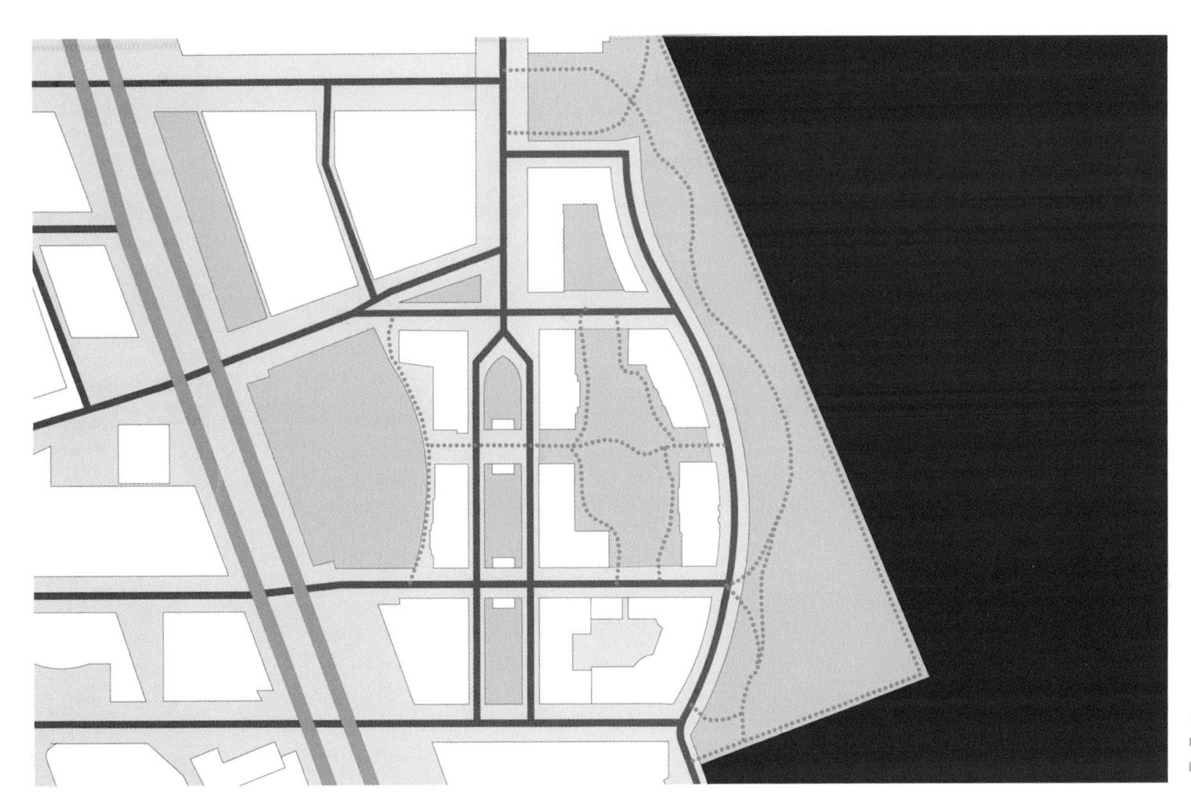

图 10　冰水墙生成结构分析图

分析公园周边交通流线与公园冰水墙的关系。

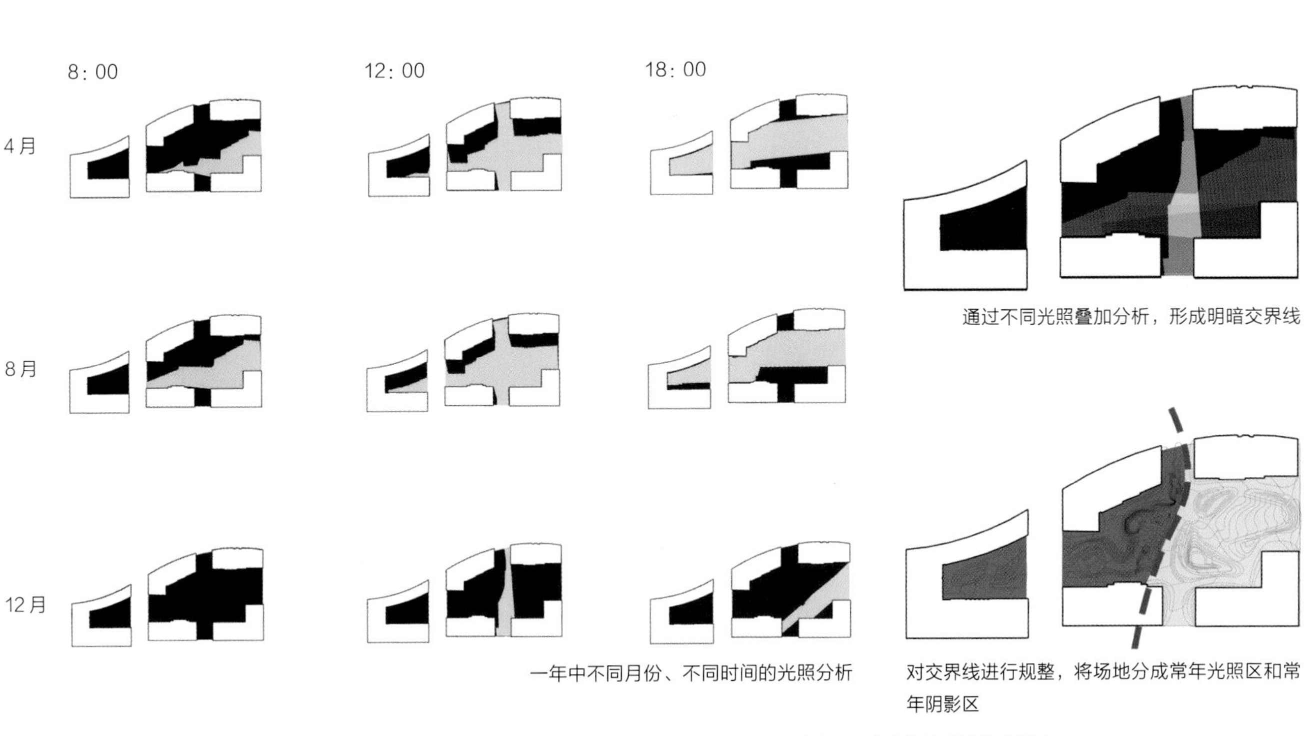

图 11　冰水墙生成结构分析图

分析公园光照变化，并叠加分析光照与冰水墙的关系。

冰水墙设计分析

冰水墙的建设过程为：夯筑混凝土墙体后，将当地石材以层叠形式安装，最后呈现出具有流线、跳跃感的形态。石材在堆叠过程中注重对当地山脉自然肌理的体现，并以现代感的形式增强其艺术表现力。以冰水墙为界，北侧为开敞的草坪、步道，南侧为空间变化丰富的小游园。冰水墙右端设有小游园入口，以强烈的对比使游人得以体验泪珠公园极具特色的空间变化。

砌筑混凝土墙体

采用当地石材建造，体现纽约凯兹基尔山脉的自然景观

兼顾自然与艺术的冰水墙成型，唤起居民的归属感

图 12　细部分析图
冰水墙建设过程。

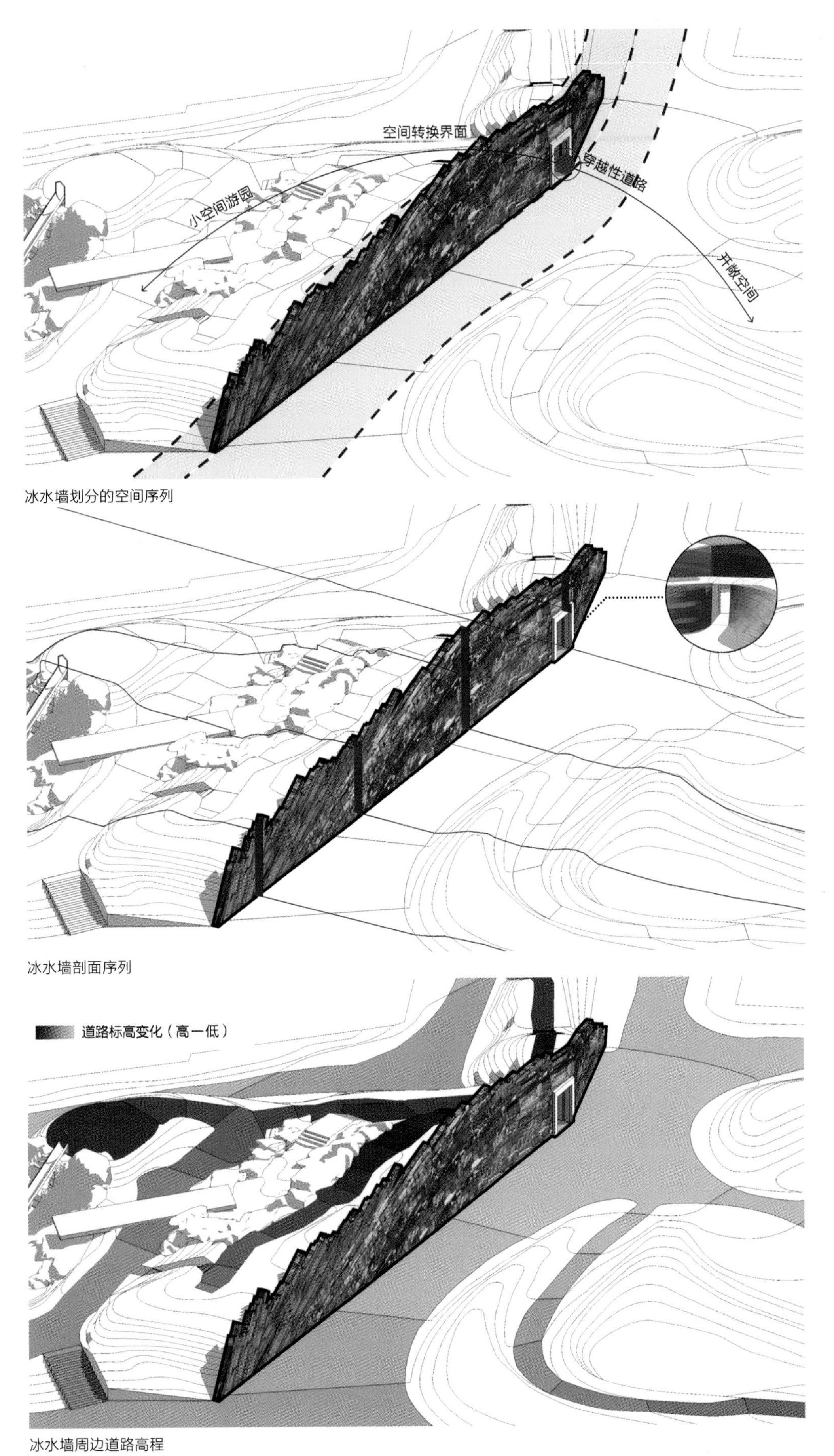

冰水墙划分的空间序列

冰水墙剖面序列

冰水墙周边道路高程

图 13　细部分析图

03 阿诺德植物园李繁翠花园 Leventritt Garden

项目地点：美国波士顿
项目面积：1.4hm^2
设计（建成）时间：2007 年
设计师：Reed Hilderbrand

项目概况

阿诺德植物园 (Arnold Arboretum) 坐落于美国马萨诸塞州波士顿哈佛大学内，建成于 1872 年，占地面积 107hm^2，是一个专门供研究树木的植物园，收集了丰富的灌木和蔓生植物品种，旨在提高人们关于木本植物生物学和进化的相关知识，兼具科学研究和公众展示功能，同时营造出精致迷人的自然景观。目前，园中有 4000 多种北美洲和东亚的树种，很多为开花树种，将植物园打扮得缤纷多彩。李繁翠花园（Leventritt Garden）位于阿诺德植物园的西北区，美国风景园林师协会（American Society of Landscape Architect，ASLA）2007 年度专业大奖中，里德 • 希尔德布兰德事务所（Reed Hilderbrand）改造的李繁翠花园荣获年度总体设计类卓越奖。ASLA 专业奖评委对它进行如下评价“此项目流淌着爱的气息，设计精美，既体现当代特点又不失传统和独特，它看起来可持续性强，维护成本低，景观的可达性处理得巧妙而有效。”

设计构思

李繁翠花园满足了阿诺德植物园对科学性以及公众性的要求，风景园林师和研究人员的共同努力使得这片位于不规则山坡上、种植着灌木和蔓生植物群的场地更引人入胜。运用传统造园手法设计台层，为不同的植物收集、科普教育和日常娱乐提供了一个富有当代气息且实用性强的场所。花园融合了地形、植物习性、空间特点以及科普解说，在设计上继承了查尔斯 • 布拉格 • 萨金特（Charles Sprague Sargent）和美国风景园林之父弗雷德里克 • 劳 • 奥姆斯特德（Frederick Law Olmsted）的设计风格。

景观布局

花园设计了灵活的台层布局，顺应原始地形，台层形成了许多不规则的花坛，并在顶层入口处附近设置了亭廊式开敞教室。同时，为了实现流畅连续的游览感受，花园通过坡道和台阶的传统方式组织游线，消化了场地约 9m 的高差变化。

花园为满足植物的生境要求，土壤经过严格的混合改造，并补充了灌溉设施。为此，该项目由设计师、园艺师和教育工作者团队相互合作，将景观设计师的历史视角与当前的科学研究、公共游览结合起来。

参考文献：
[1] THE ARNOLD ARBORETUM OF HARVARD UNIVERSITY[EB/OL].[2018-11-12].https://www.arboretum.harvard.edu/
[2] M. VICTOR AND FRANCES LEVENTRITT GARDEN[EB/OL].[2018-11-12].https://www.arboretum.harvard.edu/plants/featured-plants/shrub-and-vine-garden/
[3] GENERAL DESIGN AWARD OF EXCELLENCE[EB/OL].[2018-11-20].https://www.asla.org/awards/2007/07winners/457_rh.html

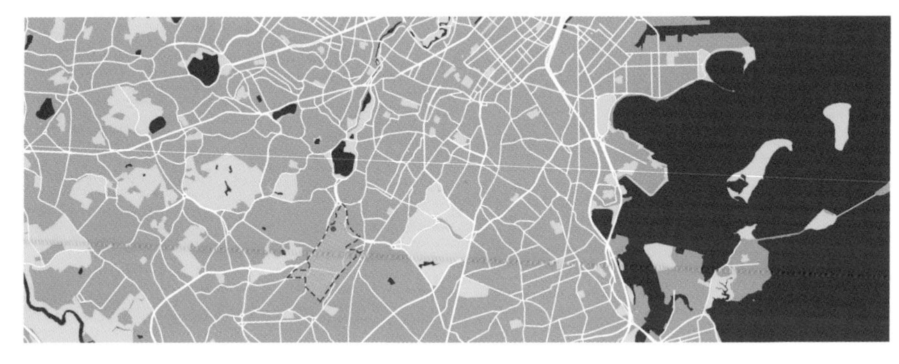

图 1　区位图

城市和街区尺度上的阿诺德植物园和其中的李繁翠花园。

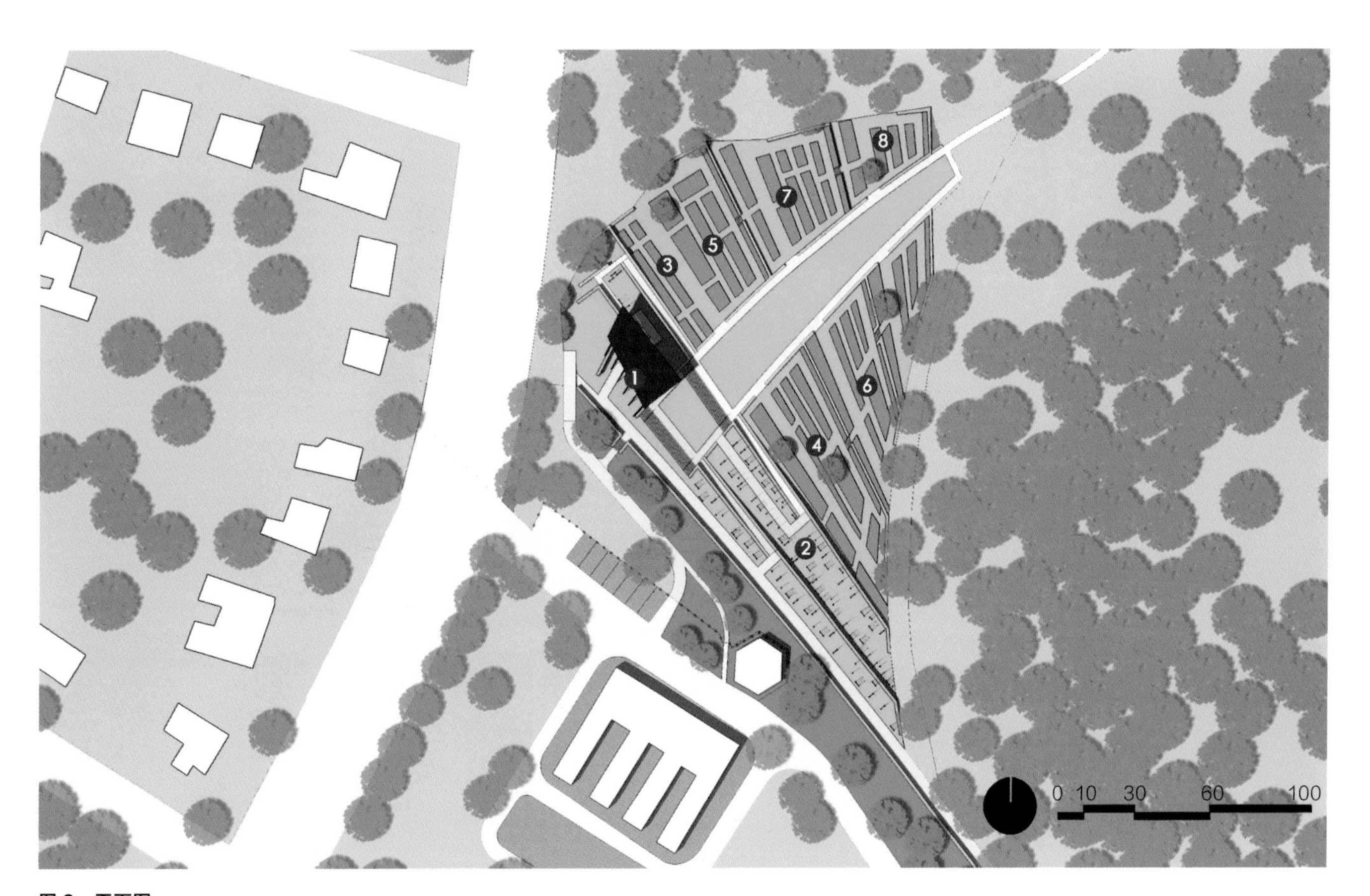

图 2　平面图

1 景观亭　2 葡萄藤架　3 紫藤种植池　4 铁线莲种植池　5 起源于亚欧植物的种植池　6 灌木群　7 科普种植池　8 珍稀植物种植池

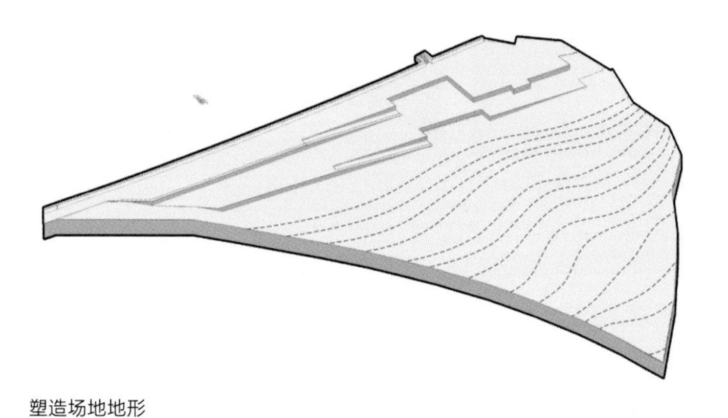

塑造场地地形

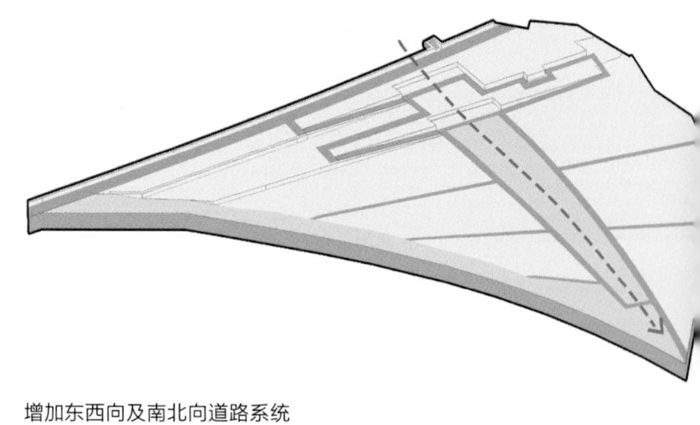

增加东西向及南北向道路系统

图 3　设计生成分析图

展示李繁翠花园从原场地开始形态生成的过程。

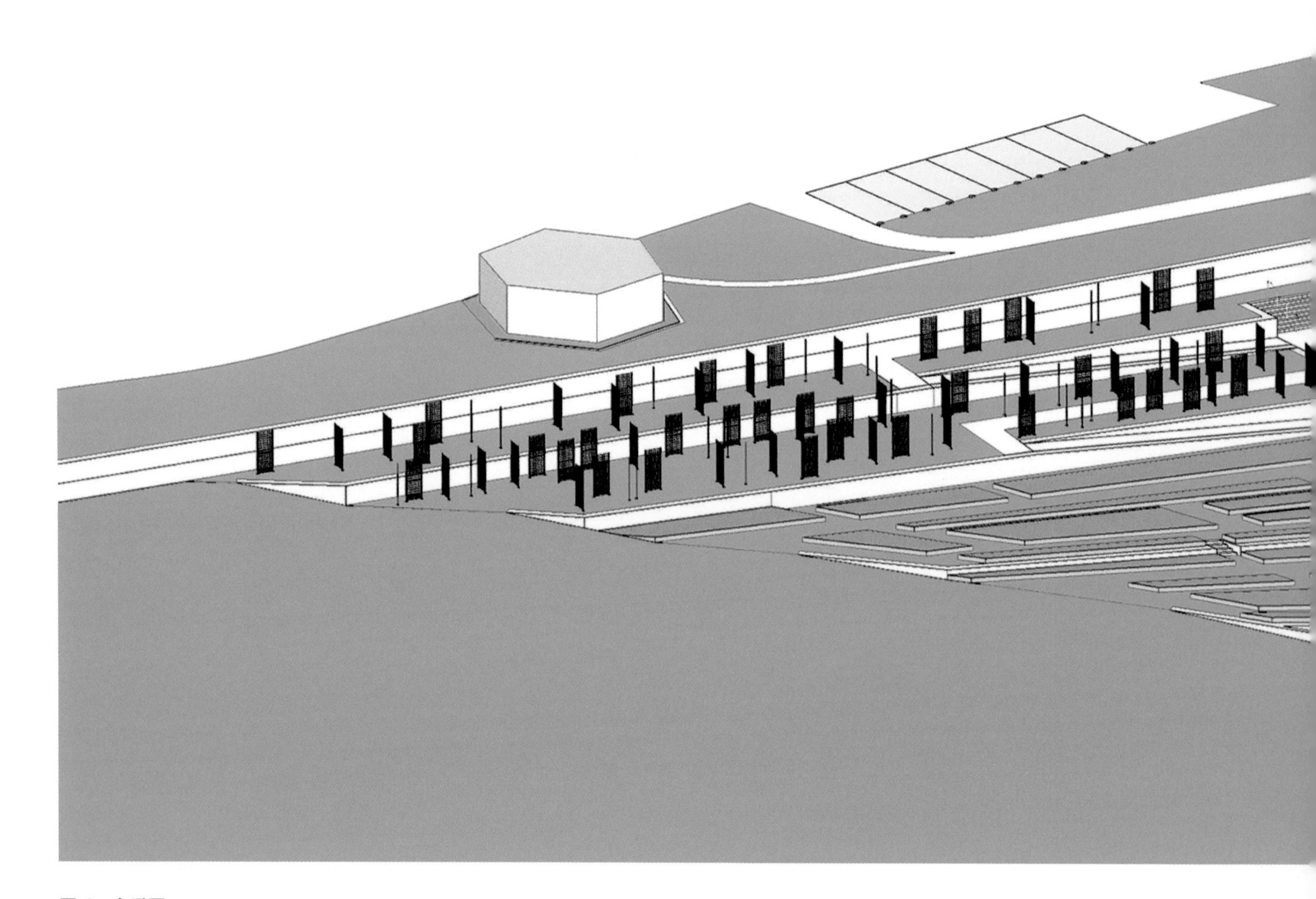

图 4　鸟瞰图

李繁翠花园全园鸟瞰图，可以看出地形台层与种植之间的空间关系。

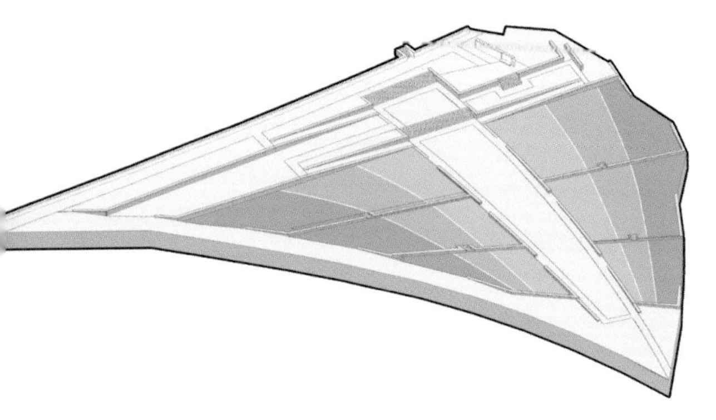

成台地种植，并利用石墙控制边界

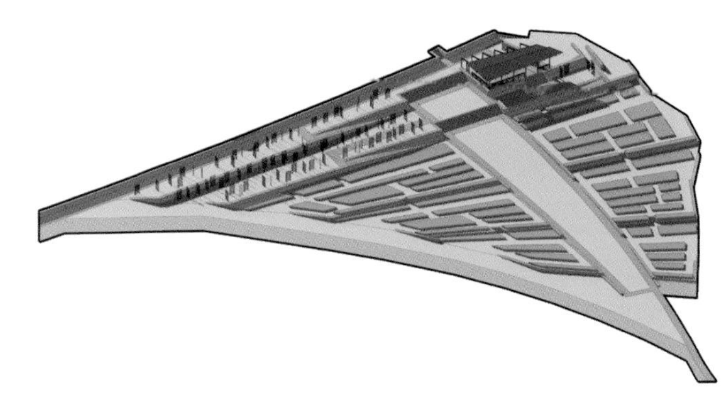

每个台层种植不同植物，营造丰富的景观效果

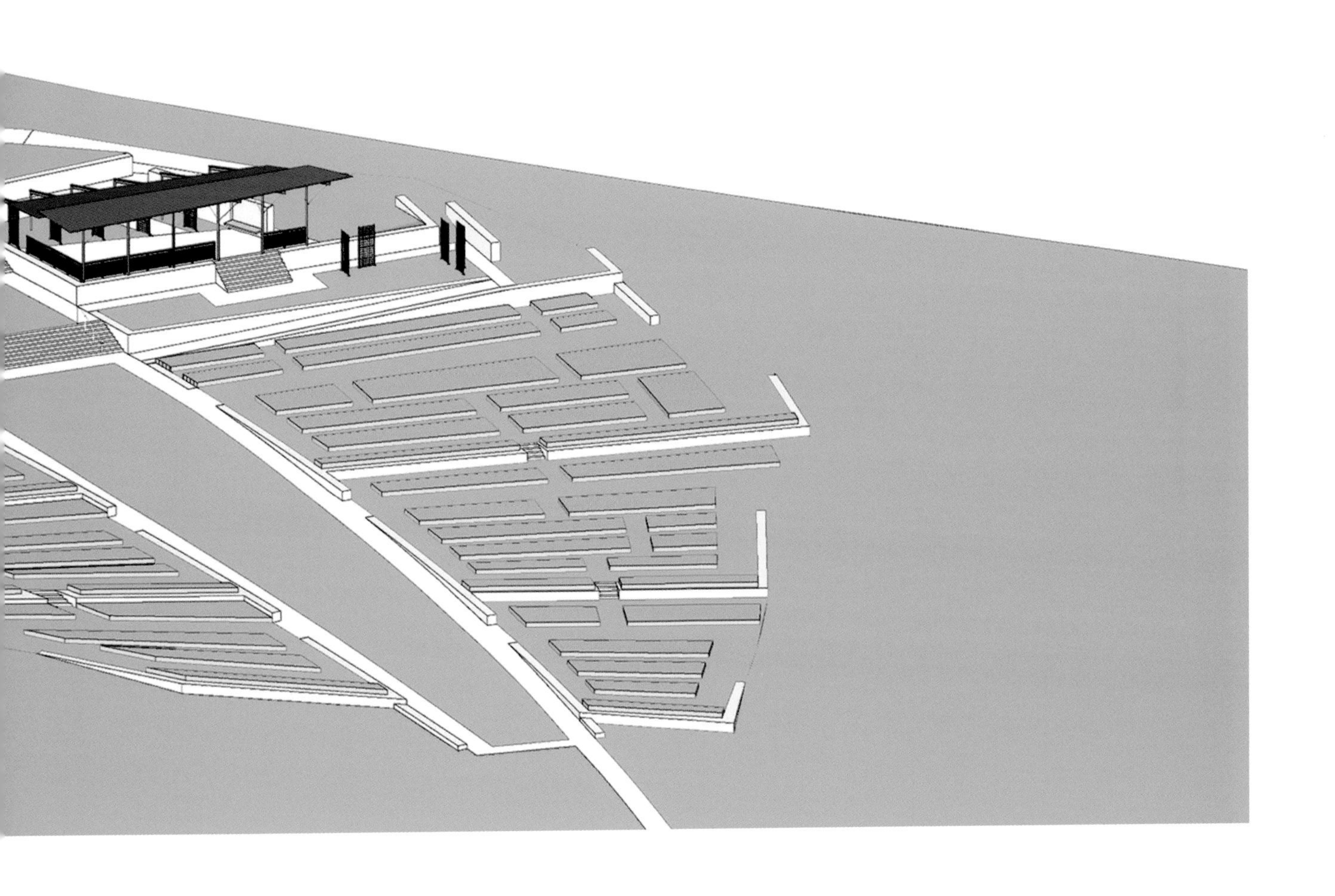

图 5　效果图

分别从东南西北四个方向的边界望向场地，能够看出台层细腻的高差起伏和丰富的空间变化。

地形分析

道路沿斜坡延长，把花园台层连接起来。通过 4 个台层的整形，消化了原场地约 9m 的高差。花园的台层内是不同主题的种植池，台层的石壁为蔓生植物提供依附。精确的坡度设计使得花园分区灵活，路线多变。

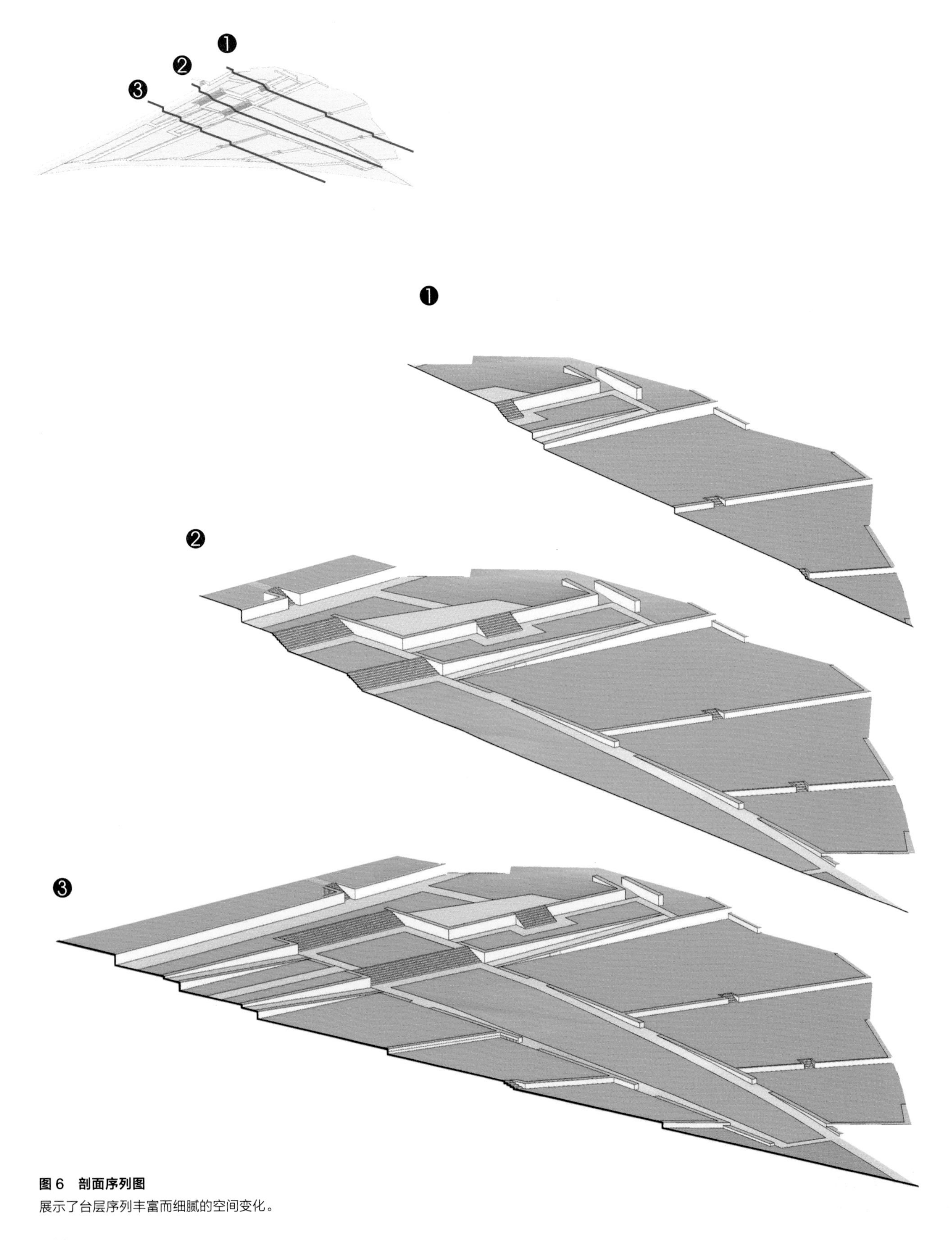

图 6　剖面序列图

展示了台层序列丰富而细腻的空间变化。

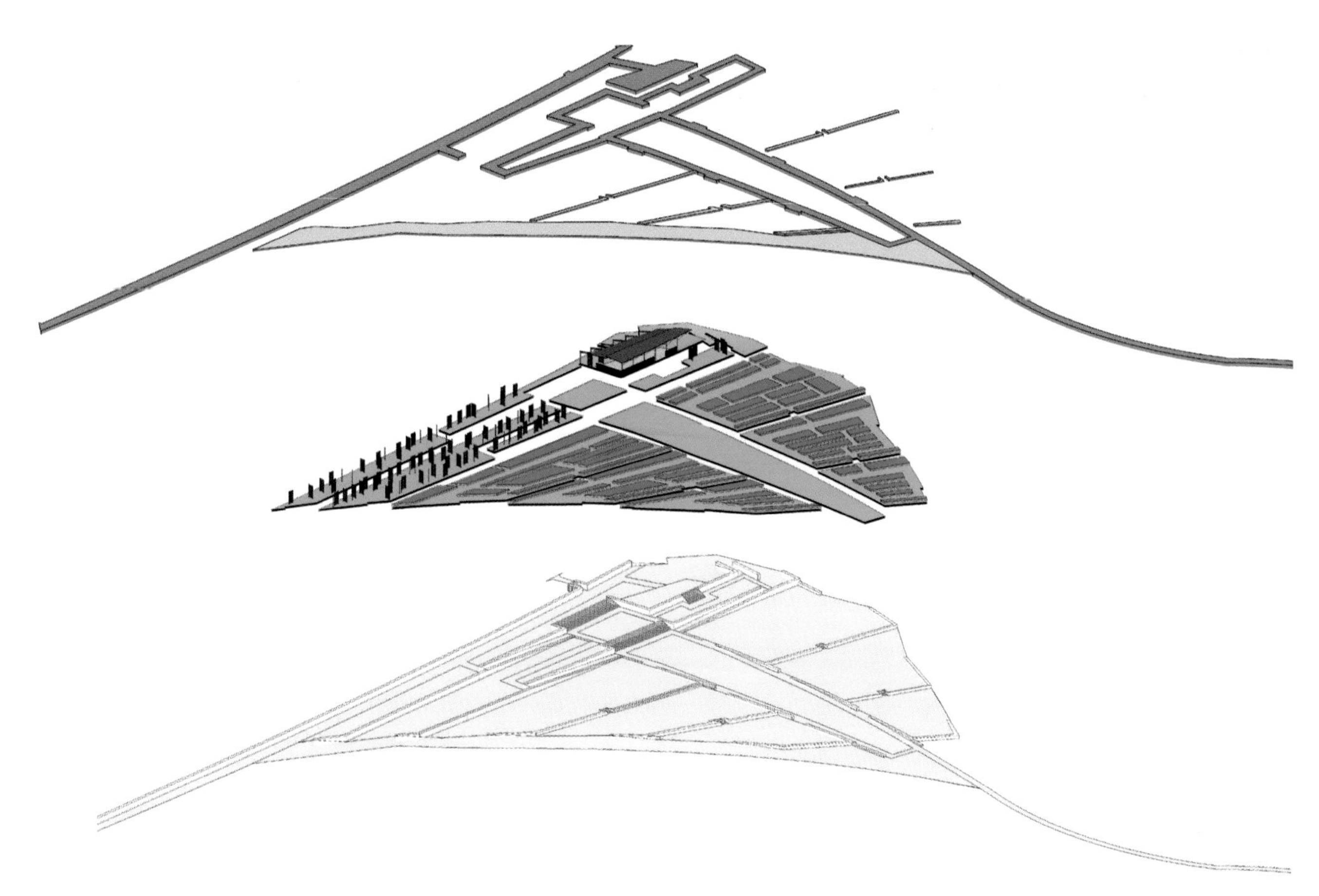

图 7　停留与动线关系分析图

不同台层与不同种植相互结合，游览线路和休闲空间沿台层布置。

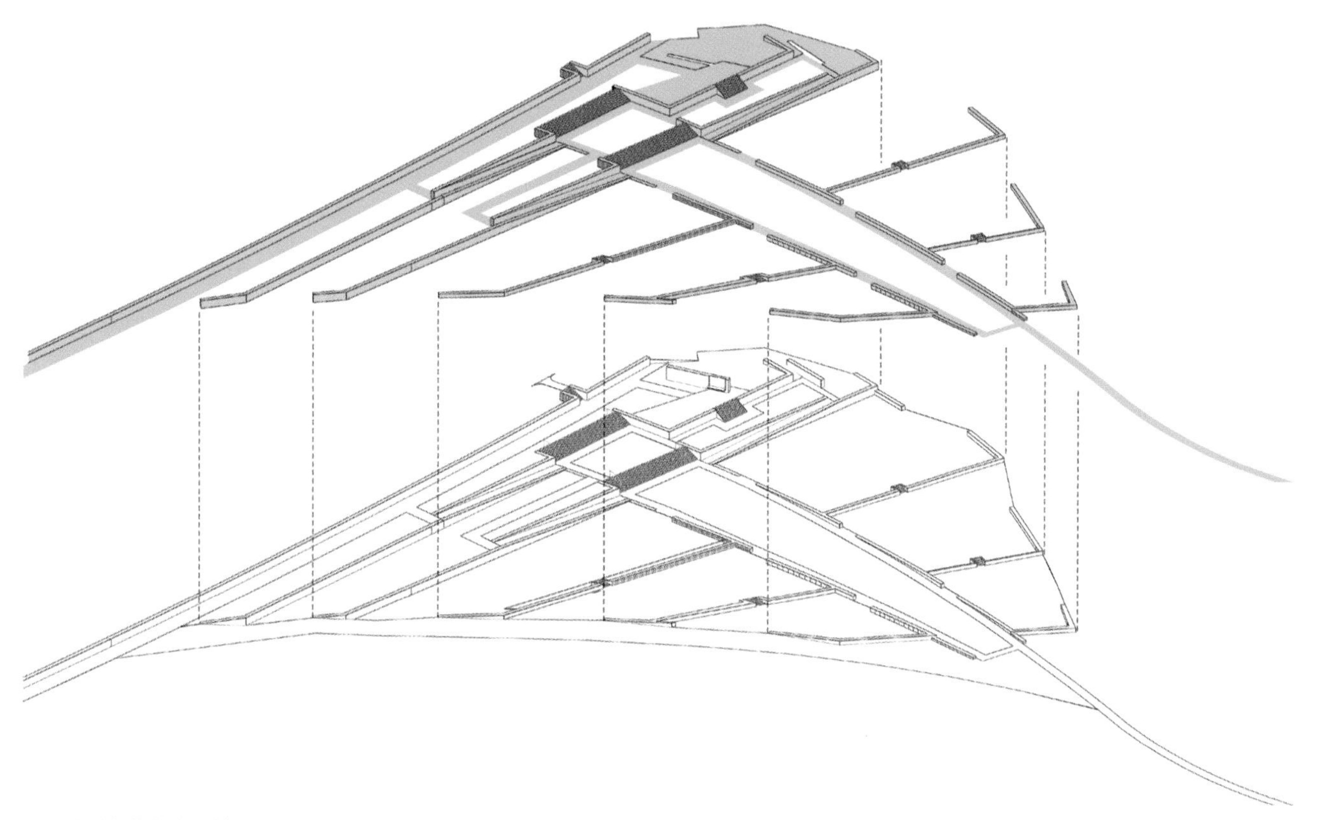

图 8　台阶与坡道关系分析图

花园的坡道、台阶与台层紧密结合。

04 银禧花园 Jubilee Garden

项目地点：英国伦敦
项目面积：1.5hm²
设计（建成）时间：2012 年
设计师：West 8

项目概况

银禧花园（Jubilee Garden）坐落于伦敦市泰晤士河畔，毗邻伦敦眼和节日音乐厅，占地 1.5hm²。场地周边多为伦敦的公共文化机构，并且靠近滑铁卢车站（Waterloo），因其区位的重要性，使银禧花园有望成为世界上最知名的绿色公共空间之一。

项目历史

银禧花园所在地曾经坐落一些临时性地标，如穹顶、凌露塔等。后来这些临时建筑被拆除，场地成为一处停车场。1977 年，为庆祝伊丽莎白女王登基 25 周年（银禧庆典），此处才被设计成为一个花园，并命名为“银禧花园”。由于伦敦银禧地铁线（Jubilee line）的建设以及周边用地的开发，公园使用和场地形态都遭到了很大影响。直到 2012 年，伦敦启动了一系列纪念伊丽莎白女王登基 60 周年的活动，其中之一就是重建银禧花园。重建后的银禧花园成为一个更具活力的城市公共空间。

设计构思

银禧花园的重建工程，将一片平坦而毫无特色的草地变成了一片郁郁葱葱的、极具特色的公共花园。花园的南北道路将滑铁卢车站与横跨泰晤士河的亨格福德桥（Hungerford Bridge）相连接，东西道路将车站与沿泰晤士河南岸的皇后步道（The Queen’s Walk）相联系。花园内各部分相互辉映，如蜿蜒的白色花岗岩路径、起伏的地形、传统英式花园的植物种植以及具有皇家风格的彩色花坛。开敞的草坪剧场为非正式的聚会、演出以及文化活动、艺术展等提供了场所。花园内还设有一个儿童乐园。

公园设计的一大特点是通过平缓而富有变化的地形，大大丰富了花园的景观效果和空间层次。地形使得不同规模的人群多样化的使用公园成为可能，有效的组织起路径和视线，并使得对岸的议会大厦成为公园中的对景。同时，地形使得公园的边界具有多重表现形式，包括了挡墙、坐凳和咖啡厅。连续的白色花岗岩挡墙和坐凳据说隐喻了英格兰壮观的悬崖海岸。

银禧花园内铺设 10700m² 的草坪，种植了包括英国橡树、普通山毛榉、红山毛榉、枫香、柏树、小叶欧和椴树在内的乔木，并建造高质量的花坛，种植天竺葵、百合花以及紫花莲。优雅的白色挡墙由 1169 块花岗岩组成，也为人们提供宽敞的条石座椅。花园内还设计了 27 根独具特色的灯柱。

参考文献：

[1] 伦敦银禧花园 [EB/OL].[2019-01-16].http://www.west8.com/projects/all/jubilee_gardens/

[2] Jubilee Gardens:West8 selected by public for ‘world class’ park[EB/OL].[2019-01-16].http://www.london-se1.co

[3] Jubilee Gardens London UK West8 UPDATE[EB/OL].[2019-01-16].http://worldlandscapearchitect.com/jubilee-gardens-london-uk-west-8-update/#.XERDFLq-vDt

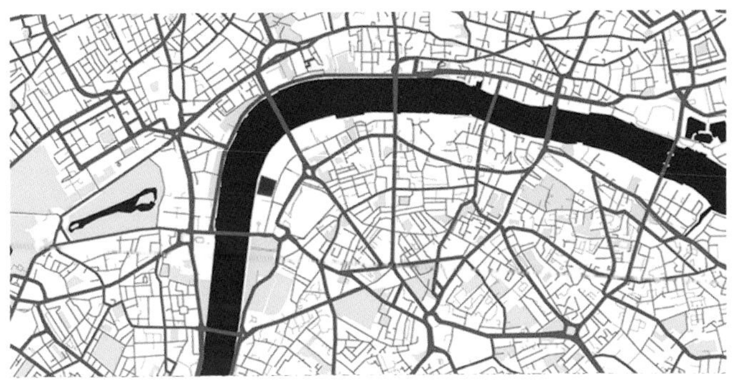

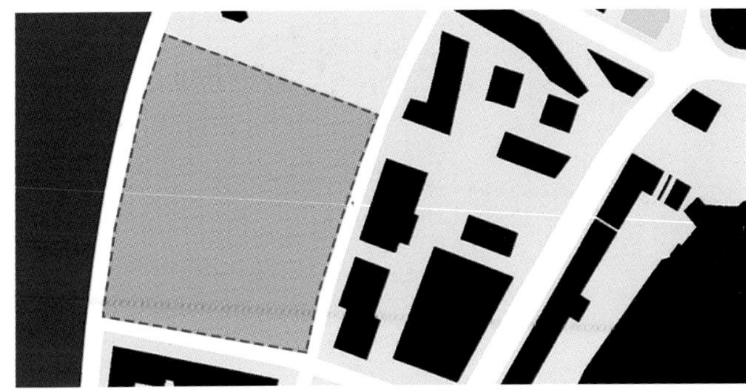

图1　区位图

城市和街区尺度上的银禧花园。

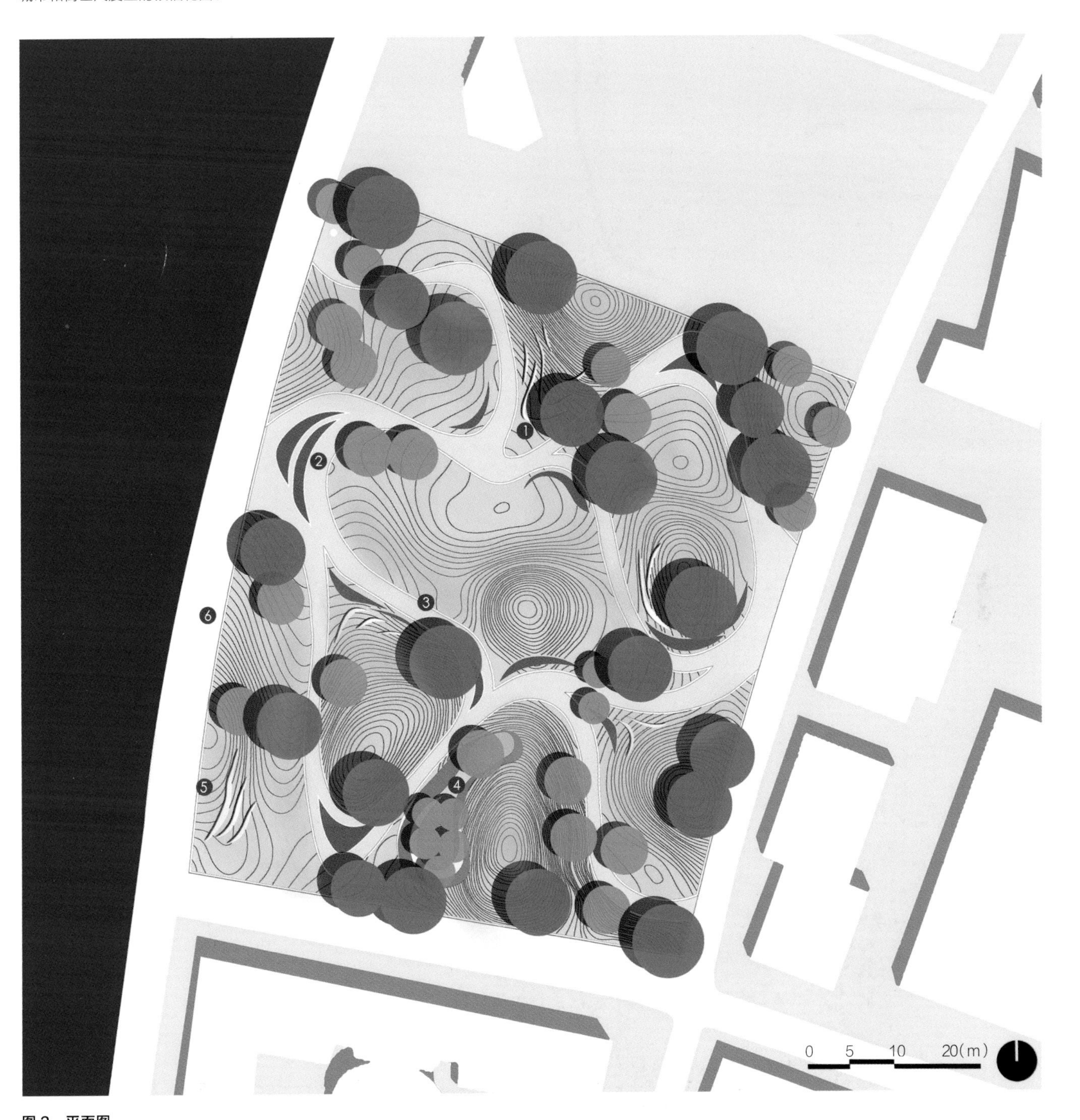

图2　平面图

1 草坪剧场　2 花坛　3 花岗岩坐凳　4 儿童游乐场　5 覆土咖啡馆　6 滨水步道

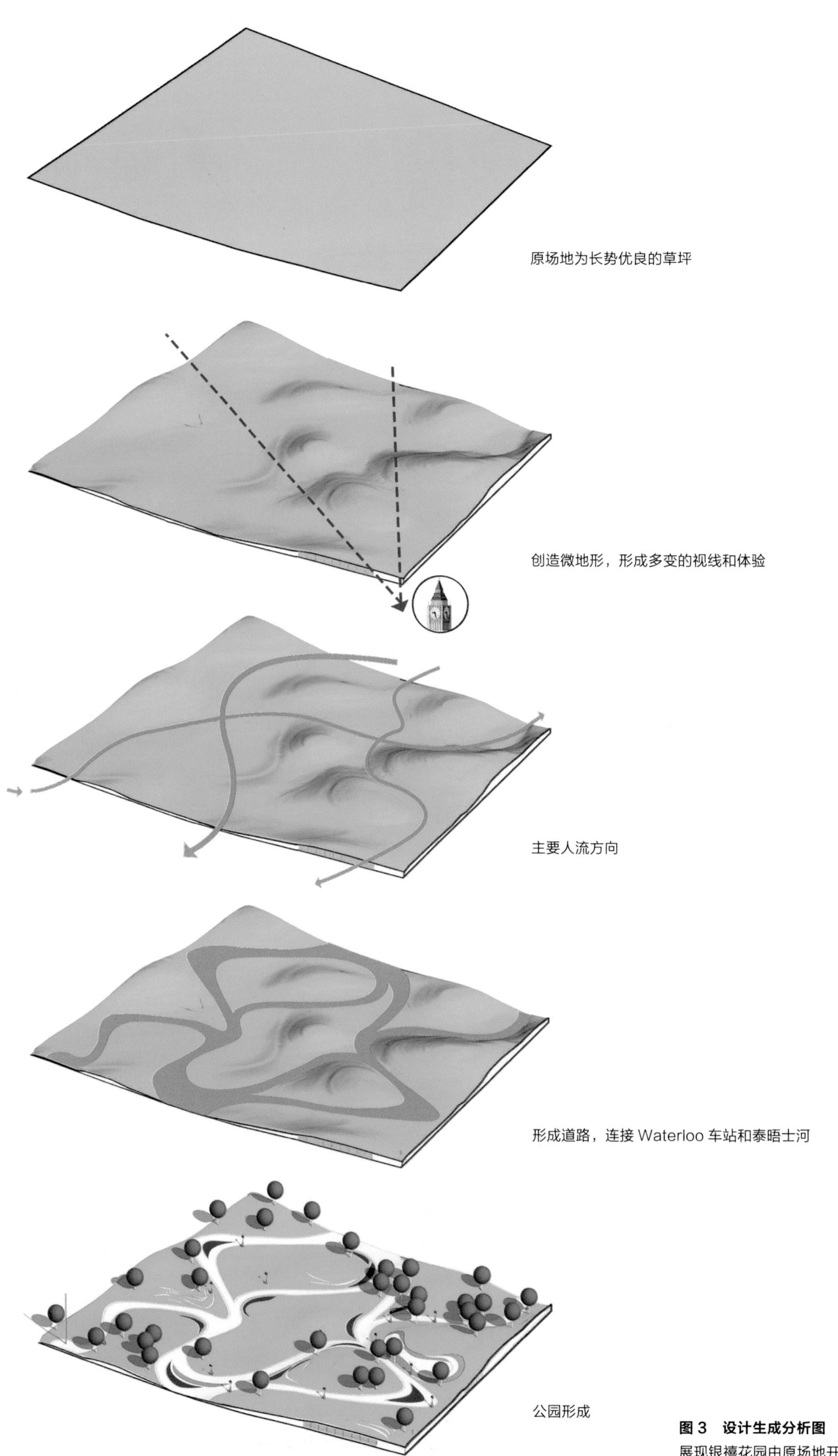

图 3　设计生成分析图

展现银禧花园由原场地开始的形态生成过程。

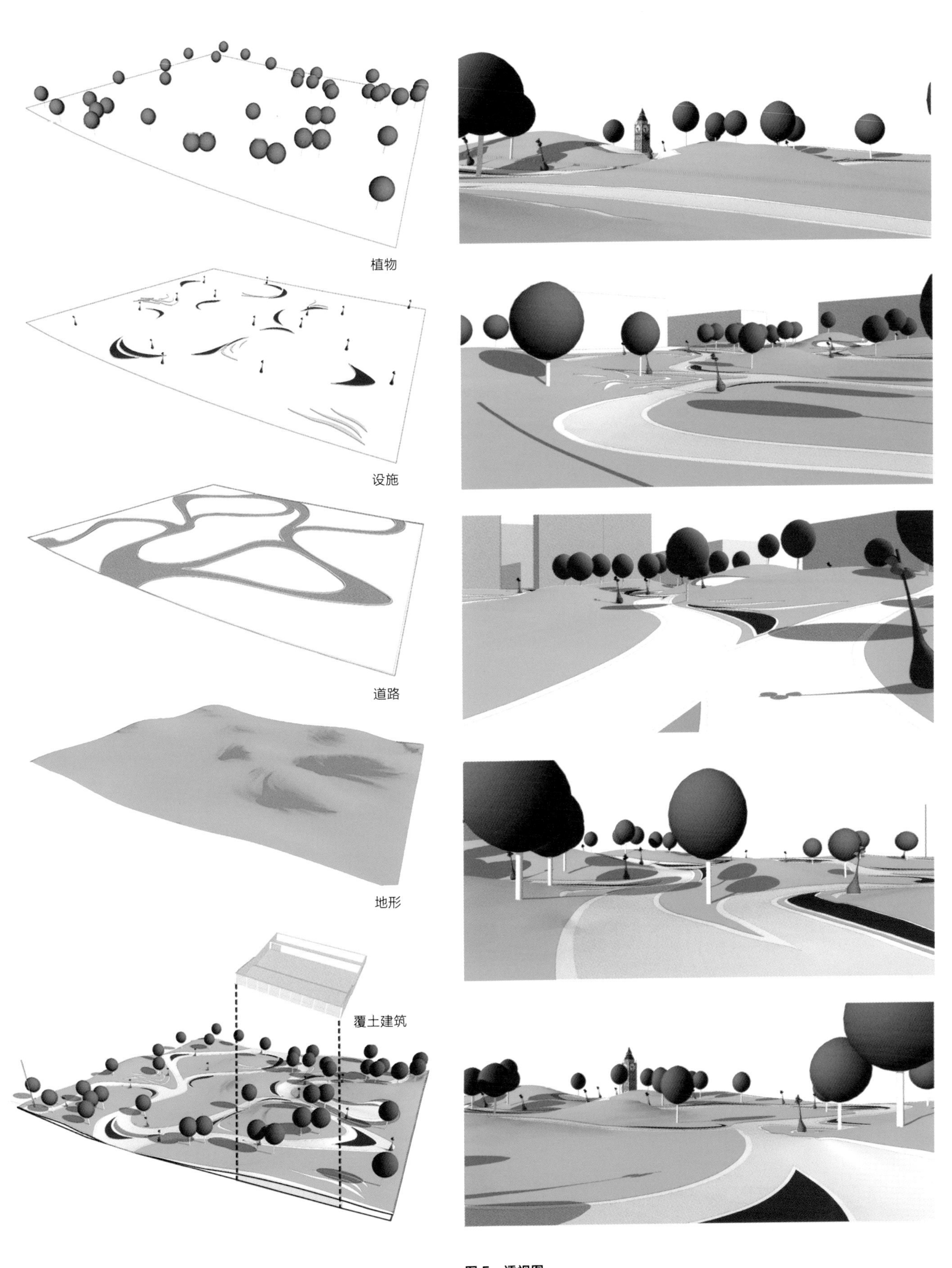

图 4　结构分析图

展现银禧花园植物、设施、道路、地形以及覆土建筑之间的关系。

图 5　透视图

展现银禧花园起伏多变的地形效果。

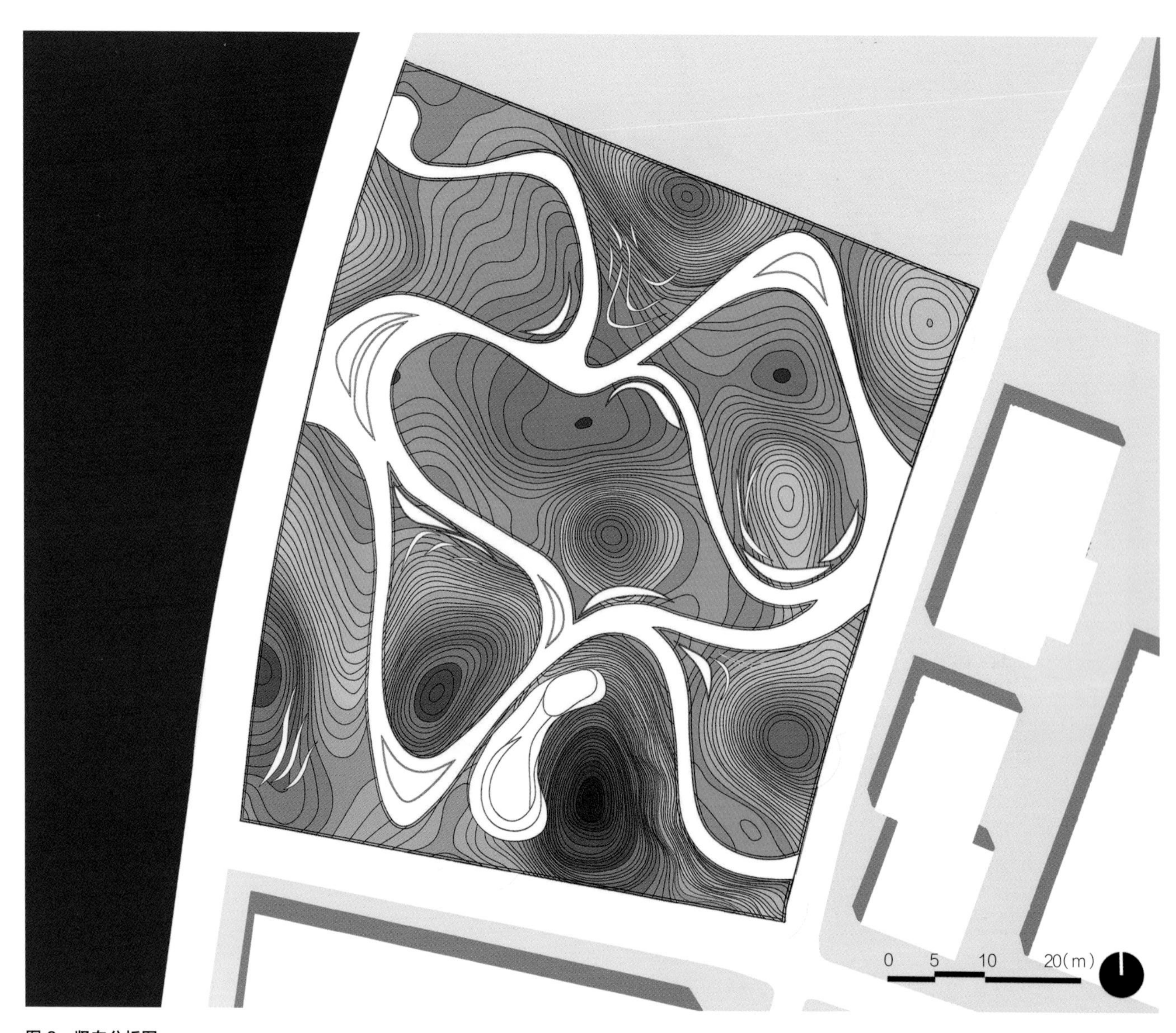

图 6　竖向分析图

展现银禧花园地形变化，等高距 0.1m。

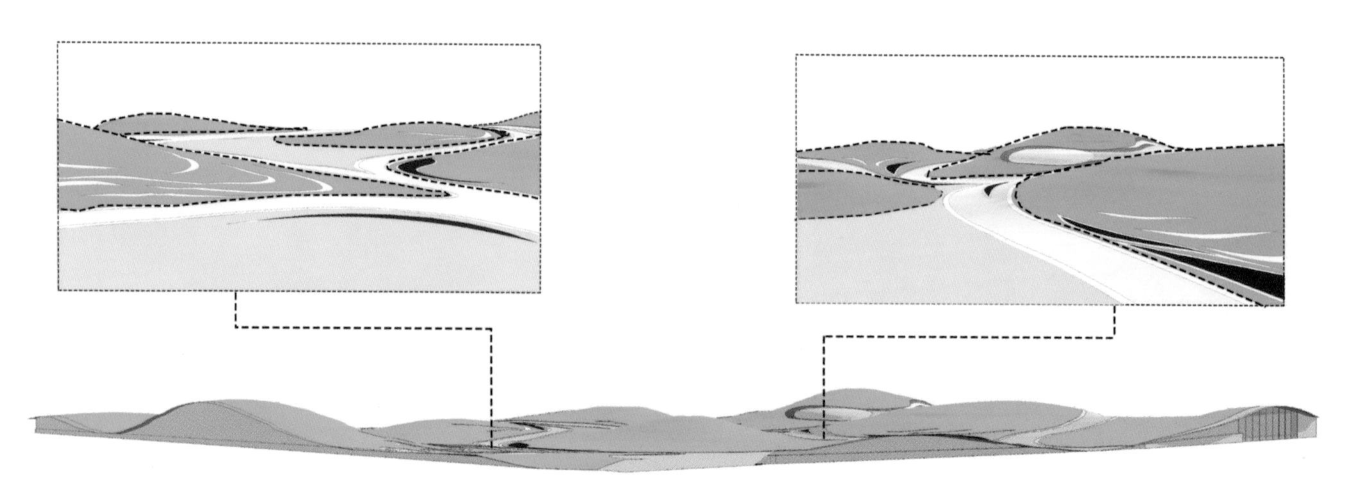

图 7　地形分析图

展现银禧花园缓坡地形的空间效果。

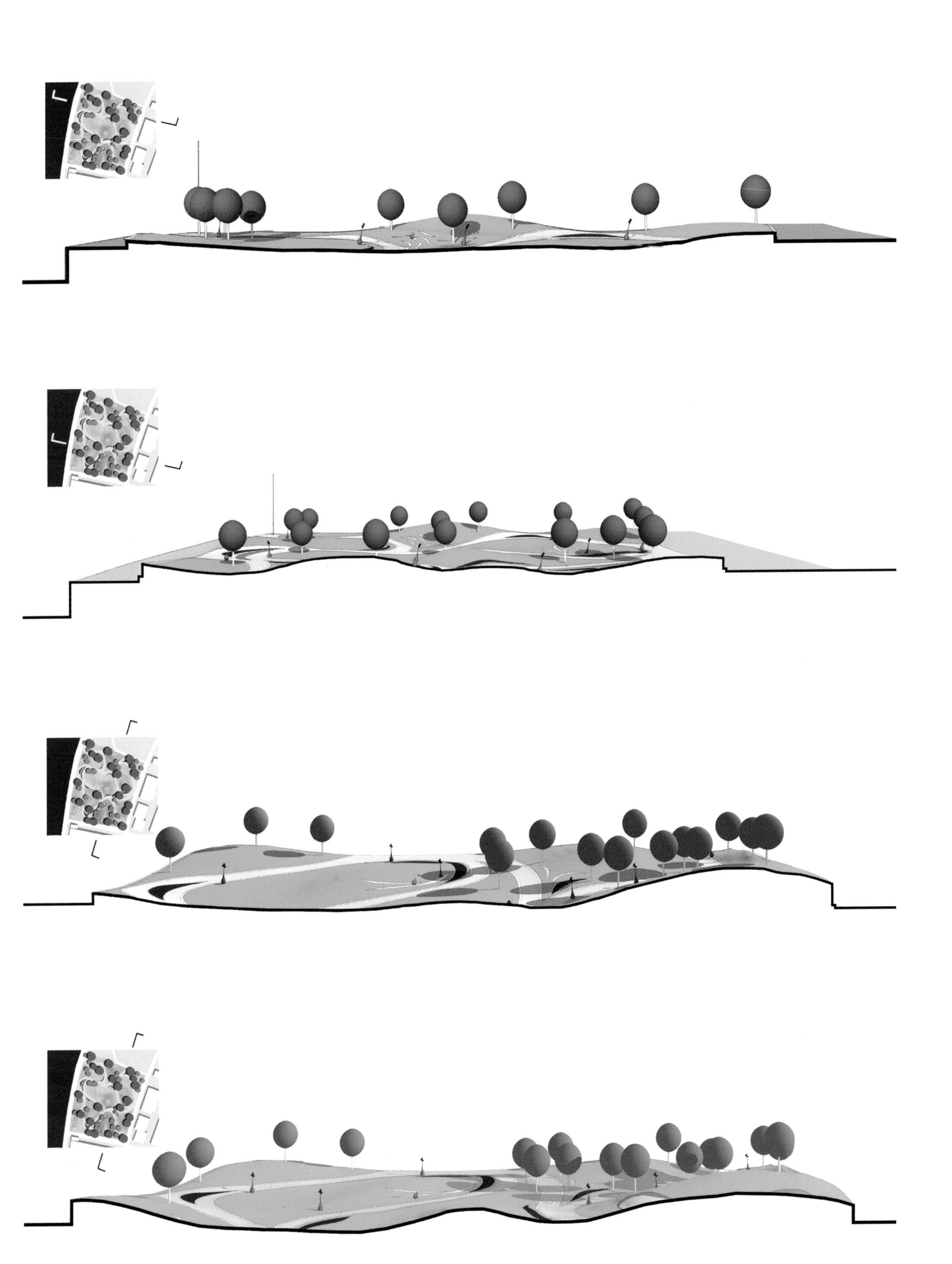

图 8　剖面图

银禧花园剖面图，通过一系列的剖面，展示公园内地形的起伏多变。

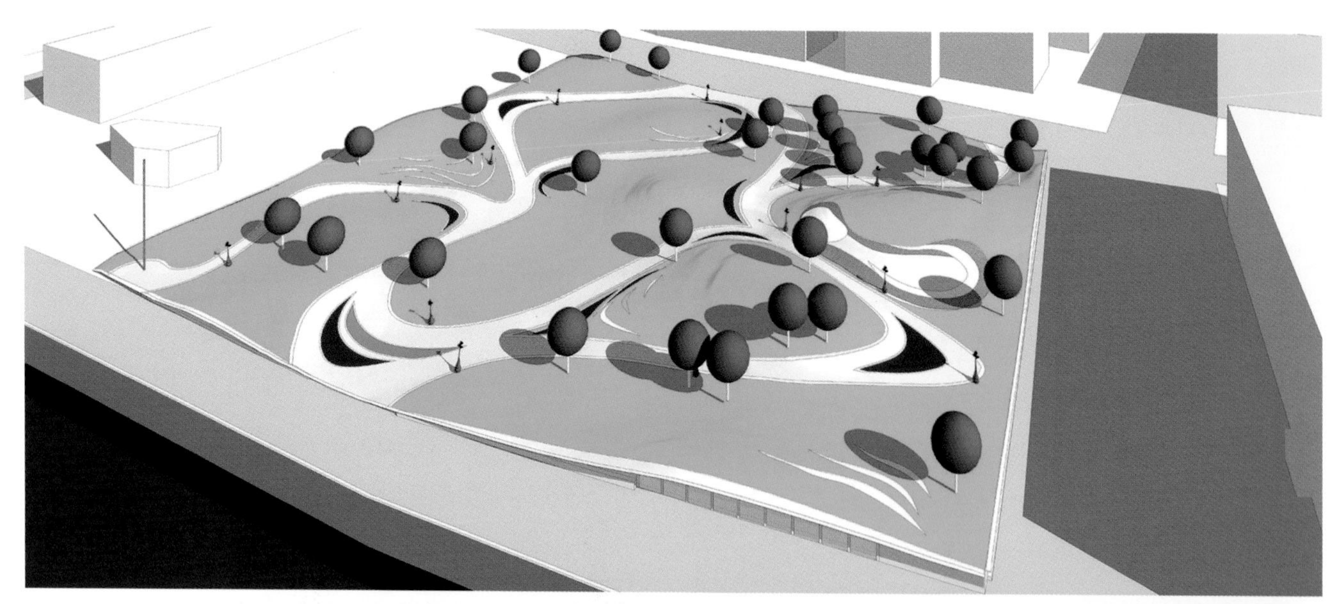

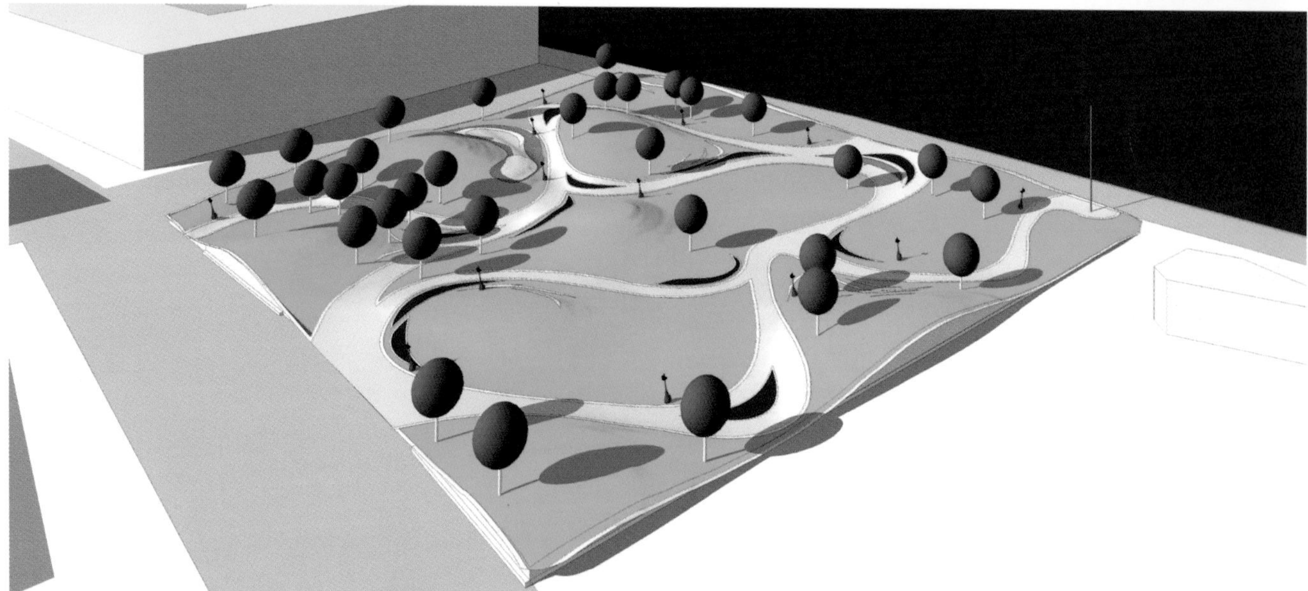

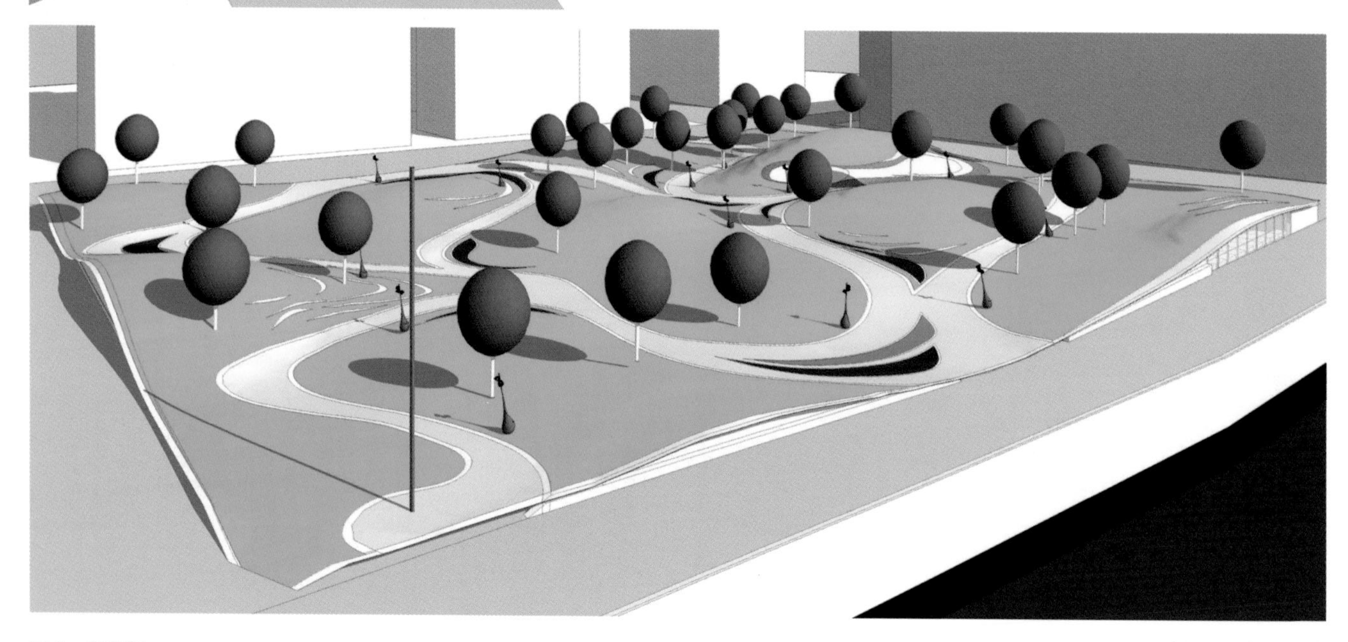

图 9　鸟瞰图

银禧花园鸟瞰图，展现地形的起伏变化。

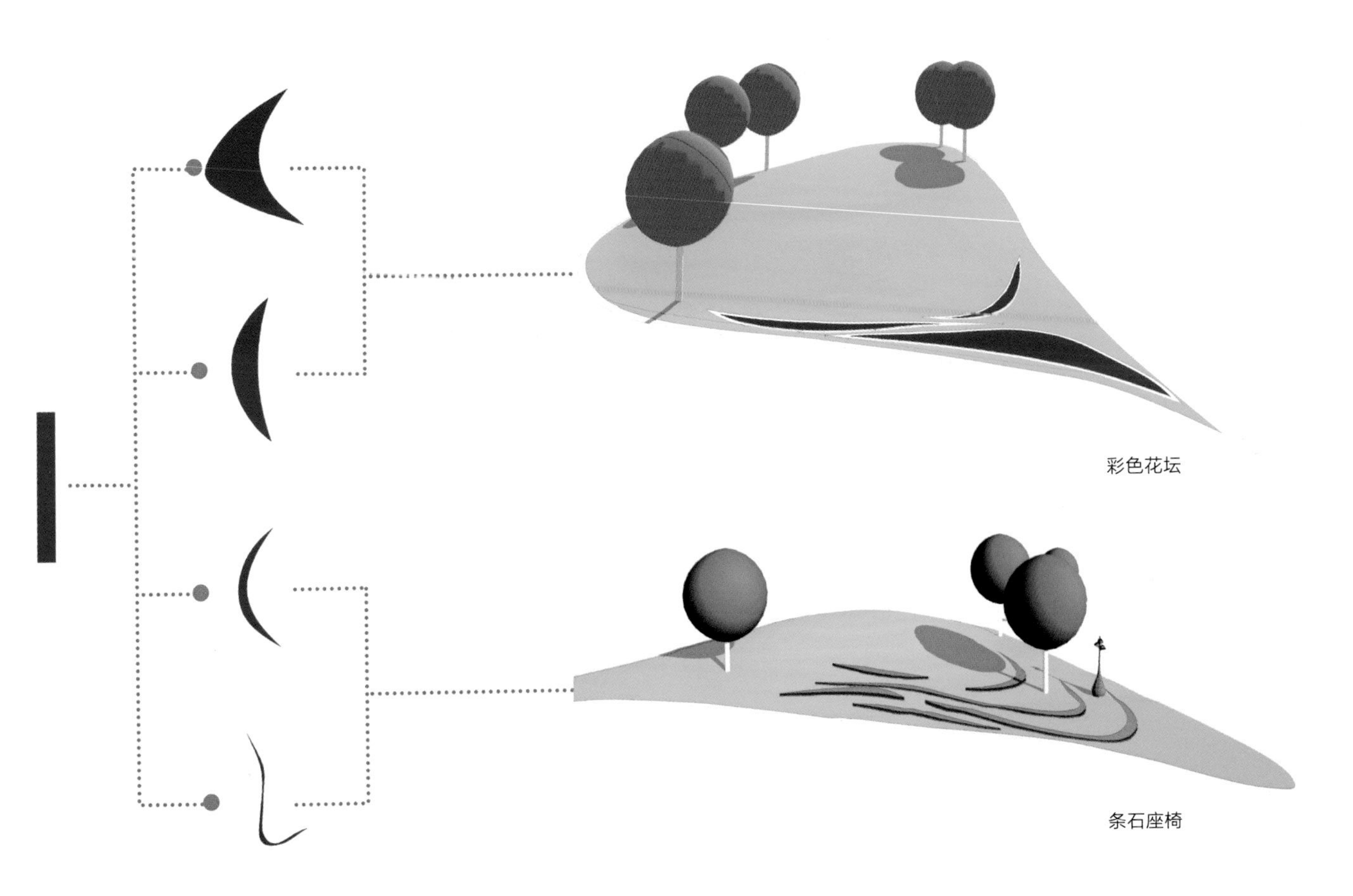

图 10　设施要素分析图

银禧花园以条石为基本元素，经过变化形成形式丰富的彩色花坛和条石座椅。

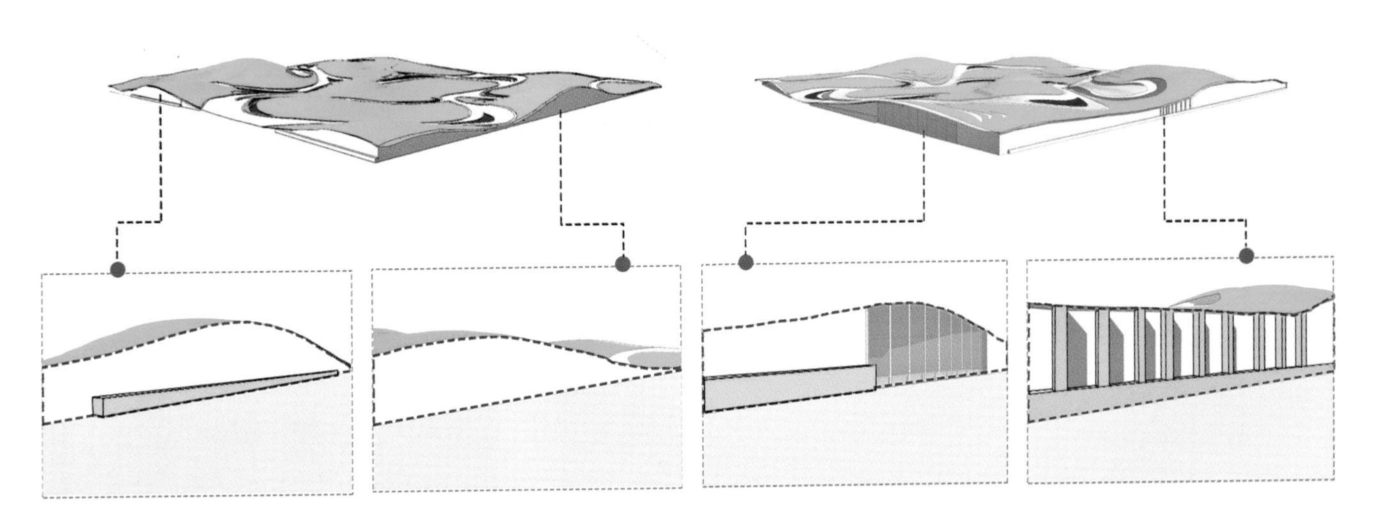

图 11　场地边界图

银禧花园边界形式如图分别为挡墙座椅、挡墙、覆土建筑和构筑。

05 韦拉公园 Weila Station Park

项目地点：西班牙伊瓜拉达

项目面积：1.6hm²

设计（建成）时间：1995 年

设计师：Enric Batlle、Joan Roig

项目概况

韦拉公园 (Weila Station) 原址为巴塞罗那附近卫星城伊瓜拉达的旧车站，占地约 1.6hm²。它位于城市林荫步道的末端，林荫步道的另一端是火车站。1994 年，市议会决定建造韦拉公园，公园被两条街道界定，它们之间的陡峭斜坡即为公园场地，地形由西北向东南方向逐渐降低，呈现出强烈的不平衡感。

设计思路

设计师 Enric Batlle 和 Joan Roig 设计了一条连续景墙，将场地根据高差划分成明显的上下两层空间，分别以绿地和铺装为主。竖向产生的空间变化，因这条长长的景墙而具有戏剧性色彩，并通过依附于景墙的水景进一步增加效果，公园的主要功能也集中于这景墙，某种程度甚至可以说，韦拉公园的设计就是这条景墙的设计。

景观布局

一条剖面复杂的墙把公园分成标高不同的两个部分，解决了场地与街道之间的高差问题。其中，墙体南侧部分是种植乔木的树阵广场，是源于火车站的城市林荫步道的延续；墙北侧部分密植乔灌木丛和南侧疏朗的树阵广场形成疏密空间的对比。

分割两层空间的墙体采用不同的形式，其高度也随地形不断变化——自西北向东南逐渐递减。墙体包含了步道、水渠、水池、楼梯、草阶剧场、岩洞、平台等多种不同的功能形式。它贯穿整个公园，不仅组织了公园的空间结构，还满足了人们的各种使用需求。墙体的南侧为一条水渠，首先是由入口的小水池和景墙作为公园序列的开端，然后变为细长的水渠，并演化为岩洞外的景观水池。墙体顶部的道路连接了加泰尼亚广场 (Placa de Catalunya) 和巴尔姆路 (Avinguda de Balmes)，此道路与密林相接，坡度保持不变，在其上能够看到整个公园的景色。

参考文献：

[1] PARC DE L'ESTACIó VELLA,IGUALADA[EB/OL].[2019-01-16].http://www.batlleiroig.com/landscape/parc-de-lestacio-vella-igualada/

[2] Parc de l'Estaci ó Vella[EB/OL].[2019-01-16].http://www.altaanoia.info/cat/Punts-d-Interes/Parc-de-l-Estacio-Vella

[3] Parc de l' Estació Vella.Igualada.[EB/OL].[2019-01-16].http://lolalucas.blogspot.com/2009/12/parc-de-lestacio-vella-ig ualada.html?m=1

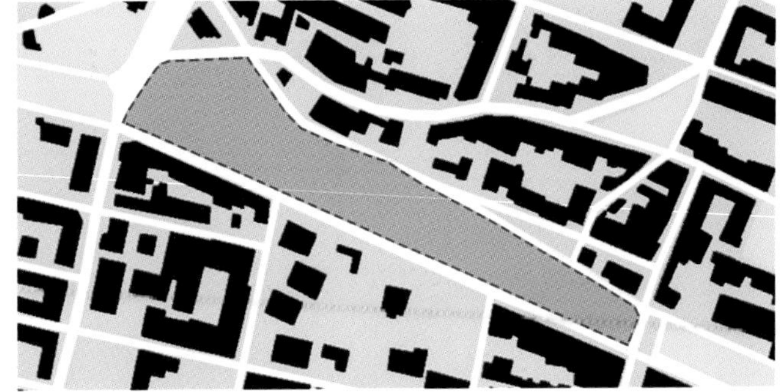

图 1　区位图
城市和街区尺度上的韦拉公园。

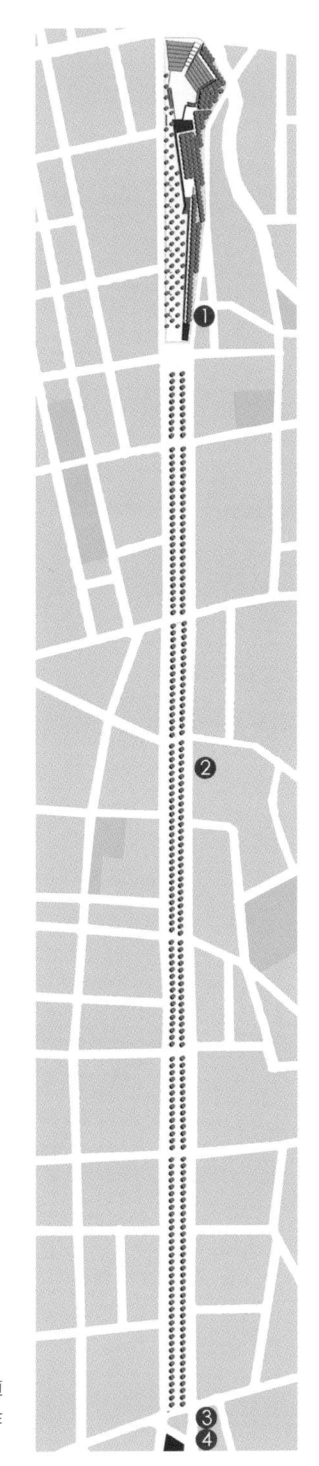

1 韦拉公园　2 林荫步道
3 站前广场　4 火车站

图 2　城市结构图
城市中部是一条长长的林荫步道，步道的东端是火车站和站前广场，西端是作为步道结束的韦拉公园。

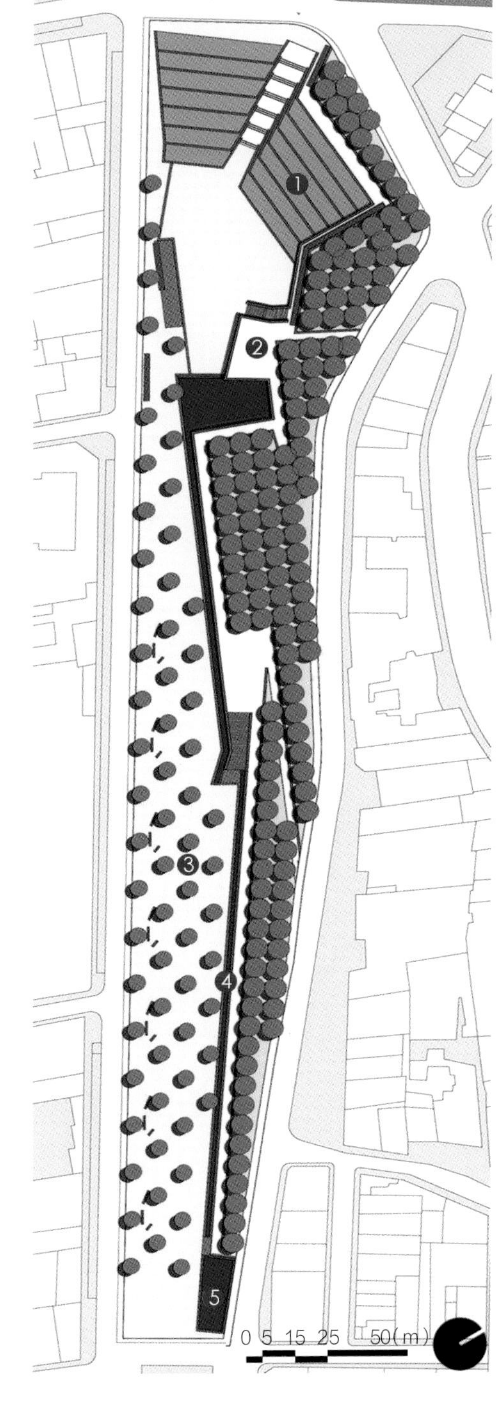

1 草阶剧场
2 岩洞建筑
3 林荫广场
4 水渠
5 景墙水池

图 3　平面图

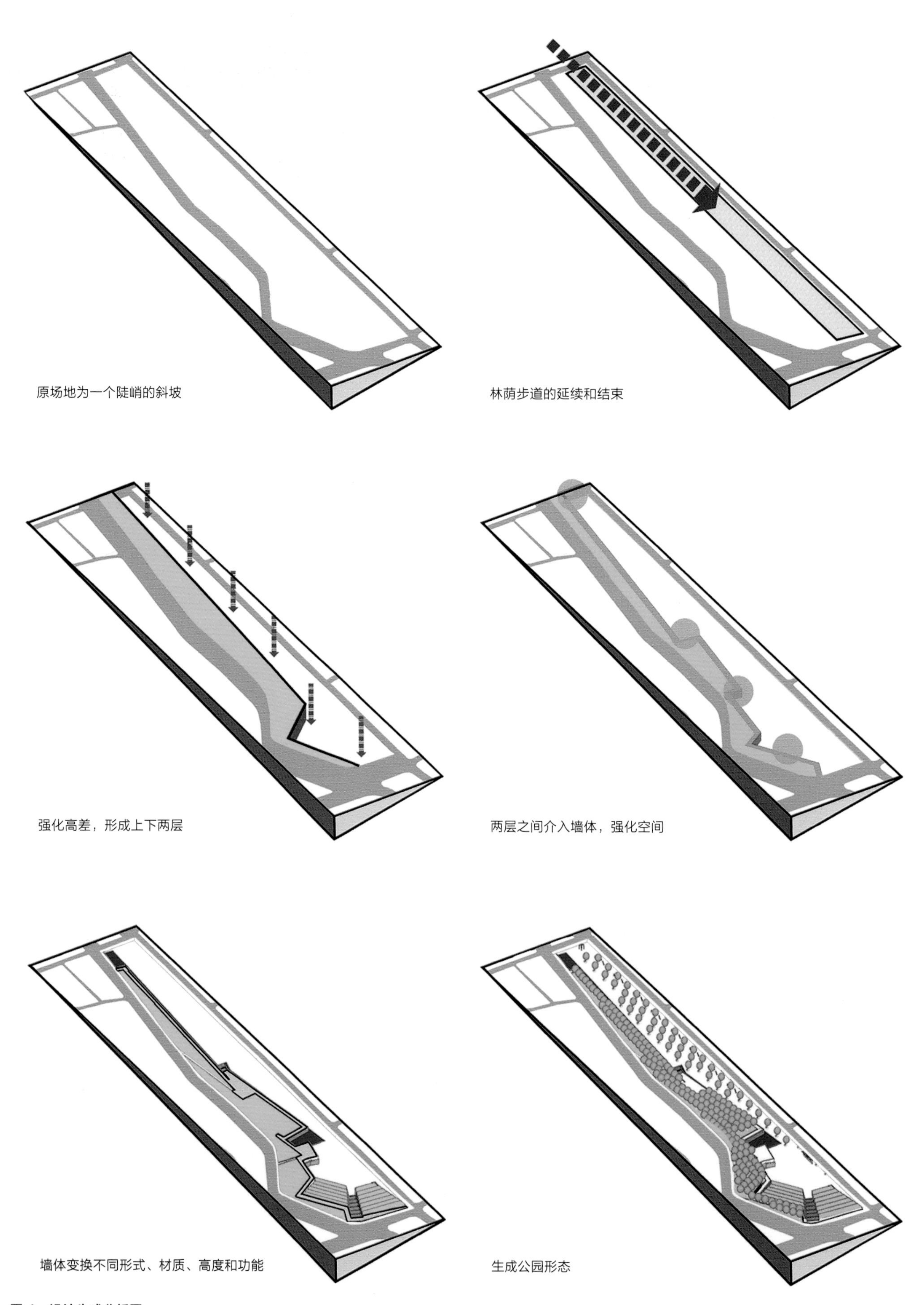

图 4　设计生成分析图

展现韦拉公园由原场地开始的形态生成过程。

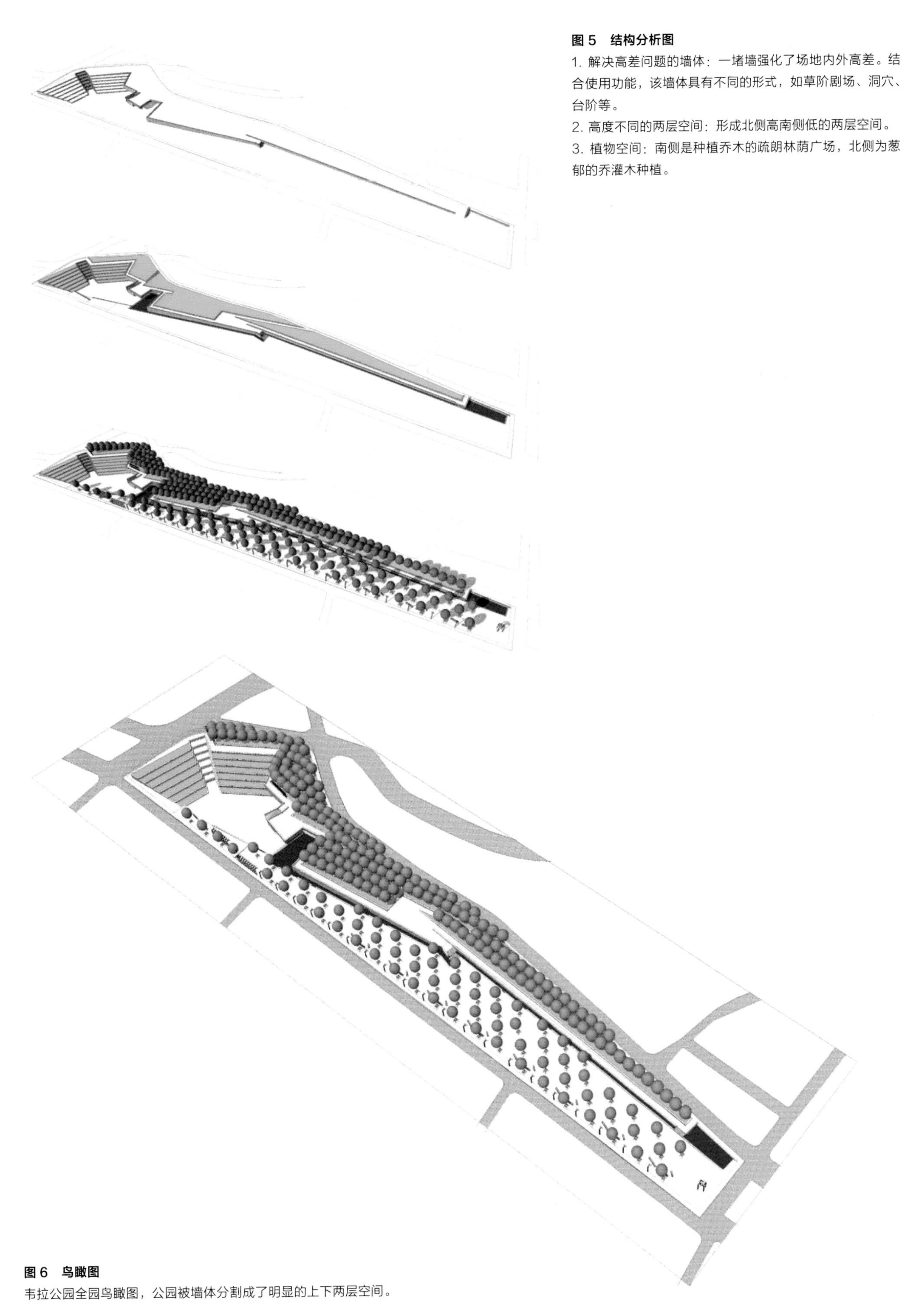

图 5　结构分析图

1. 解决高差问题的墙体：一堵墙强化了场地内外高差。结合使用功能，该墙体具有不同的形式，如草阶剧场、洞穴、台阶等。

2. 高度不同的两层空间：形成北侧高南侧低的两层空间。

3. 植物空间：南侧是种植乔木的疏朗林荫广场，北侧为葱郁的乔灌木种植。

图 6　鸟瞰图

韦拉公园全园鸟瞰图，公园被墙体分割成了明显的上下两层空间。

地形分析

韦拉公园原场地为一个西北高、东南低的陡峭斜坡。设计师并没有采取削坡做法来缓解场地内外的高差，而是以一堵墙体的介入，使得场地内部形成了高差明显不同的南北两个场地。南侧为林荫广场，北侧为密林。墙体高度也随地形的变化自西北向东南递减。公园主入口为一处水池和题有公园名字的景墙，随后，景墙转化为转折而连续的挡土墙，挡土墙在不同高度的上下两层空间之间设置台阶联系空间，同时利用高差，设置了西方传统造园要素——岩洞，公园西北侧挡土墙转化的草阶剧场缓解了场地内外巨大的高差。

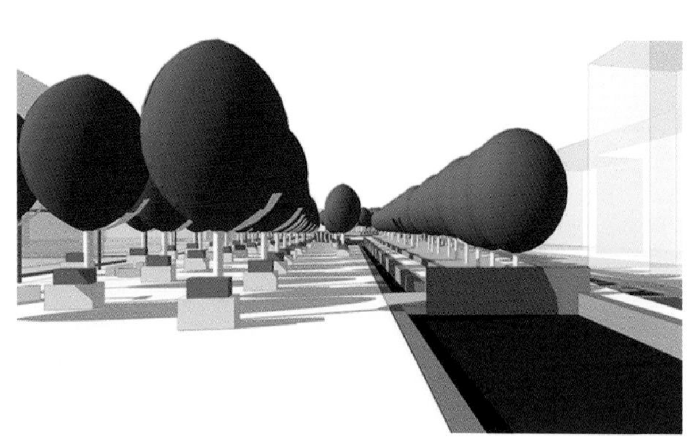

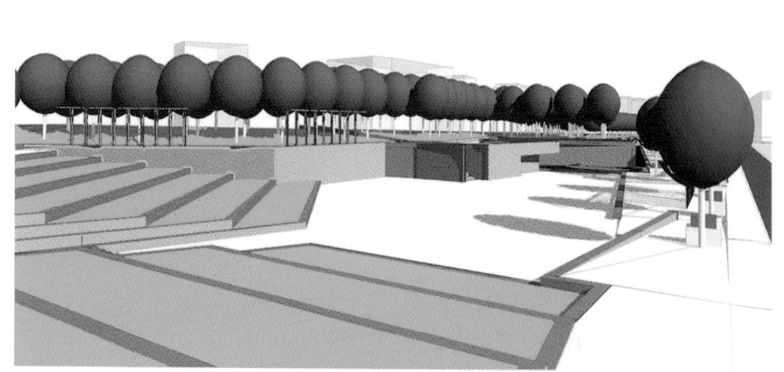

图 7　透视图

韦拉公园东南入口水渠景墙和西北入口草坪台阶处效果图。

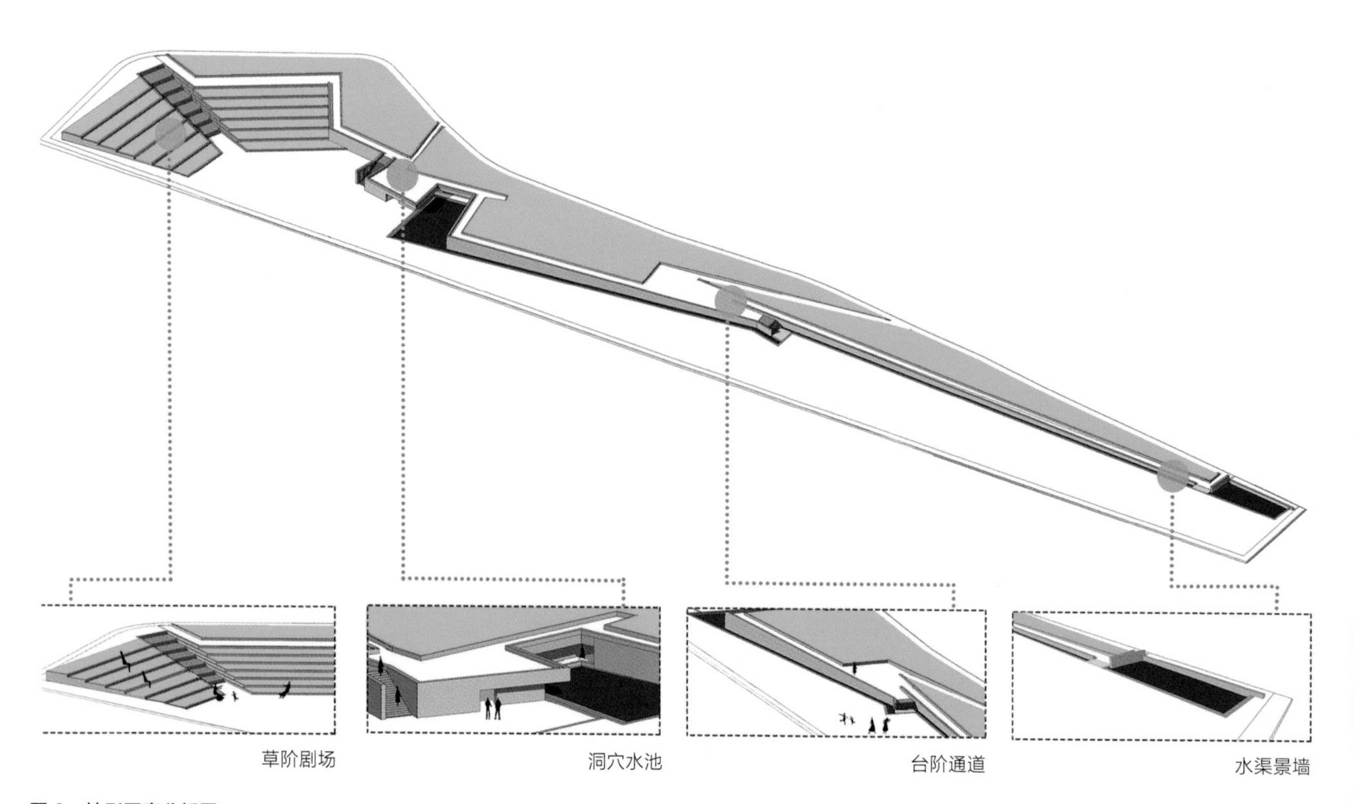

图 8　地形要素分析图

墙体形成草阶剧场、洞穴水池、台阶通道、水渠景墙等不同景观要素。

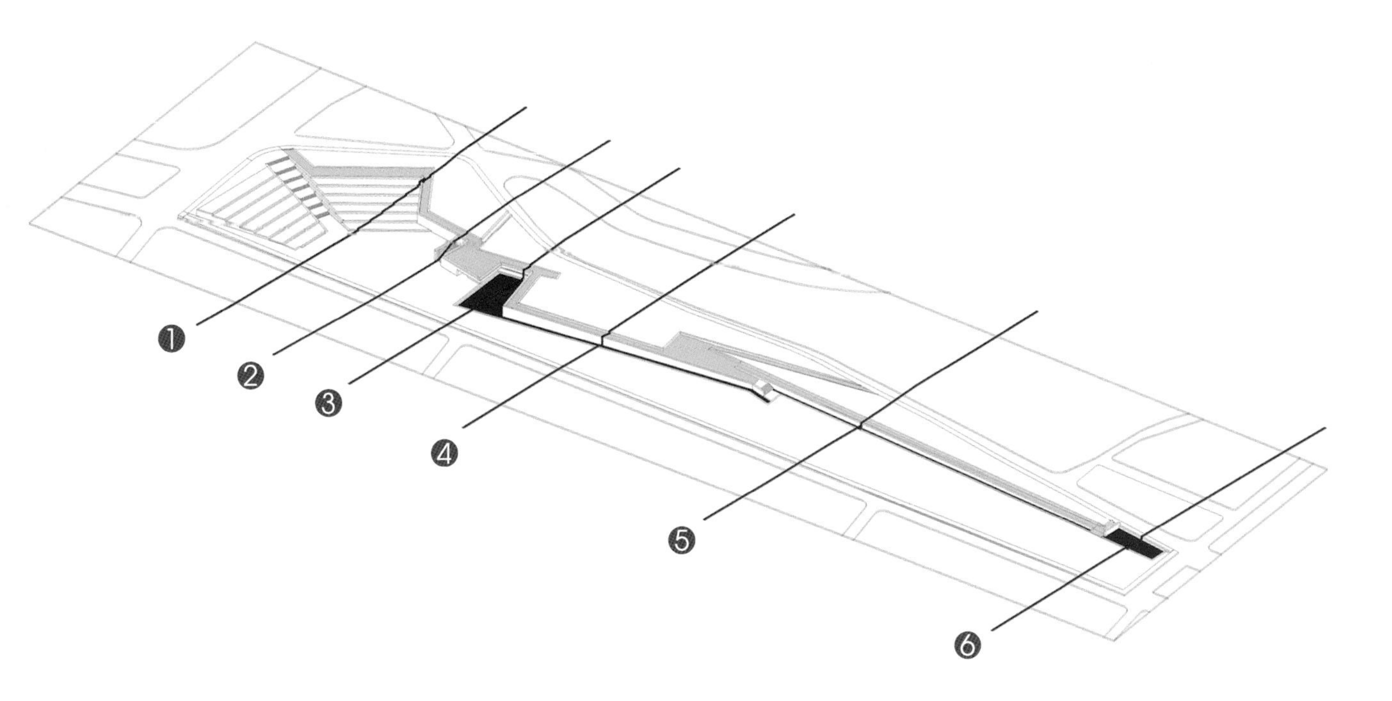

图 9　剖切位置图
展现韦拉公园的地形高差变化趋势。

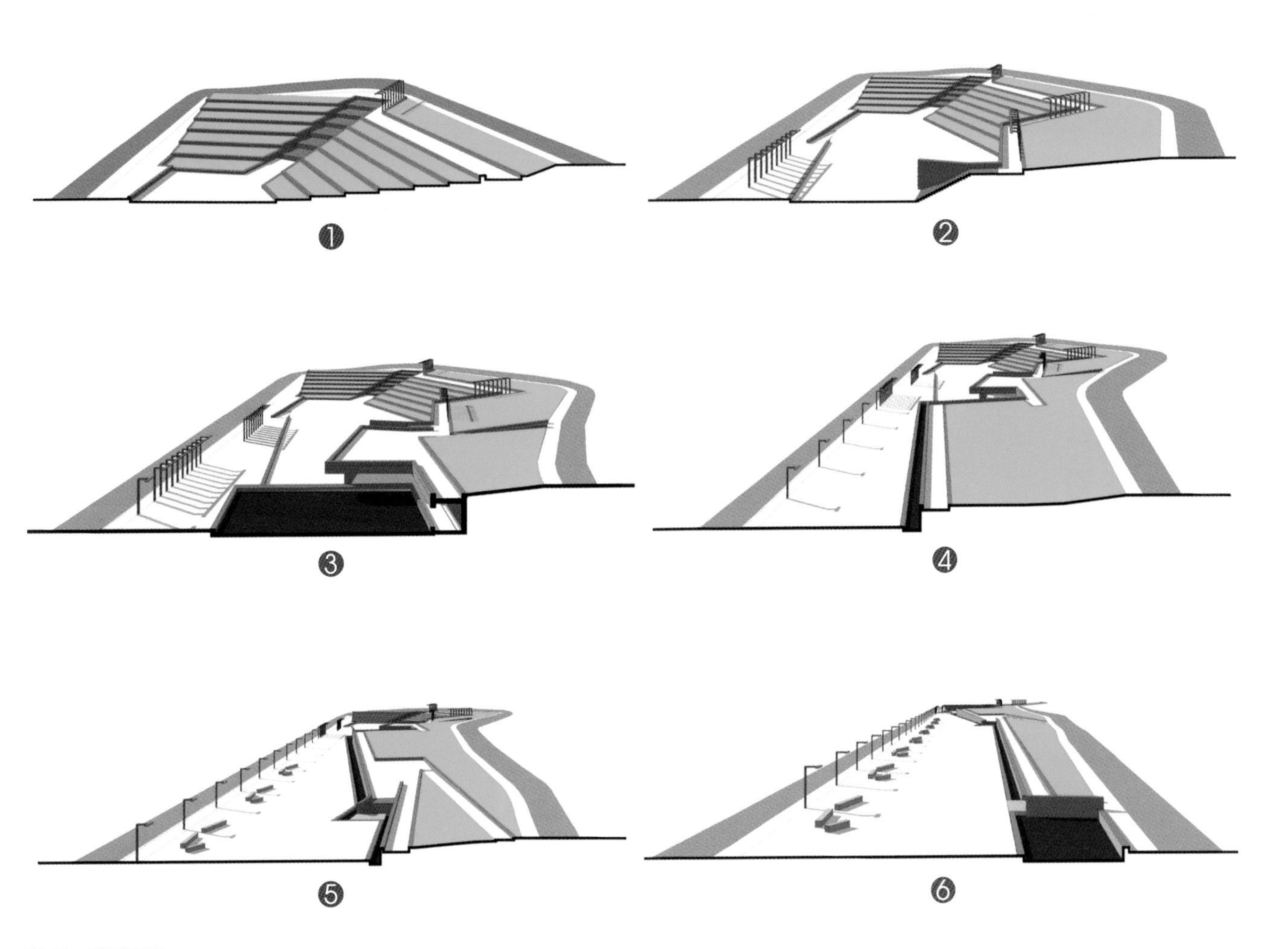

图 10　剖透视图
通过不同位置的剖透视图序列表现韦拉公园的地形高差变化。

06 朗特庄园 Villa Lante

项目地点：意大利巴涅亚小镇
项目面积：$1.85hm^2$
设计（建成）时间：16 世纪
设计师：Vignola

项目概况

意大利古典园林在西方造园史上影响深远，留存至今的代表作有朗特庄园（Villa Lante）、法尔奈斯庄园（Villa Farnese）、埃斯特庄园（Villa d' EsteTivoli）等。其中，朗特庄园地处高爽干燥、风景如画的丘陵小镇巴涅亚，由著名的建筑师维尼奥拉设计。庄园场地南高北低，呈规则矩形，长约 250m，宽约 75m，高差约 8m，修建历时近 20 年，是一座极为经典的意大利台地园。1944 年第二次世界大战中，庄园遭到了严重的破坏，1954 年，被严格按照原貌进行了修复，现今该庄园仍属朗特家族所有。

景观布局

朗特庄园的布局呈中轴对称，均衡稳定、主次分明，各层次间变化生动，又通过恰到好处的比例掌控，形成了一个和谐的整体。区别于意大利其他的台地园，朗特庄园的建筑并没有放置在山顶或者显著的位置，而是对称分布在中层台地上，分列轴线两侧。庄园的中轴线通过各种水景以形成独特的景观序列，串联各个台层。各台层都有具体的功能与主题，利用雕塑、凉亭、雕刻、岩洞、壁龛等对各层转换空间加以处理，丰富了空间体验。这使得简洁的场地布局结构中充满了富有情趣的细节，气氛宁静又灵动。

参考文献：

[1] Charles W M,William J M,William T.The Poetics of Gardens[M].The MIT Press,1993.

[2] Paul Van D R,Gerrit S,Clemens S.Italian Villas and Gardens[M].Prestel Pub,1992.

图 1　区位图
小镇一隅朗特庄园。

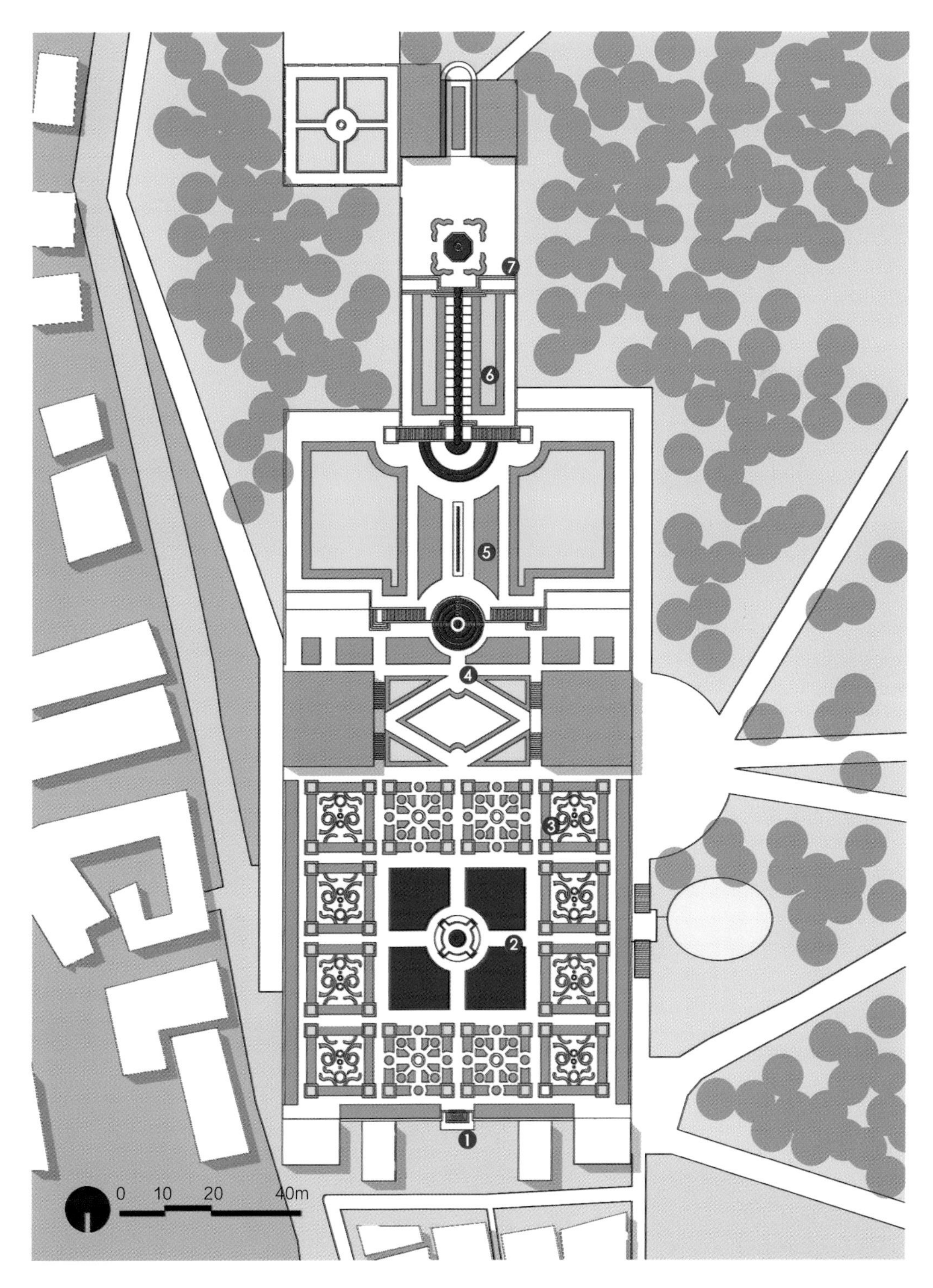

图 2　平面图
1 入口
2 中心水池
3 模纹花坛
4 圆形喷泉
5 水渠
6 水阶梯
7 八角形水池

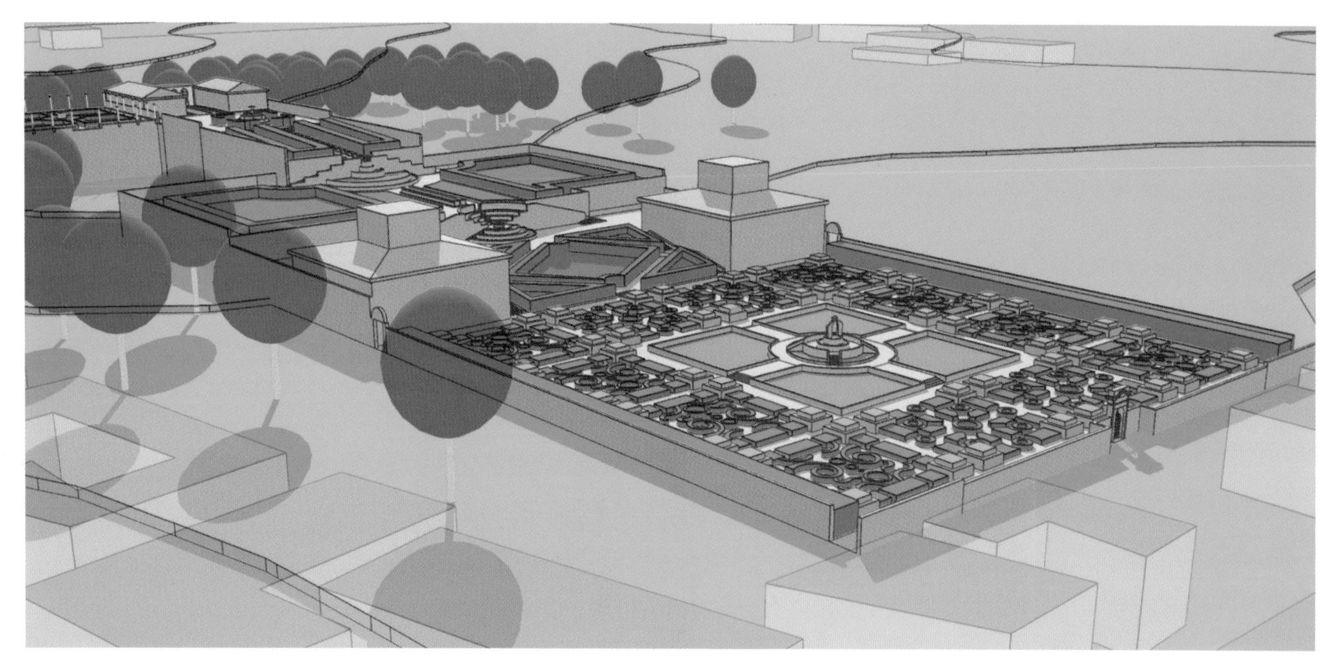

图 3　鸟瞰图

由东向西整体鸟瞰。

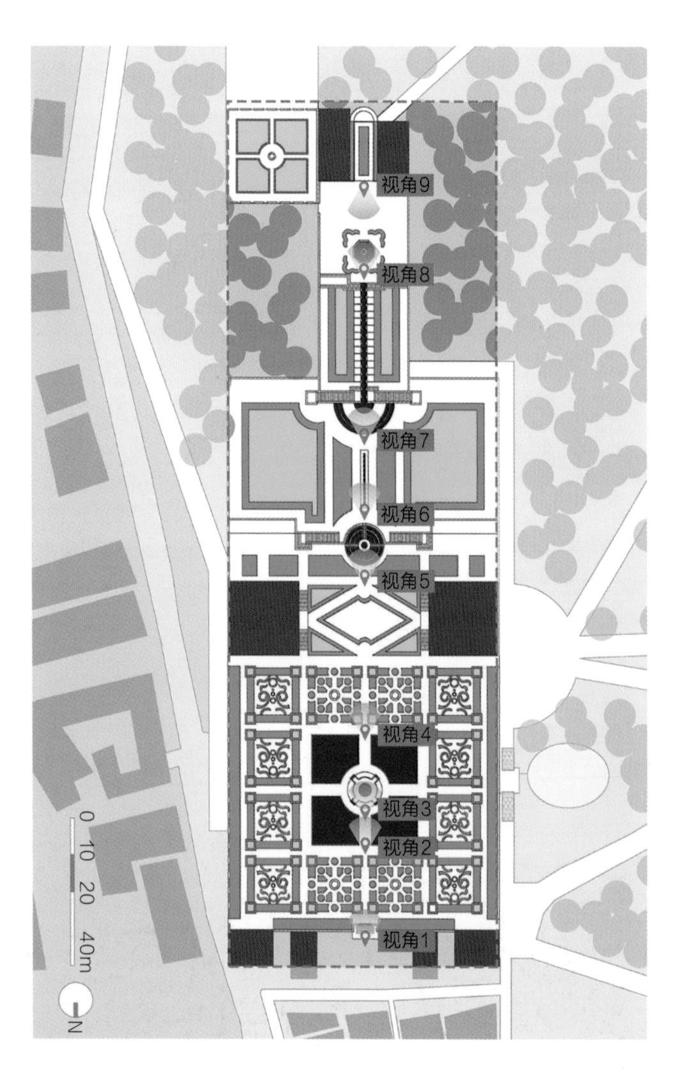

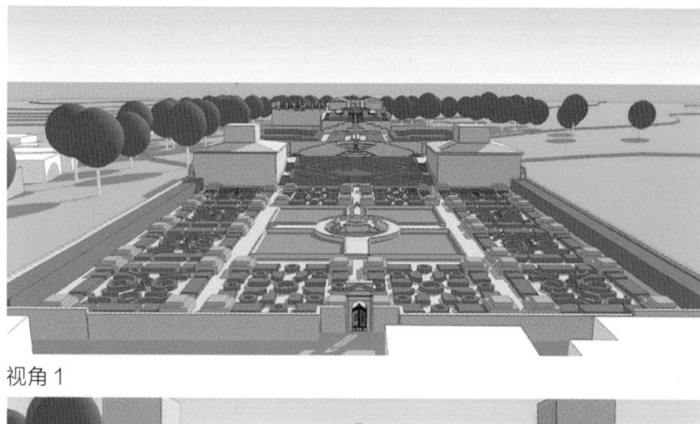

视角 1

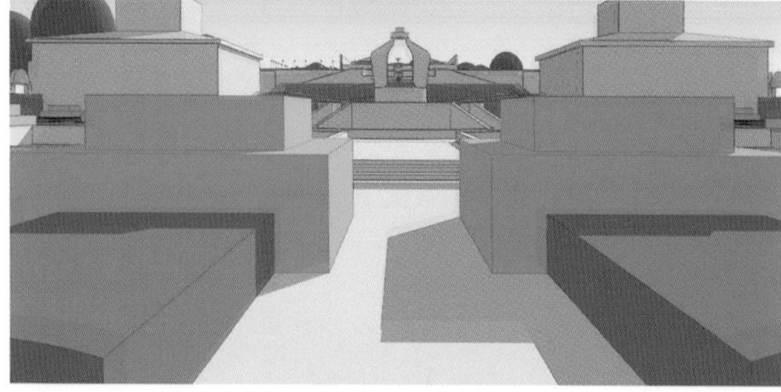

视角 2

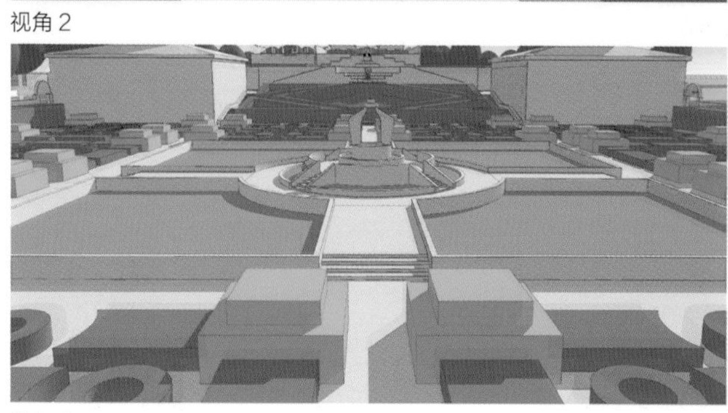

视角 3

图 5　平面序列

南北向主轴线效果序列。

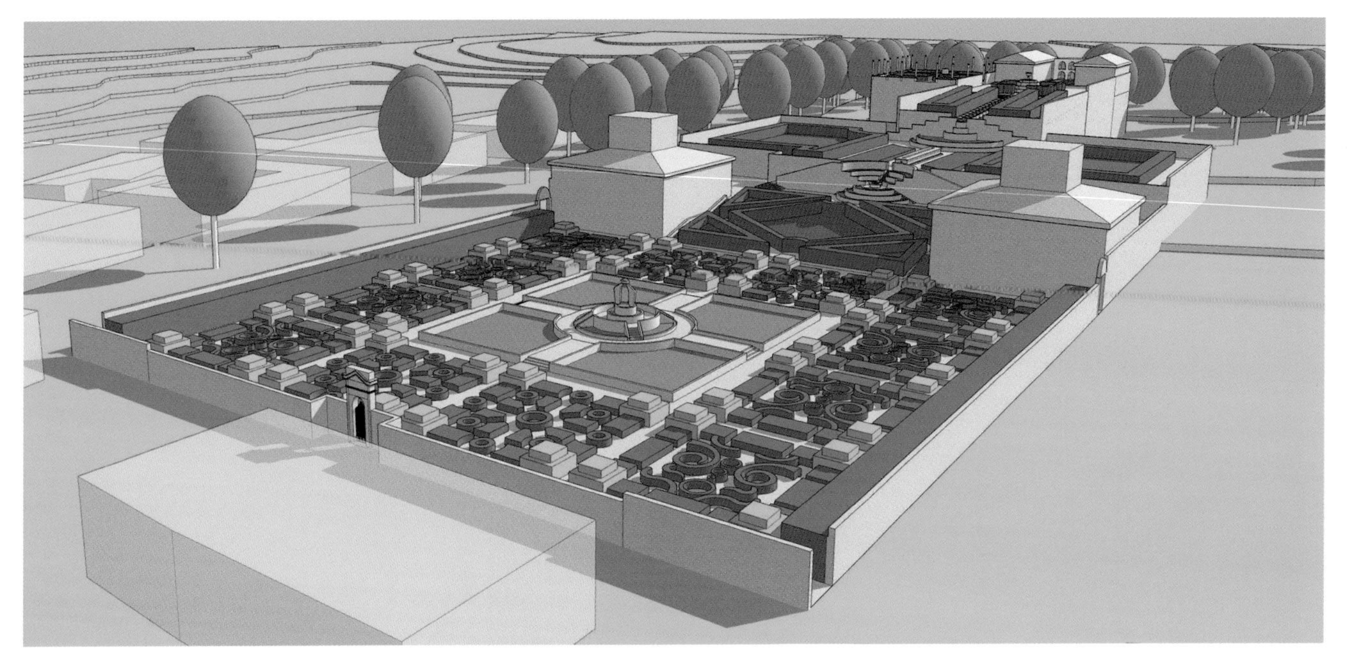

图 4　鸟瞰图

由西向东整体鸟瞰。

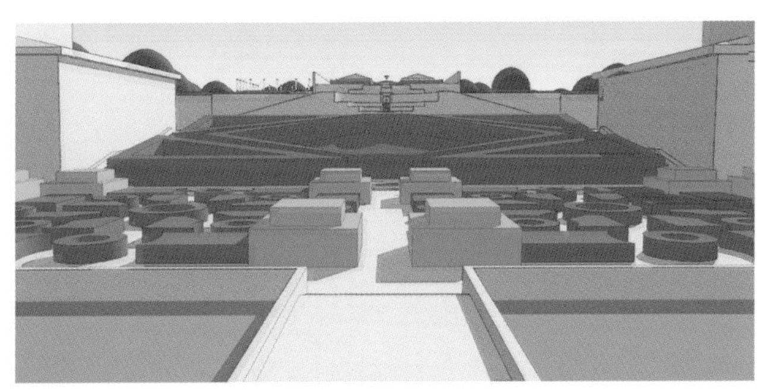

视角 4

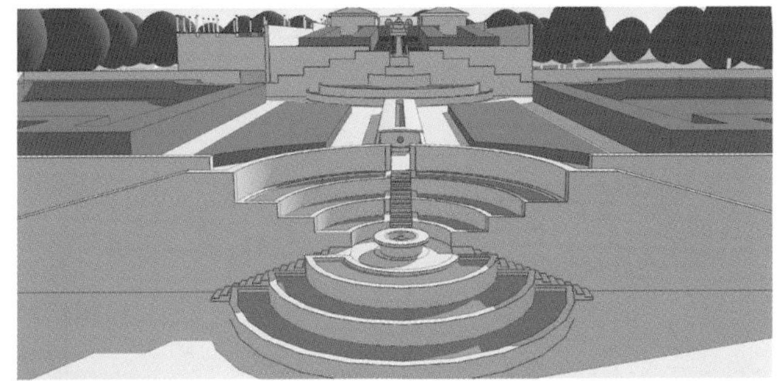

视角 5

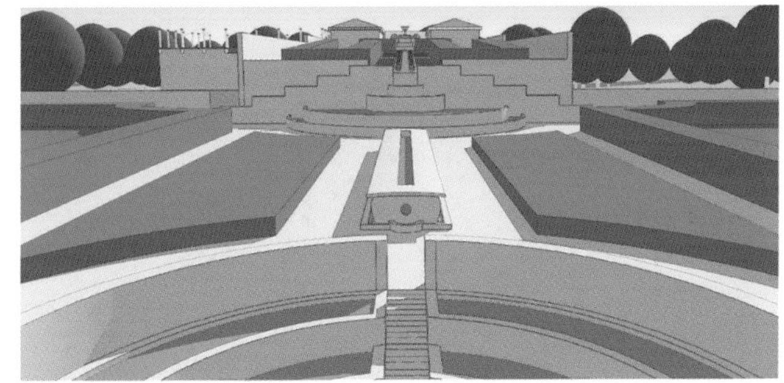

视角 6

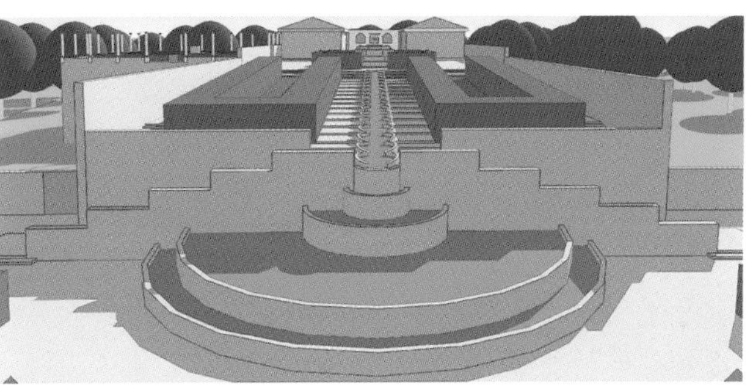

视角 7

视角 8

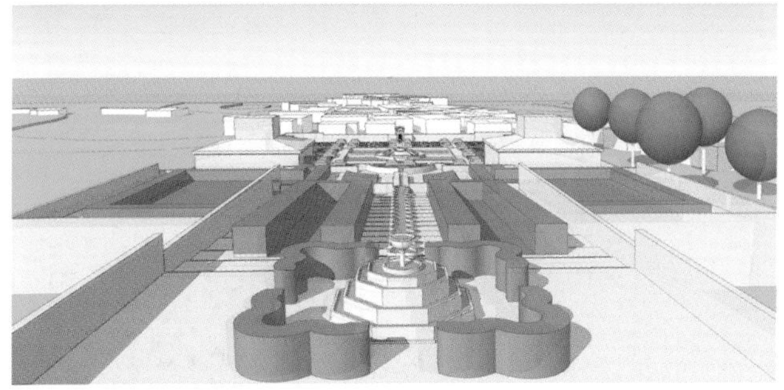

视角 9

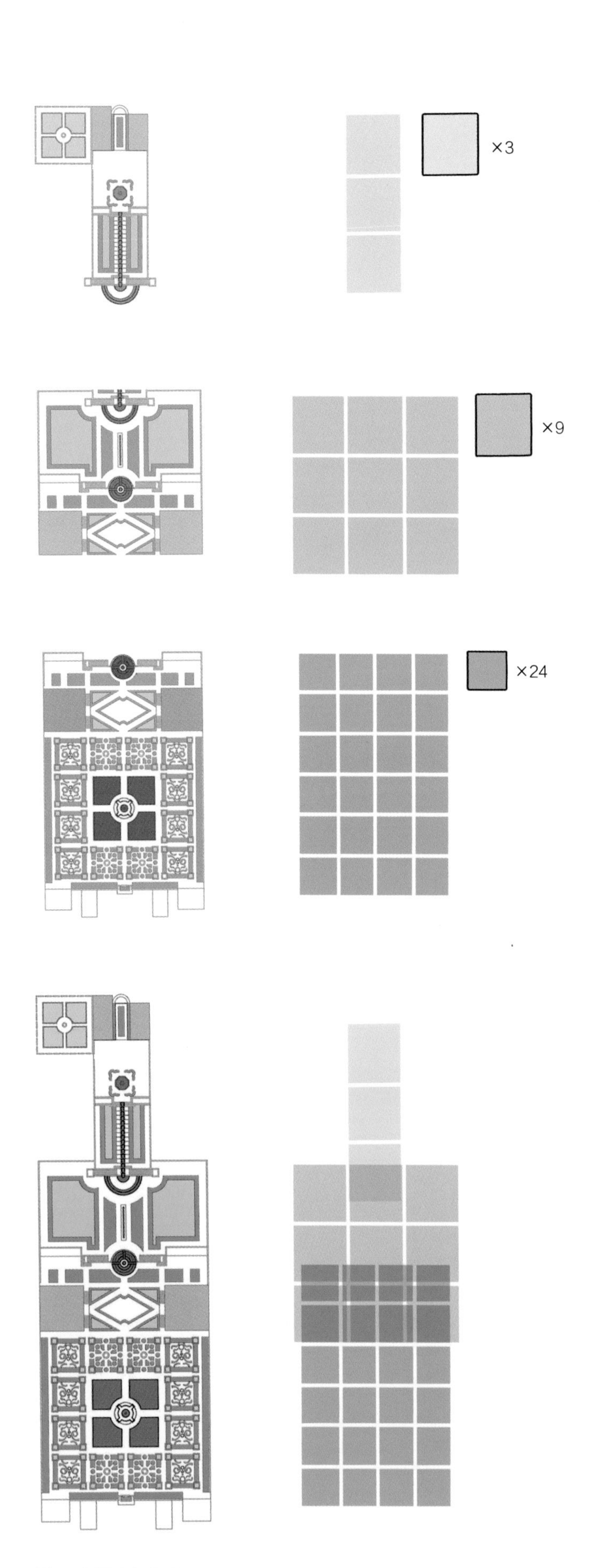

图 6　平面几何关系
图解朗特庄园平面构成，不同尺度的网格构成。

地形设计

朗特庄园将 8m 高差处理为四个层次分明的台层，分别是底层规整的刺绣花园、中层主体建筑、上层圆形喷泉广场、顶层观景台（制高点）。

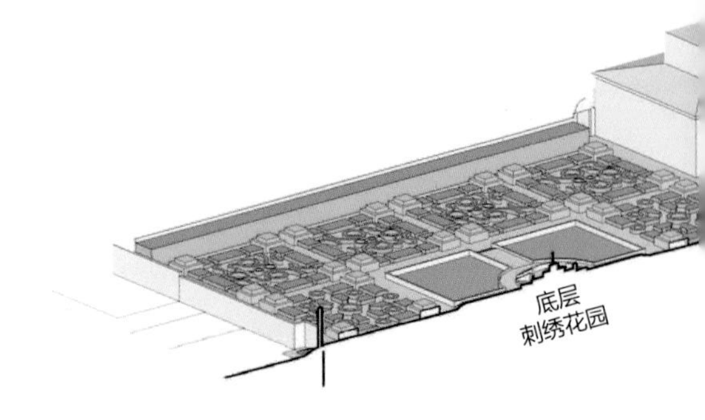

图 7　台层整体剖透视
主轴线由许多元素构成，有丰富的高差变化。

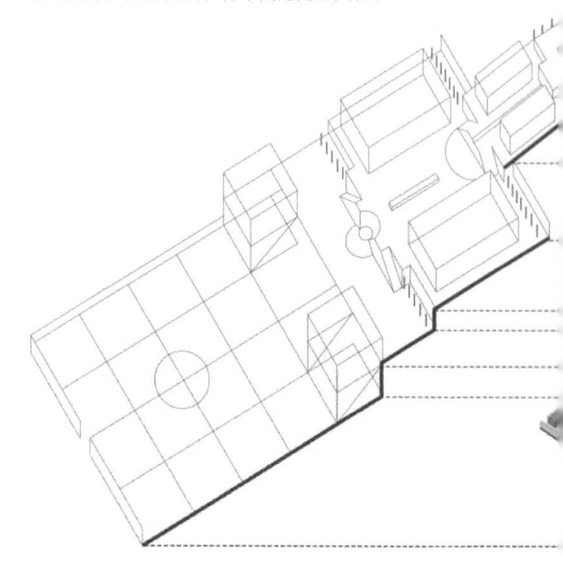

图 8　竖向结构图
朗特庄园通过水景、台阶、植物等不同形态处理，强化场地竖向空间变化的整体性。

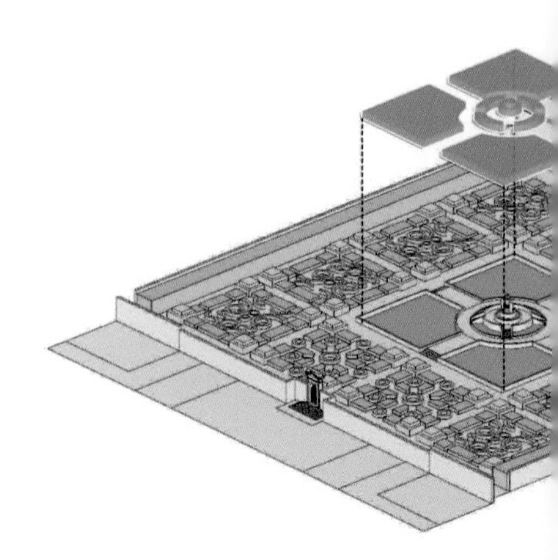

图 9　水系动线分析
维尼奥拉对丘陵地带变化丰富的地形进行了灵活巧妙的利用，在三层平台的圆形喷泉后，用一条华丽的小阶梯穿越绿色坡地。

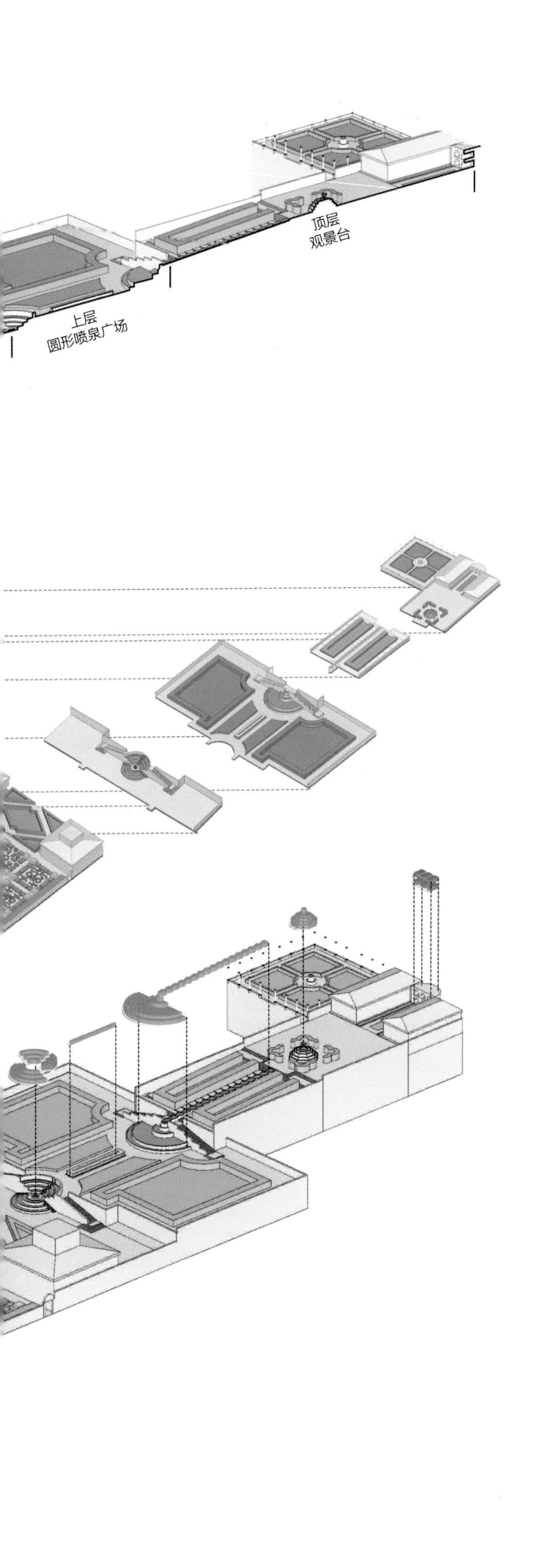

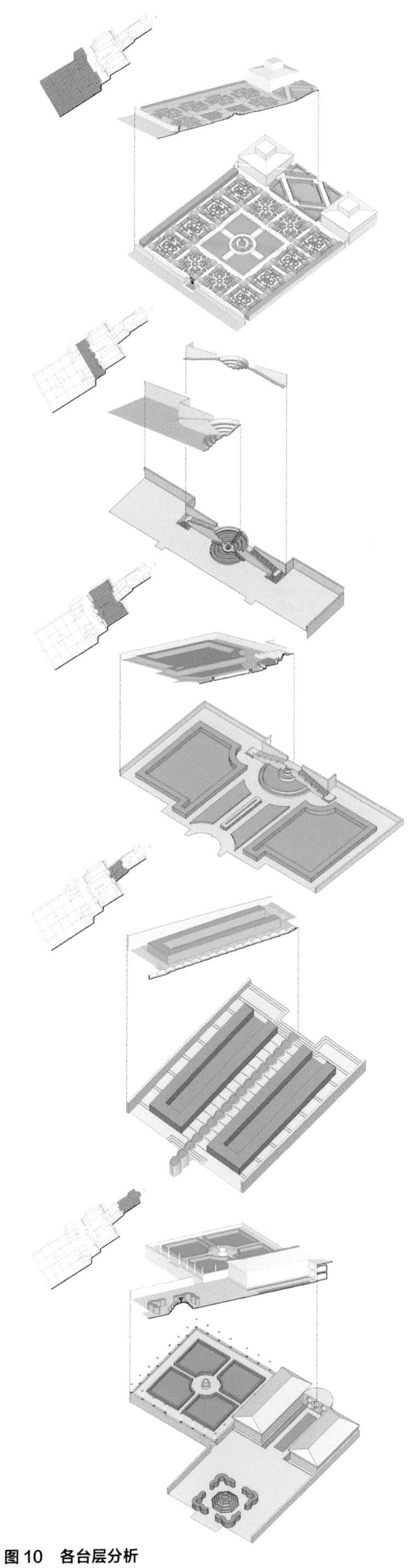

图 10　各台层分析

朗特庄园四层台地详细分解。

07 坎帕德罗斯公园 Campa de Los IngLeses Park

项目地点：西班牙毕尔巴鄂

项目面积：2.5hm²

设计（建成）时间：2010年

设计师：Balmori Associates

项目概况

坎帕德罗斯公园（Campa de los Ingleses）坐落于毕尔巴鄂城市滨水复兴区。始建于1300年的毕尔巴鄂因优良的港口而逐渐兴盛，是西班牙称雄海上时期重要的海港城市。毕尔巴鄂在17世纪开始衰落，19世纪时又因出产铁矿而重新振兴，20世纪中叶以后再次没落。1983年的一场洪水更将其旧城河畔地区严重摧毁。直到20世纪末时，毕尔巴鄂市政府考虑城市的多方面条件，决定兴建一家现代艺术博物馆，建设文化创意产业以此复兴城市。作为城市复兴计划中的一环，毕尔巴鄂的古根海姆博物馆（Guggenheim Museum）建成后成为了城市地标，极大带动了周边的发展。纽约市的Balmori建筑事务所（Balmori Associates）在竞赛中获胜，设计博物馆的周边环境——毕尔巴鄂坎帕德罗斯公园。公园建成后，将毕尔巴鄂的帕纳地区（Pana）和纳尔温河（Nelbion）连接在一起。

设计构思

占地2.5hm²的地块有着约10m的高差变化，为了更适合人们从古根海姆博物馆步行到未来的地标建筑，即大学和图书馆建筑，Balmori设计了蜿蜒的路径，将斜坡和台阶连接起来。场地的分层台地可以提供更多层次的空间，适于停留休憩、聚会、野餐等户外活动，同时让人欣赏到公园、阿班多尔巴拉区（Abandoibarra）、山脉、河流以及城市的丰富景观。公园内结合起伏的地形建造了一处覆土建筑，园路顺应地形，蜿蜒流畅，整体感非常强。

景观布局

公园采用一系列的梭状地形吸收高差，创造出丰富的系列指状空间，流畅的公园路网将台阶、斜坡和墙体串联组合起来，连接了滨水步道和外部的城市街区，形成完整的都市游览体验。Balmori还使用工业废料设计了地面铺装，并通过不同种类的草种搭配，形成独特的效果。

参考文献：

[1] Balmori Associates.Campa de los Ingleses Park[EB/OL].(2010-12-19)[2018-11-15].http://www.balmori.com/

[2] 西尔克·哈里奇，比阿特丽斯·普拉萨，焦怡雪. 创意毕尔巴鄂：古根海姆效应[J]. 国际城市规划，2012，27(03)：11-16.

[3] 韩国C3出版公社. 国际新锐景观事务所作品集：Balmori(景观与建筑设计系列)[M]. 大连：大连理工大学出版社，2008.

图 1　区位图

城市和街区尺度上的坎帕德罗斯公园。

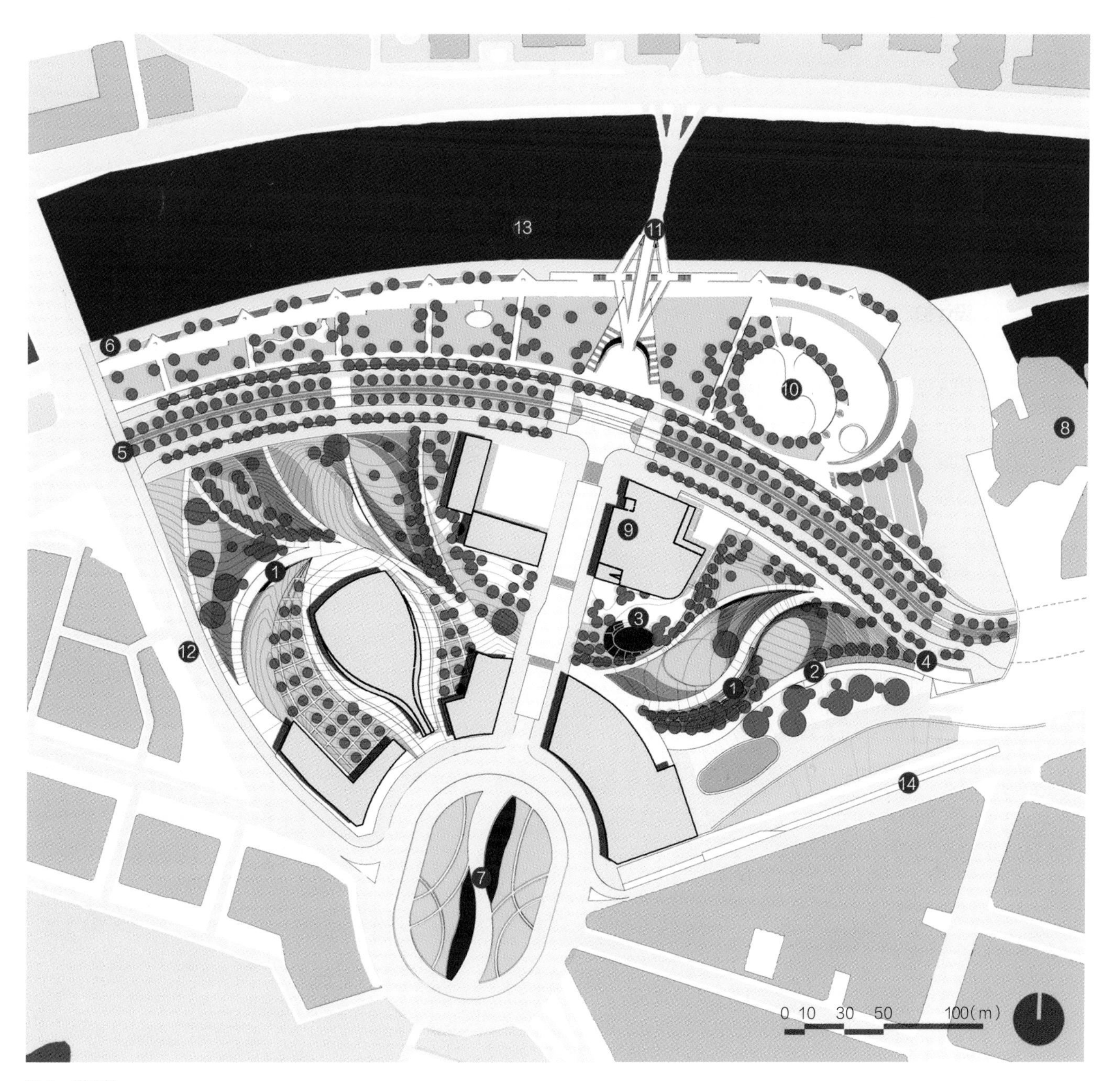

图 2　平面图

1 咖啡厅　2 墙的酒吧　3 喷泉、雕刻广场　4 植物种植墙　5 轻轨道路　6 滨水步道　7 巴斯克广场　8 古根海姆博物馆　9 大学图书馆　10 游乐场　11 佩德罗·阿鲁佩桥　12 祖比亚街道　13 毕尔巴鄂河　14 祖玛卡利亚街道

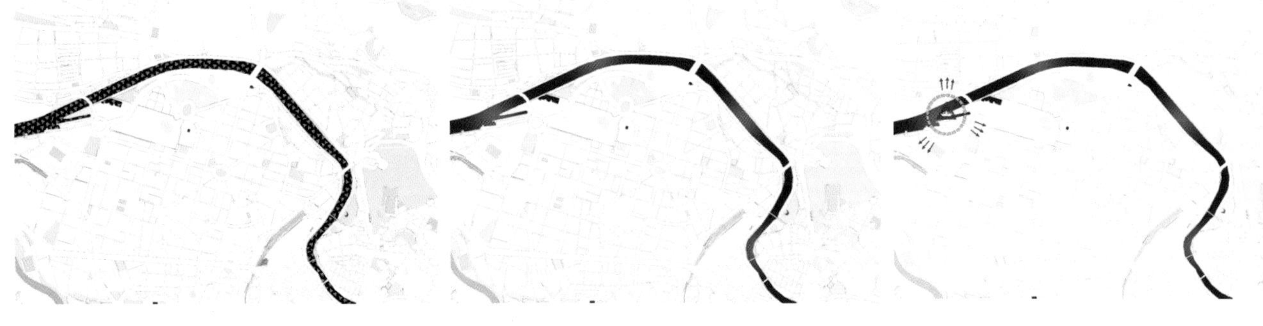

净化河水，清理河道废墟，扩建港口设施

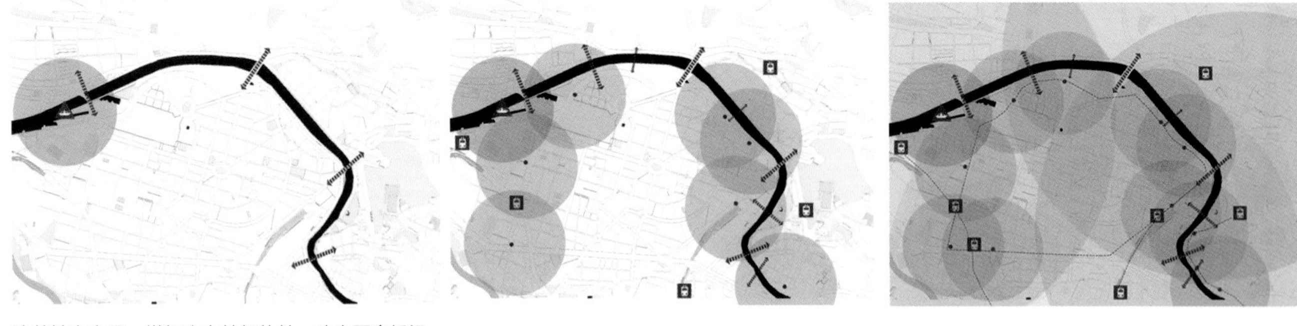

改善城市交通，增加火车站轻轨站，建立更多桥梁

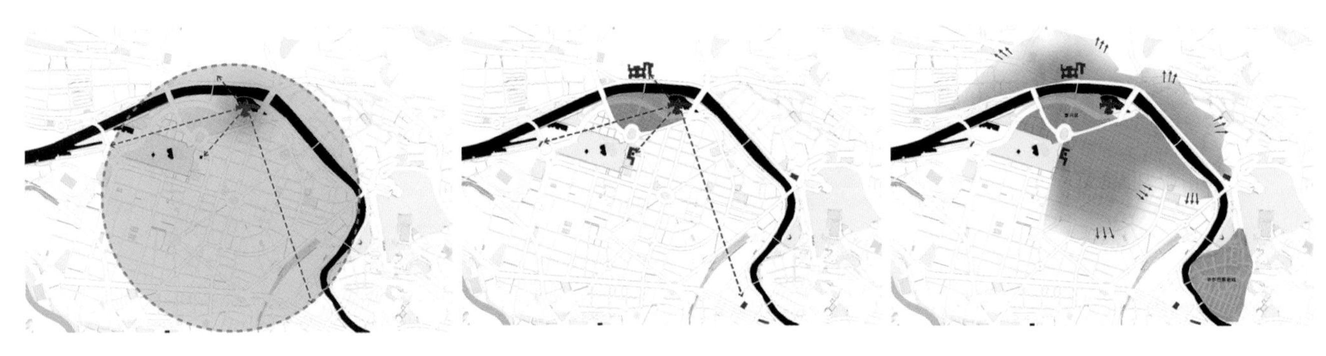

古根海姆博物馆带动周边区域发展，建成更多艺术展览馆，不断扩充商业区

图 3　滨水区复兴计划分析图

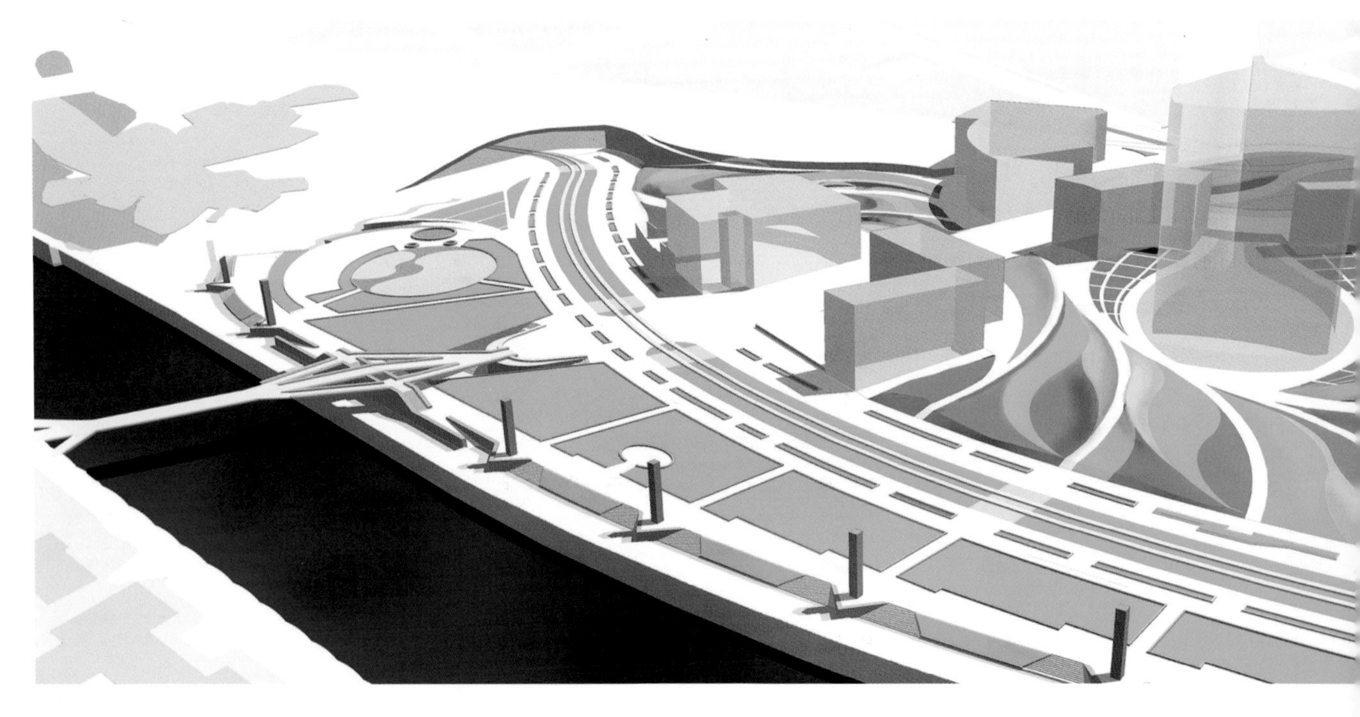

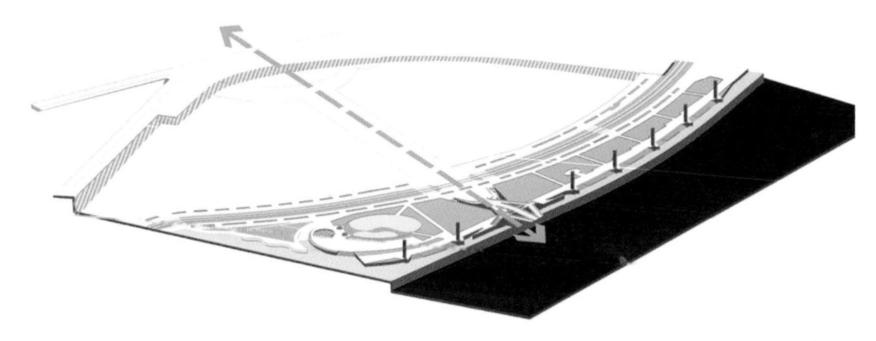

原场地与周边道路有较大高差，轴线明显

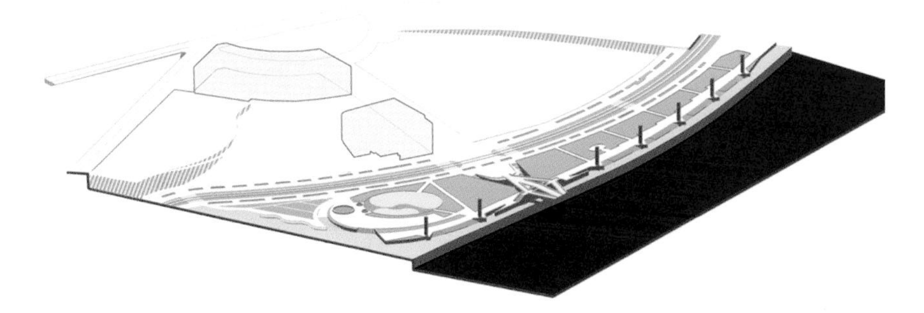

通过台阶和坡道消化高差

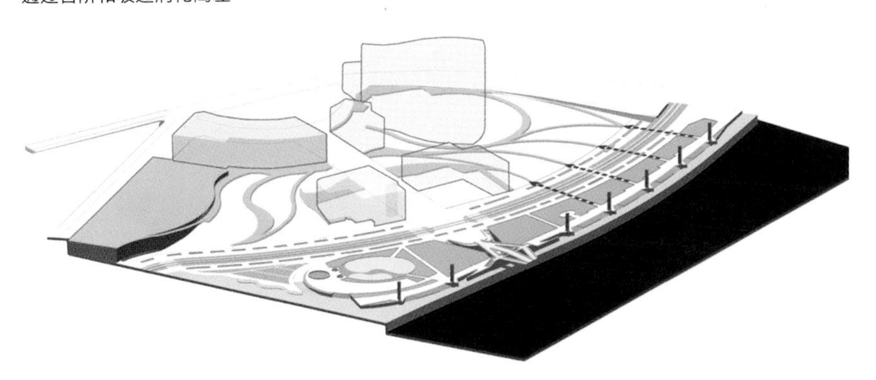

延伸水边场地的路线，以波浪为元素，生成道路体系，加强与建筑的联系

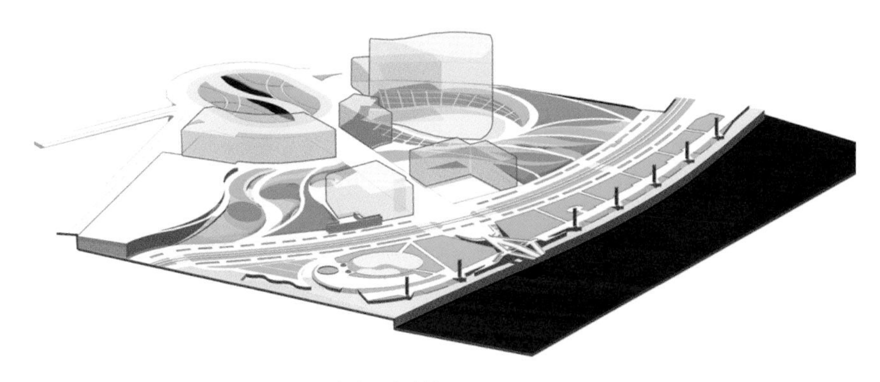

丰富的地形变化营造更多空间，增加多处覆土建筑

图 4　设计生成分析图
展现毕尔巴鄂坎帕德罗斯公园由原场地开始的形态生成过程。

图 5　鸟瞰图
毕尔巴鄂坎帕德罗斯公园全园鸟瞰。

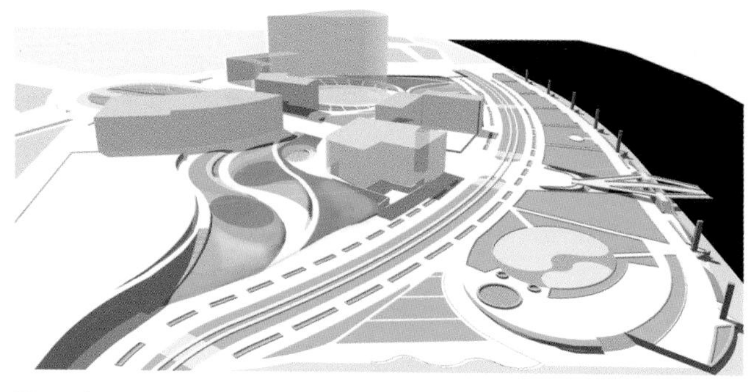

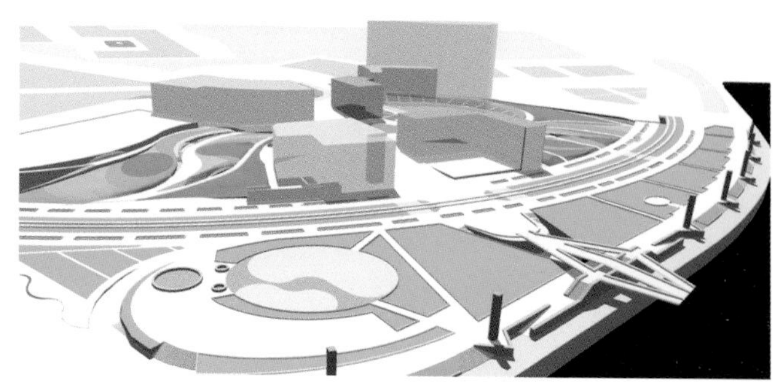

图 6　鸟瞰图

毕尔巴鄂坎帕德罗斯公园全园鸟瞰。

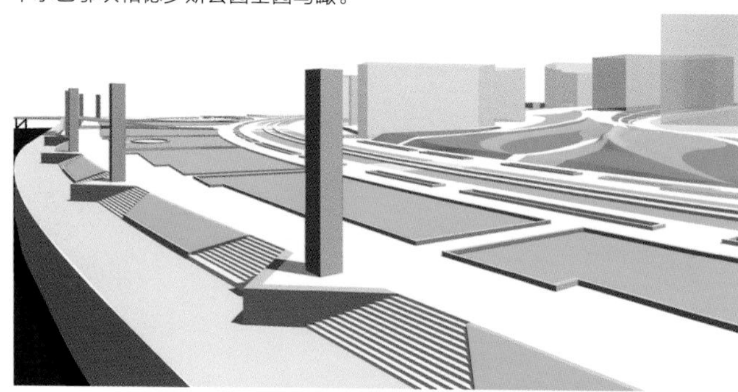

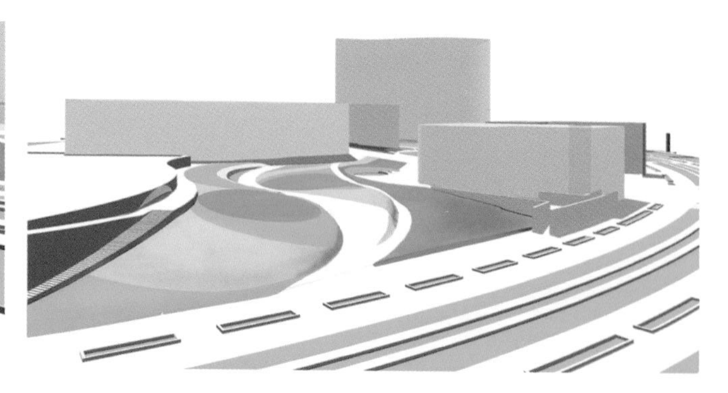

图 7　局部透视图

坎帕德罗斯公园局部透视。

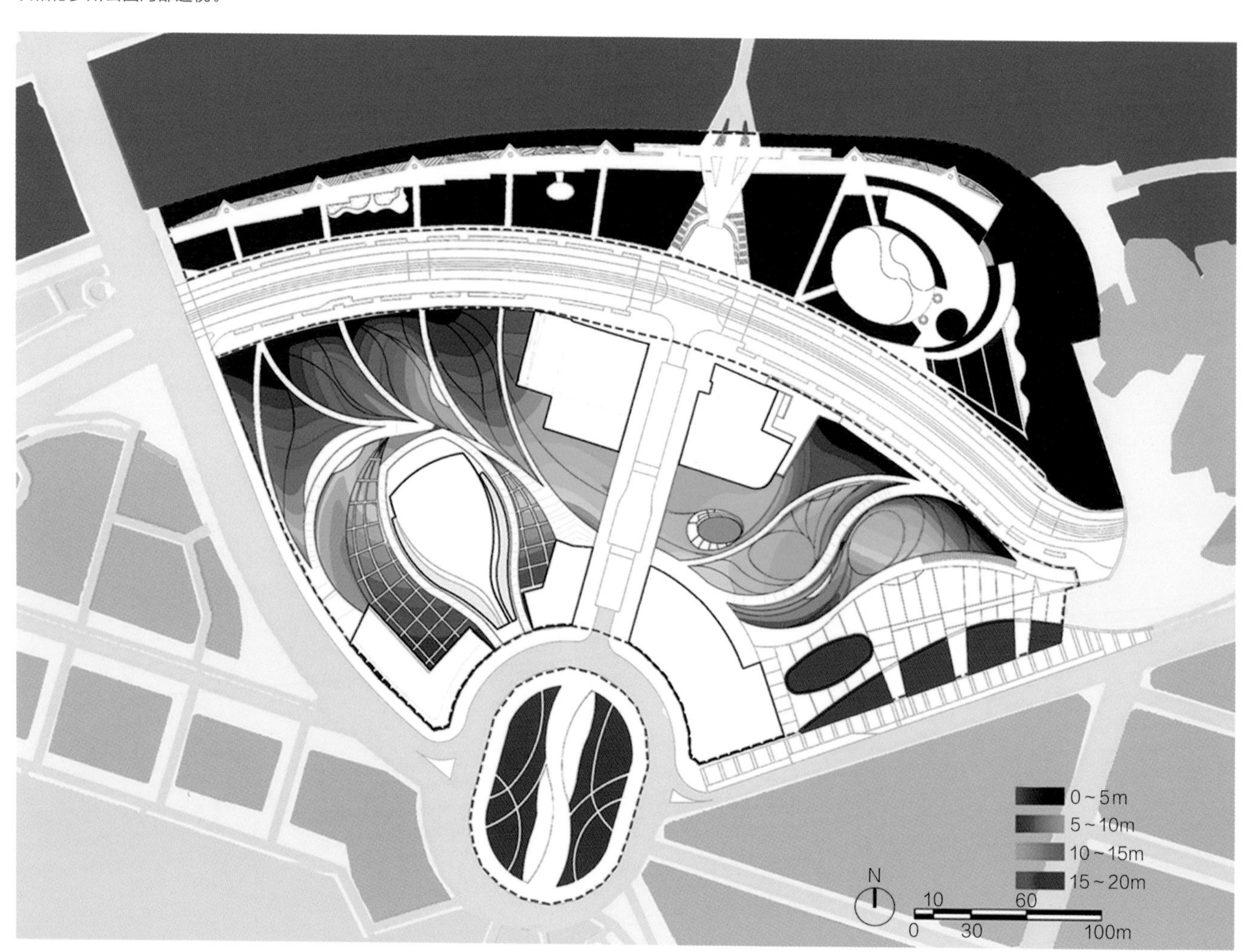

图 8　竖向平面图

毕尔巴鄂坎帕德罗斯公园竖向平面，等高距 0.5m。

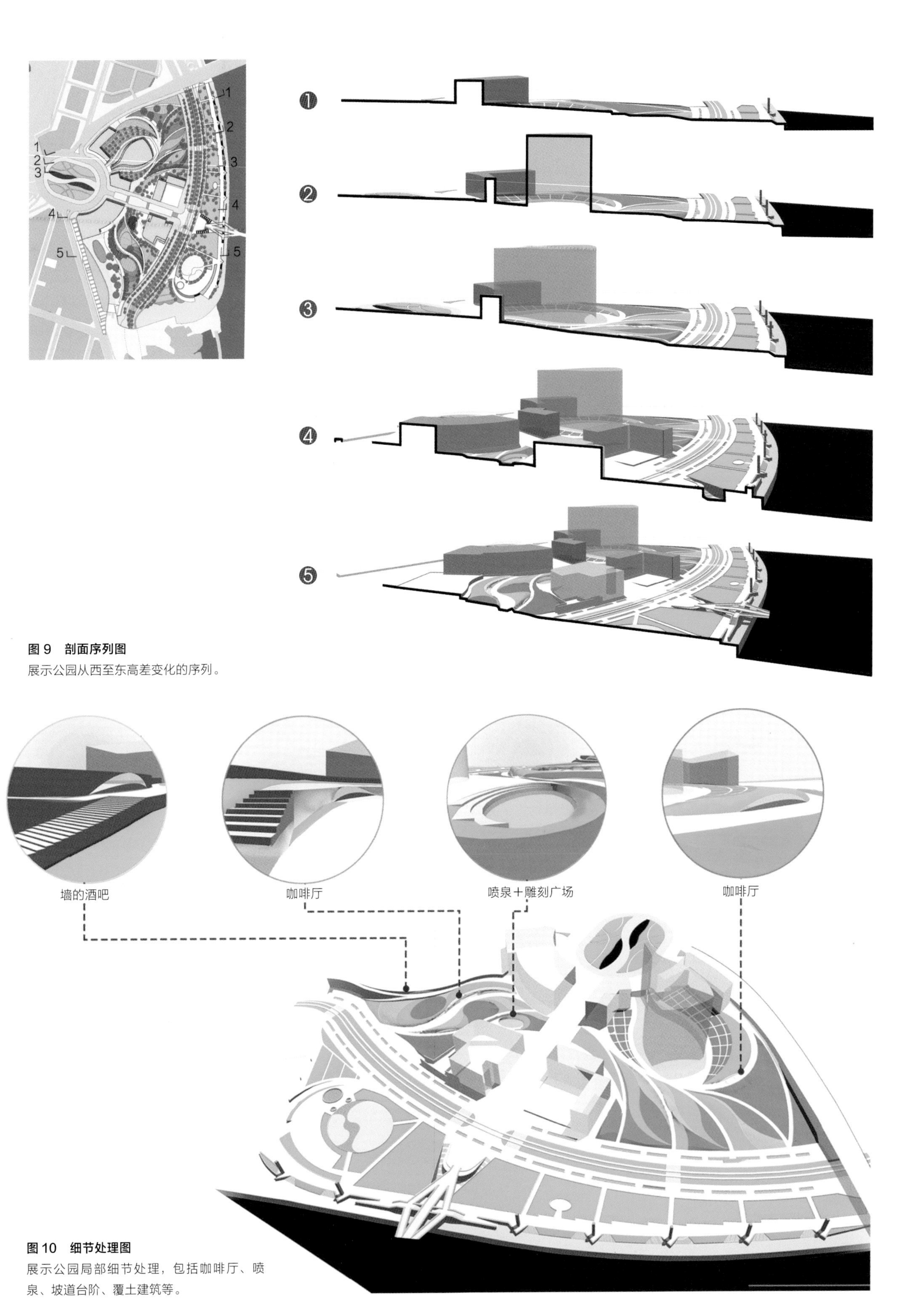

图 9　剖面序列图

展示公园从西至东高差变化的序列。

图 10　细节处理图

展示公园局部细节处理，包括咖啡厅、喷泉、坡道台阶、覆土建筑等。

08 奥林匹克雕塑公园 Art Museum Olympic Sculpture Park

项目地点：美国西雅图

项目面积：3.6hm^2

设计（建成）时间：2007 年

设计师：Weiss/Manfredi

项目概况

西雅图奥林匹克雕塑公园（Seattle Art Museum Olympic Sculpture Park）坐落于滨海道路和铁路线中间的空地，该场地割裂为三部分。场地原本是一处旧工业区，1970 年代以前，为石油公司优尼科（加州联合石油）占有。优尼科迁出后，该地块因工业污染长期空置，后来西雅图艺术馆提议将该地建成公园，可满足闹市区居民休闲游憩的需求。

设计构思

雕塑公园的规划设计采用一条“Z”字形的绿色结构连接起分裂的地块，并由城市至滨水区域逐步消化了约 13m 的高差。在穿越地块的高速公路和铁道之上，用机械压实的土层塑造了简洁抽象的地形地貌，从而营造出城市与海湾之间连续的景观，并连通了滨海的步行空间。

景观布局

西雅图奥林匹克雕塑公园动工前，清除和转移了原场地大量被石油污染的土壤。在此基础上，通过西雅图艺术博物馆的扩建项目开挖地表以进行公园地形塑造。公园设计的整体性很强。在“Z”字形结构上设计了人行通道，道路具有非常多样的变化形态。由场地东北侧的展馆开始，第一段跨过公路，通往奥林匹克山；第二段跨过铁轨，通往城市和港口；第三段通往新治理后的海滩。“Z”字形结构连接了三个特色分明的区域：茂密的丛林、具有季相变化的落叶林以及海边花园。

设计巧妙地利用了透视原理和视错觉，安排一系列的“线”来暗示公园的开阔感。两条互为镜像的对角线连接成为“Z”字形，而另一些对角线则成为博物馆、雕塑谷、公园地形、公路和铁道挡土墙的基本结构，将建筑、大地、景观和艺术连接成一个整体。西雅图奥林匹克雕塑公园将城市核心地带和滨水区重新联系起来，形成整体有序的城市景观。

参考文献：

[1] Seattle Art Museum.History of the Park[EB/OL].(2008-02-19)[2018-11-15].http://www.seattleartmuseum.org/vis it/OSP/AboutOSP/default.asp

[2] ASLA.Olympic Sculpture Park[EB/OL].(2007-07-25)(2018-11-15].http://asla.org/awards/2007/07winners/267_w-mct.html

[3] Euphtw. 奥林匹克雕塑公园 [EB OL].(2007-23-02)[2008-01-20].http: bluebluesea ttle.blogspot.com 2007 02 blog-post-22.html

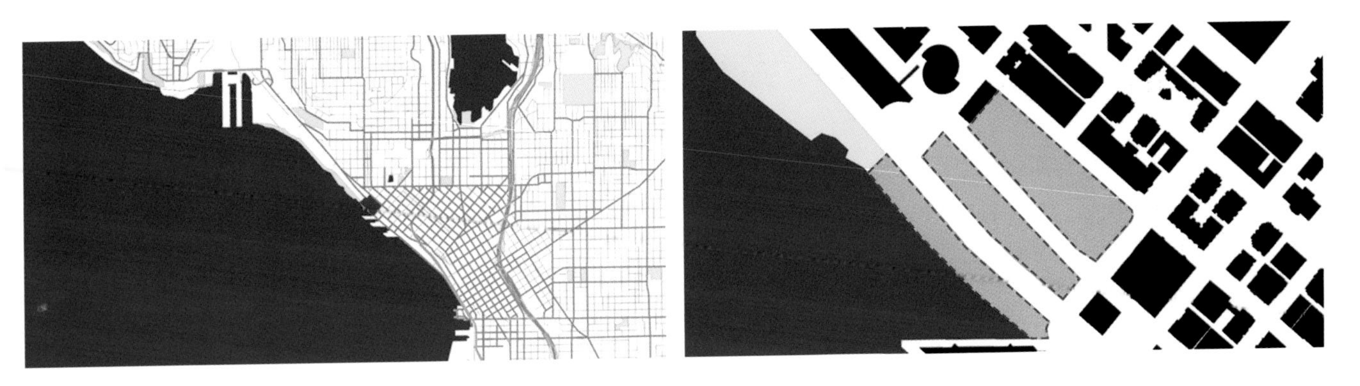

图 1　区位图

城市和街区尺度上的西雅图奥林匹克雕塑公园。

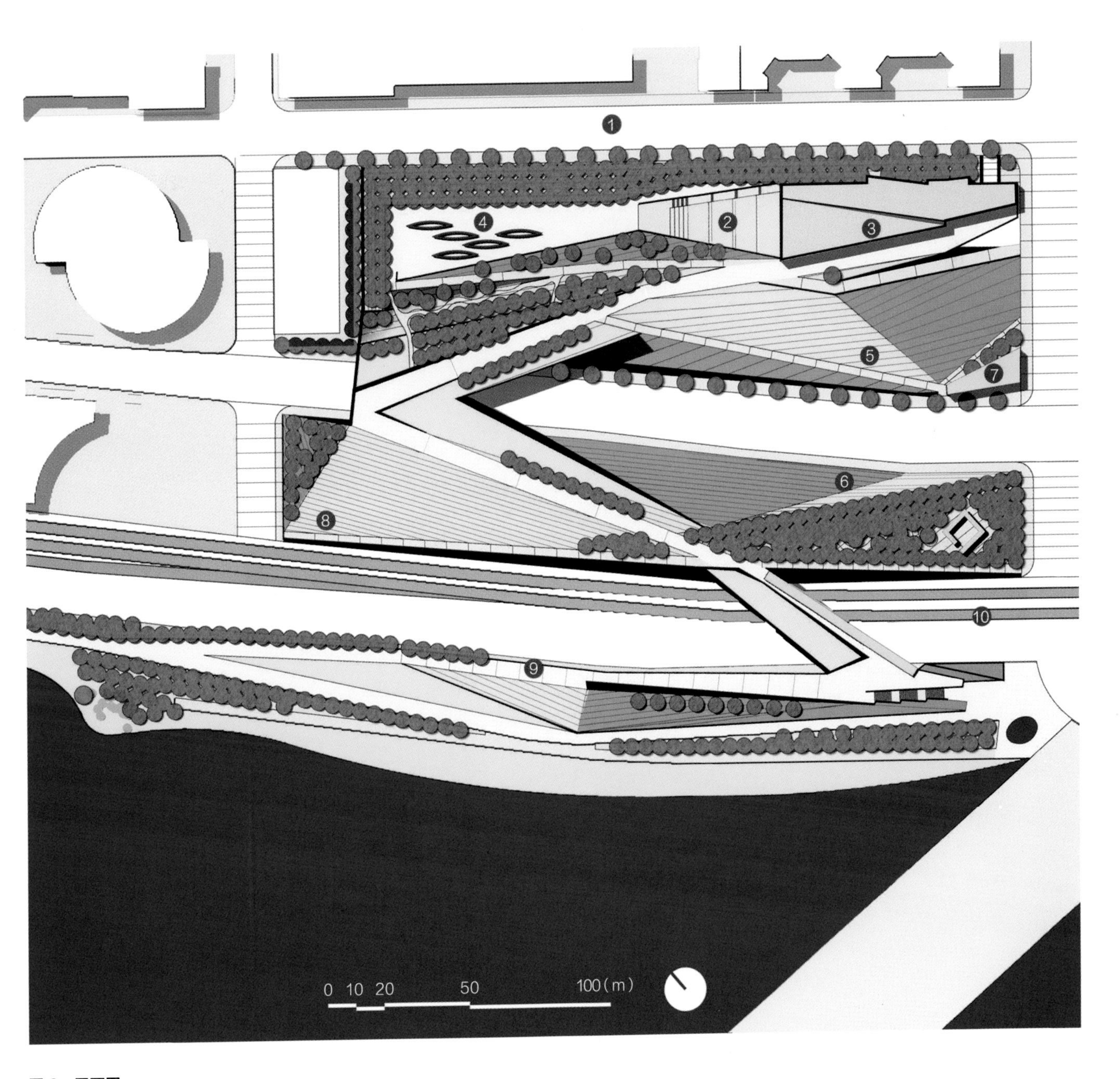

图 2　平面图

1 西部大道　2 露天剧场　3 博物馆　4 雕塑谷　5 东草坪　6 西草坪　7 温室植物园　8 北草坪　9 福斯特基金道路　10 铁路

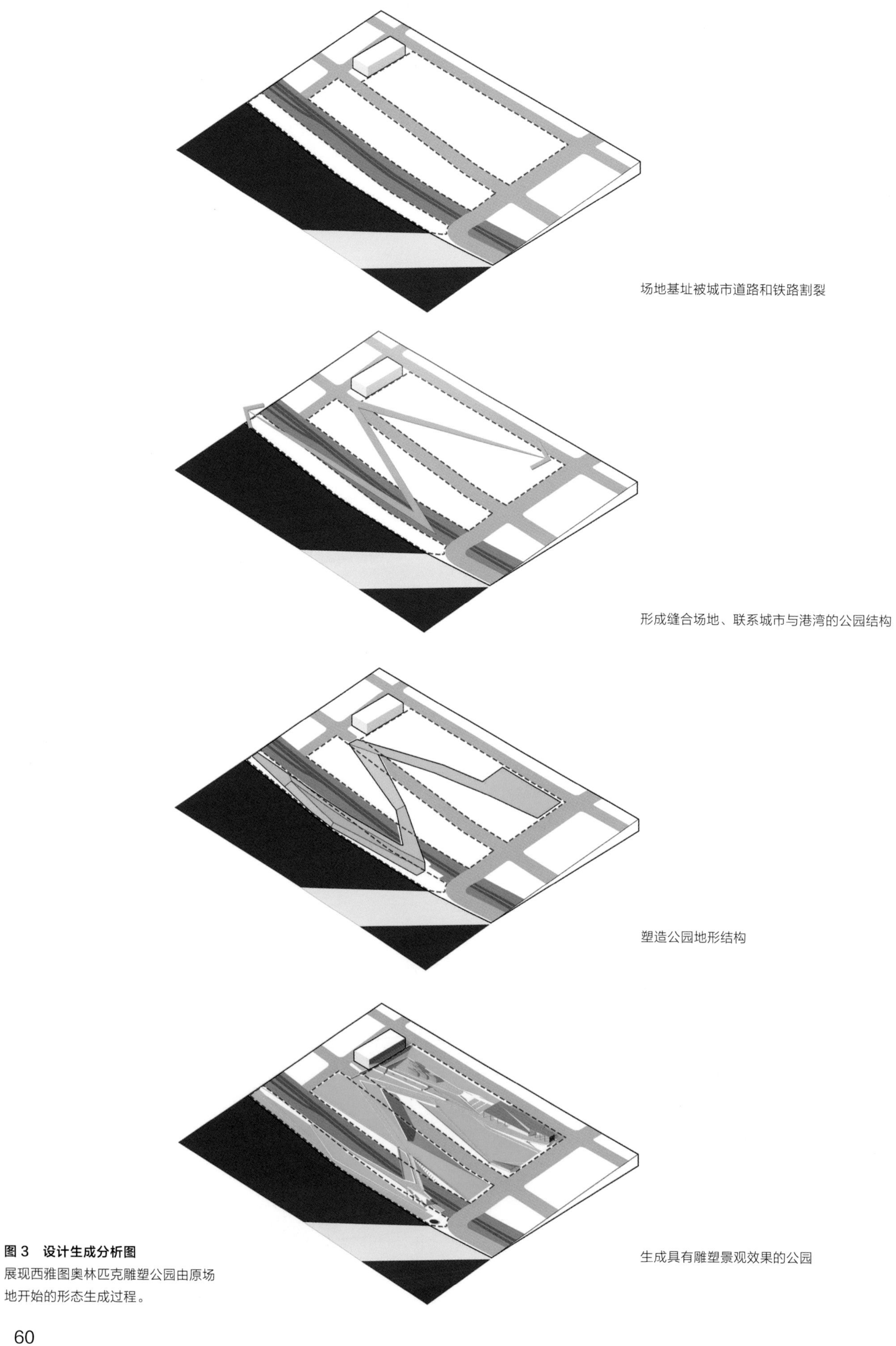

图 3 设计生成分析图

展现西雅图奥林匹克雕塑公园由原场地开始的形态生成过程。

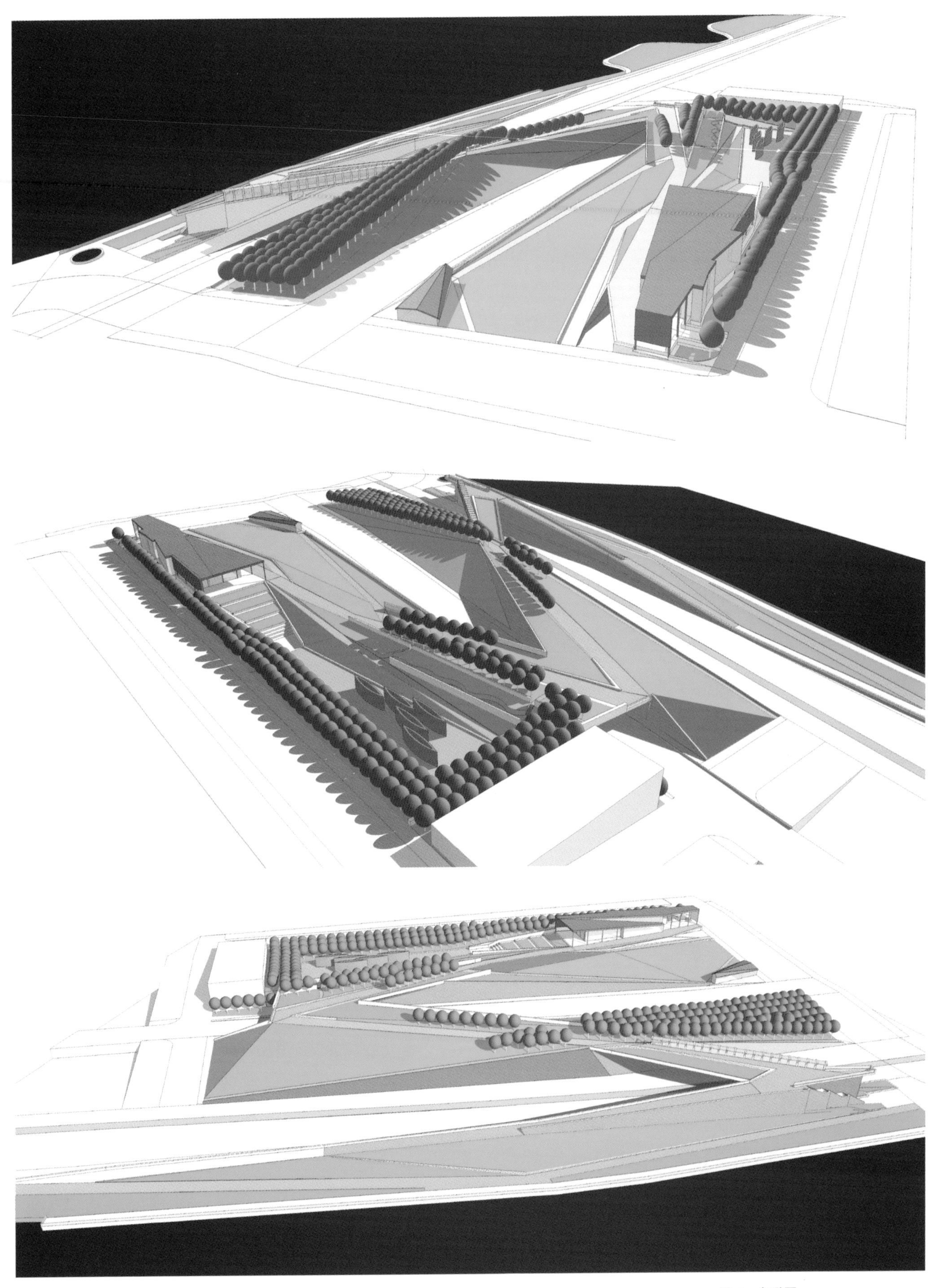

图 4　鸟瞰图

西雅图奥林匹克雕塑公园全园鸟瞰。

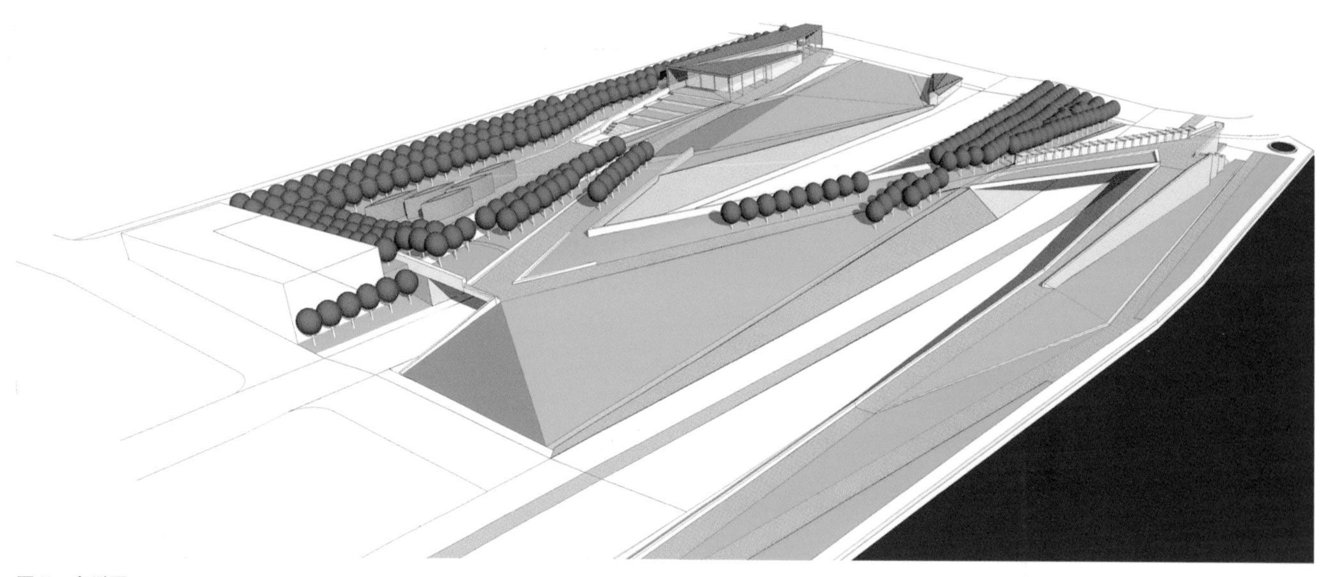

图 5　鸟瞰图

西雅图奥林匹克雕塑公园全园鸟瞰。

图 6　局部透视图

西雅图奥林匹克雕塑公园局部透视。

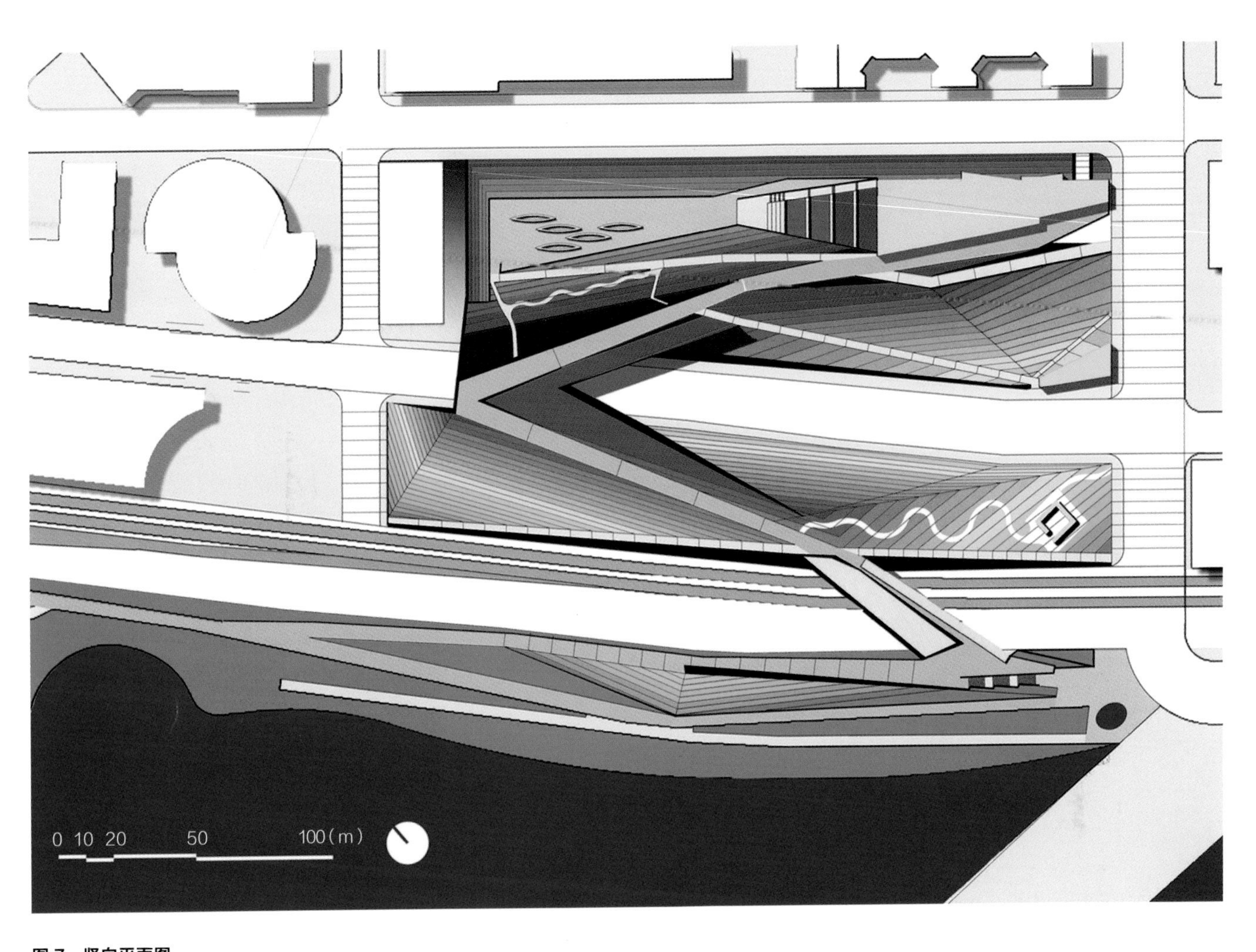

图 7　竖向平面图

西雅图奥林匹克雕塑公园竖向平面，等高距 0.5m。

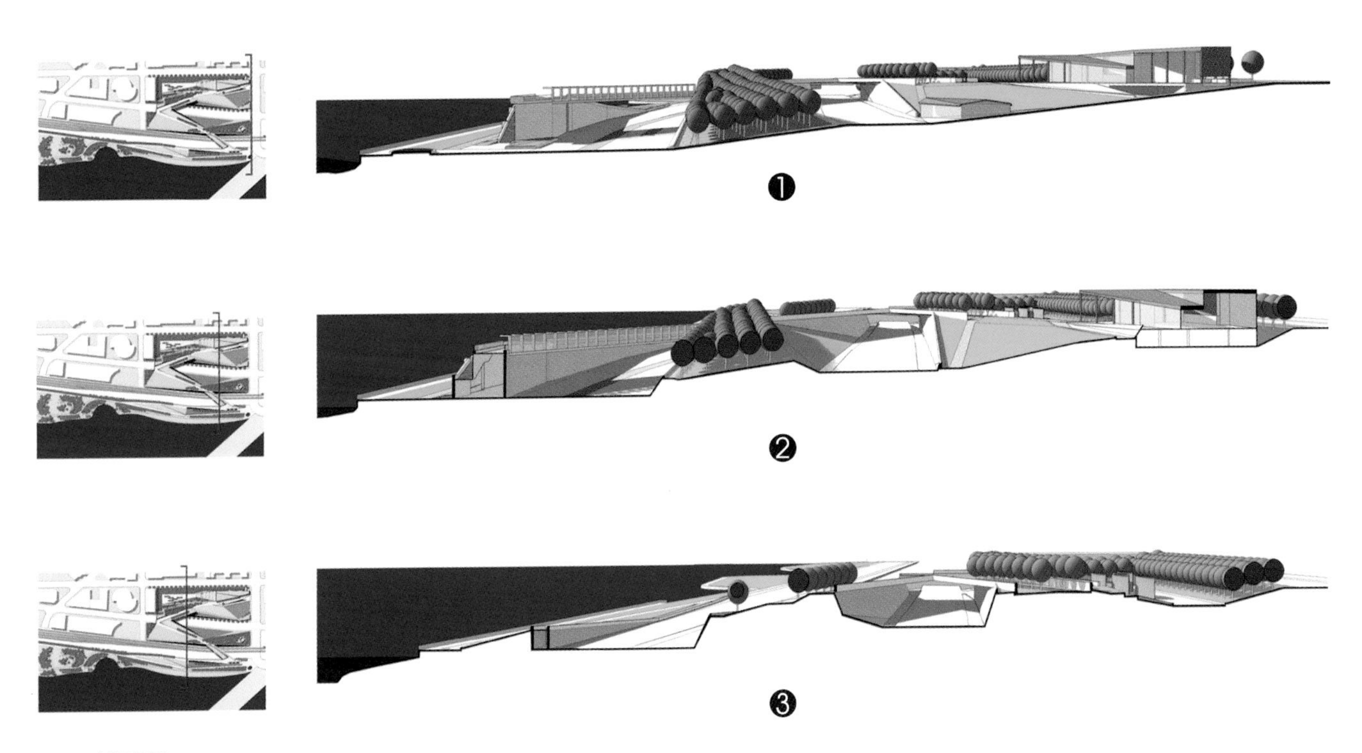

图 8　剖透视图

展示公园从东至西高差变化的序列。

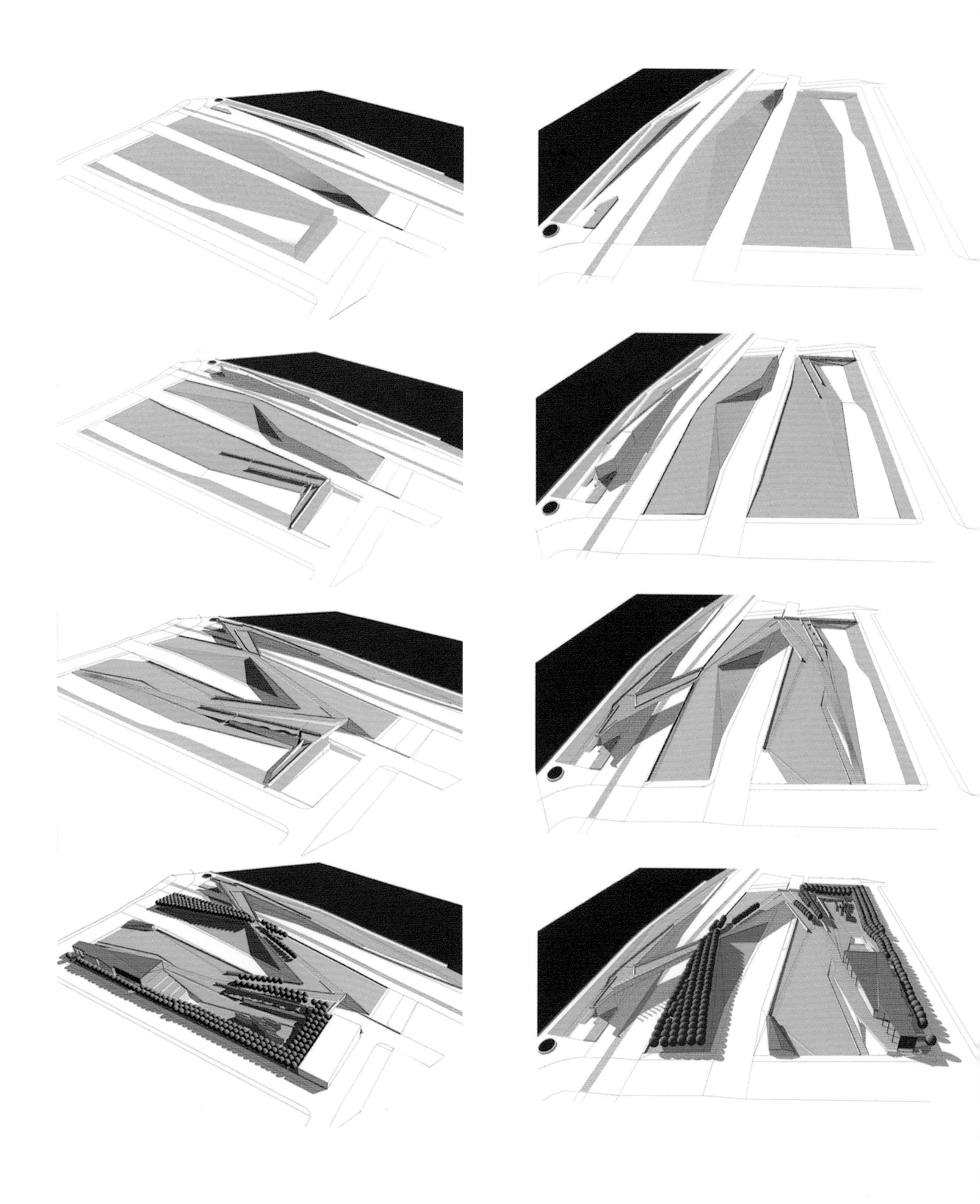

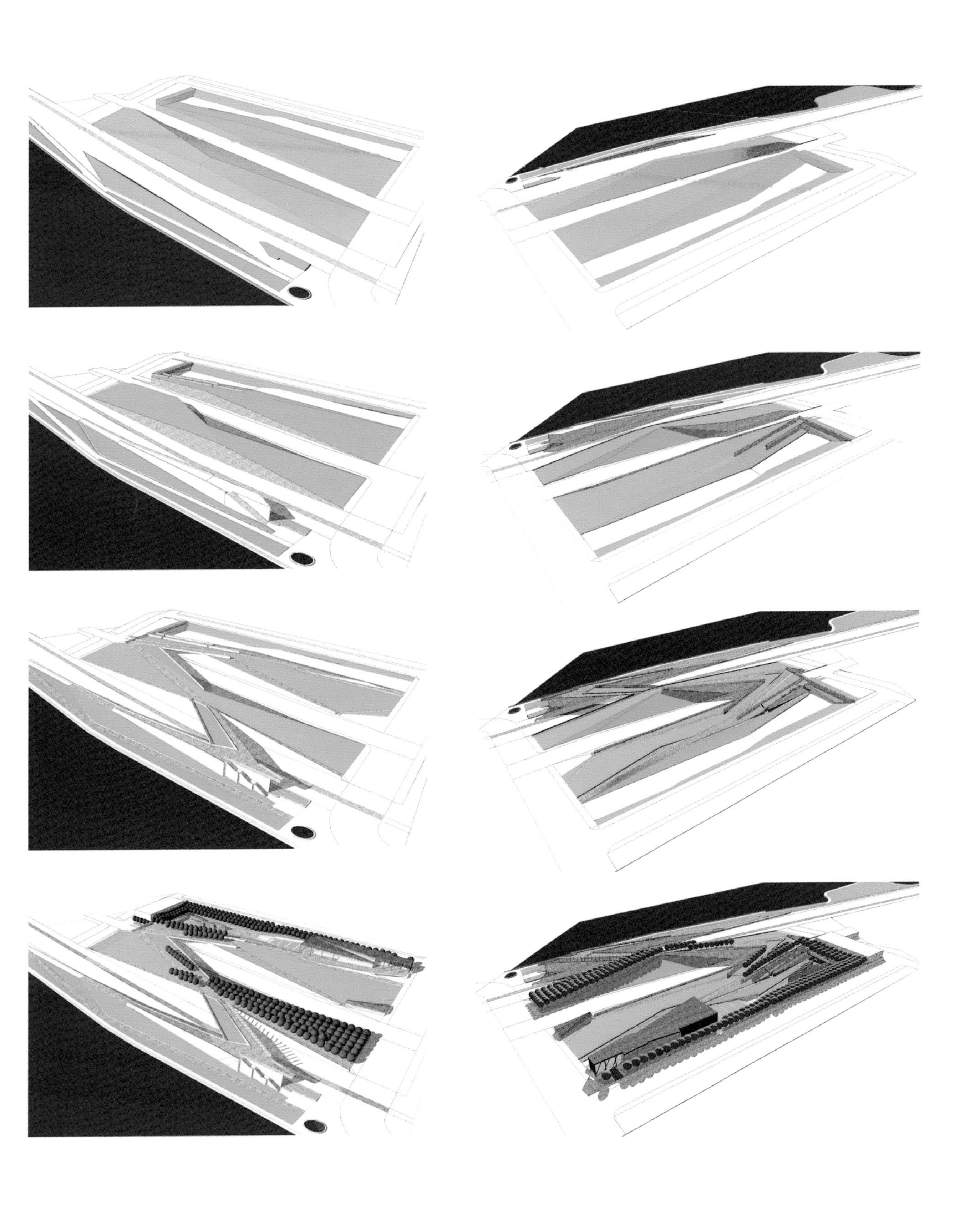

图 9　结构分析图

分层展示公园多角度的地形、道路、设施、植物等元素的组合形式，体现公园形体的生成过程。

09 埃雷塔公园 La Ereta

项目地点：西班牙阿利坎特

项目面积：7hm²

设计（建成）时间：2004 年

设计师：Obras Architectes

项目概况

在西班牙城市阿利坎特，贝纳坎蒂尔山统治着这里的古城区、港口和海洋。从摩尔时期开始，这个城市的象征就是山上的圣巴尔巴拉城堡。贝纳坎蒂尔山地形陡峭，容易滑坡，可达性差使得这个地标逐渐衰落。埃雷塔公园（La Ereta）的建成则给该地区注入了新的活力。公园通过加强与山顶城堡、旧城核心和港口的联系以达到复兴该地区的目的。

设计构思

为恢复场地与圣巴尔巴拉城堡的联系，设计师借鉴了古典台地园林的特征，各层台地与陡峭的地形很好的衔接起来，并通过轴线加以整合，体现出从城市逐渐向郊野过渡的氛围。

景观布局

公园联系着贝纳坎蒂尔山山脚居住区与山顶圣巴尔巴拉城堡，为了和东南方向海面产生关系，公园整体形态呈朝向海面的方形。公园的氛围随着从山脚区域到公园上部靠近历史中心区发生变化。游客朝着圣巴尔巴拉城堡向上爬时，周围的景色也不尽相同，山脚下的景观主要由本土植物塑造，朝山顶上走，则以野生的植物为主，同时充分利用台阶、坡道和挡墙的组合，塑造出具有浓厚古典气质的山地公园。

参考文献：

[1] LAERETA[EB/OL].[2018-10-12].http://www.obras.fr/projets-tri-synoptique.php

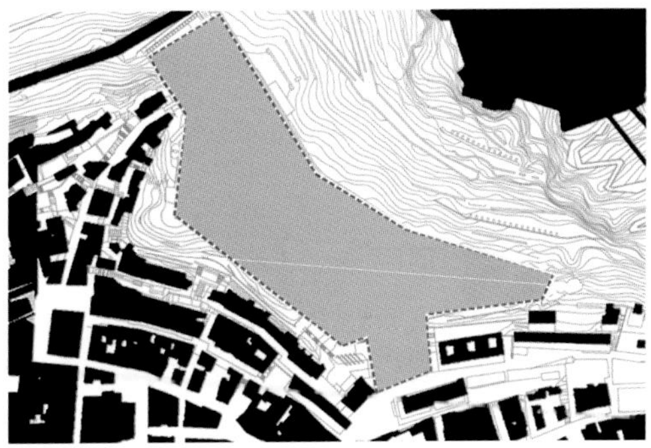

图1　区位图

城市和街区尺度上的埃雷塔公园。

图2　平面图

1 公园入口　2 咖啡厅　3 覆土建筑　4 台地广场　5 喷泉水池　6 棚架　7 林荫台地　8 入口坡道
9 游客中心　10 主路（坡道）　11 城堡遗址　12 城墙　13 山地陡坡　14 挡墙　15 山地居住区

图 3　轴线分析图

场地设计轴线正对大海。

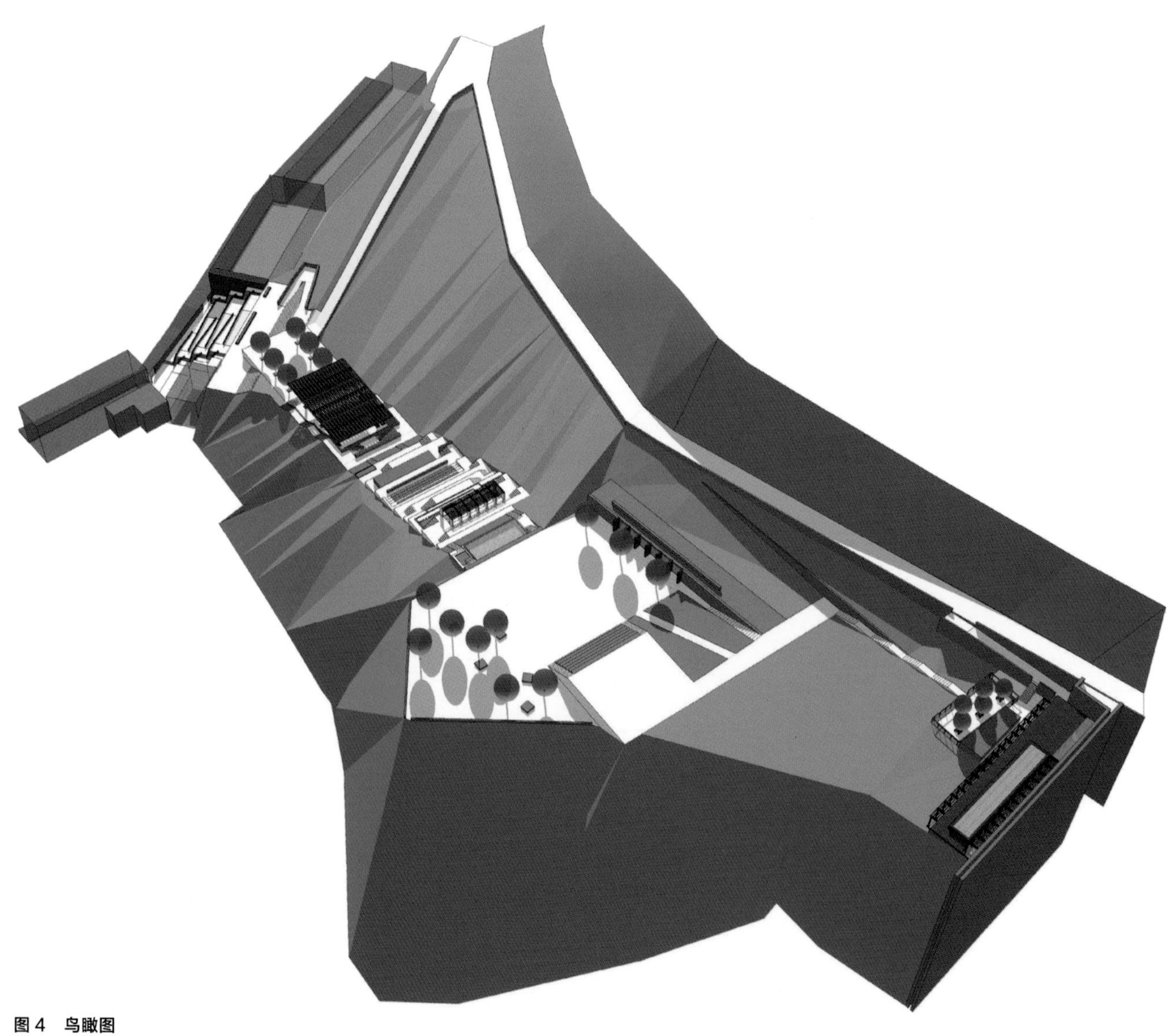

图 4　鸟瞰图

由北向南整体鸟瞰。

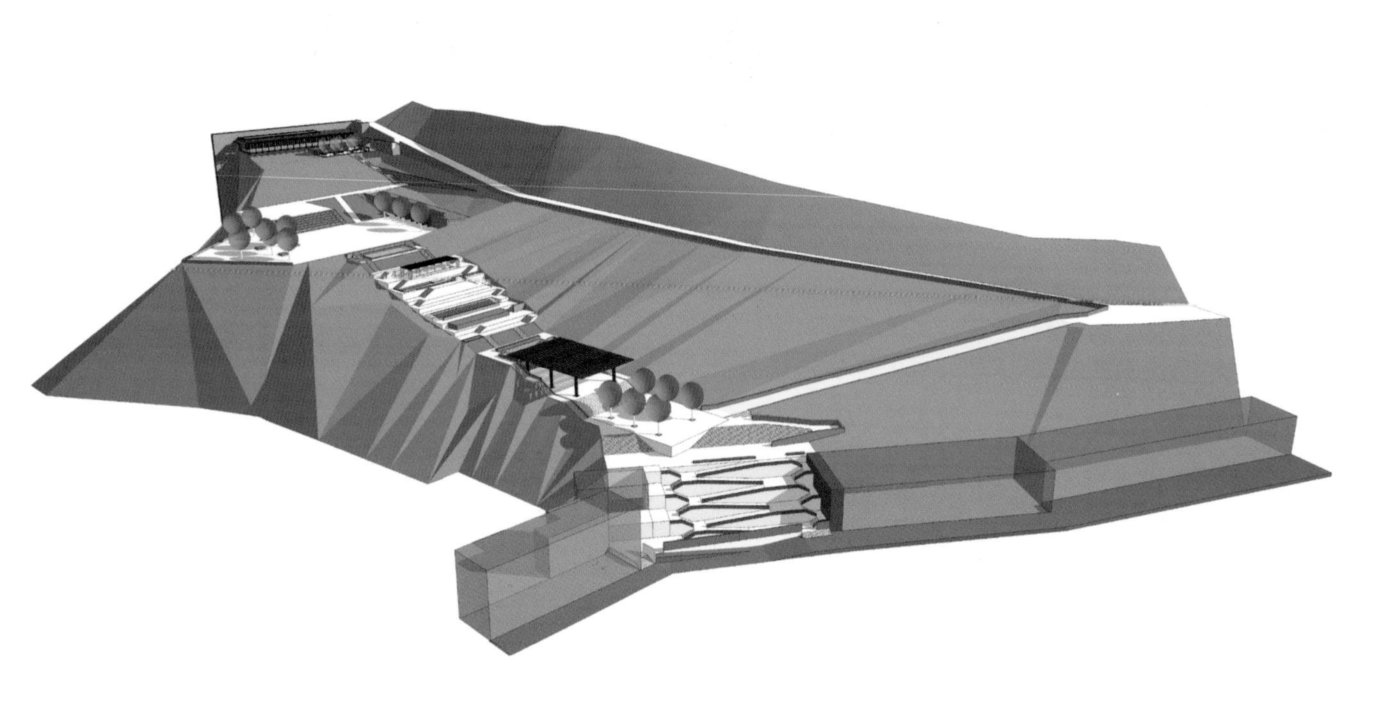

图 5　鸟瞰图
由南向北整体鸟瞰。

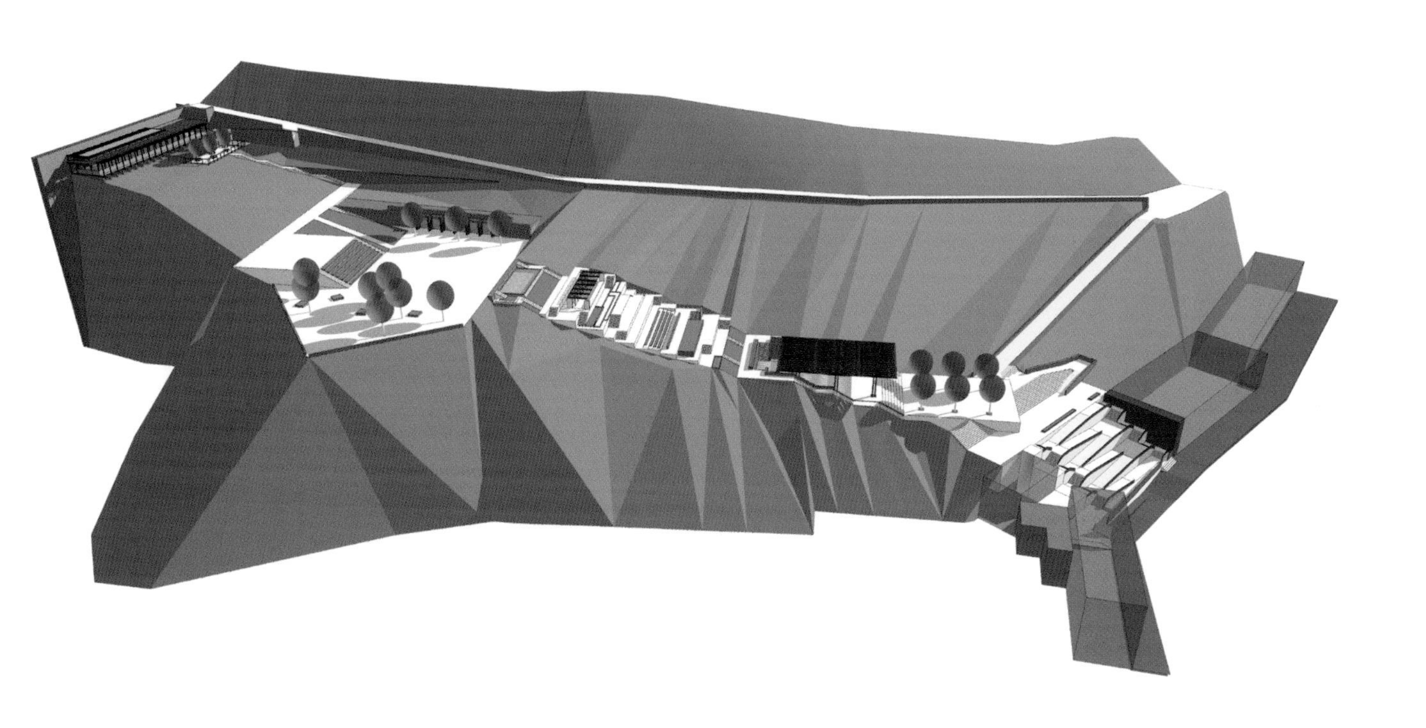

图 6　鸟瞰图
由西向东整体鸟瞰。

地形分析

埃雷塔公园的地形设计主要是台地设计。为解决高差，公园自下而上形成了多种变化丰富的台地，如之字形台阶、坡道、地台和直跑台阶等，并且在每层台地设计廊架、覆土建筑等与地形产生联系，从东南向西北形成了一条完整的空间序列，从下而上空间变化多端，使山地景观充满趣味。

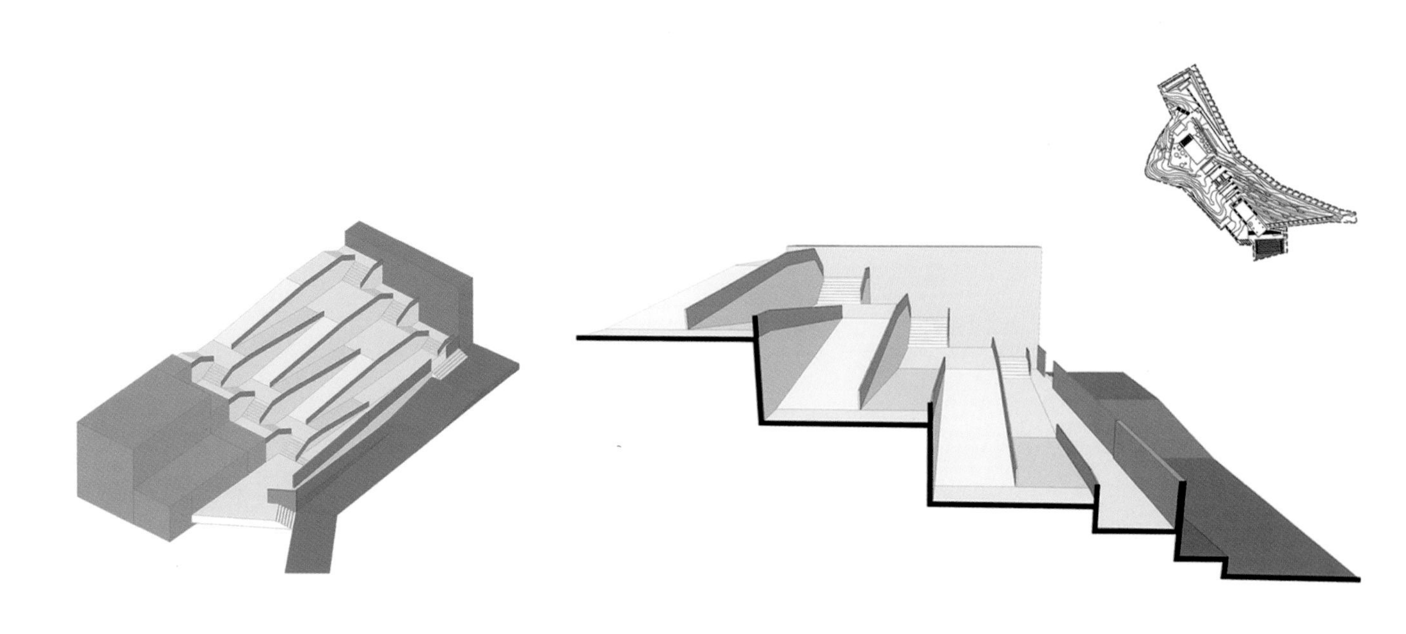

图 7　坡道分析

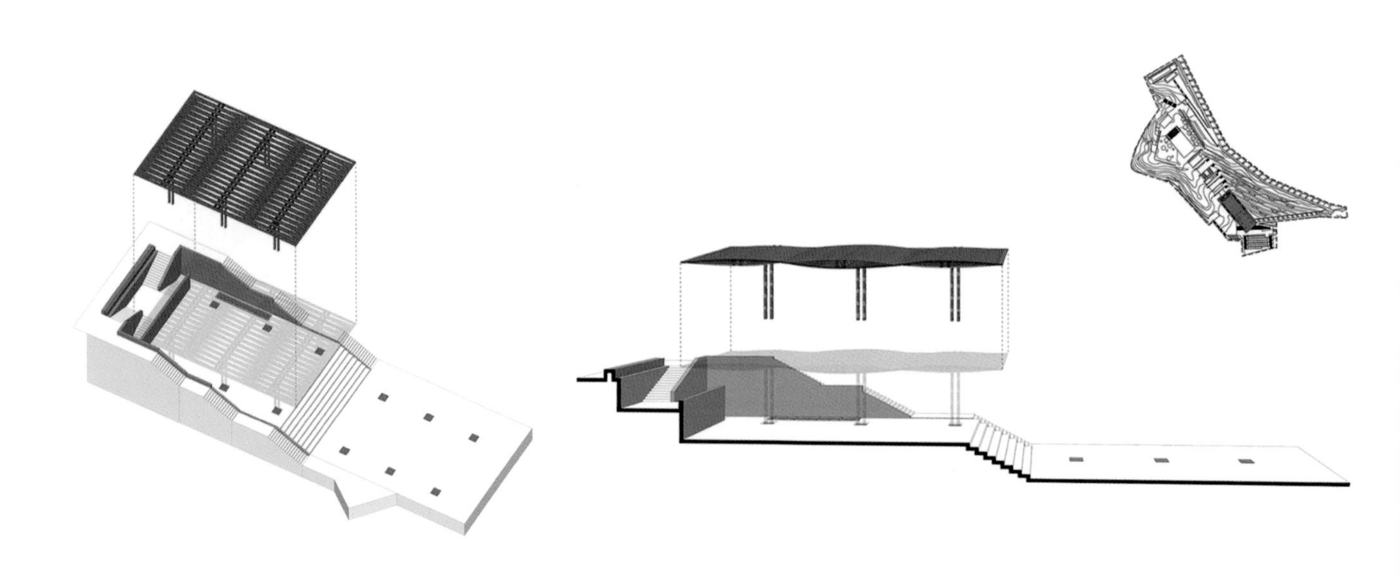

图 8　廊架与地形分析

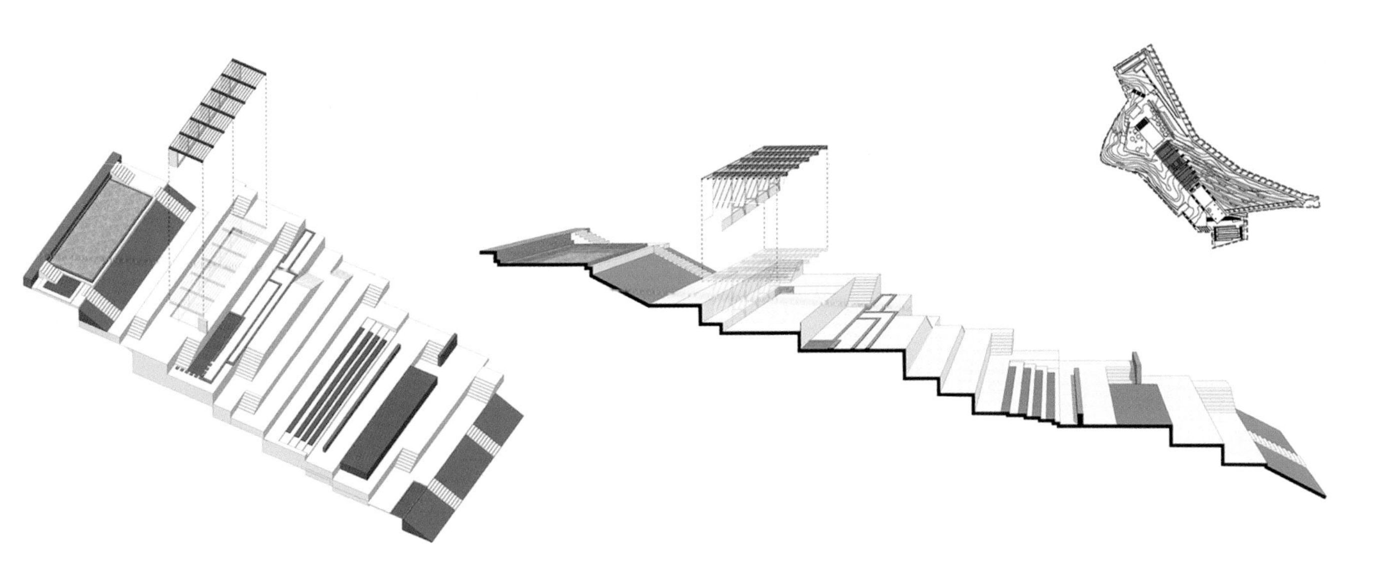

图 9　廊架与之字形台阶分析

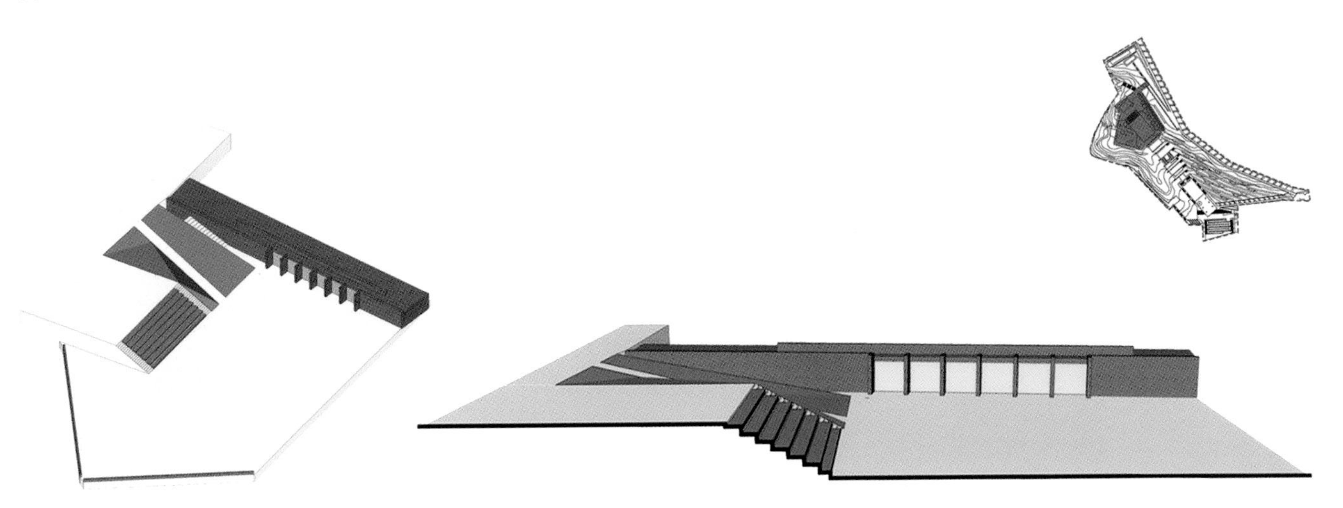

图 10　覆土建筑分析

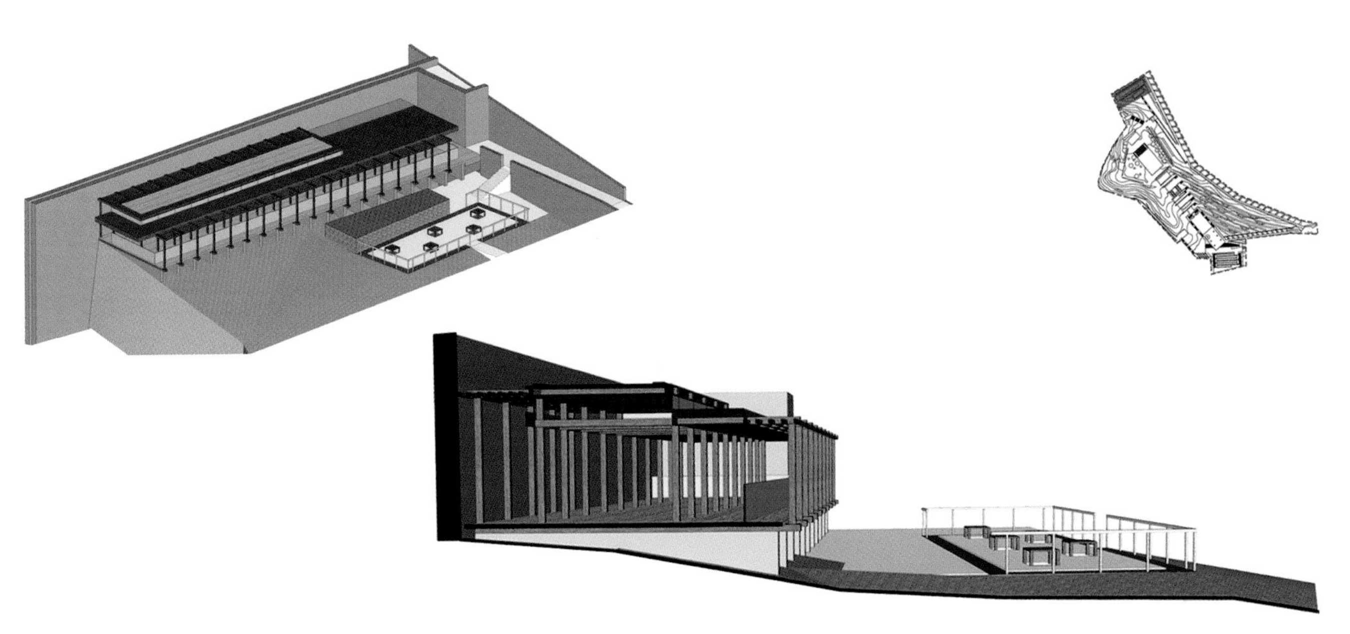

图 11　山地建筑分析

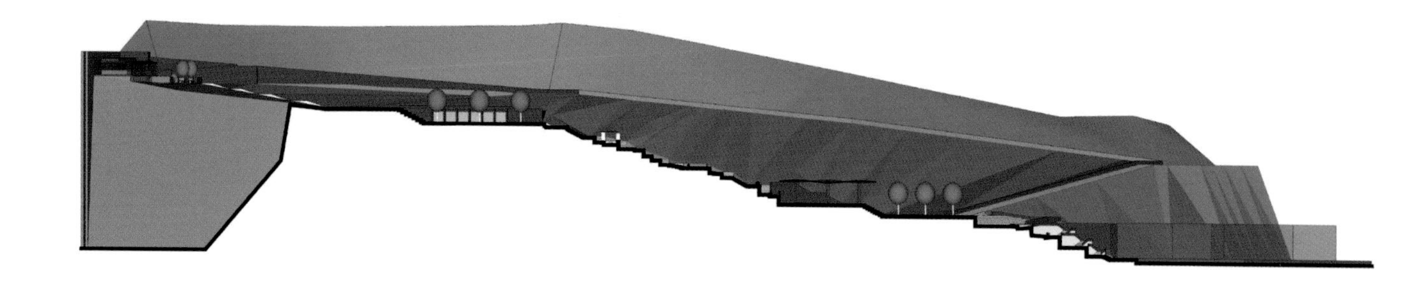

图 12　剖面分析

东南—西北向全园剖面图，可以看出不同台层与周边地形的结合。

图 13　效果图序列落点图

在不同台层上，视角随着高度变化而改变。

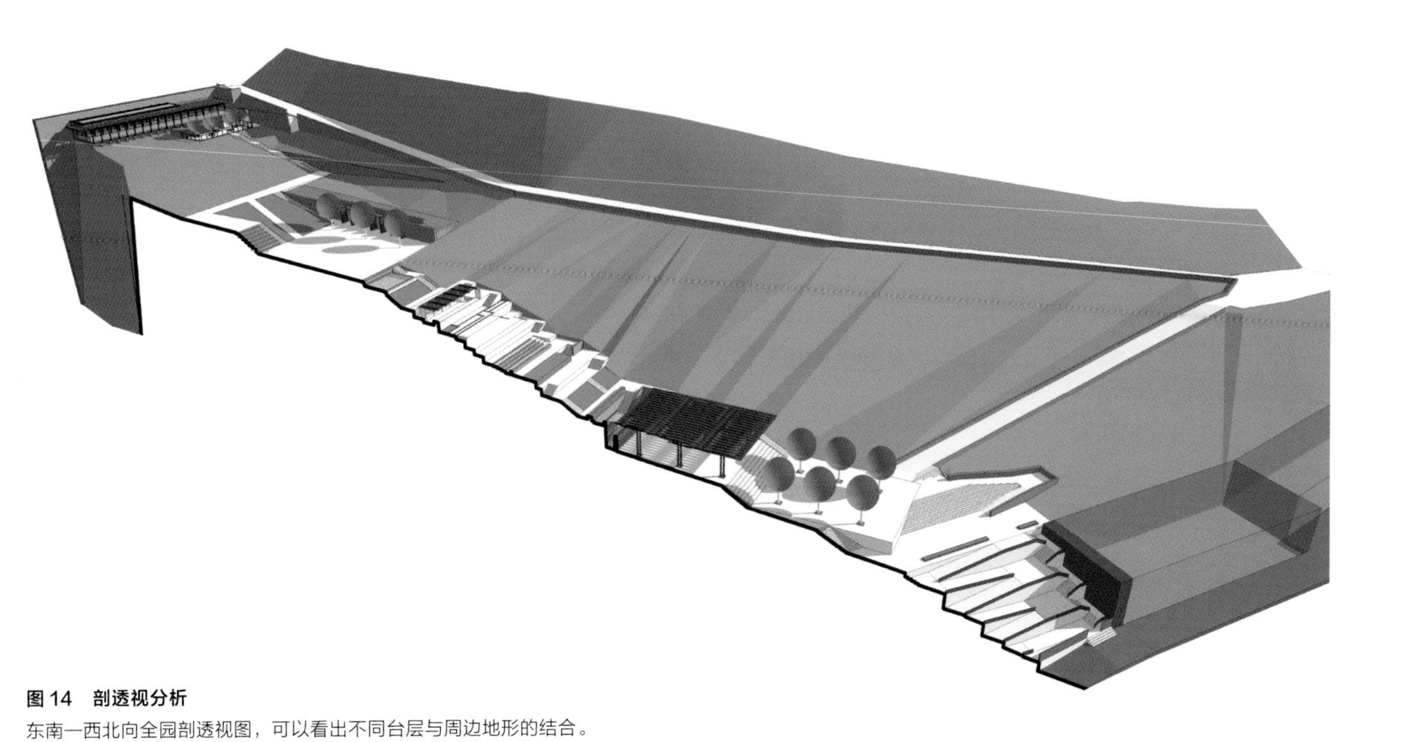

图 14　剖透视分析

东南—西北向全园剖透视图，可以看出不同台层与周边地形的结合。

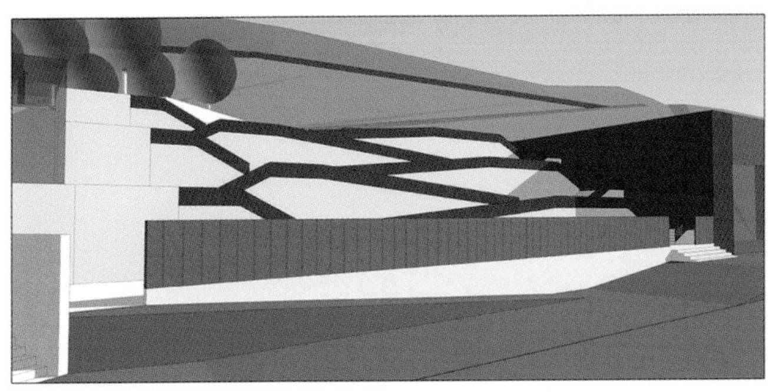

视角 1

视角 4

视角 2

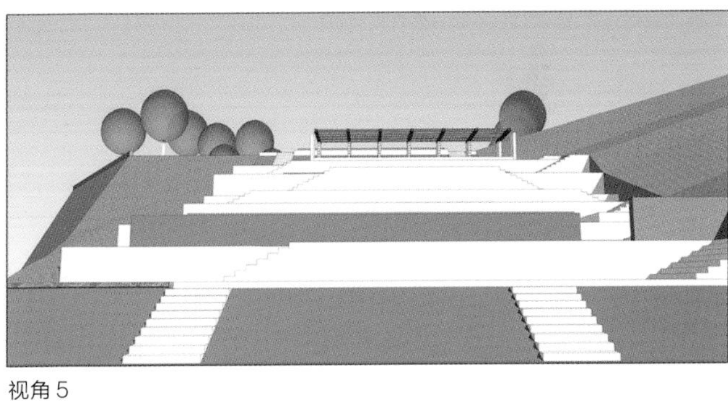

视角 5

视角 3

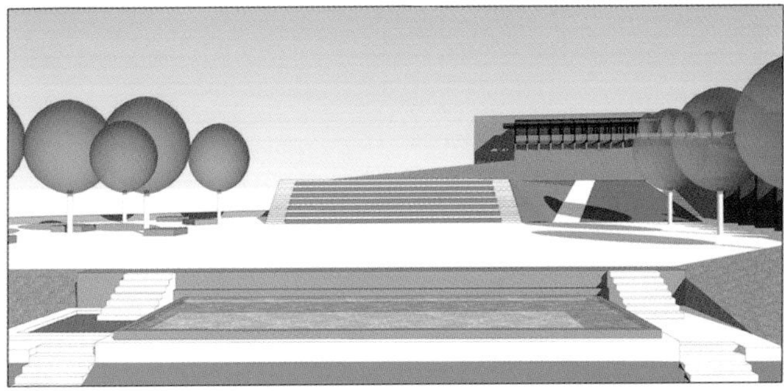

视角 6

图 15　效果图序列

10 拉梅尔公园 Parc de la Marine

项目地点：西班牙巴塞罗那

项目面积：9hm^2

设计（建成）时间：2003-2008 年

设计师：Enric Batlle、Joan Roig

项目概况

场地位于巴塞罗那西部的城市新区，拉梅尔公园（Parc de La Marine）建设隶属于圣克莱门特河（Sant Climent）滨水公园项目，该滨水公园穿越城镇联系着南部的农业区域和北部山区。由于具有山溪性特点，圣克莱门特河水位变化剧烈，有时甚至断流。公园场地比较平坦，圣克莱门特河流经公园场地的部分无植被覆盖。拉梅尔公园项目旨在恢复河流原生植被，修复河流自然廊道。

设计构思

设计面临的主要挑战是如何把防洪功能自然地融入公园，同时形成一个可持续的雨水收集系统，使雨水自然渗透并将其用于灌溉。设计将雨洪管理与场地自身的地形特点结合在一起，对河床两侧地势较低的平坦区域进行了改造。运用局部地形的抬升或下沉来分割河床两侧的低地，遂形成了四个能够在洪涝时期集水蓄水的下沉绿地。与此同时，设计后地形也在原有场地上分割出了大小不一的活动功能空间。

景观布局

公园设计旨在创造一个以收集雨水、自然渗透和满足灌溉功能为主要目标的可持续的水文系统。设计具有清晰的景观结构——以防洪强度为依据进行地形设计，根据不同的标高划分出分层的空间场景，原有河床和两条设置在抬升地形上的步行高架桥，将公园在使用功能上进行了有效划分。四块下沉绿地吸纳了来自周围场地的雨水，并具有一定的滞洪功能。公园在地形设计的基础上组织道路交通网络——用步行高架桥、过街天桥将由地形分割开来的空间贯通连接起来，使之形成完整的线性步行系统。这套被抬高的线形步行系统弥补了雨洪气候环境下地面交通体系的不足，确保公园在更多情况下能够正常运营使用。这些地形也将拉梅尔公园划分出了不同的功能分区——展览场地、儿童游乐场、芳香植物区、松林区、野餐区和圆形剧场。

参考文献：

[1] BATLLE|ROIG|PARC DE LAMARINA[EB/OL].[2019-02-18].http：//www.batlleiroig.com/landscape/parc-de-la-marina/edu/

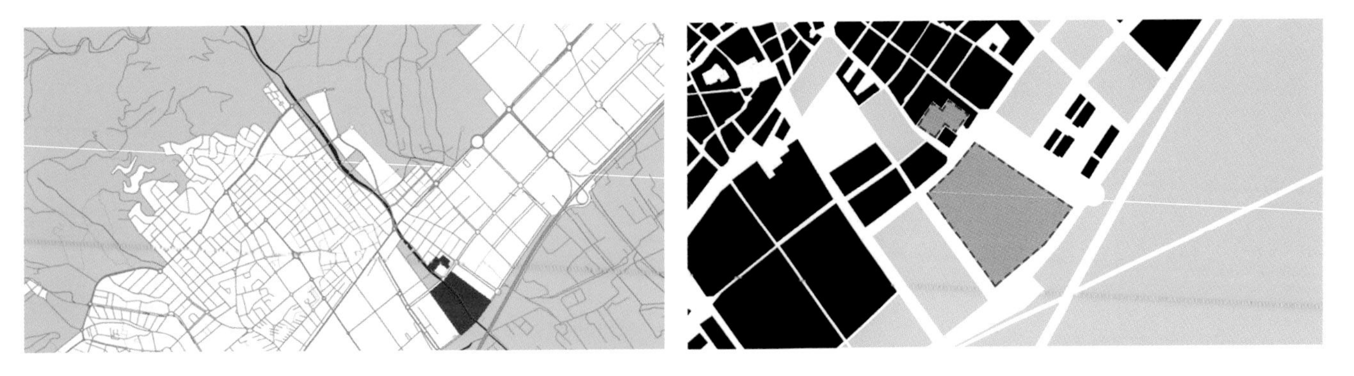

图1　区位图

城市和街区尺度上的拉梅尔公园。

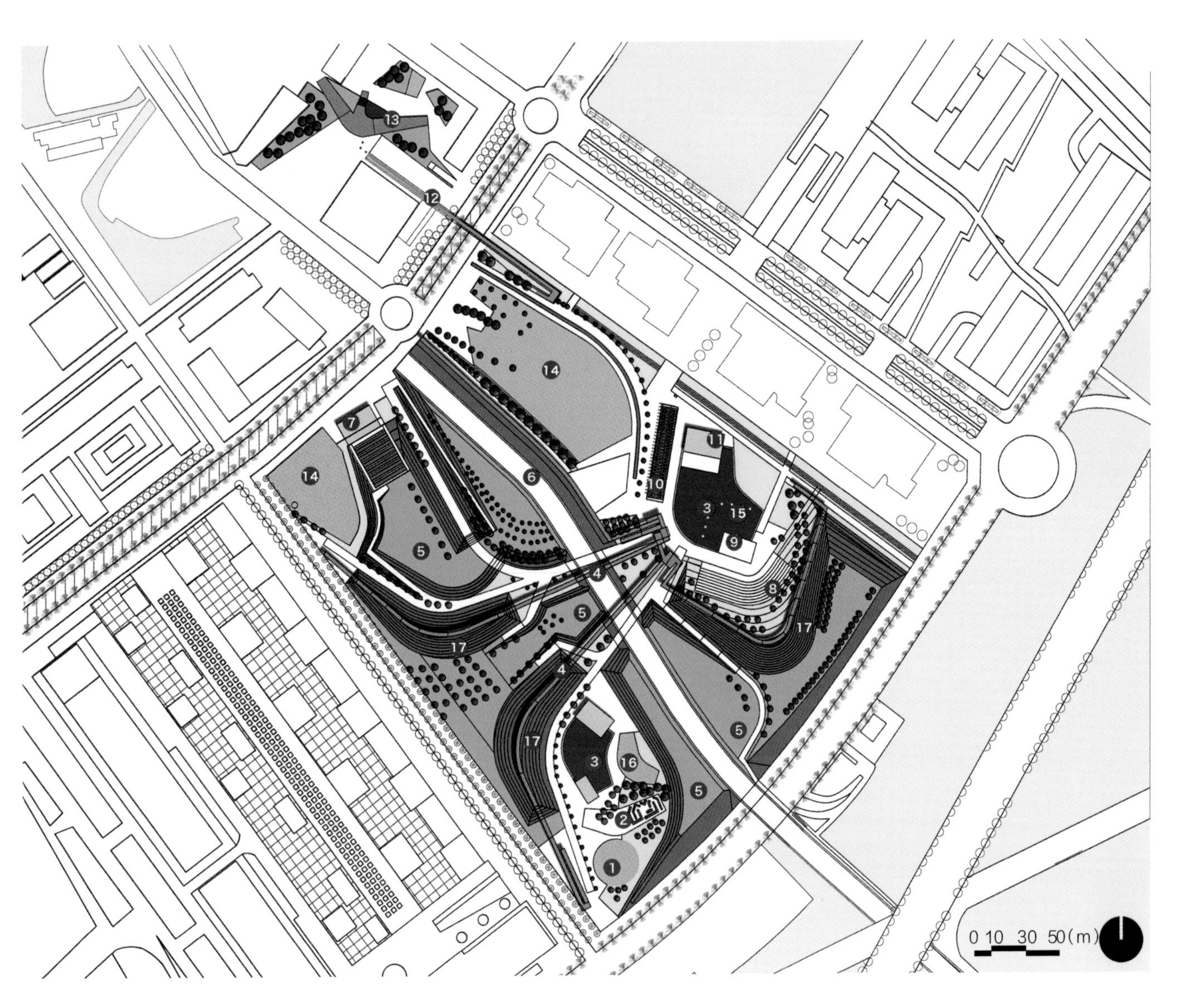

图2　平面图

1 雕塑　2 迷宫　3 水池　4 步行高架桥　5 下沉草地　6 保留的河床　7 园务管理中心　8 剧场观众席
9 剧场舞台　10 藤架　11 餐馆　12 过街天桥　13 坡道　14 广场　15 喷泉　16 活动场地　17 草坡

图 3　圣・克莱门特水系公园

拉梅尔公园在圣・克莱门特水系公园中的位置。圣・克莱门特水系公园穿越城镇，联系着农业区域和山区。拉梅尔公园位于圣・克莱门特水系公园的最南端。公园设计的重点在于雨洪管理——一旦发生洪水导致河水溢出，公园场地可作为临时的储水区域。

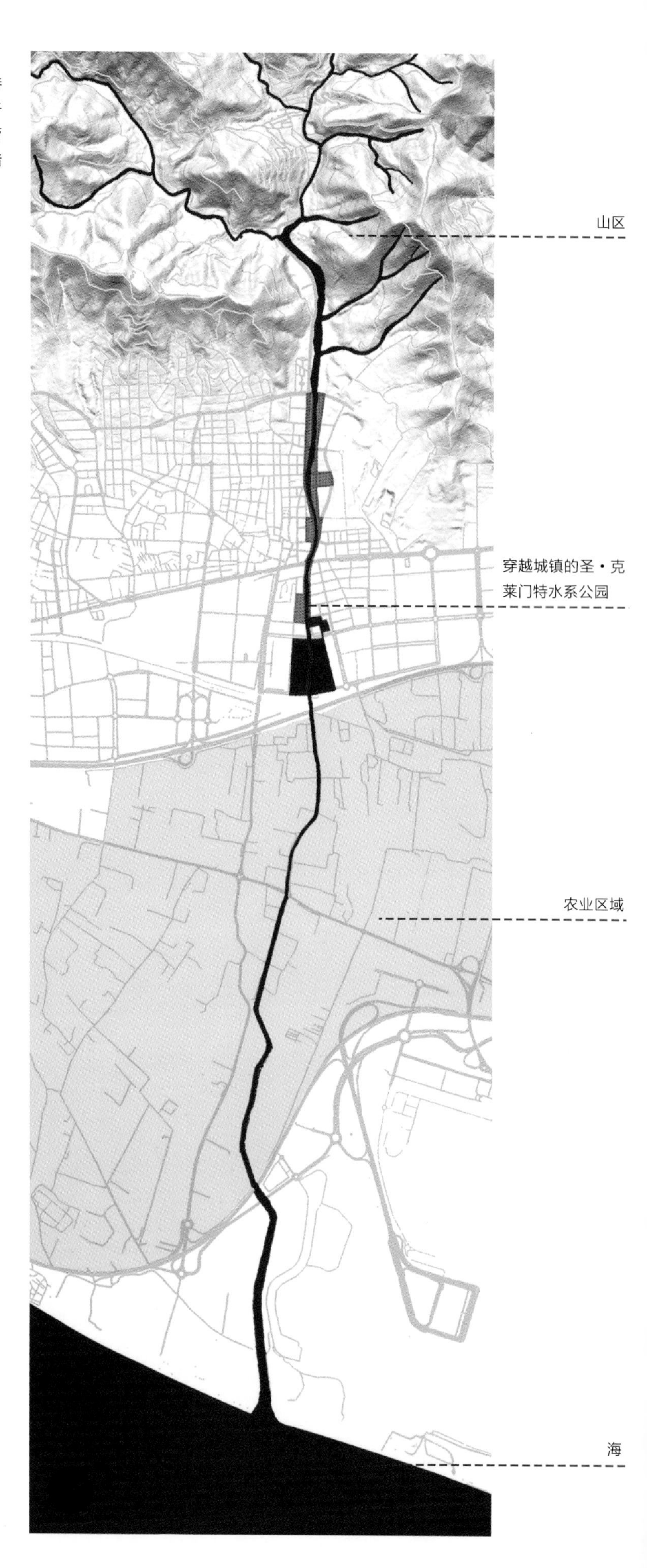

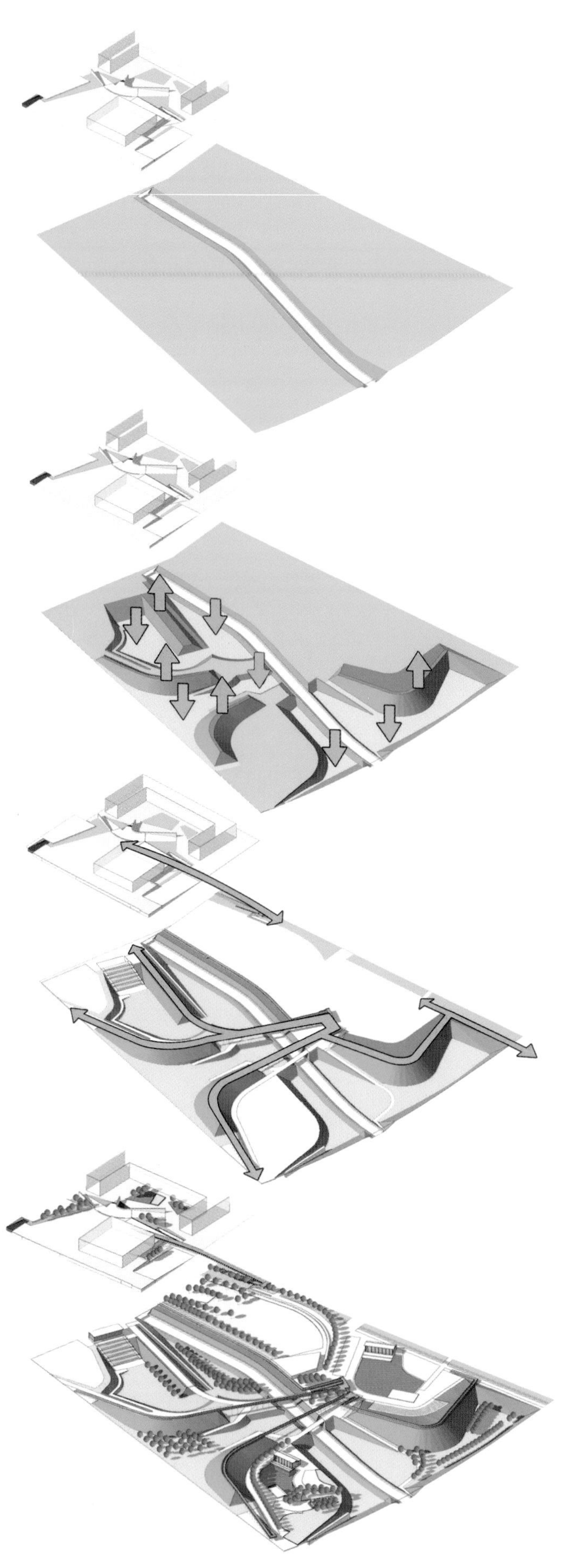

原场地被圣·克莱门特河的一段干枯河床划分为两个部分

通过局部地形抬升和下沉设计，设置四个起到蓄水功能的下沉区域，并将原有场地分割形成大小不一的功能空间

用步行高架桥、过街天桥将分割开来的空间贯通连接起来

在使用功能上进行细化和完善，使公园成为一处独具特色的城市景观基础设施

图 4　设计生成分析图

展现拉梅尔公园由原场地开始的形态生成过程。

地形分析

设计以防洪滞洪作为竖向处理的依据，通过地形引导将雨水引至可被淹没的区域，让尽可能多的雨水能快速下渗。四块下沉绿地相当于四个巨大的周期性蓄水池，承担周围场地雨水收集功能，从而实现高效、可持续的独立雨洪体系。

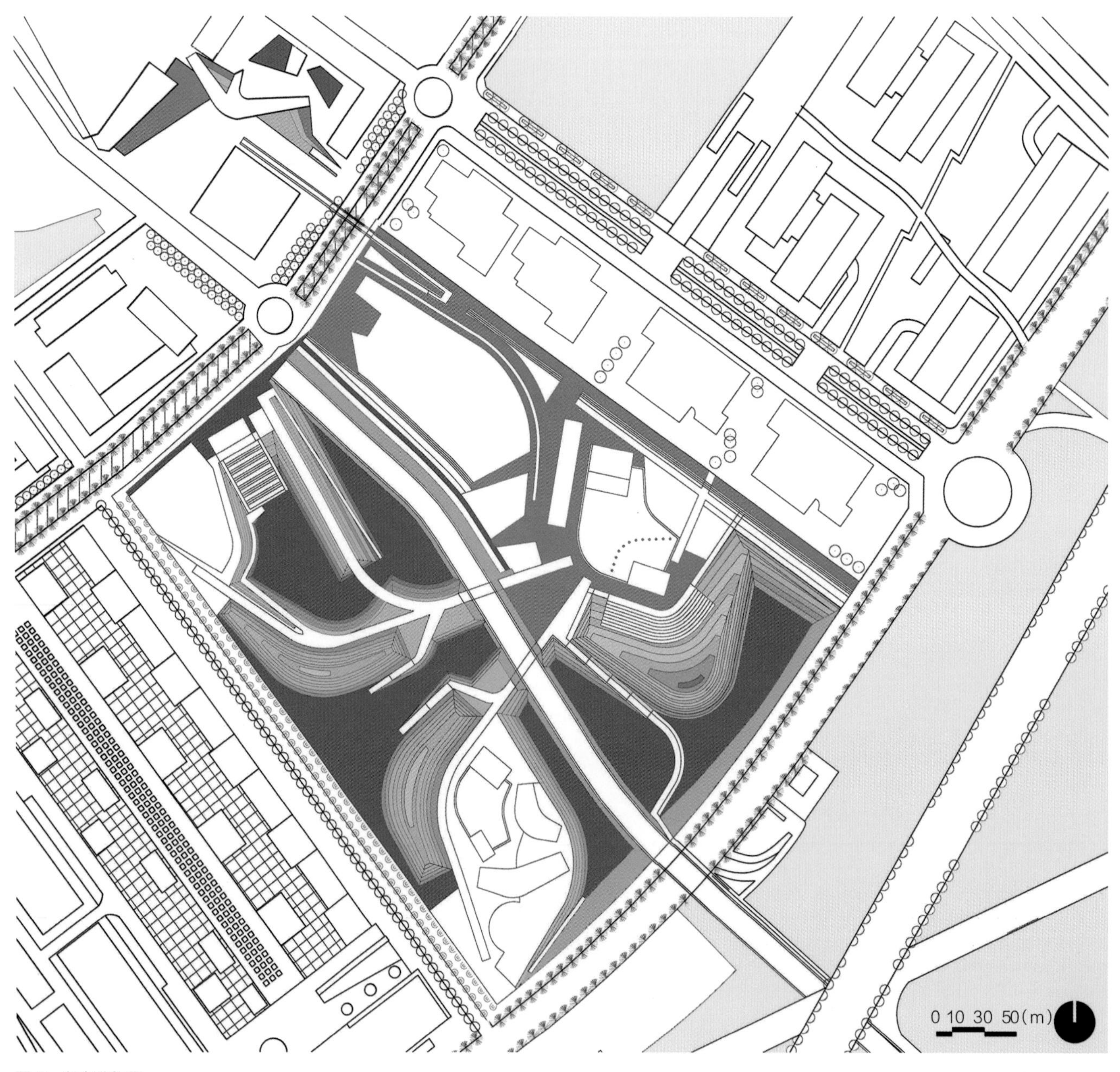

图 5　竖向分析图

展现拉梅尔公园整体设计地形，等高距 1m。

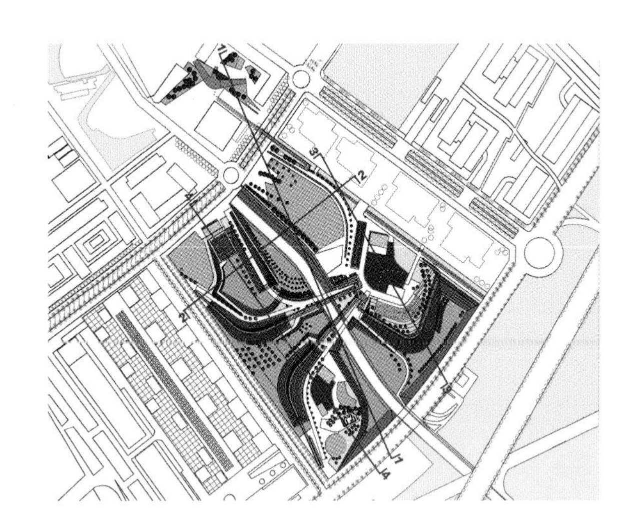

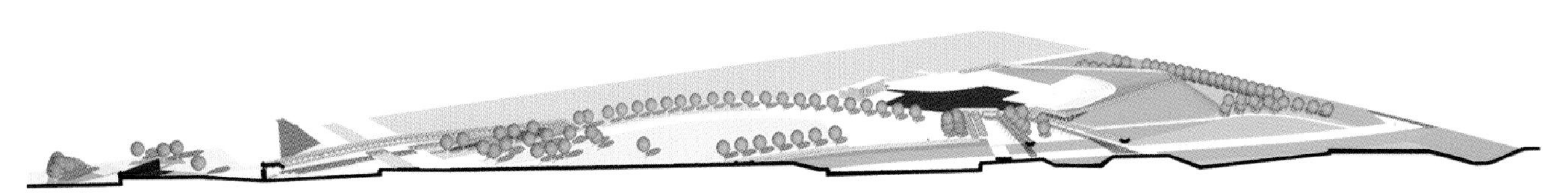

剖面 1-1

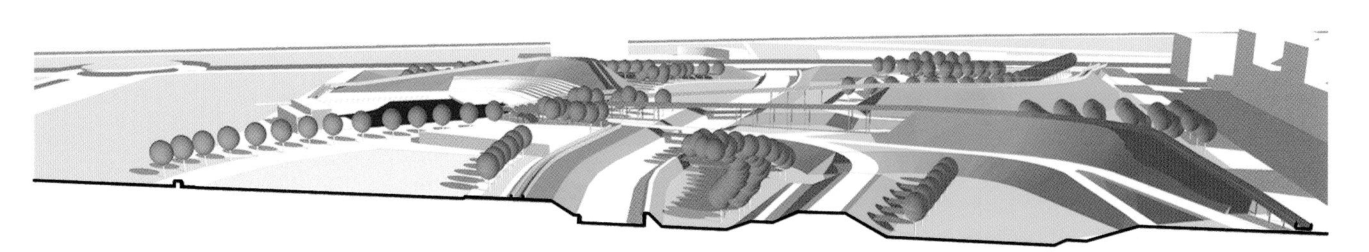

剖面 2-2

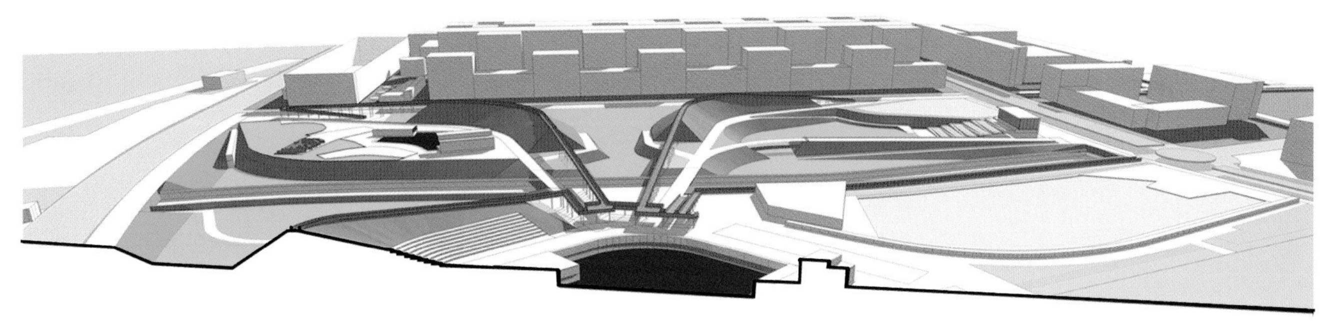

剖面 3-3

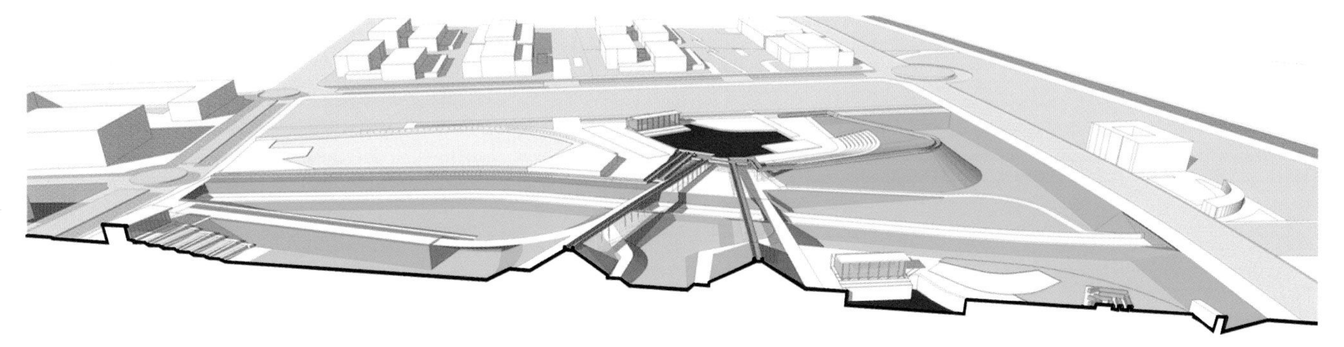

剖面 4-4

图 6　剖透图

分别从四个不同的剖切角度展现了拉梅尔公园地形设计，说明设计地形及构筑的竖向层级关系。

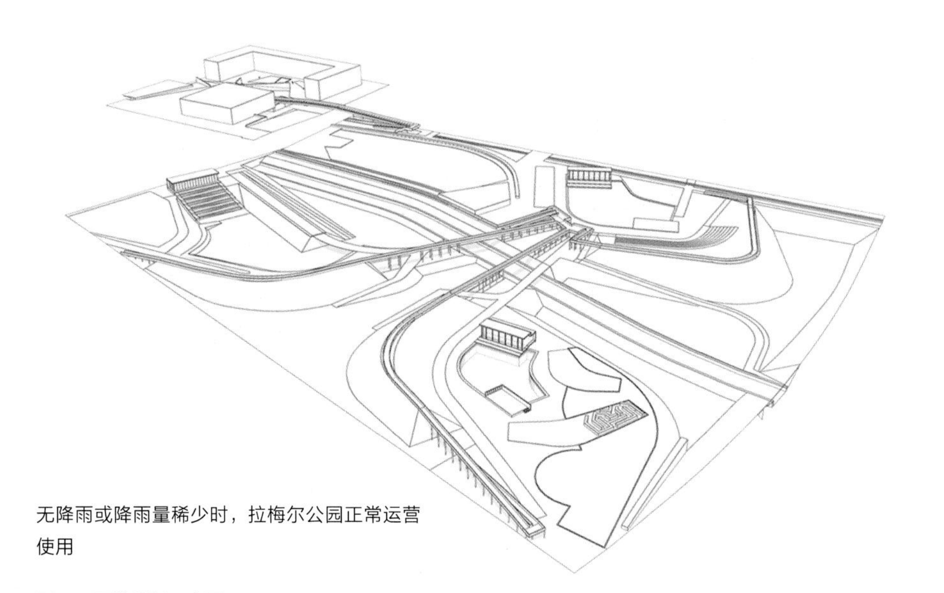

无降雨或降雨量稀少时，拉梅尔公园正常运营使用

一定的降雨量下，低洼草坪发挥集水蓄
其他区域正常运营使用

图 7　雨洪分析示意图

展现不同气候条件下，拉梅尔公园面对雨洪的灵活应对。

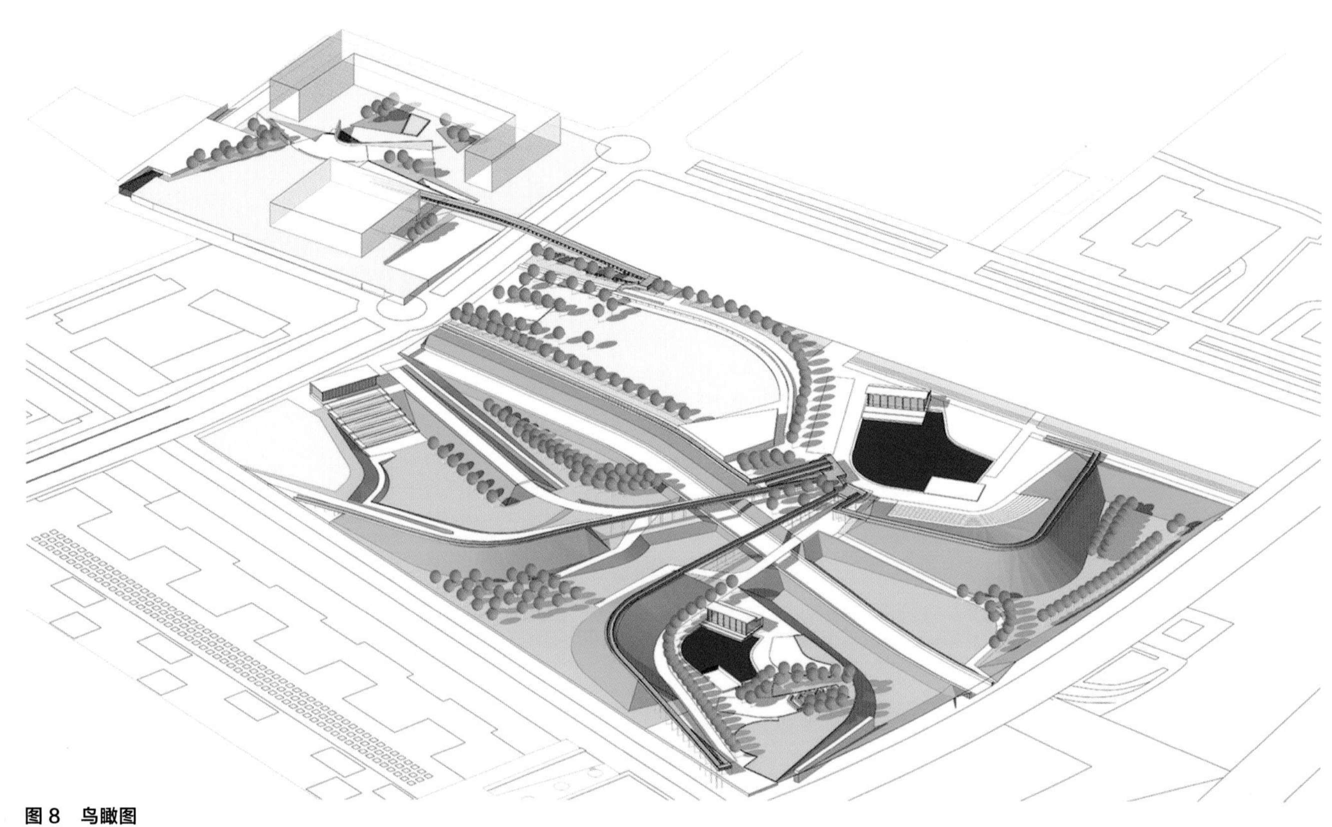

图 8　鸟瞰图

拉梅尔公园全园鸟瞰图。

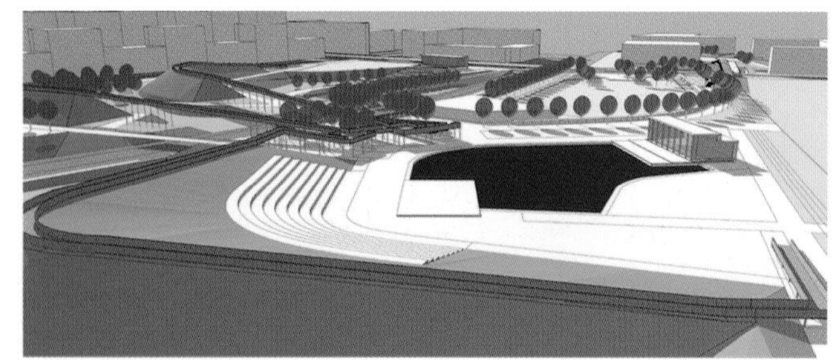

拉梅尔公园的剧场舞台及观众座席

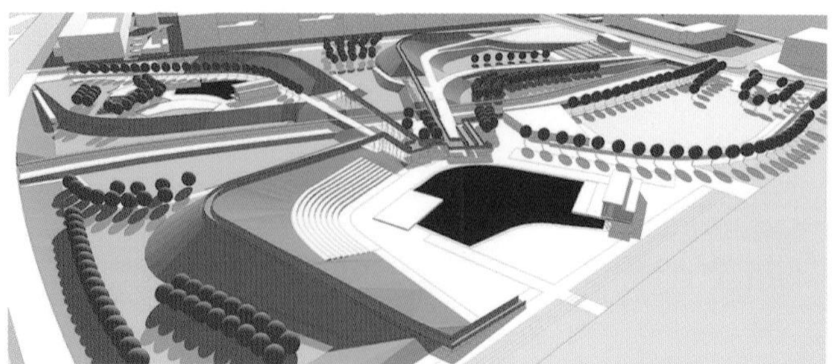

拉梅尔公园的地形、道路和广场

图 9　效果图

直观展现拉梅尔公园的设计地形和步行体系及场地关系。

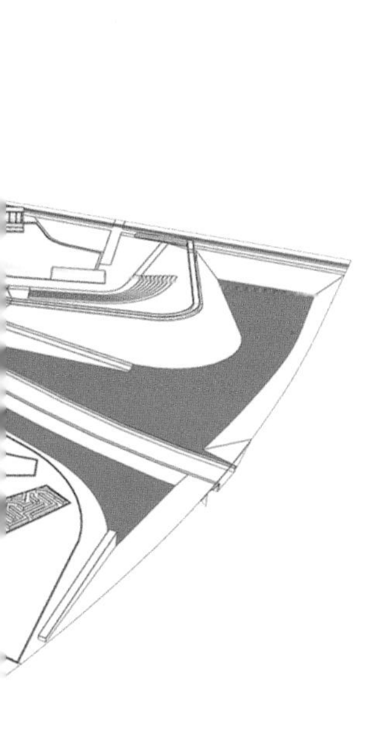

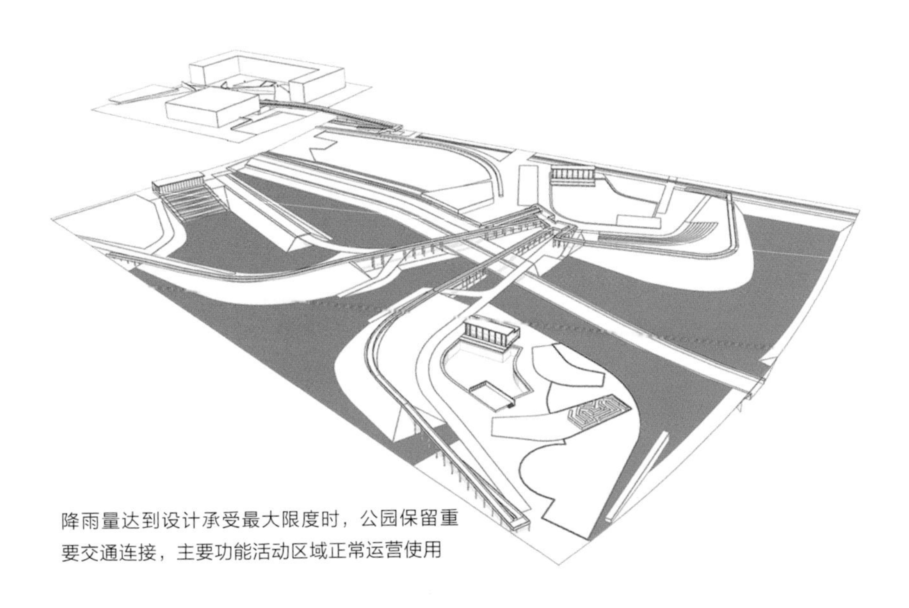

降雨量达到设计承受最大限度时，公园保留重要交通连接，主要功能活动区域正常运营使用

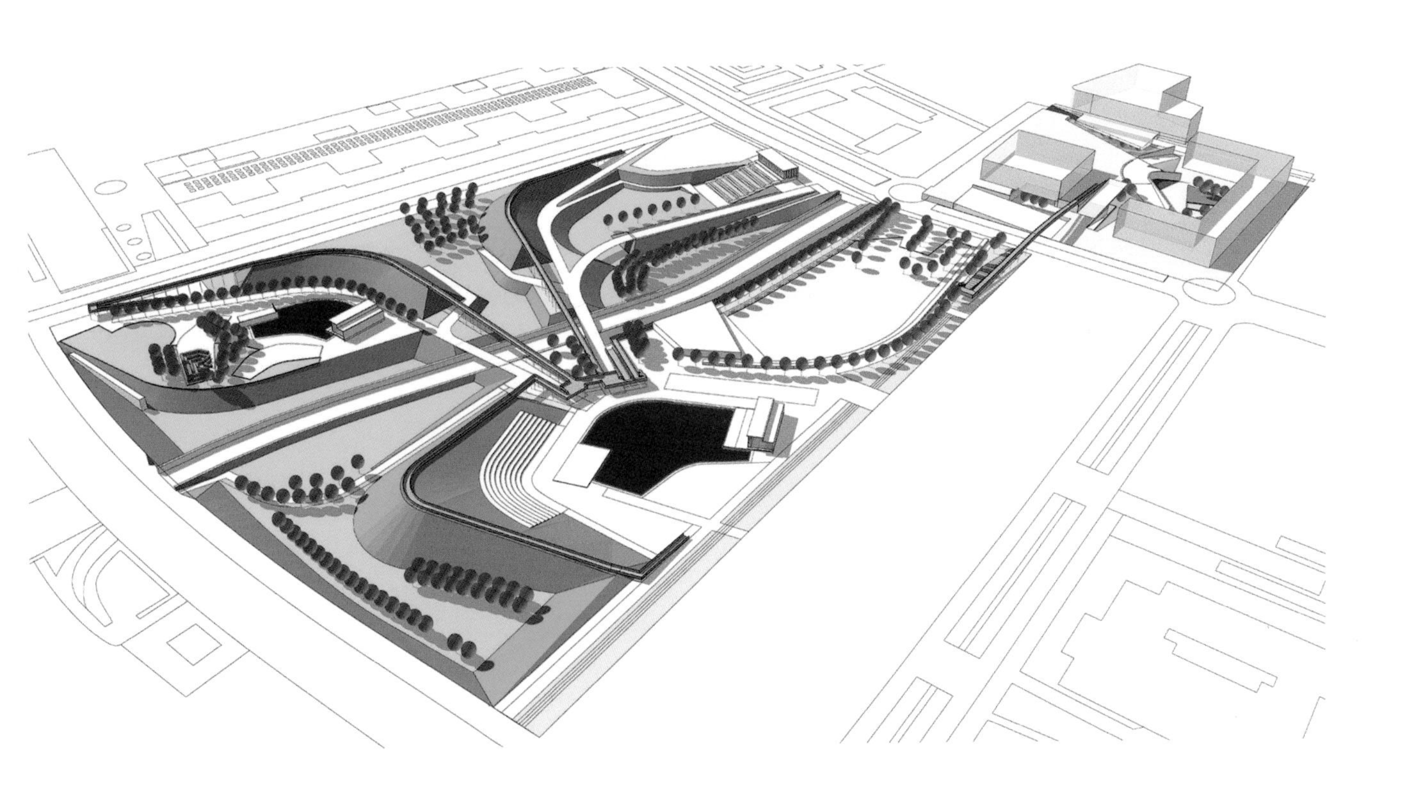

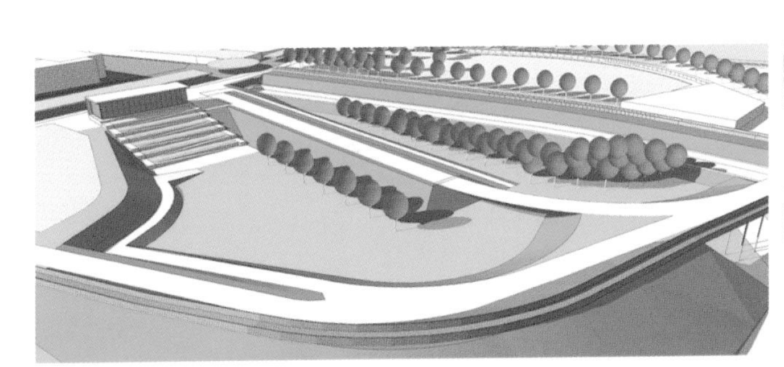

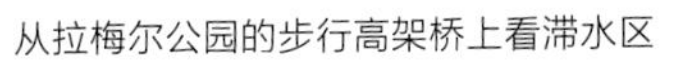

从拉梅尔公园的步行高架桥上看滞水区

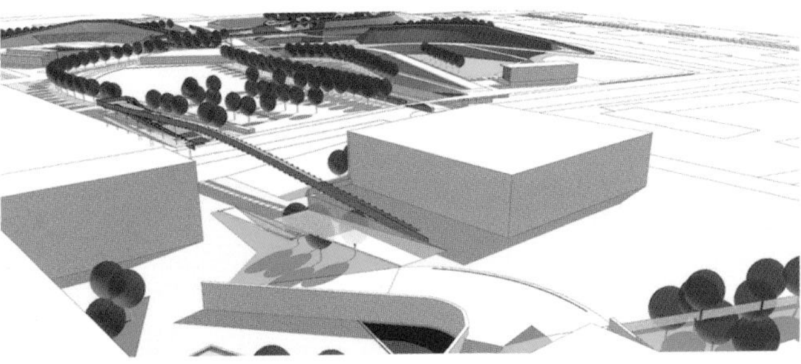

连接拉梅尔公园两部分的过街天桥

11 雪铁龙公园 Parc Andre Citroen

项目地点：法国巴黎

项目面积：14.6hm^2

设计（建成）时间：1985 年

设计师：Alain Provost

项目概况

雪铁龙公园（Parc Andre Citroen）坐落于塞纳河东岸，当时是巴黎最大的城市重建项目之一。在 1919 年，雪铁龙公司在塞纳河东岸建立了自己的工厂，该工厂主要以生产汽车为主。直到 20 世纪 70 年代，由于巴黎城市建设政策的调整将雪铁龙公司迁出了老城，便留下了塞纳河岸边的一块约 30hm^2 废旧场地。这块场地由于在过去的几十年里一直具有运输煤炭金属等工业原料的船舶停靠的功能，因此污染较为严重，场地已经逐渐失去了活力。

20 世纪 80 年代，时任巴黎市长的雅克·希拉克发起了该公园的建设，于 1985 年由巴黎市政规划局组织了欧洲范围的公园设计竞赛，最终的实施方案由 2 个获一等奖的方案合并而成，设计团队由建筑师和风景园林师共同组成。公园建造始于 1987 年，1992 年正式开放。

设计构思

法国的古典园林和传统城市设计享有共同的形式来源。巴黎城市主轴线由凯旋门、香榭丽舍大街、协和广场、丢勒里花园和卢浮宫构成，这条轴线和连同其他许多受其影响的壮观的轴线，构成了巴黎城市的骨架。雪铁龙公园设计延续了古典设计的传统，遵从巴黎的城市肌理，并利用公园的主轴线与巴黎塞纳河形成密切关系。

景观布局

雪铁龙公园由两个部分组成。北部包括白色园和黑色园，主体部分由 2 座大型温室、系列主题花园、中心大草坪、大水渠及系列岩洞构筑等组成。整体布局较为方正均衡，一条斜向道路从北部的运动园一直贯穿到南部的黑色园。

公园的大型温室犹如传统园林中的府邸建筑，设计通过地形抬升加以强调其控制性，同时中心草坪加以下沉，并把塞纳河河堤改为桥梁，以此将塞纳河与公园相互沟通起来。中心草坪南侧通过大水渠和系列岩洞（实为观景台）解决草坪下沉后的东侧边界处理问题，北侧则是通过系列小花园和树阵吸收草坪下沉后产生的高差。系列小花园各具主题，由小温室、链式瀑布以及围合花园组成，小温室和链式瀑布与东侧的系列岩洞具有准确的对位关系。

公园的种植方式也极具特色。公园主广场、重要交接地带、公园边界等种植修建整齐的植物，用来划分空间，由此强调场地结构。而在各个小林园中则是自由种植，植物景观差异很大，从而形成整体性和丰富性的统一。

参考文献：

[1] Paris Opens Park On Citroen Site[N].The New York Times,January 31,1993.

[2] Pringle-Harris,Ann(1997-11-02).The 15th,a World of Its Own[N].The New York Times,2008.

[3] Ballon Air de Paris-Fonctionnement[N].Ballon Air de Paris,2008.

[4] Michel R. Allain Provost-Landscape Architect/Paysagiste[M].Ulmer Eugen Verlag,2005.

[5] 王向荣，林箐. 拉·维莱特公园与雪铁龙公园及其启示 [J]. 中国园林，1997，(02)：26-29.

图 1　区位图

城市和街区尺度上的雪铁龙公园。

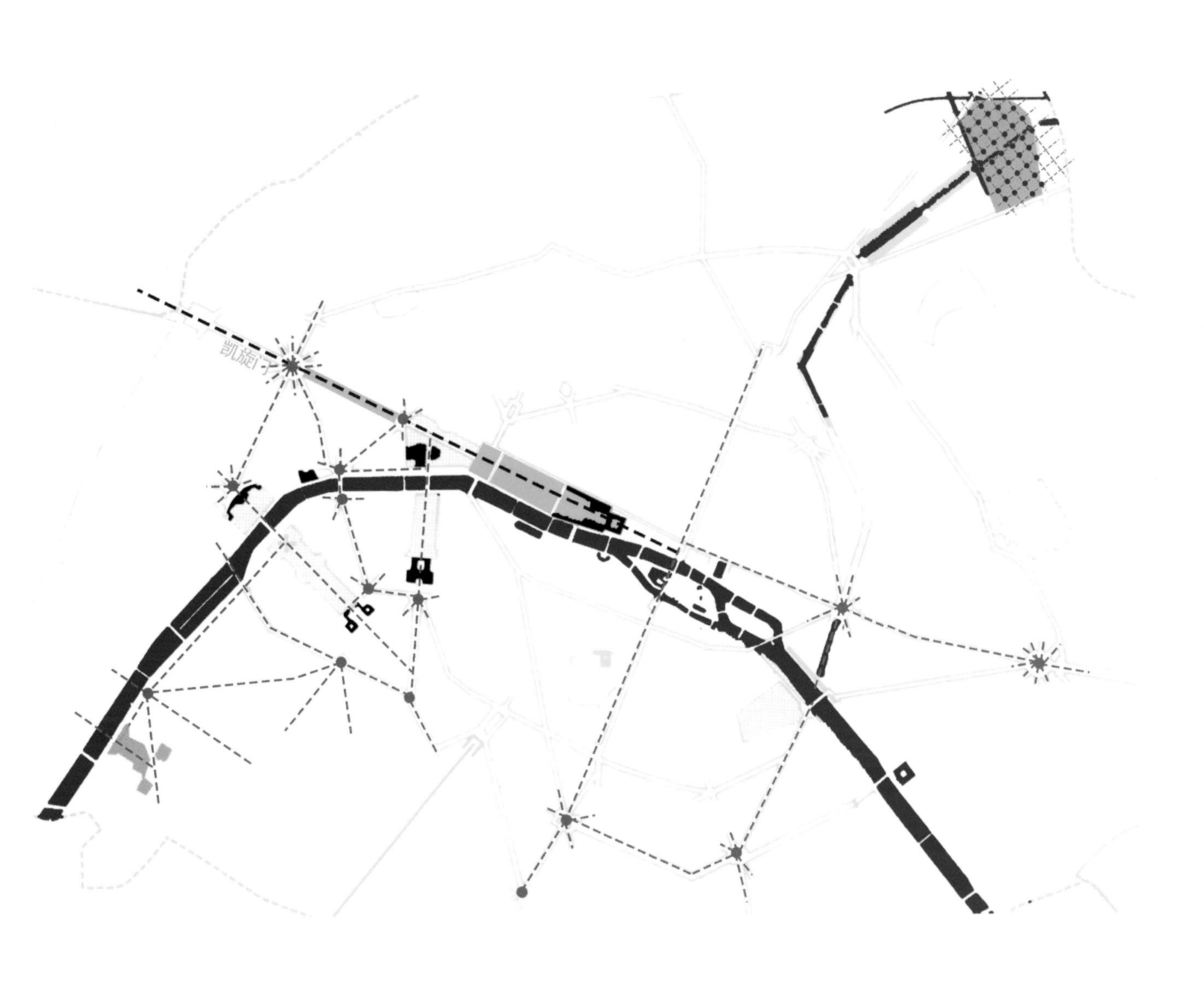

图 2　公园与城市结构的关系

雪铁龙公园与城市重要节点的轴线关系。

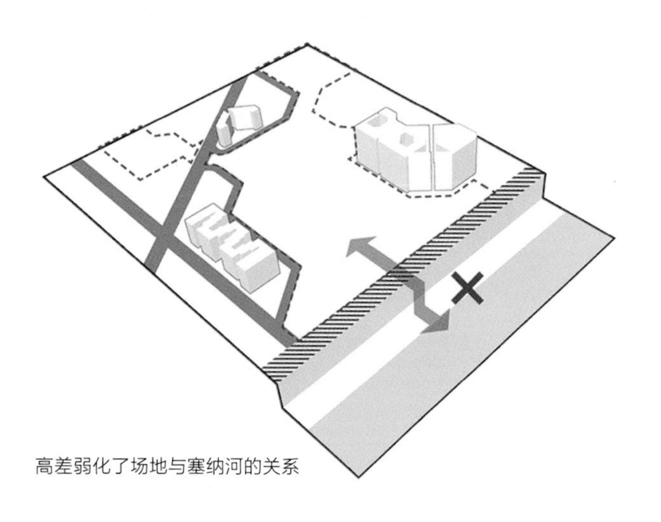

高差弱化了场地与塞纳河的关系

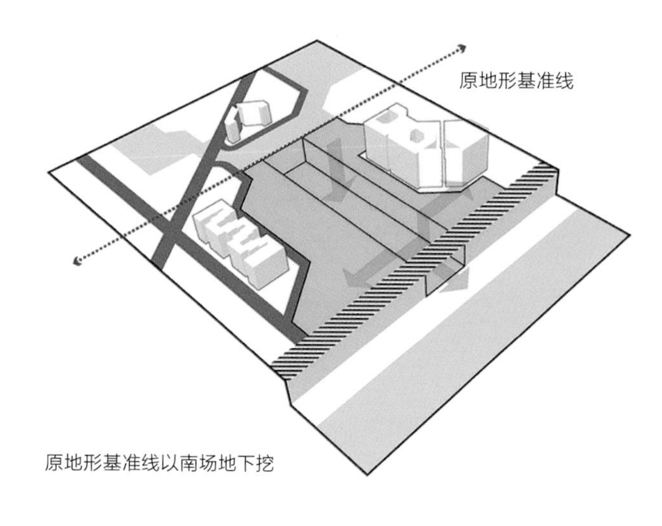

原地形基准线以南场地下挖

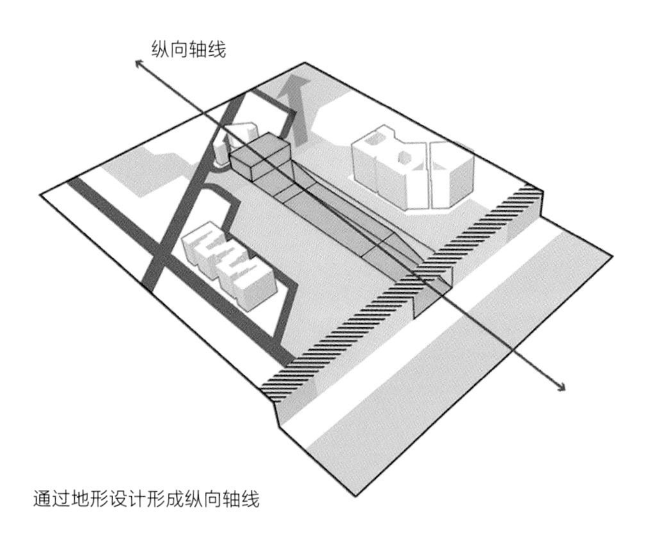

通过地形设计形成纵向轴线

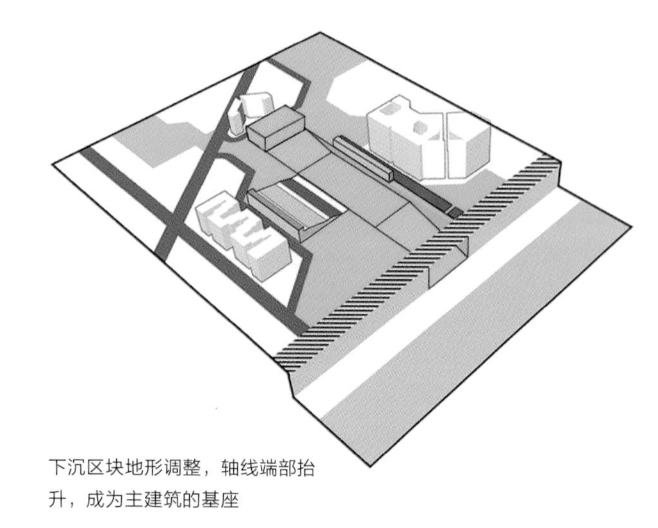

下沉区块地形调整，轴线端部抬升，成为主建筑的基座

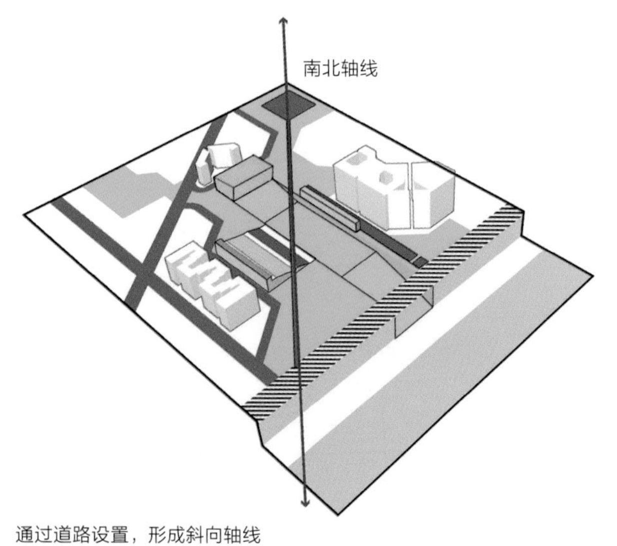

通过道路设置，形成斜向轴线

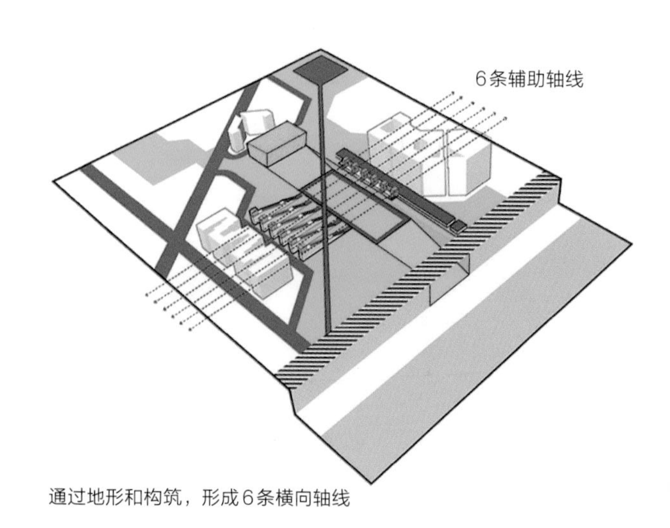

通过地形和构筑，形成6条横向轴线

图 3　设计生成分析图

雪铁龙公园延续了巴黎的城市肌理，公园的主轴线伸向塞纳河，同时横向分布若干条次轴线，形成公园的横向结构框架。

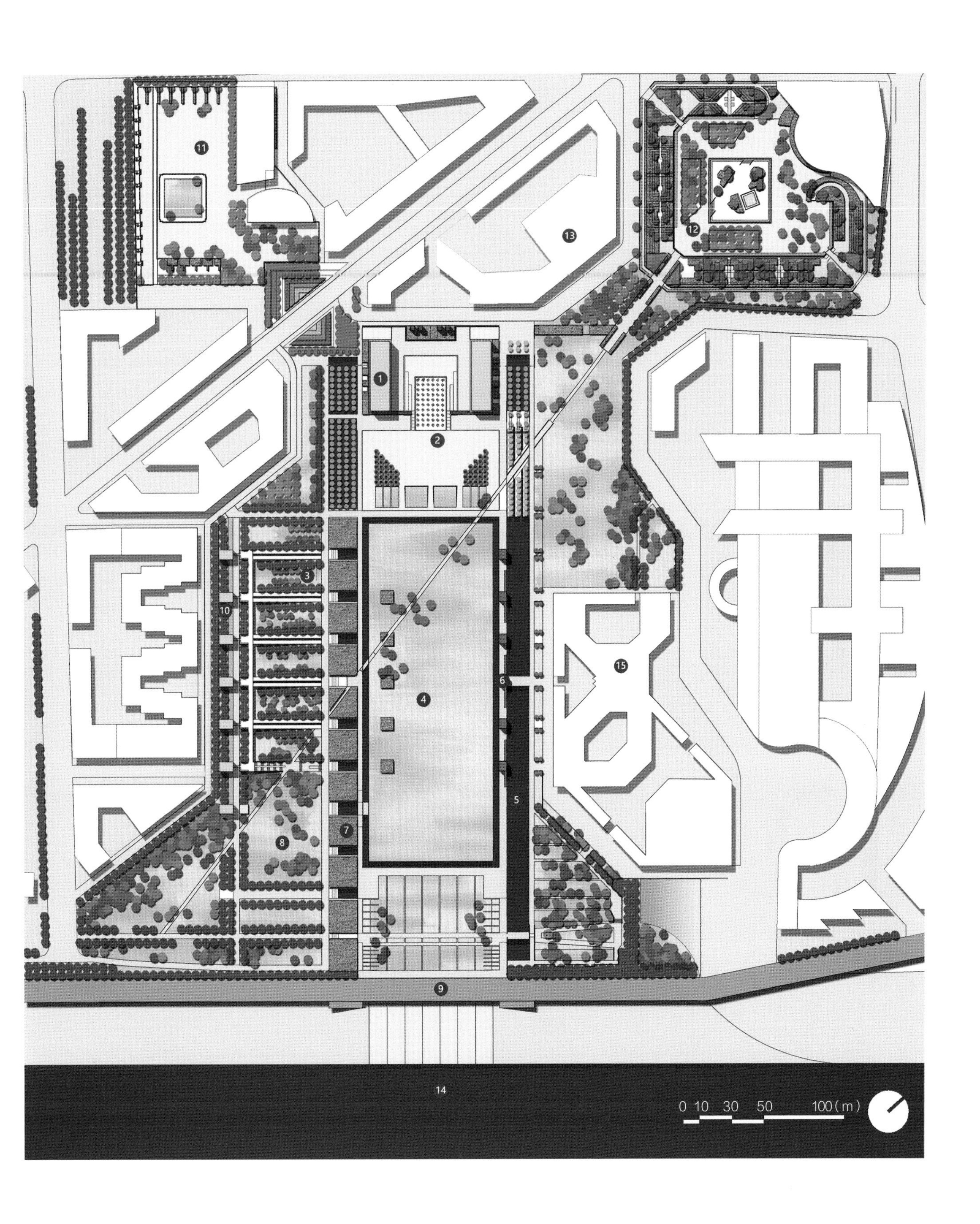

图 4　平面图

1 大温室　2 喷泉　3 系列花园　4 大草坪　5 运河　6 岩洞构筑物　7 绿墙方阵　8 运动园
9 铁路　10 小温室　11 白色园　12 黑色园　13 居住区　14 塞纳河　15 雪铁龙大厦

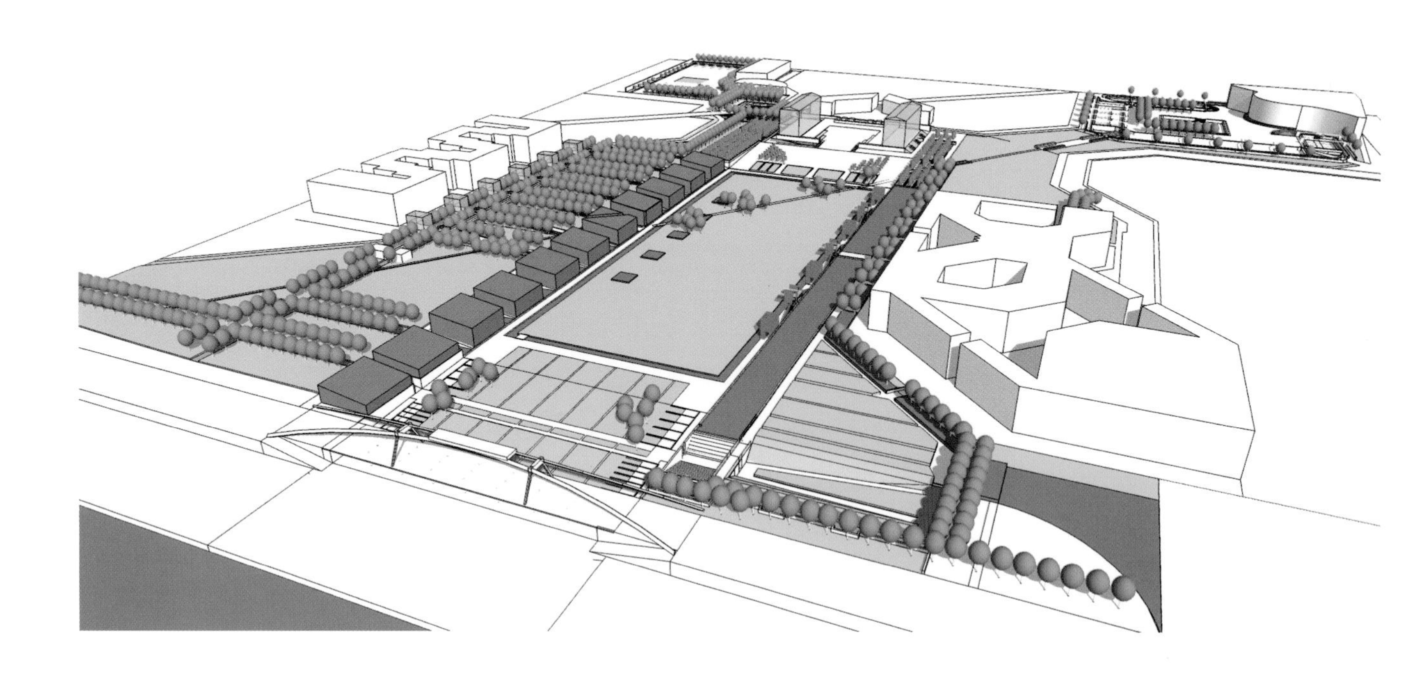

图 5　鸟瞰图
由东向西整体鸟瞰。

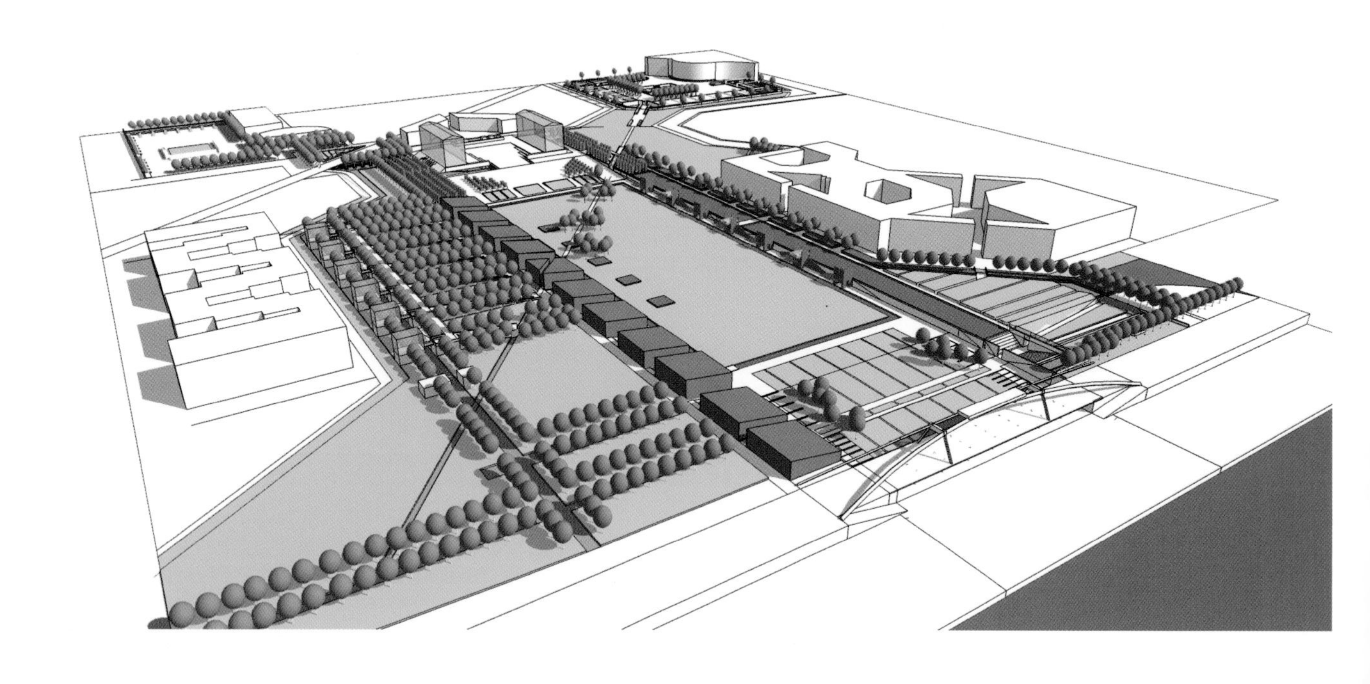

图 6　鸟瞰图
由北向南整体鸟瞰。

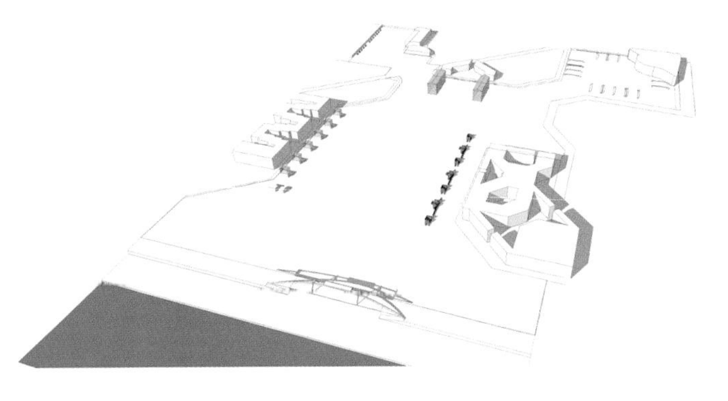

大小温室与岩洞构筑物

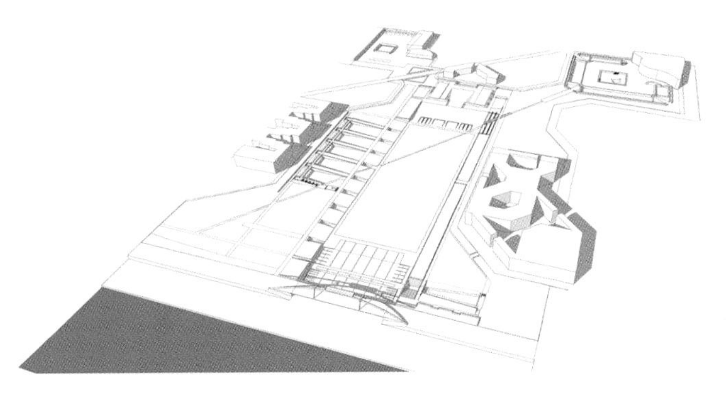

挡墙与道路

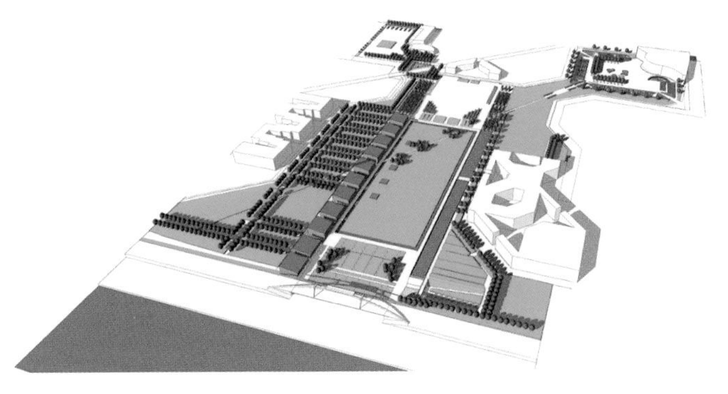

丛林与草地

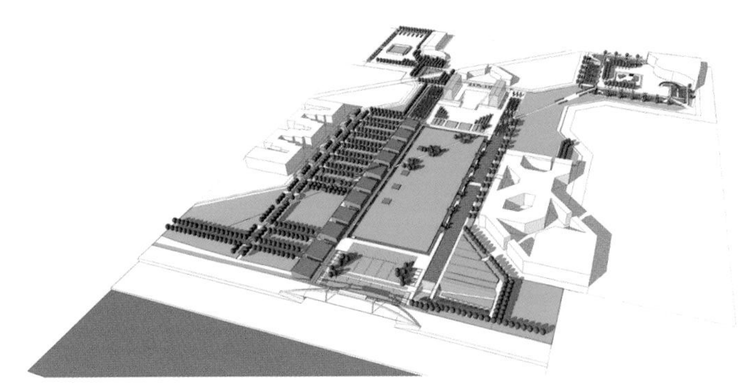

公园整体结构

图 7　分层解析图

构筑、场地和种植形成公园的整体布局。

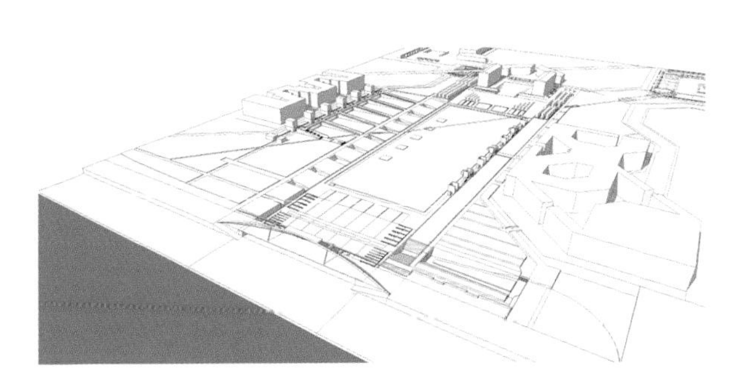

塞纳河常水位时

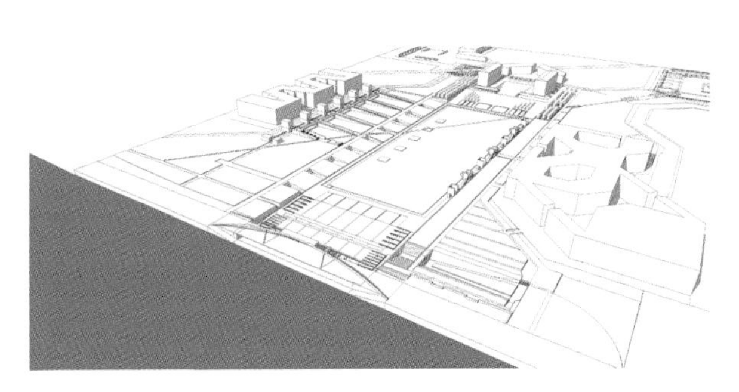

水位到达堤脚时

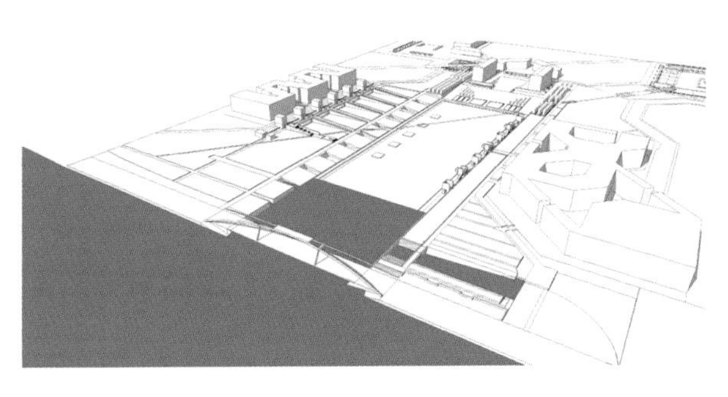

水位到达堤腰时

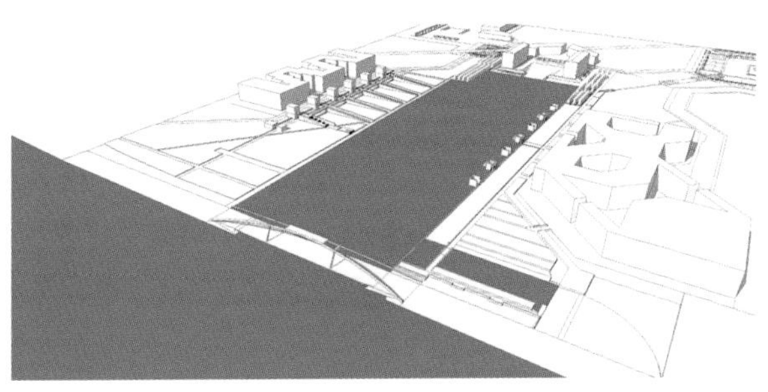

水位接近堤顶时

图 8　公园与塞纳河的关系

公园标高的变化可能与塞纳河的河水水位高程有关。

地形设计

塞纳河的河堤建有城市轻轨，阻隔了公园场地与塞纳河的联系。设计通过斜坡草坪加以贯通，人们可以从桥下通过，来到塞纳河边。设计通过岩洞构筑物和水渠处理草坪两侧的高差。雪铁龙公园的横向轴线、纵向轴线和斜向轴线上均有丰富的地形设计，增加空间的层次性和节奏感。

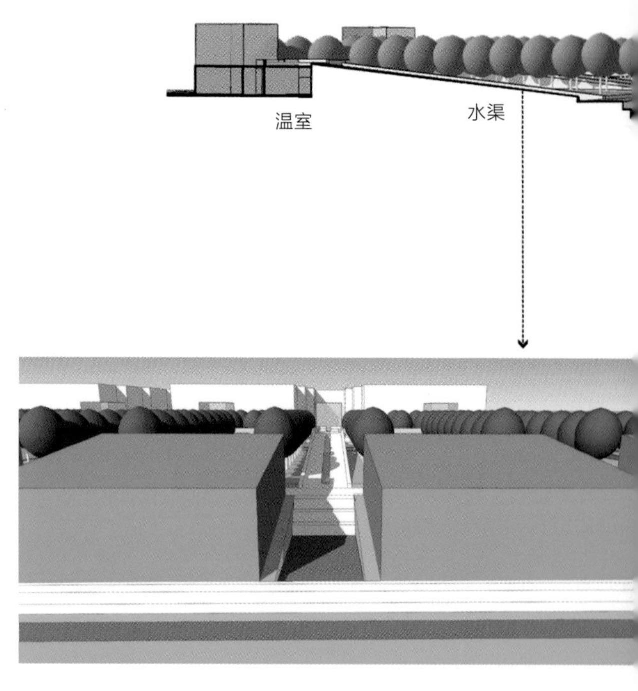

图 9　轴线地形分析图
横向轴线效果序列。

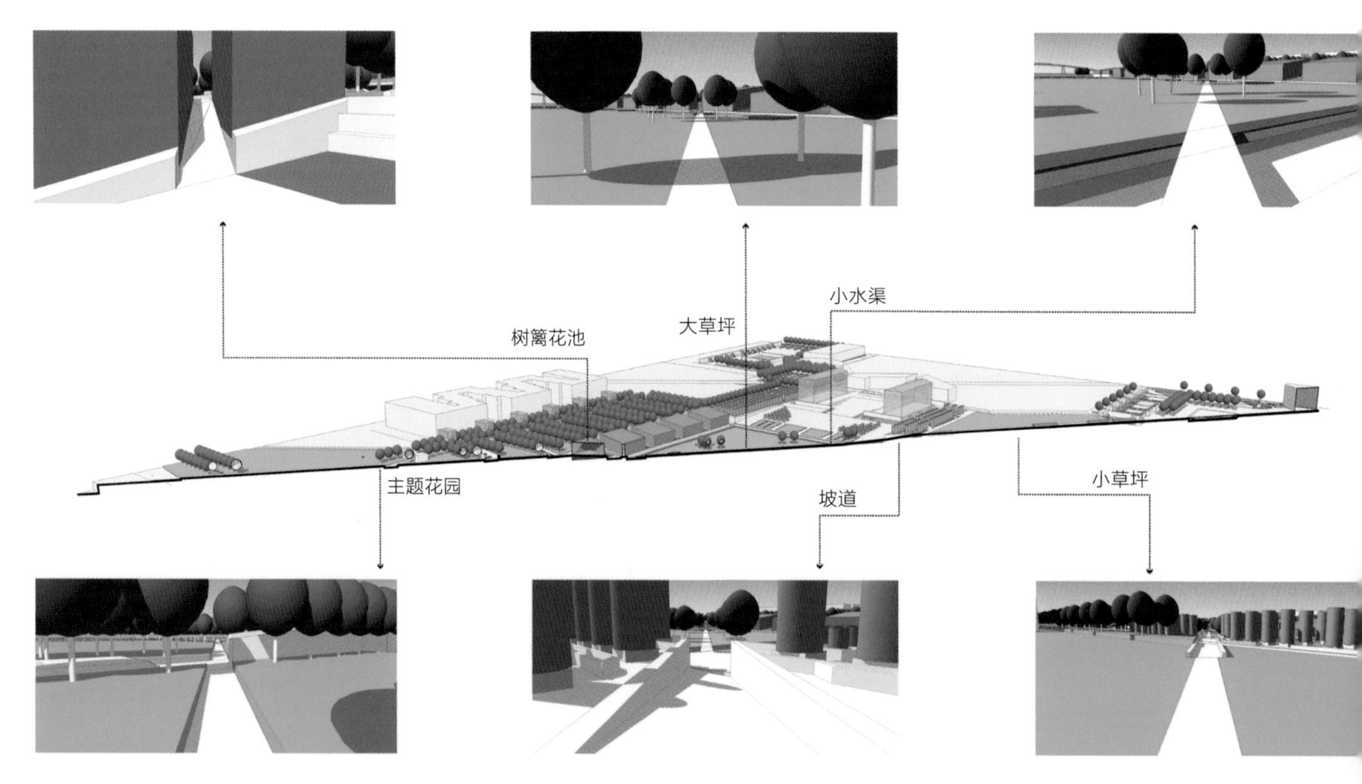

图 10　轴线地形分析图
斜向轴线效果序列。

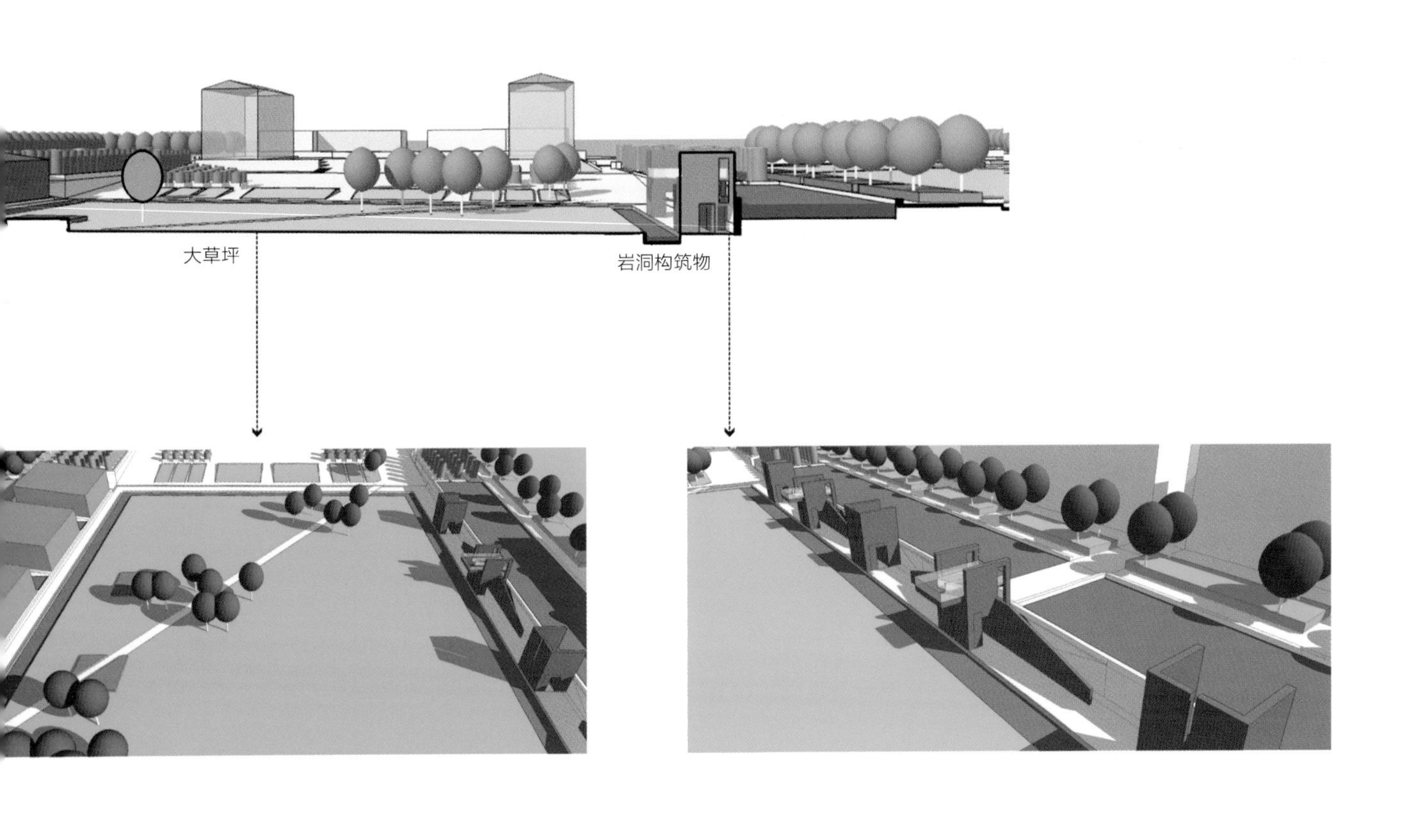

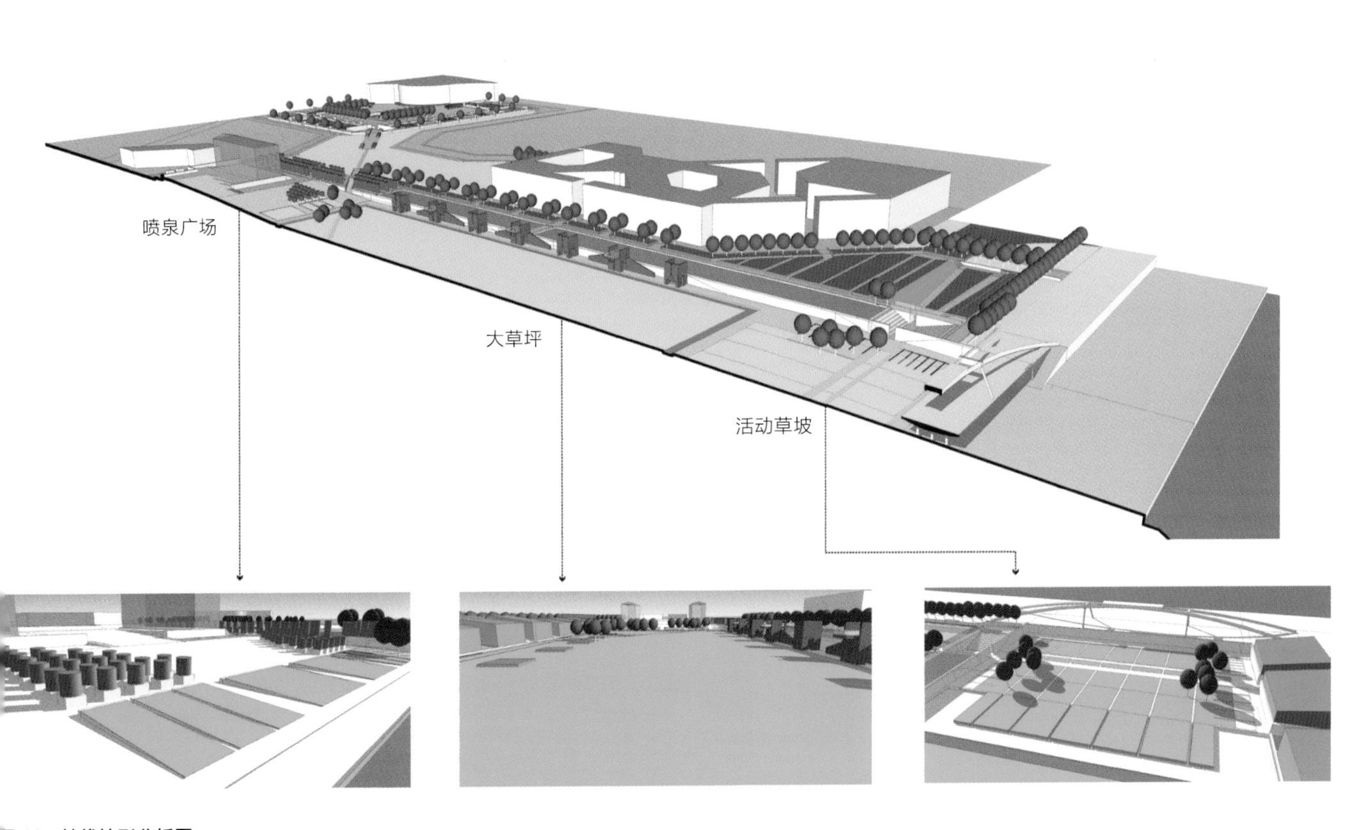

图 11　轴线地形分析图
纵向轴线效果序列。

图 12　边界结构分析图

对东、南、西三侧与环境衔接的边界进行结构分析。

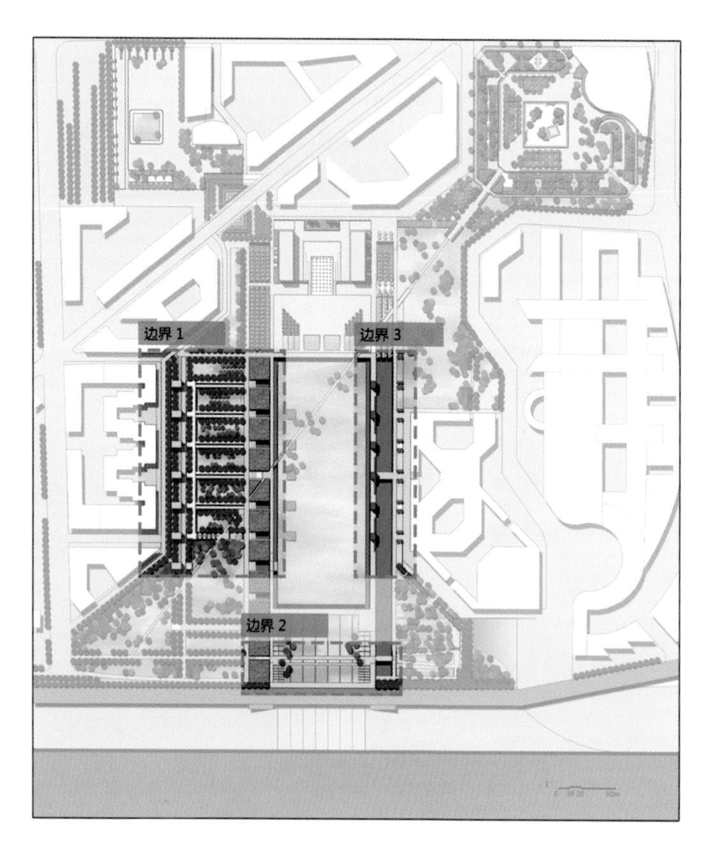

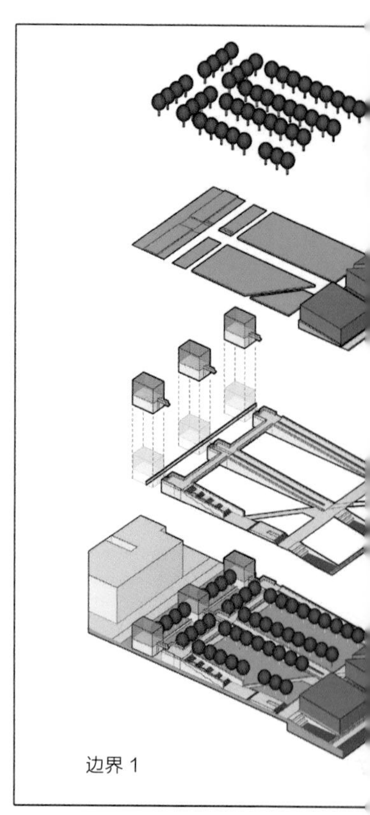

图 13　雪铁龙公园对比维贡府邸

对两个公园的轴线进行对比。

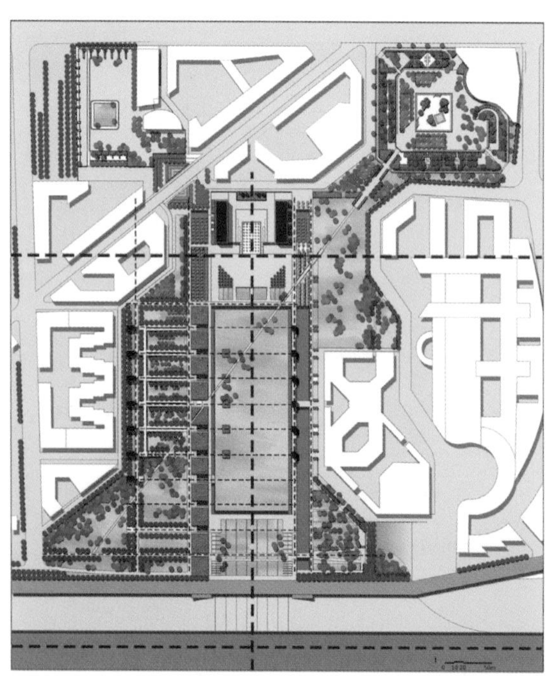

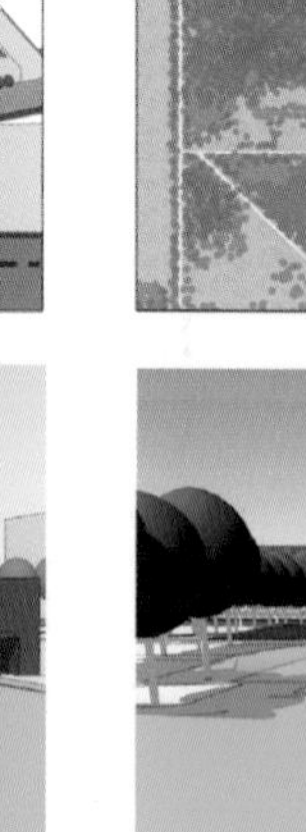

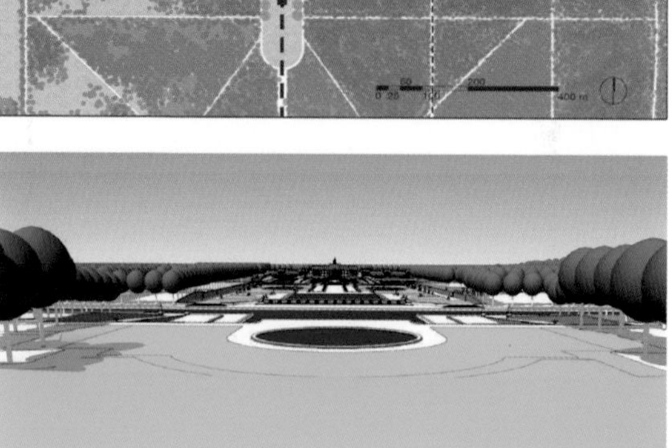

轴线对比

元素对比　大草坪-

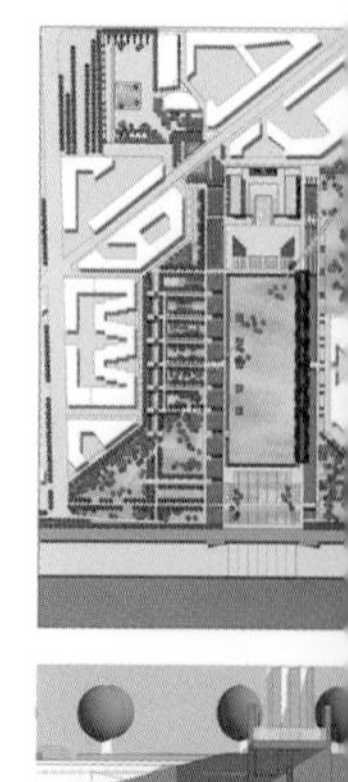

元素对比　岩洞一

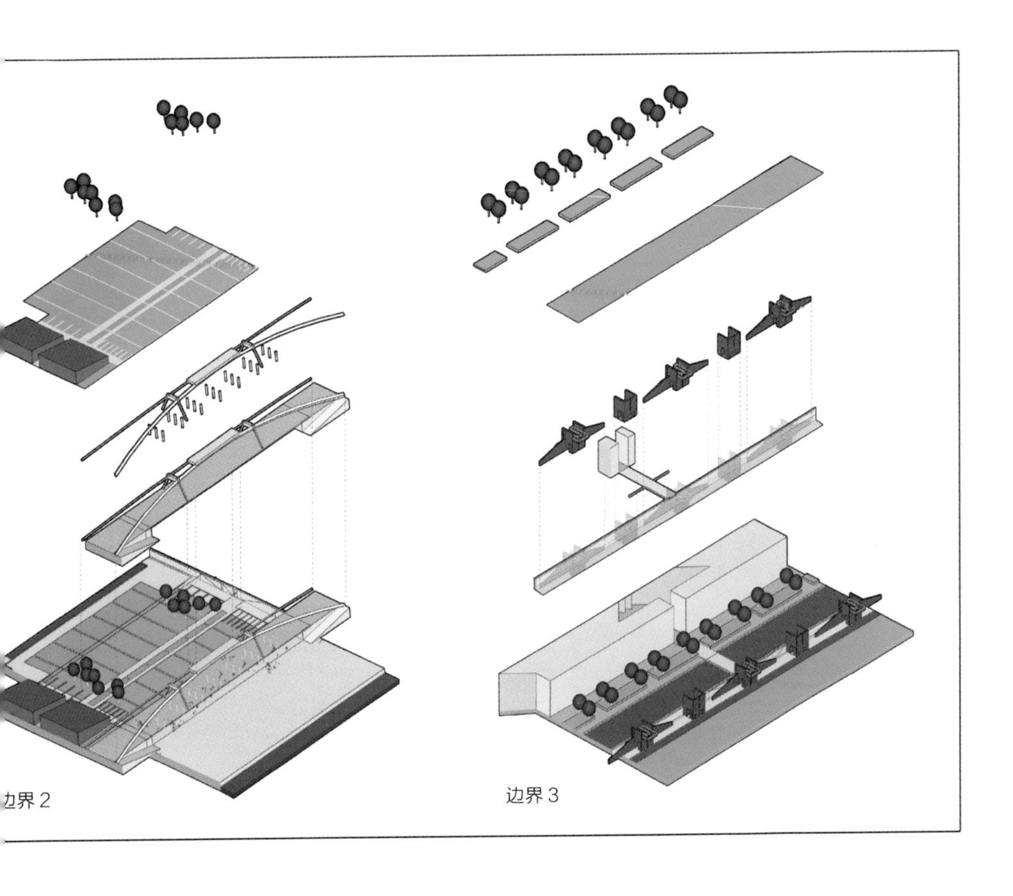

图 14　雪铁龙公园对比维贡府邸

对两个公园的设计元素进行对比。

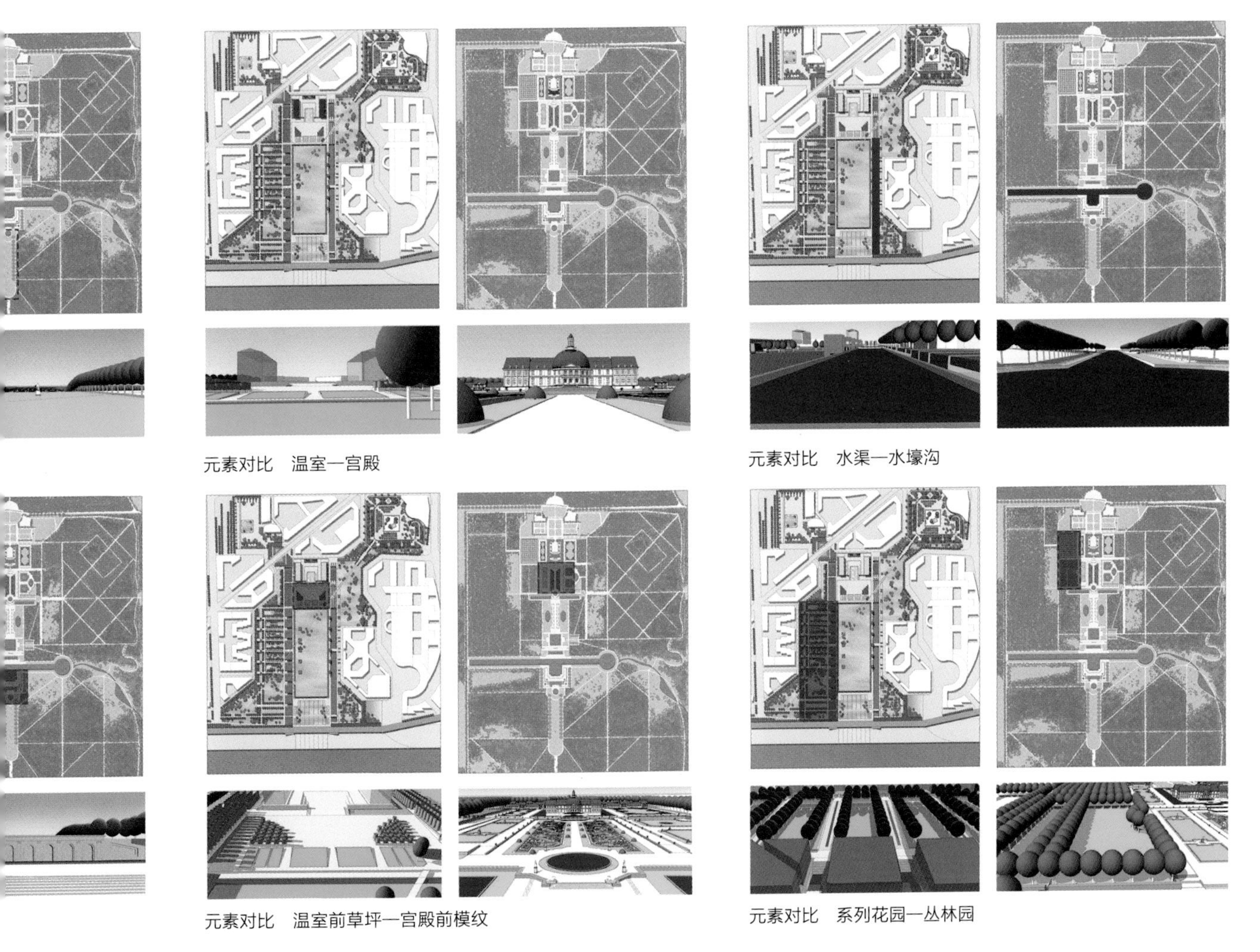

12 卡贝塞拉公园 Cabecere Park

项目地点：西班牙瓦伦西亚
项目面积：16.9hm^2
设计（建成）时间：2002 年
设计师：Eduardo De Miguel

项目概况

卡贝塞拉公园 (Cabecera Park) 坐落于图里亚河道干枯的河床上，场地附近有商业区、菜园以及游乐场。图里亚河曾是一条河流，但因洪水泛滥而改道南流，此段河床逐渐被废弃。1976 年 1 月，政府听取民意，提出将干枯的图里亚河改造成城市绿色公园，形成一条贯穿瓦伦西亚的城市绿廊。河道上现已建立 19 座桥梁联系两侧的城市，同时还建造了音乐厅、博物馆、天文馆、科学博物馆、海洋馆、歌剧院等公共建筑。公园则位于城市绿廊的起点，由于该场地为下凹的河床，所以面临的挑战之一是如何解决城市与河床之间巨大的高差。

设计构思

设计师 Eduardo De Miguel 提出了一个联系防洪堤与自然河床的策略，它源于原有场地的基本特征——水、植被、地形以及河床旁的石块，设计灵感来源是洪水冲刷形成的小岛，从中提取出水体和岛屿在平面上的自然形态，形成舒展流畅的曲线形式。公园通过岛状地形与块石挡墙来逐级消化场地内外的高差，既呼应了场地历史特征，也解决了与现状的冲突。

景观布局

公园设计很大程度上再现了场地原先的河流景观。在东南侧设计了一个椭圆形的螺旋山，其作为全园的制高点，形成了视觉性地标，在此可以俯瞰整个公园。螺旋山引导河流在此处拐弯 90°。河床遵循了原先河流的方向，经城市直至延伸到海边。通过对水的研究，设计了一层层的台地景观，再现河流的冲积层形态。另外，公园通过塑造不同高度的小山丘，营造出不同的地形空间，公园小岛的布局和植物空间的塑造使得步行以及骑车路线更加富有活力。

公园设有户外剧场、码头、酒吧、儿童游戏区等功能区，还有一个专用于骑行的自行车道系统。木长凳、水洗石路面、鹅卵石和回收利用铁轨枕木构成公园铺装的硬质部分，岛状地形也与河流中自然岛屿相呼应。

参考文献：

[1] 孟璠磊．城市废弃河道的景观再生：西班牙巴伦西亚图里亚河道公园启示 [J]. 中国园林 ,2016,32(11)：82-87.

[2] Auntament de Valencia.Revision Simplificada delPlan General de Valencia-Documento de Sintesis[Z].2008.

[3] PARC DE L'ESTACIÓ VELLA,IGUALADA[EB/OL].[2019-01-16].http：//www.batlleiroig.com/landscape/parc-delestacio-vella-igualada/

[4] Parc de l'Estació Vella[ol]http：//www.altaanoia.info/cat/Punts-d-Interes/Parc-de-l-Estacio-Vella

[5] Parc de l'Estació Vella.Igualada[EB/OL].[2019-01-16].http：//lolalucas.blogspot.com/2009/12/parc-de-lestaciovella-igualada.html?m=1

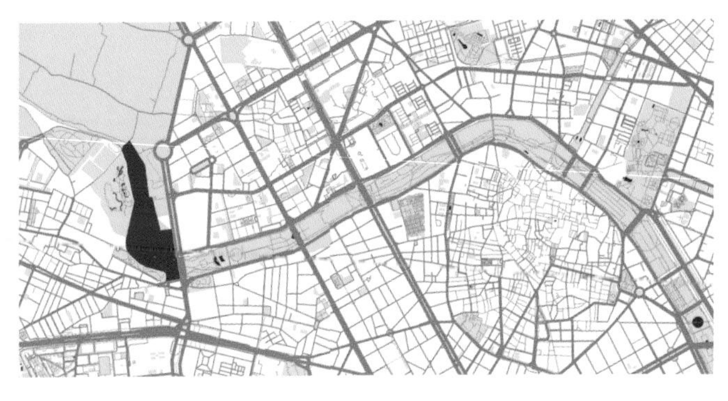

图1　区位图

城市和街区尺度上的卡贝塞拉公园。

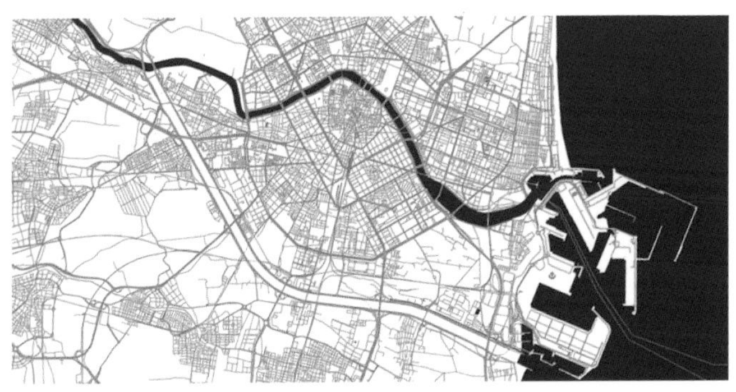

图里亚河道改道之前

图里亚河道因洪水泛滥，在南侧开辟新河道，旧河道改造为城市绿廊公园

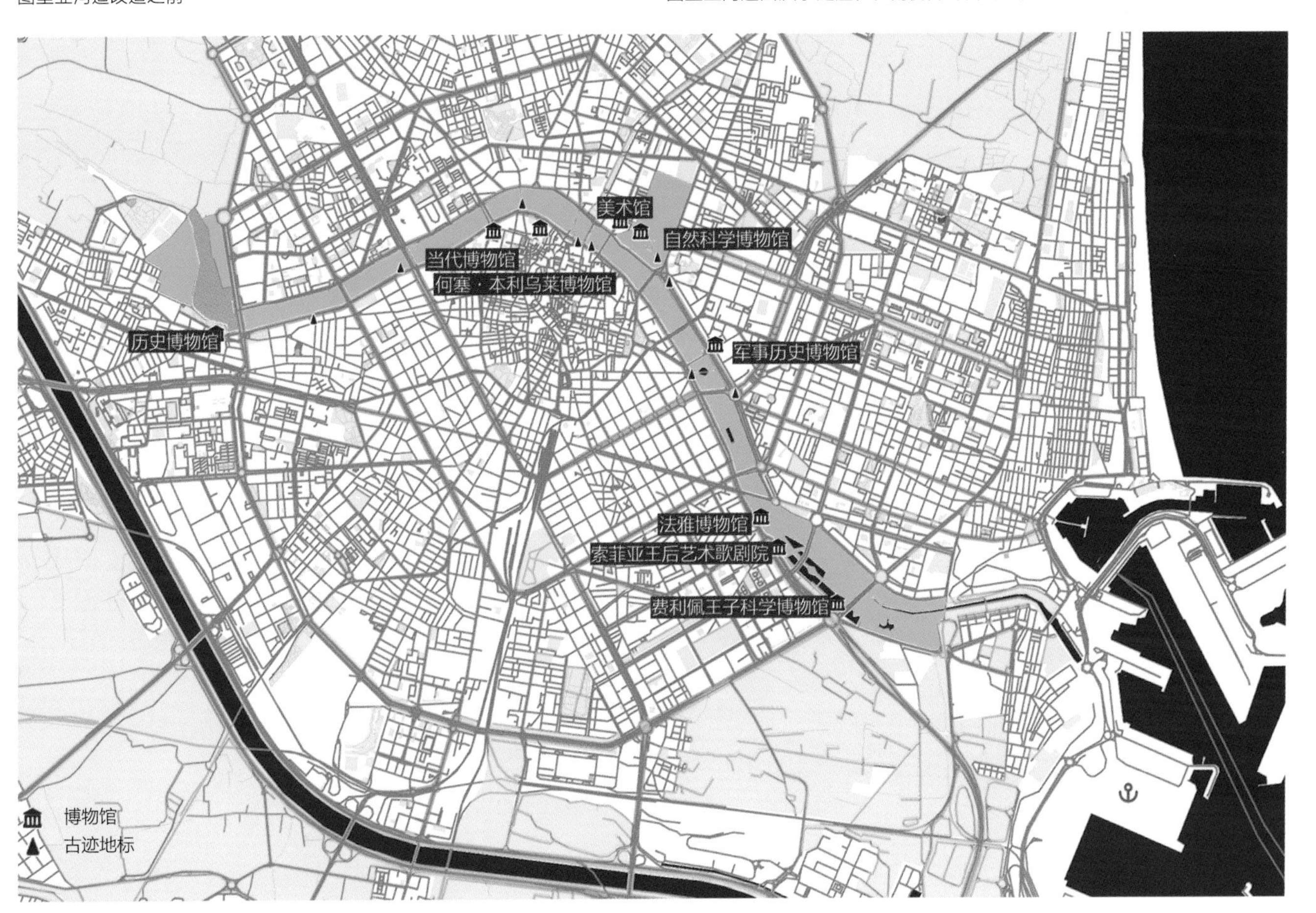

河道公园作为城市线性绿廊，具有文化、自然、休闲的多样性功能。卡贝塞拉公园位于该城市绿廊的末端

图2　公园与城市结构的关系

卡贝塞拉公园与城市绿廊的结构关系。

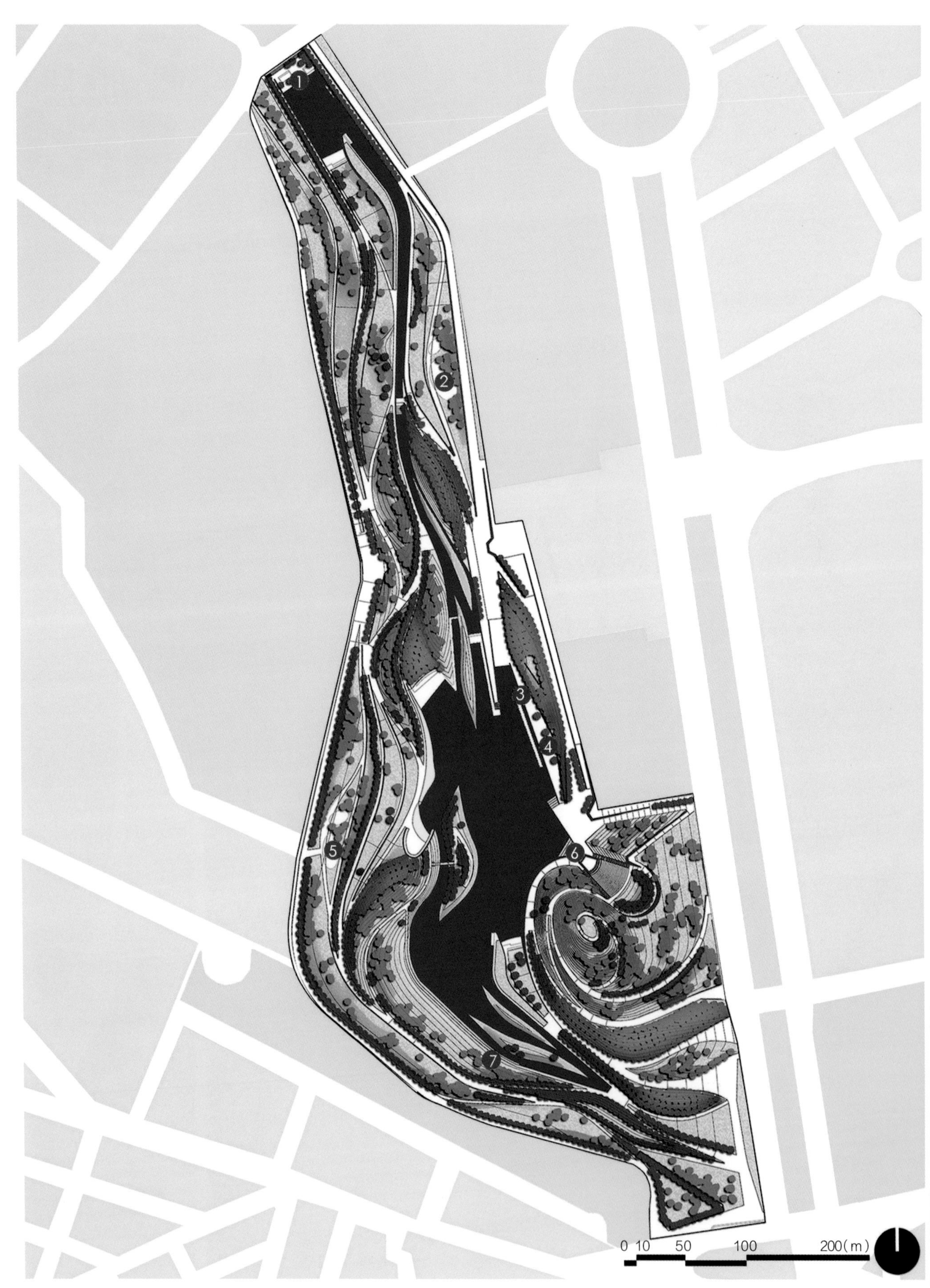

图 3 平面图

1 亲水广场 2 儿童游戏区 3 码头 4 酒吧 5 活动场 6 户外剧场 7 生态园

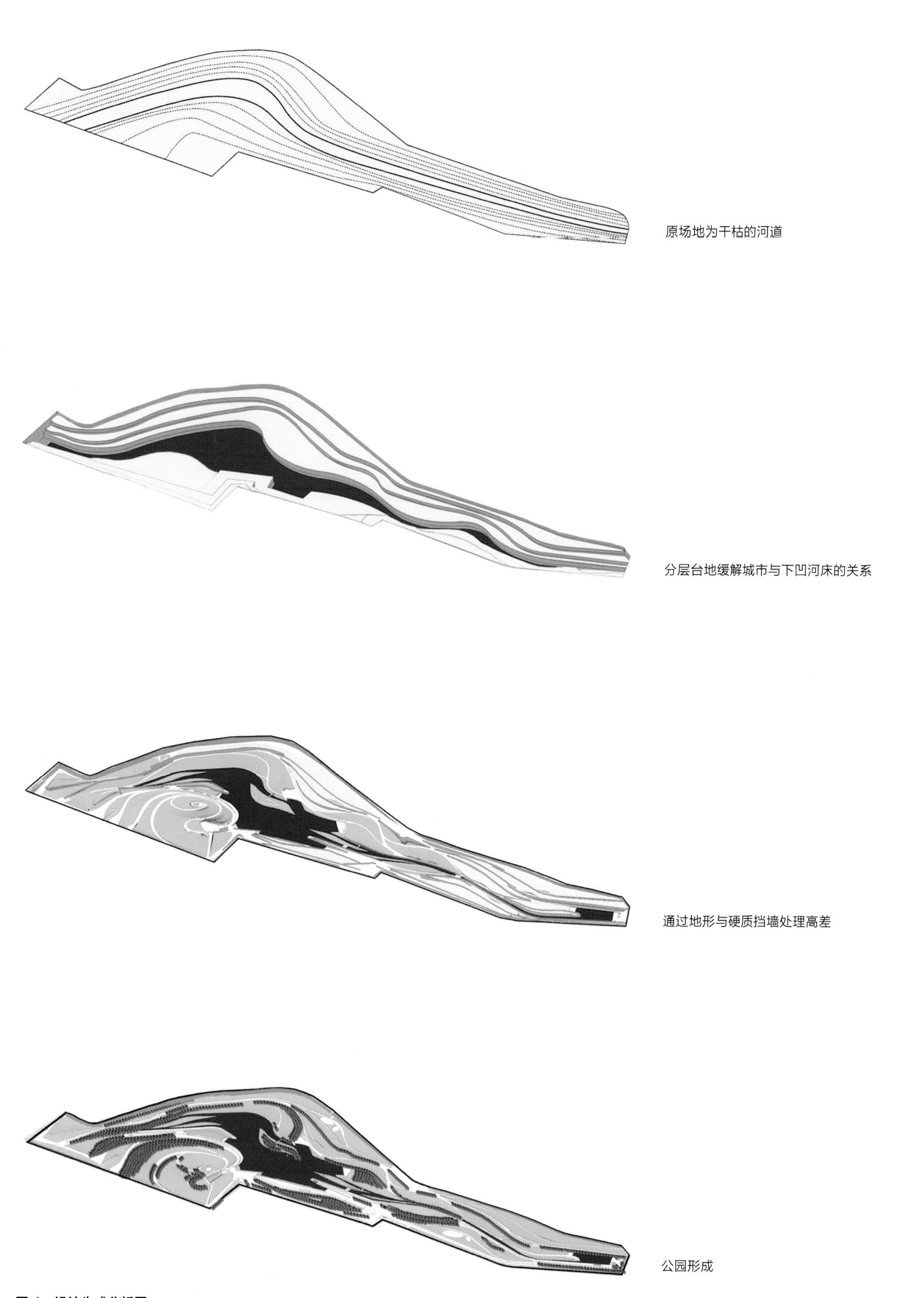

图 4　设计生成分析图

展现卡贝塞拉公园由原场地开始，逐步建设完成的演化过程。

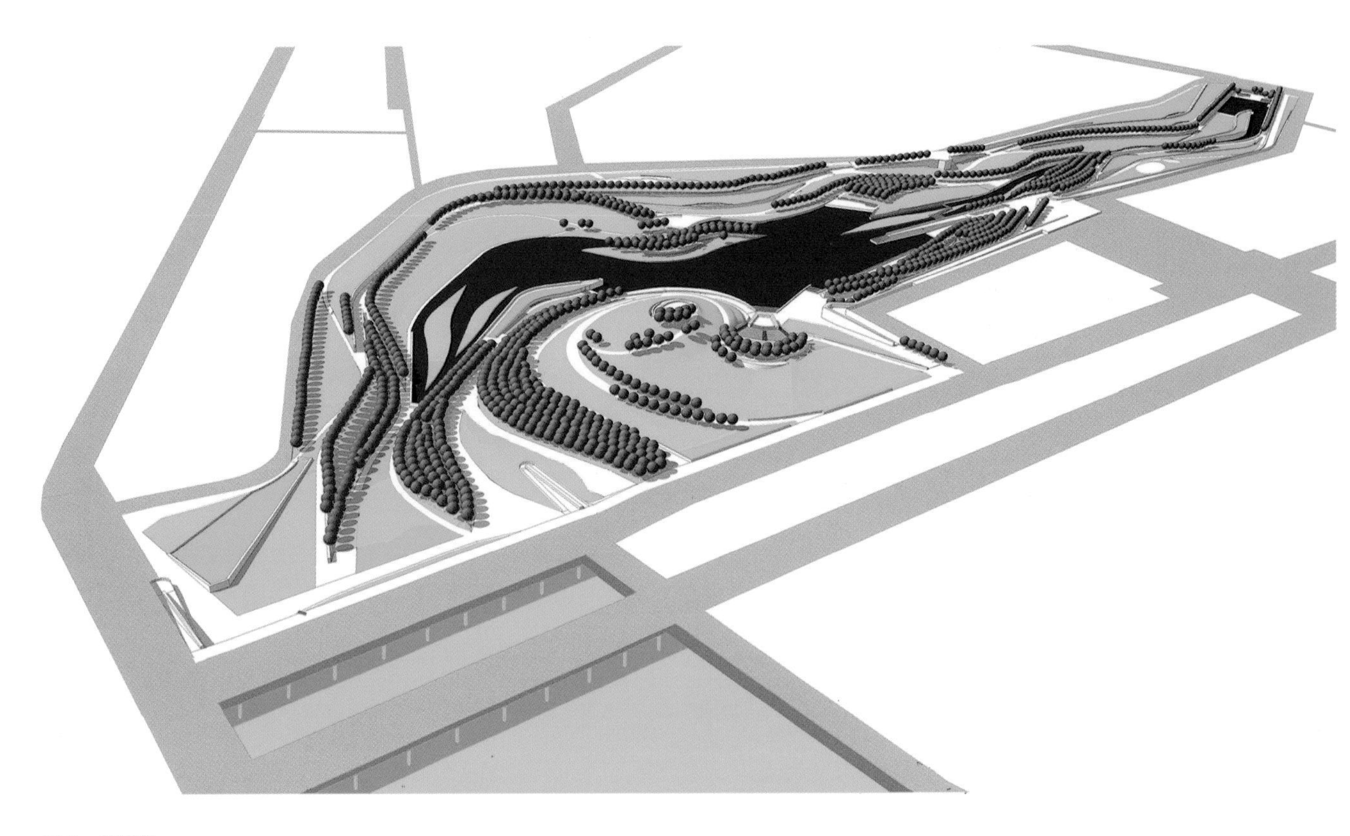

图 5　鸟瞰图

从东南方向鸟瞰卡贝塞拉公园，可以看到公园与周边绿地的关系——位于城市绿廊起点。

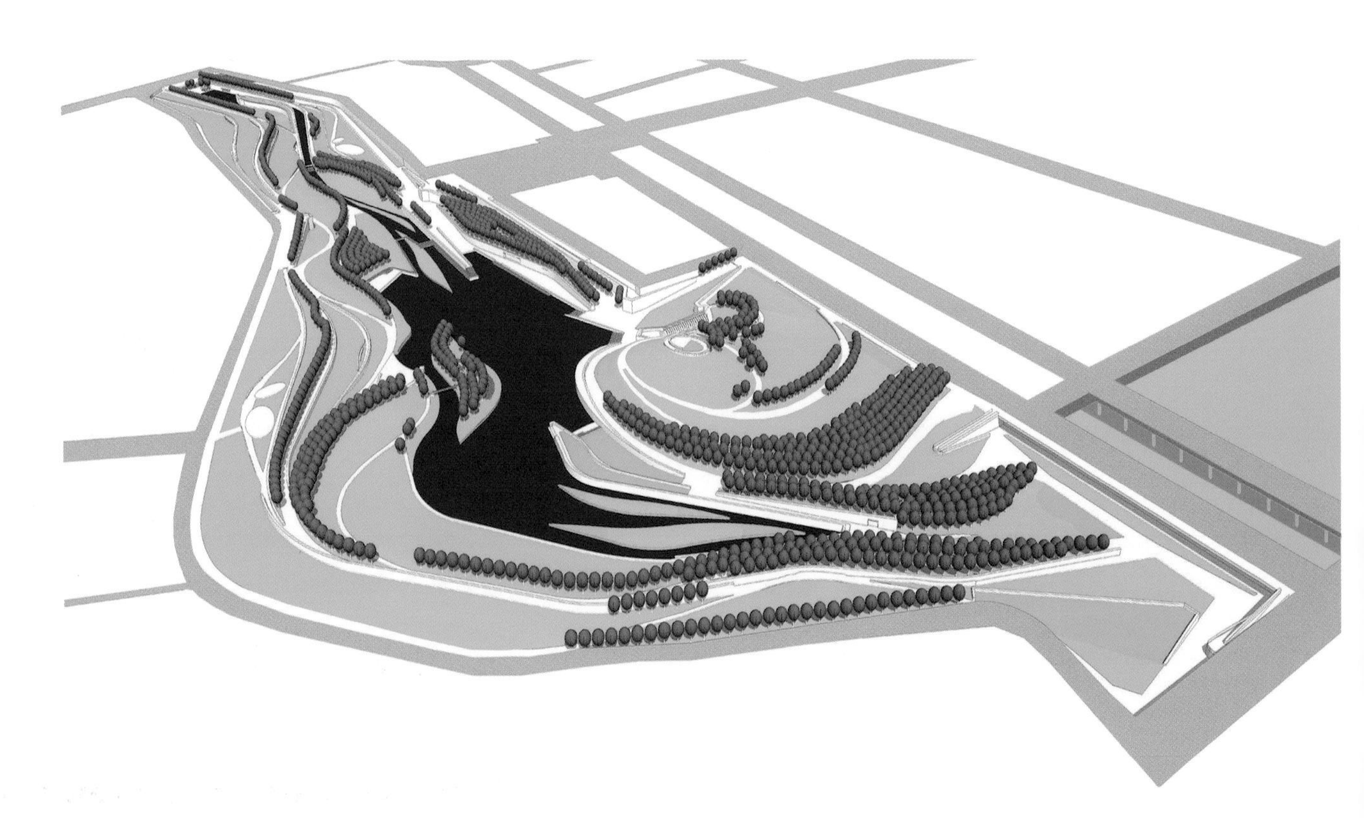

图 6　鸟瞰图

从西南方向鸟瞰卡贝塞拉公园，可以看到原河床经过螺旋山延伸到城市之中。

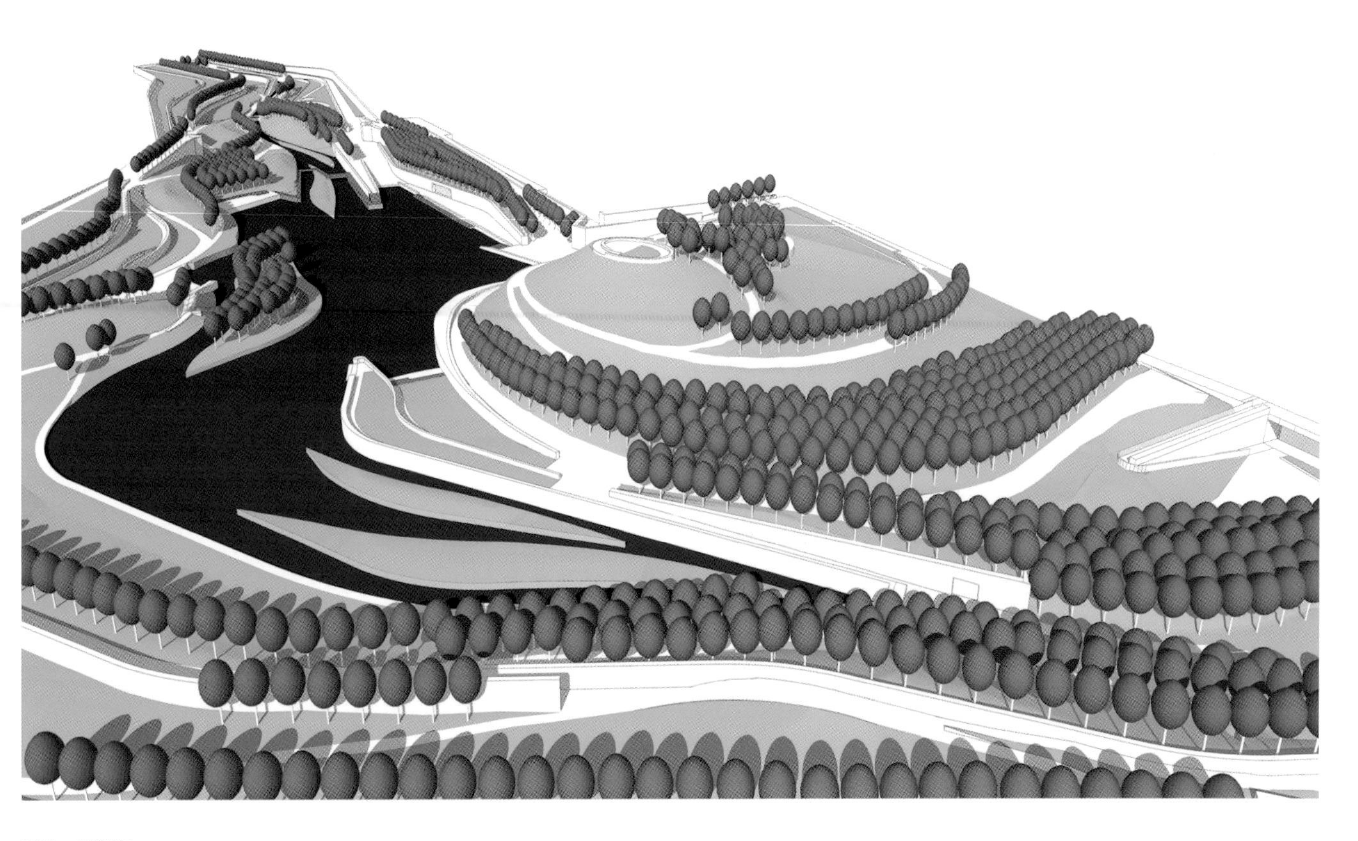

图 7　鸟瞰图

从南向看卡贝塞拉公园，可以看到公园主山、水体以及地形的变化。

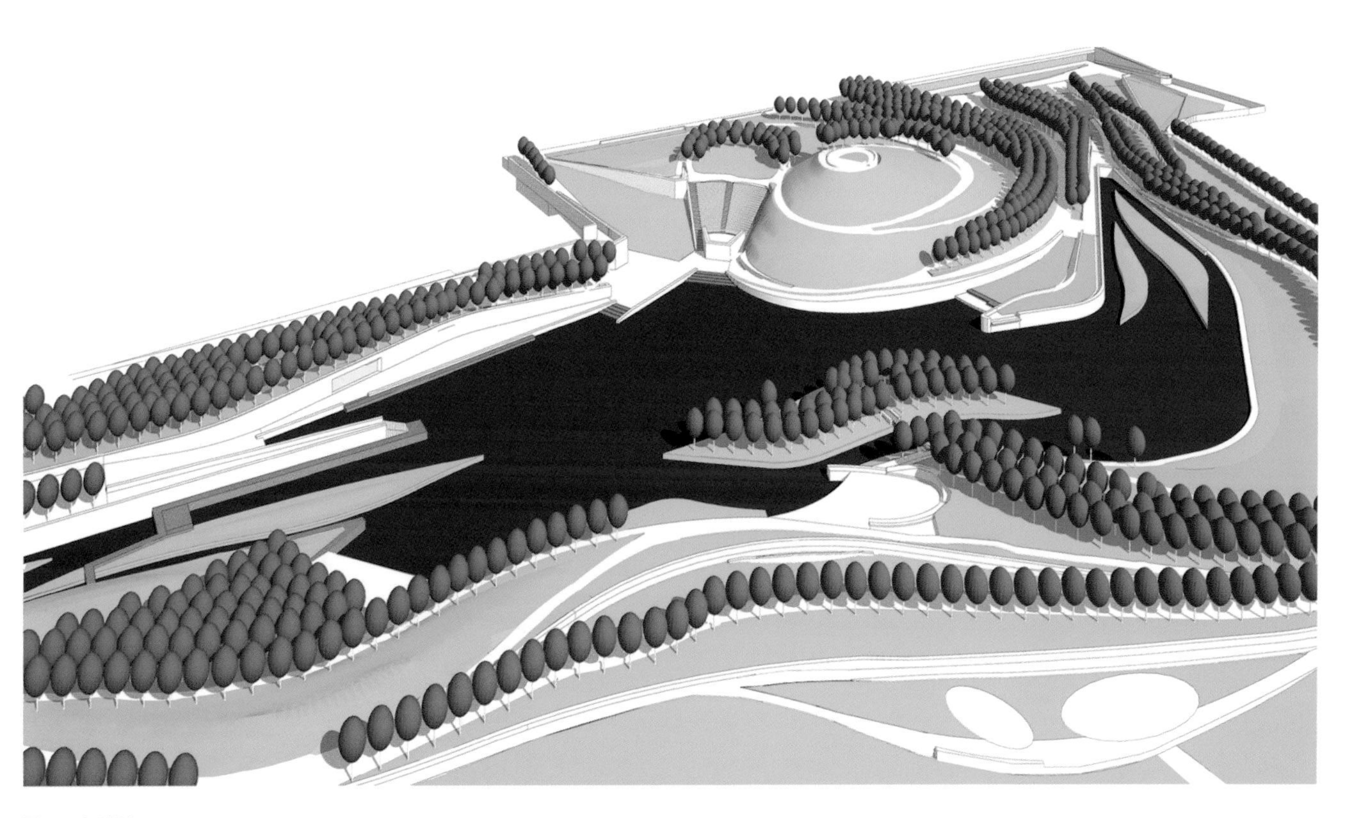

图 8　鸟瞰图

从西北方向鸟瞰卡贝塞拉公园，可以看到公园主山、户外剧场、酒吧和码头。

图 9　竖向分析图

展现卡贝塞拉公园的竖向变化，等高距 0.5m。卡贝塞拉公园主要是通过挡墙形成不同标高的台层来解决场地内与城市之间的高差问题，坡道联系各个平台，再通过加入台阶、剧场、平台等要素丰富地形空间。设计不同高度的小山丘，形成主次空间，塑造出变化丰富的地形。

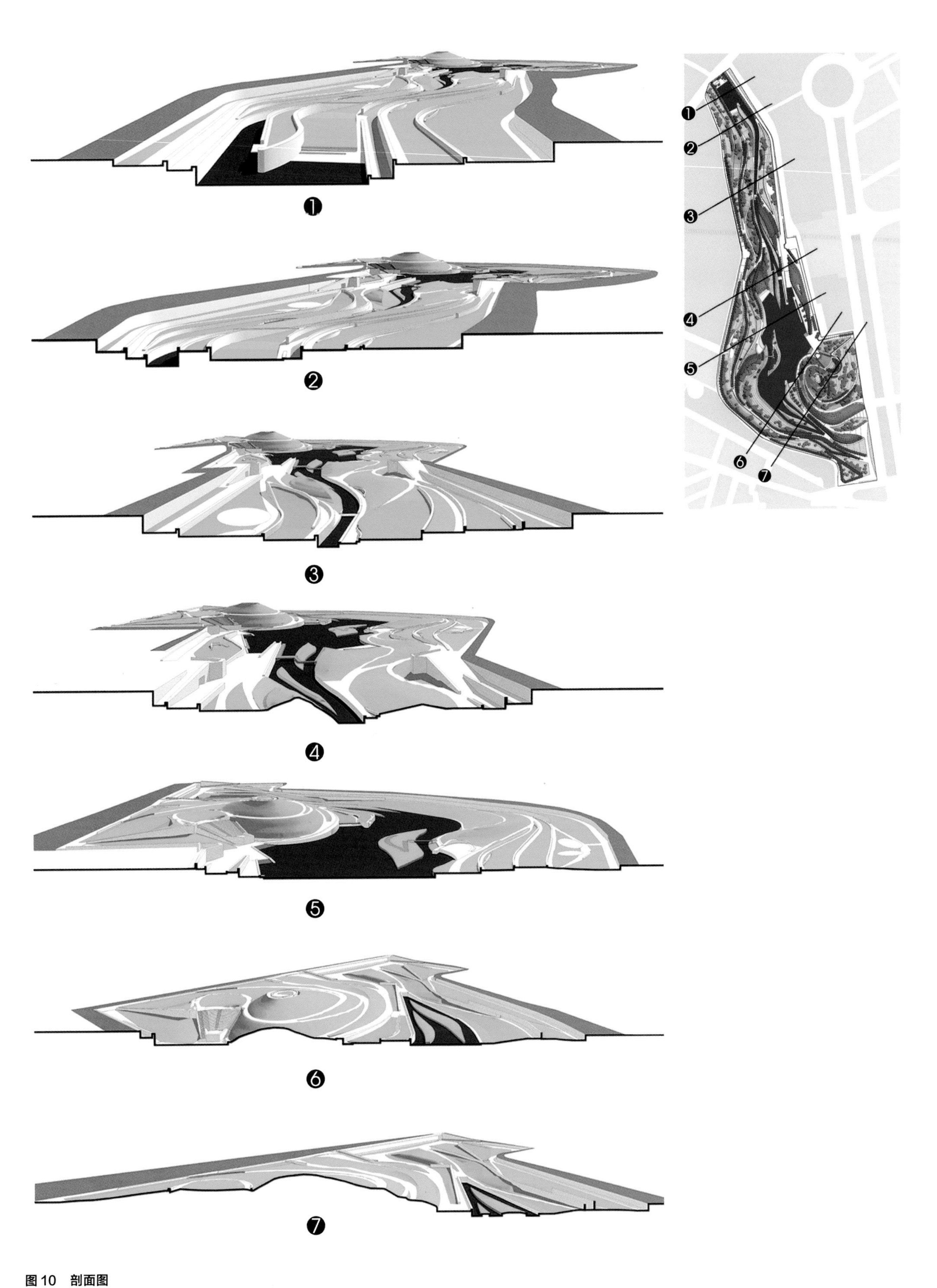

图10　剖面图

系列剖面图，展现卡贝塞拉公园内与城市之间的高差处理以及地形的变化。

图 11　结构分析图

1. 挡墙：通过挡墙、台地解决公园与城市之间的高差问题。

2. 水体与地形：水体在不同标高处形成跌落、流动的水景，是对原有城市河道景观的再现；通过地形强化空间，在场地东南侧设置螺旋山，形成一处全园的制高点，同时成为水体改变方向流向城市的转折点。

3. 植物：植被由河滨树林、松树林和外来树种组成。总共有超过约 4145 棵乔木，植物种类丰富。

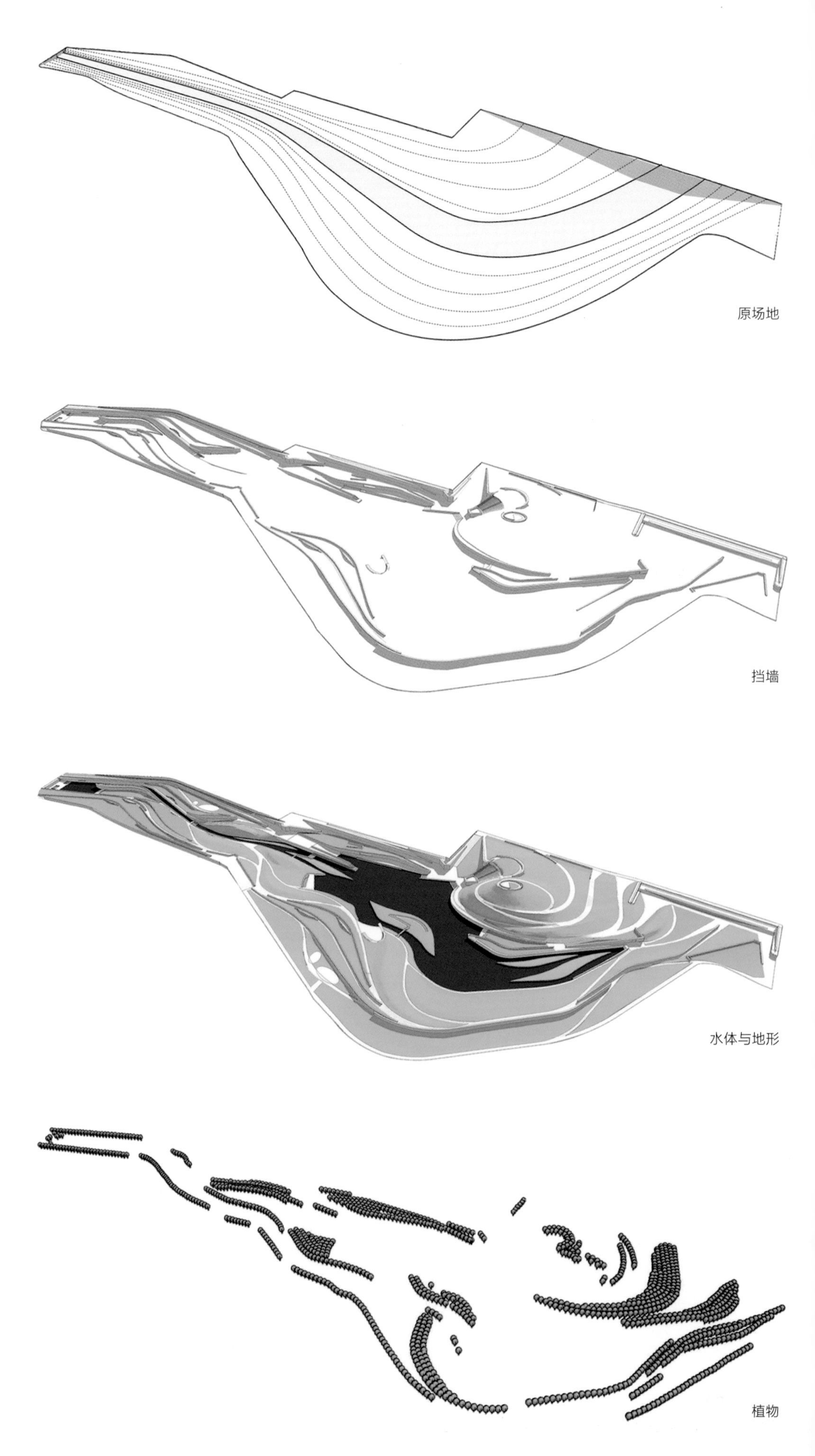

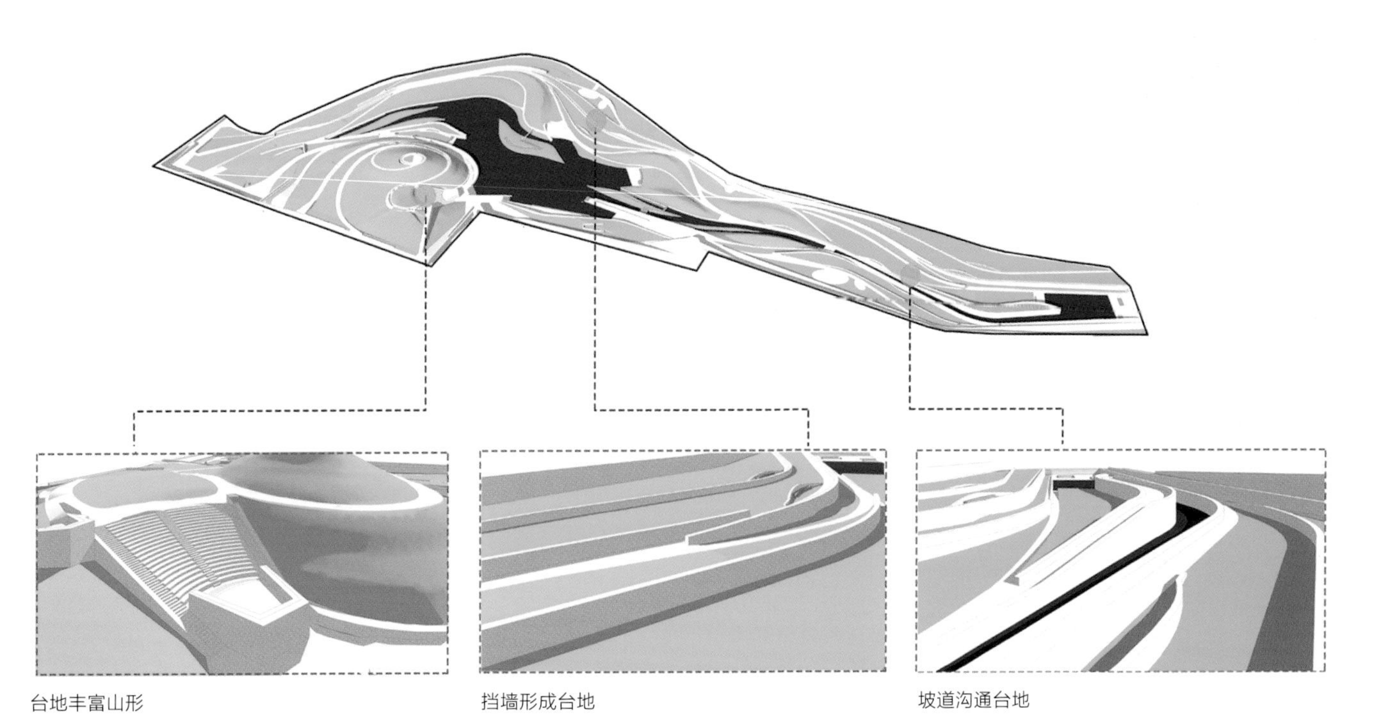

图 12　地形要素分析图

通过挡墙、坡道、山体丰富地形变化。

图 13　透视图

卡贝塞拉公园的局部透视图，展现公园不同的地形处理方式。

13 桥园 Qiaoyuan Wetland Park

项目地点：中国天津

项目面积：22hm²

设计（建成）时间：2005 年 3 月-2006 年 4 月

设计师：土人景观

项目概况

桥园（Qiaoyuan Wetland Park）坐落于天津市中心城区河东区。公园场地南临盘山道，东以天山路为界，西北朝向卫国道立交桥。公园呈扇形展开，占地约 22hm²。东南两侧为城市支路，是公园与城市的活跃交界面，周边社区人口近 30 万。原场地为打靶场，地势低洼，有若干鱼塘。随着城市的高速发展，逐渐变成了垃圾场和雨水排放处，污染严重且有重度盐碱化的问题。2005 年，天津市政府考虑到周围居民的游憩需求，决定在此地建设公园。由于公园紧邻城市快速立交桥，得名桥园。项目作为天津城市环境改造的重点工程之一，希望通过建设公园，改善原场地脏、乱、差的面貌。

设计构思

基于项目背景及要求，设计师提出了两个思路：

1.“城市—自然”谱系：公园四周被道路包围，从东、南两侧向西北逐渐推进，功能和形式上也由城市向自然过渡，形成“城市—自然”递变谱系。

2. 取样天津：在景观元素构成和材料应用上，设计通过对天津的自然景观、本土材料以及工业材料的研究和选取，将其运用于公园来反映天津的景观特色。

景观布局

设计目标是解决土壤盐碱化和生境破坏问题，为城市提供多样化的生态系统服务，为周围城市居民提供良好的游憩空间，形成高效能、低维护的生态型公园。通过地形设计形成人工湿地系统，对雨水进行收集过滤；塑造与不同水位和不同酸碱度水质相适应的乡土植物和人工湿地景观，从而实现盐碱地上的生态恢复。

公园布局具有清晰的景观结构，自西向东形成有机关联的五个片区——林木过渡空间、生态修复湿地、台地空间、滨水空间、临街开放空间。

林木过渡空间隔离了外部城市立交桥的干扰；生态修复湿地是公园的主体，其东侧是一系列布局自由灵活的梯形台地；滨水空间则是利用原先场地的坑塘扩大整合而成，并形成对公园主体部分和公园临街界面的划分；临街开放空间借鉴巴黎雪铁龙公园西部系列小花园的布局，通过系列台地和林荫广场形成城市与公园的融合，满足居民对公园较高强度的使用需求。

通过地形塑造，公园主体区域形成 21 个半径 10～30m、高差 1～5m 的坑塘洼地。每个洼地标高不同，高差变化以 10cm 为单位。这些洼地有深有浅：有的是深水泡，水深达 1.5m；有的是浅水泡；有的是季节性水泡，只在雨季有积水；有的在山丘之上，形成旱生洼地。不同的洼地具有不同的水分和盐碱条件，形成适宜不同植物群落生长的生境。设计选择不同的植物配置，形成与场地小环境适应的多种植物群落。

参考文献：

[1] 天津桥园公园 [EB/OL].(2009-11-12)[2019-01-20]. http://www.booktide.com/news/20011219/200112190019.html

[2] 俞孔坚，石春，王俊，等. 天津桥园 让自然做功：适应性调色板 [J]. 城市环境设计，2013，(05)：120-123.

[3] 俞孔坚，文航舰，石春. 天津水岸廊桥：连接城市、建筑与自然 [J]. 新建筑，2011，(03)：55-57.

图 1　区位图

城市和街区尺度上的桥园。

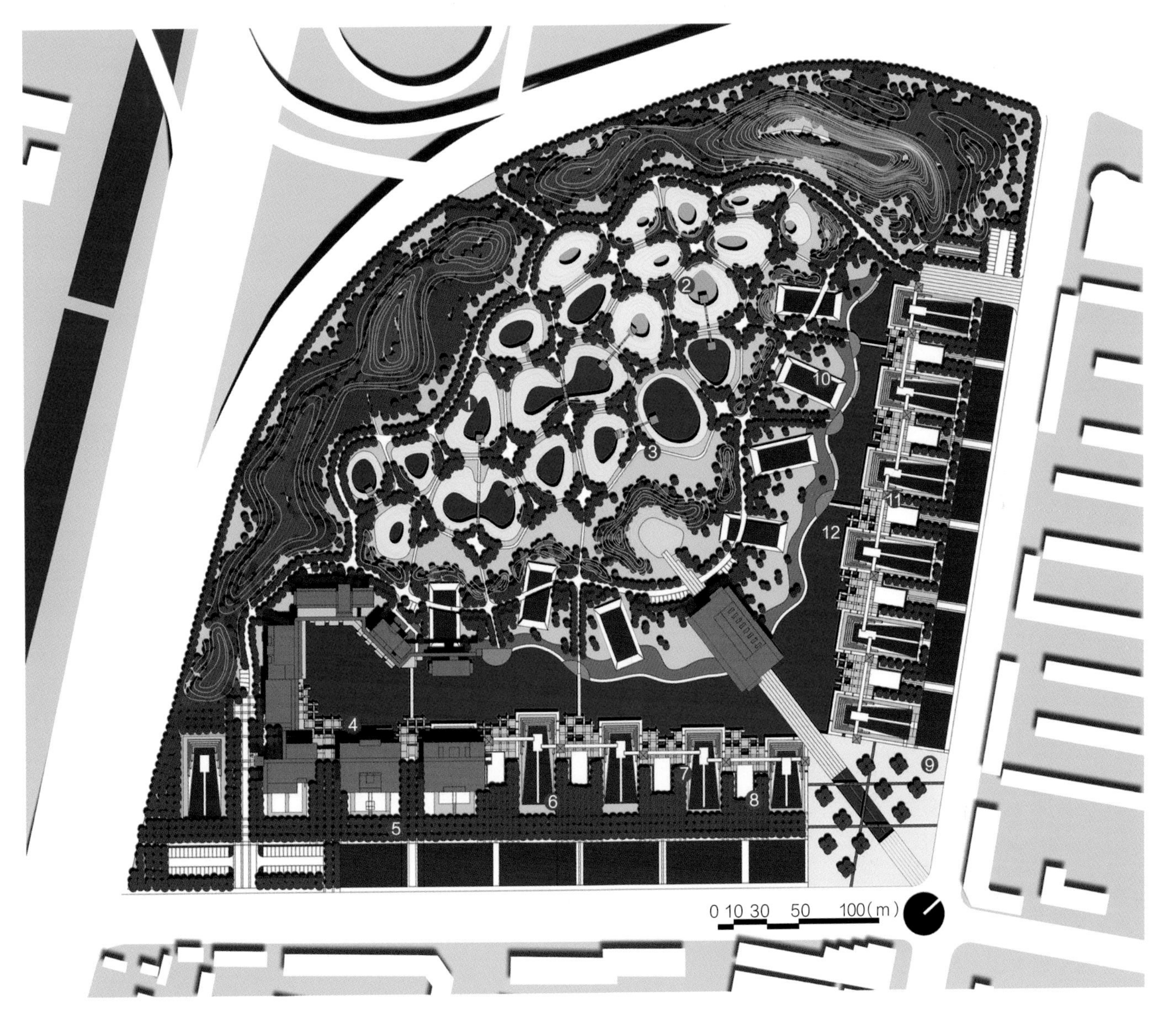

图 2　平面图

1 生态修复湿地　2 旱生洼地　3 木栈道及平台　4 木廊架及观景平台　5 林下休憩空间
6 楔形台地　7 空中长廊　8 下沉庭园　9 主入口　10 梯形台地　11 观景亭　12 木栈桥

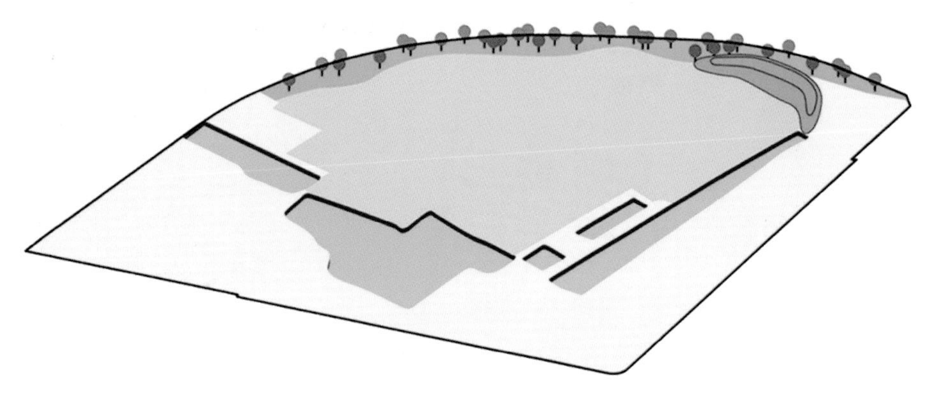

原场地土地盐碱化，植被状况较差，具有几处较大坑塘

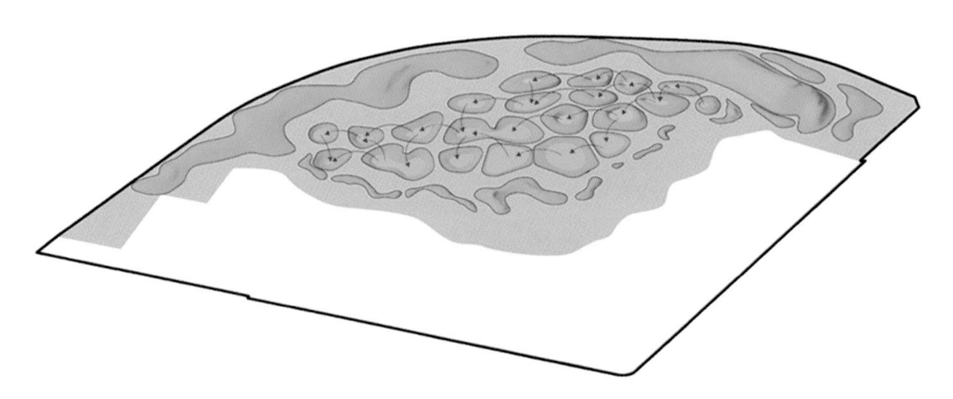

通过地形设计创造深浅不一的坑塘（湿、旱），开启自然植被自我恢复的过程

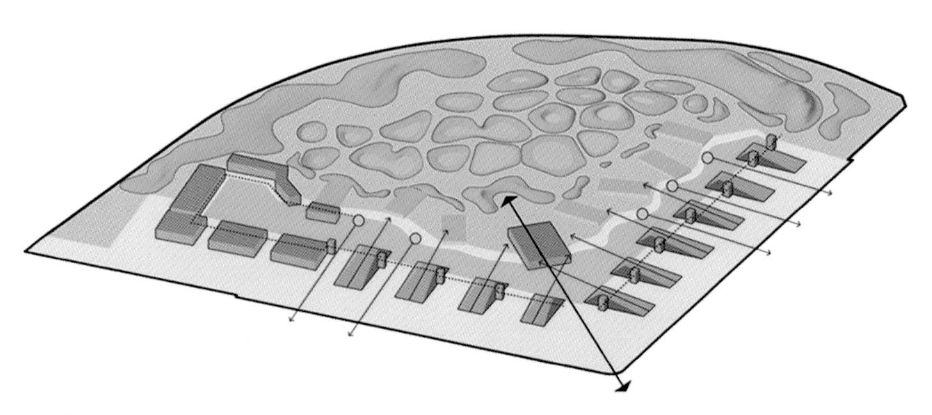

采用高台、廊桥、下沉庭院等建成生态游憩廊道，连接城市与自然环境

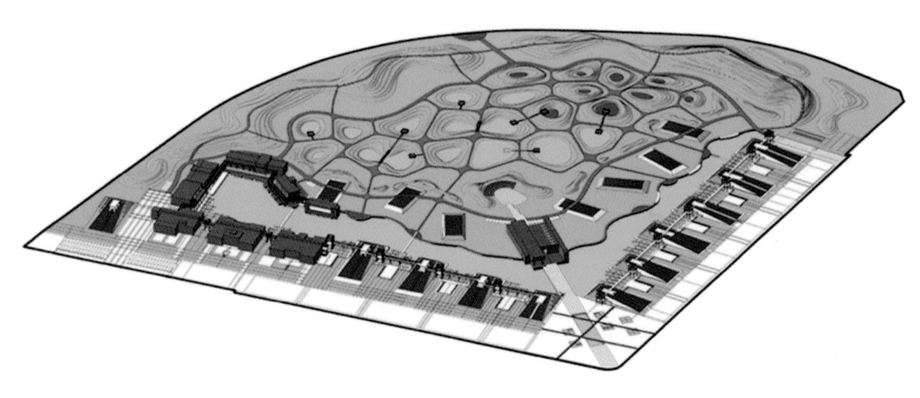

公园成为一处独具特色、低维护低投入的城市开放空间

图 3　设计生成分析图

展现桥园由原场地开始的形态生成过程。

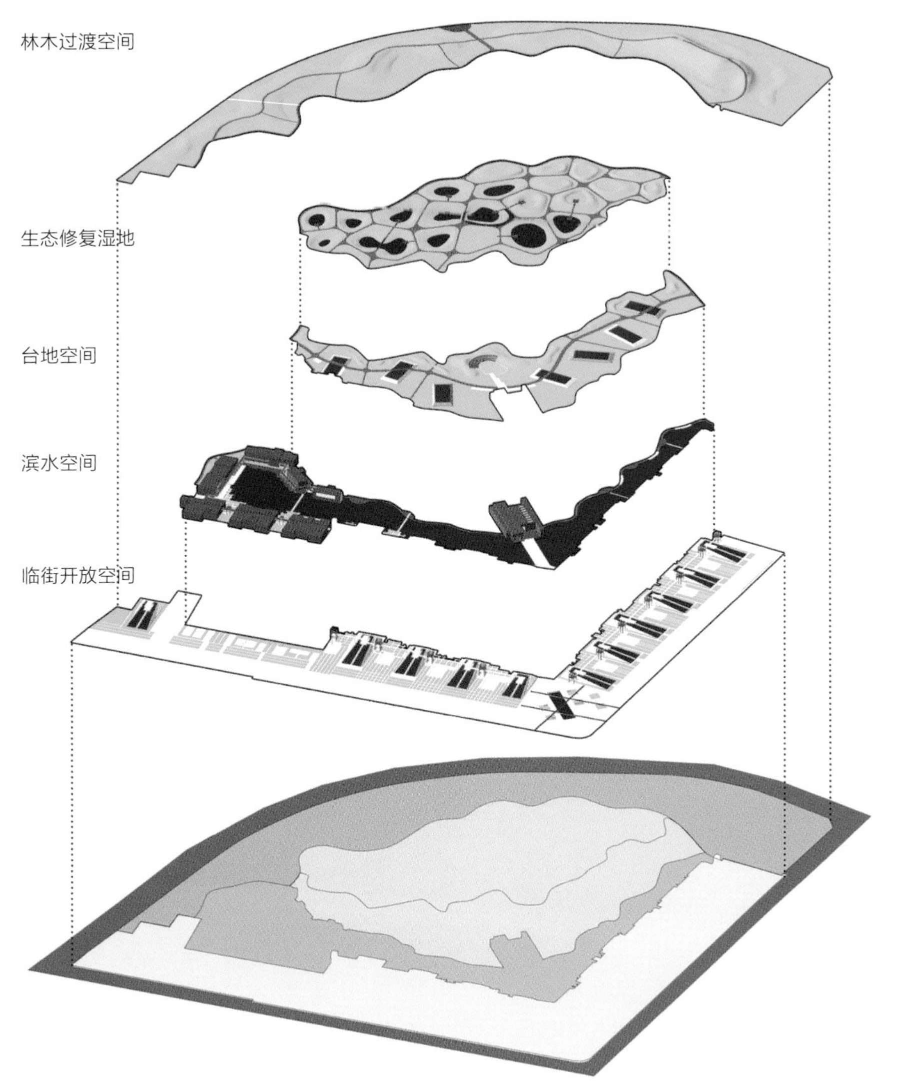

图 4　功能界面分析图

林木过渡空间：密植杨树林，形成城市林带，结合地形围合，形成公园与城市的隔离带。

生态修复湿地：公园中部为大片的湿地，由湿地水泡及旱生洼地组成。使用的乡土植物有芦苇和其他湿地植物，再现天津地域性景观。

台地空间：由开放的草地为基底，设有自然式的疏林和灵活布置的梯形台地。

滨水空间：由“L”形水面及水岸边建筑、平台、步道、廊桥等形成丰富的滨水空间。

临街开放空间：由台地、规则密林、下沉庭院等组成，为公园与城市的过渡带。

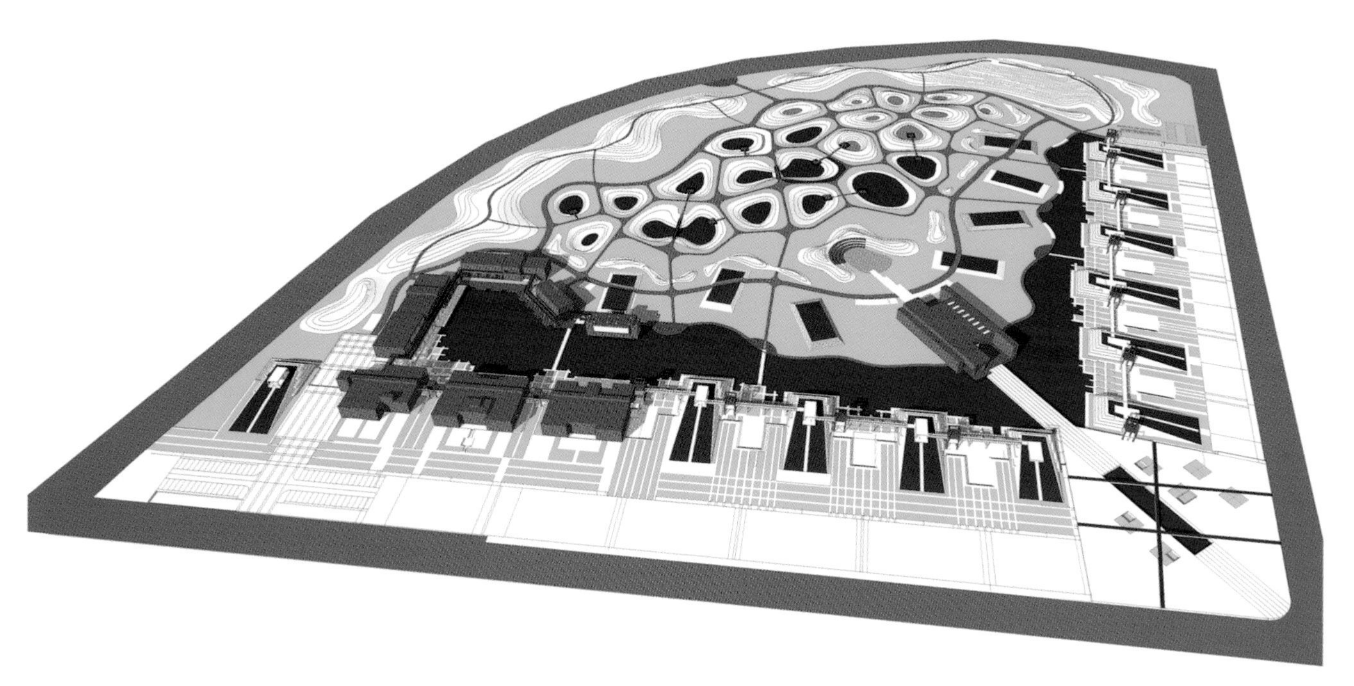

图 5　鸟瞰图

桥园全园鸟瞰图，根据公园与城市的关系，公园布局具有清晰的界面。

地形分析

桥园地形设计形式多样，其结构控制简洁有力，且与功能紧密联系。公园中的地形有连绵的山体、高差不等的湿地水泡及旱生洼地、灵活布置的梯形台地、临街的楔形台地和下沉庭园。西北侧山体围合出公园的主体空间；湿地水泡及旱生洼地为不同的植物群落提供了适宜的水分和盐碱条件；梯形台地结构形成由生态修复湿地至滨水空间的过渡空间；临街开放空间的台地及下沉花园建立起城市与公园空间的联系。全园通过对视线及立体游线的组织，丰富了游人的空间感受。

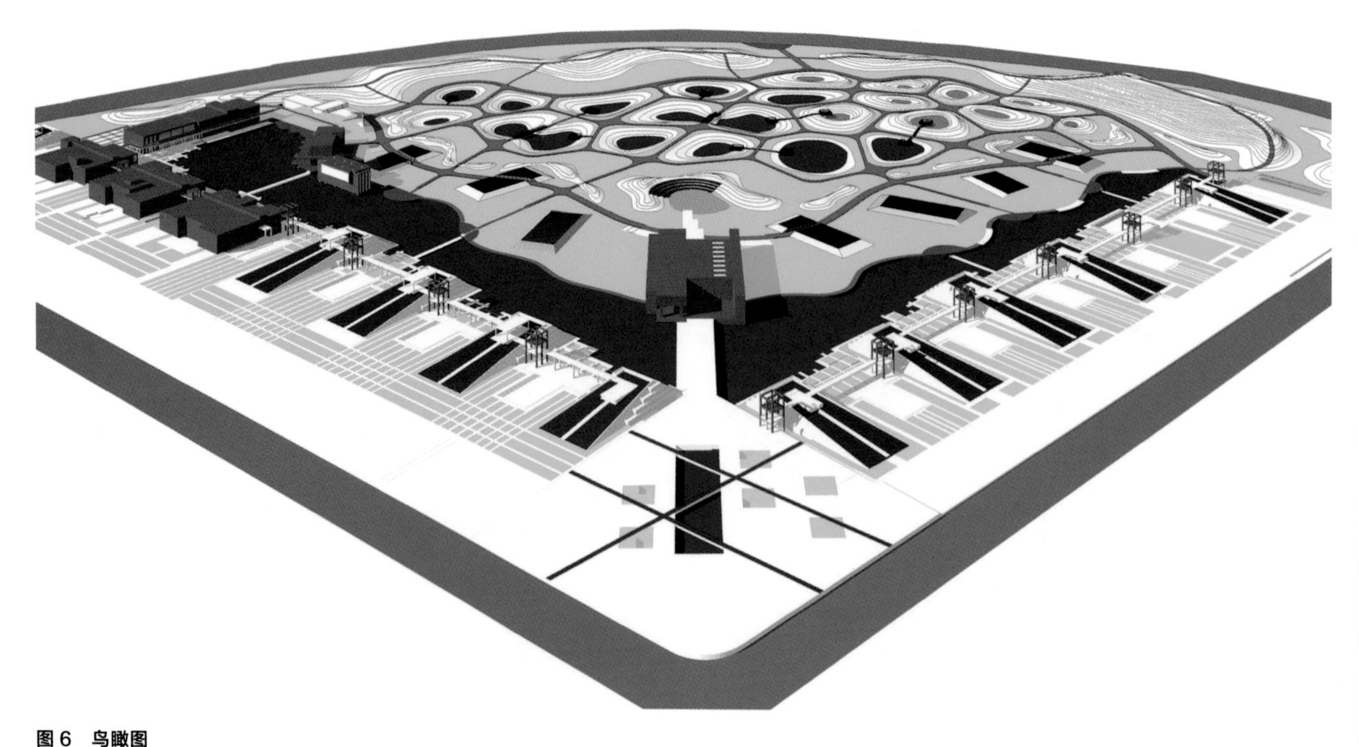

图 6　鸟瞰图

桥园全园鸟瞰图，可见公园视轴线。

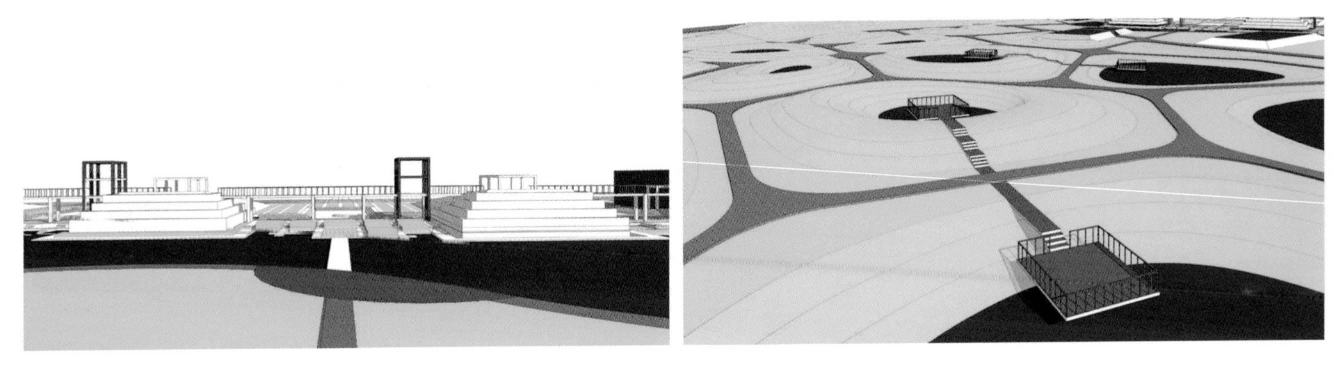

图 7　透视图

桥园局部透视图。左图可见楔形台地、空中长廊、观景亭效果；右图可见湿地水泡、木栈道及平台效果。

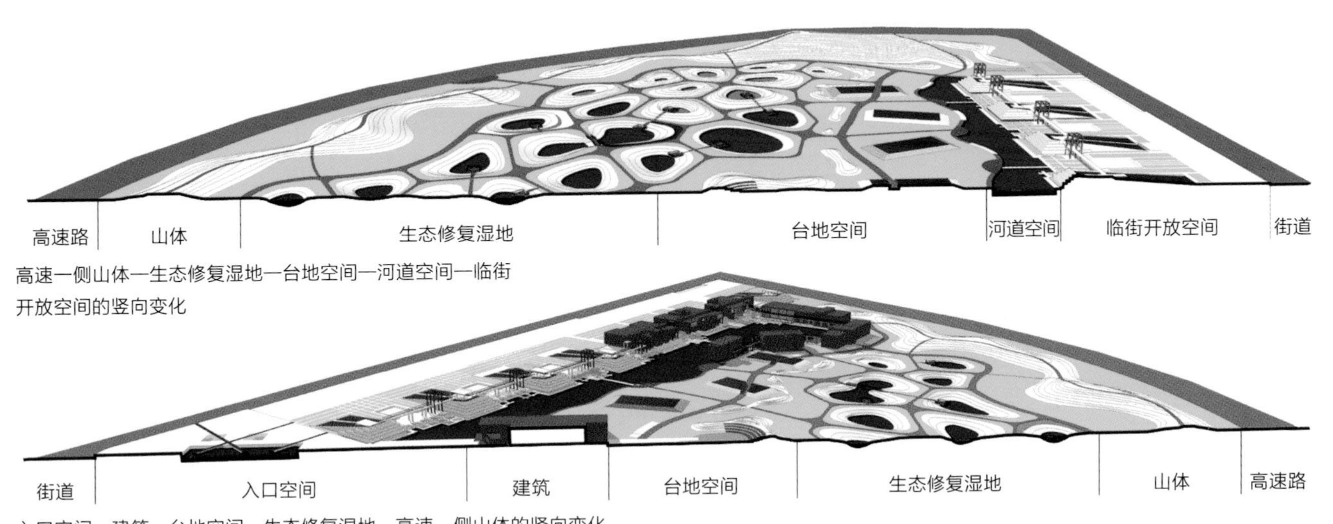

高速一侧山体—生态修复湿地—台地空间—河道空间—临街开放空间的竖向变化

入口空间—建筑—台地空间—生态修复湿地—高速一侧山体的竖向变化

图 8　剖面图

桥园剖面图。

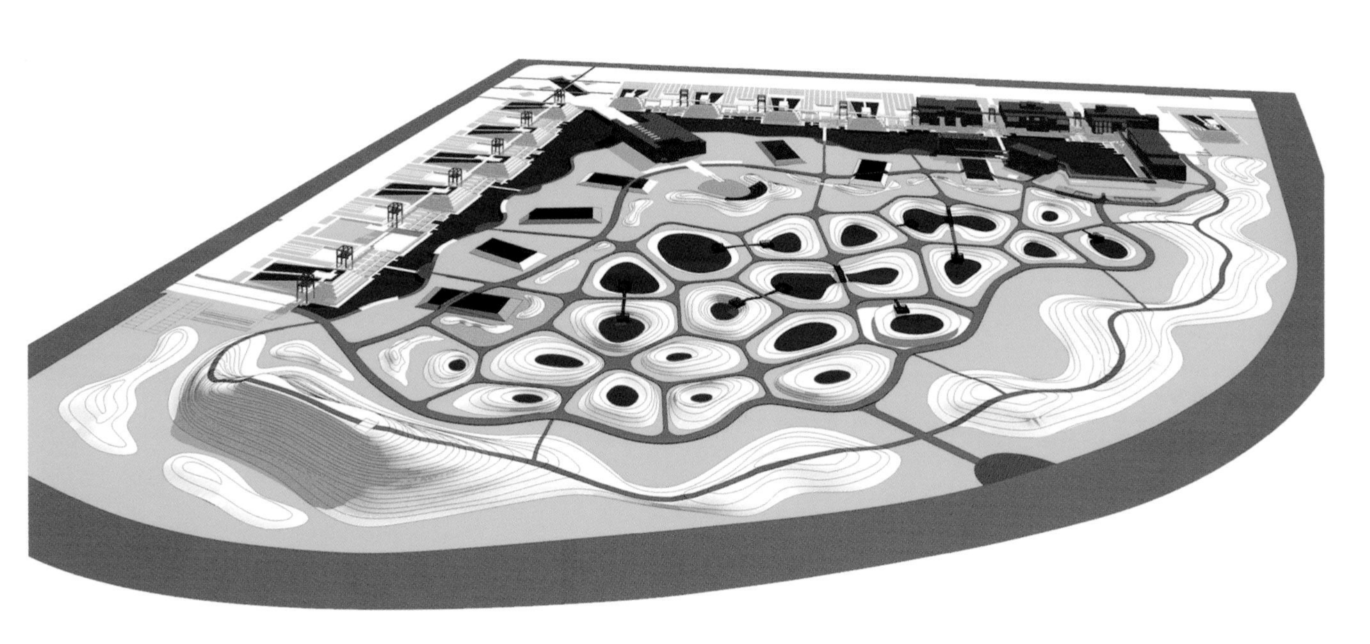

图 9　鸟瞰图

桥园全园鸟瞰图，可见公园西北侧地形的围合关系。

桥园与雪铁龙公园对比分析

桥园临街开放空间的高台及下沉庭园设计可在雪铁龙公园中找到原型。桥园中温室-绿植高台-下沉庭院组合为雪铁龙公园中温室-水渠-下沉庭院组合的变形。

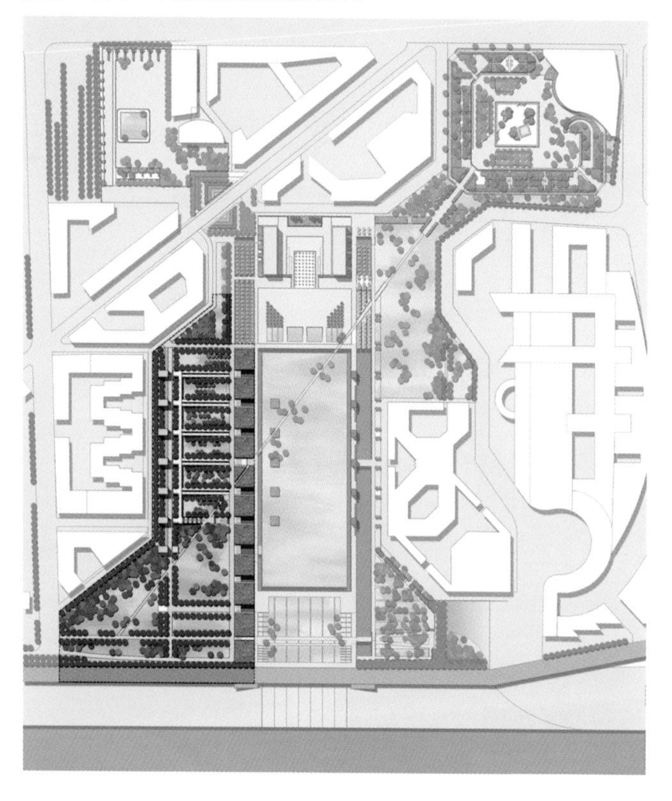

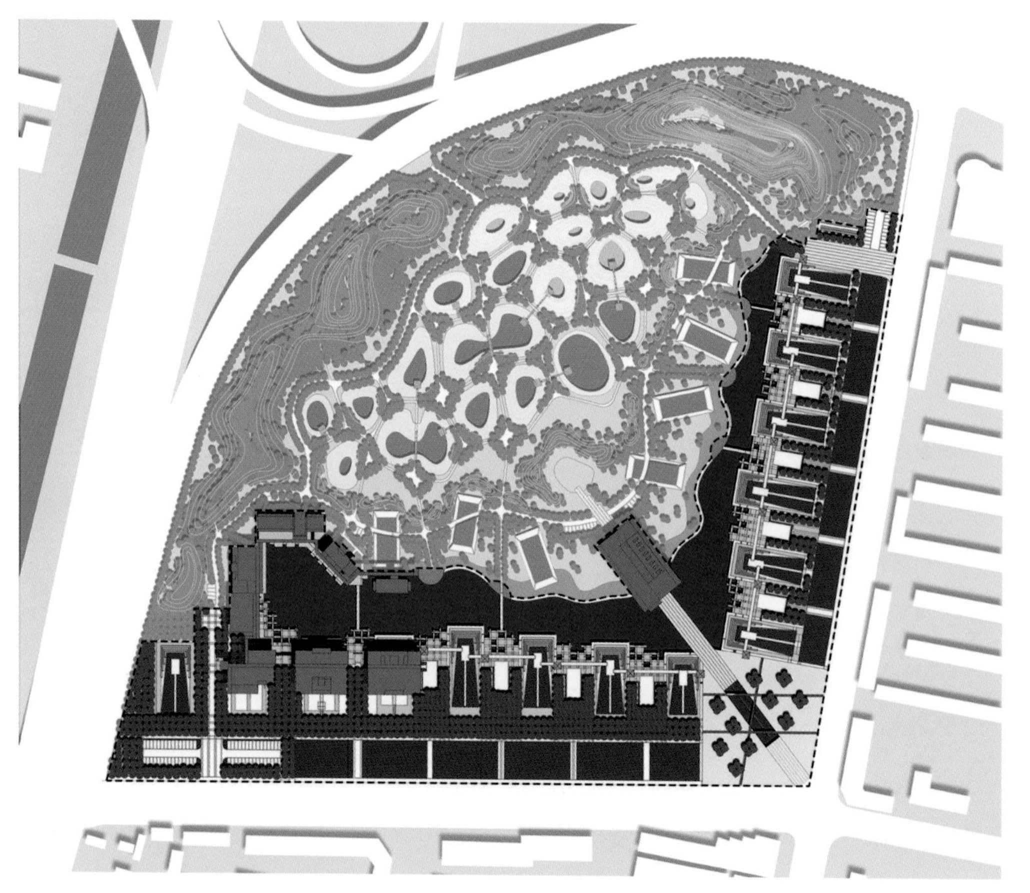

图 11　桥园与雪铁龙公园位置选取对比

与桥园临街空间界面设计对应的是雪铁龙公园温室庭院区域。

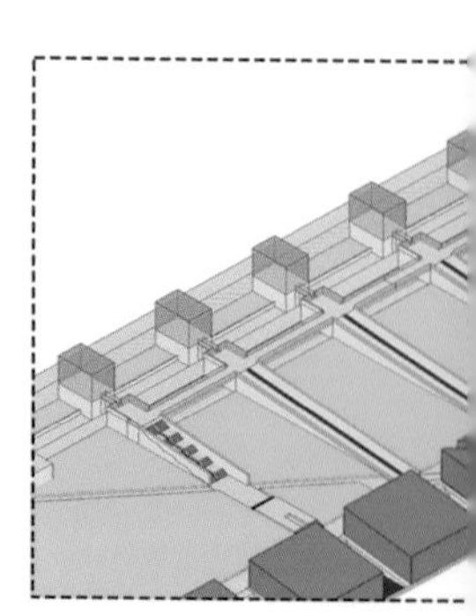

雪铁龙公园原型

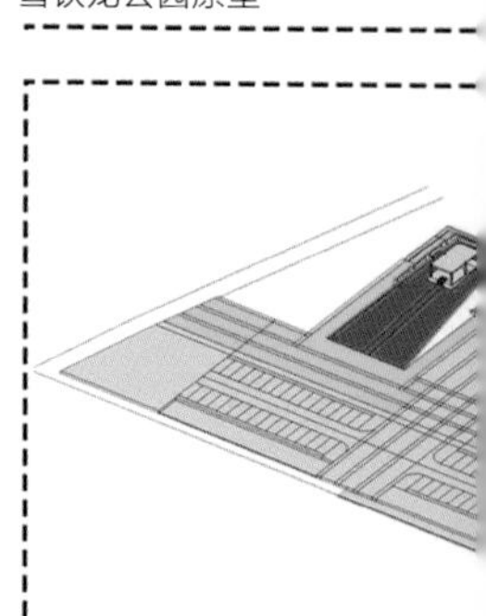

形成桥园的城市过渡带

图 12　桥园与雪铁龙公园高台

由雪铁龙公园原型至桥园临街开

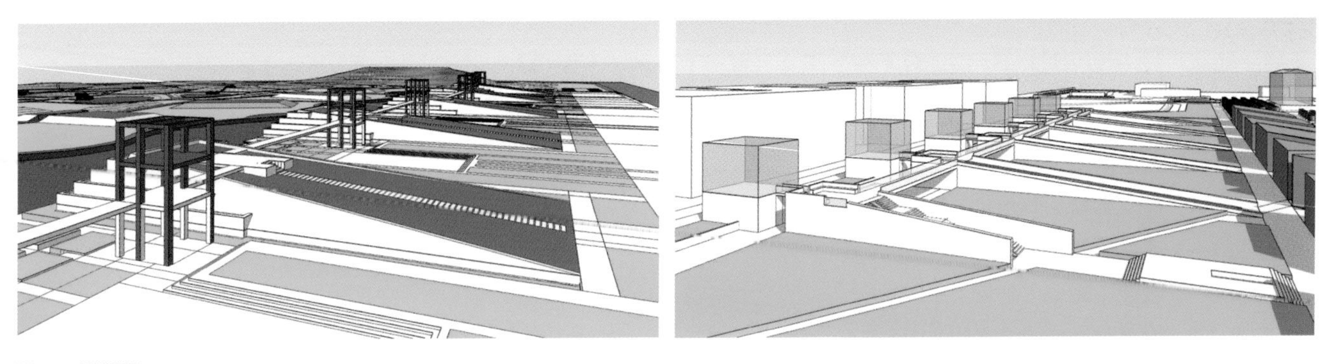

图 10　透视图

桥园临街开放空间与雪铁龙公园温室庭院区域透视对比图。左图为桥园临街开放空间透视效果图；右图为雪铁龙温室庭院区域透视效果图。

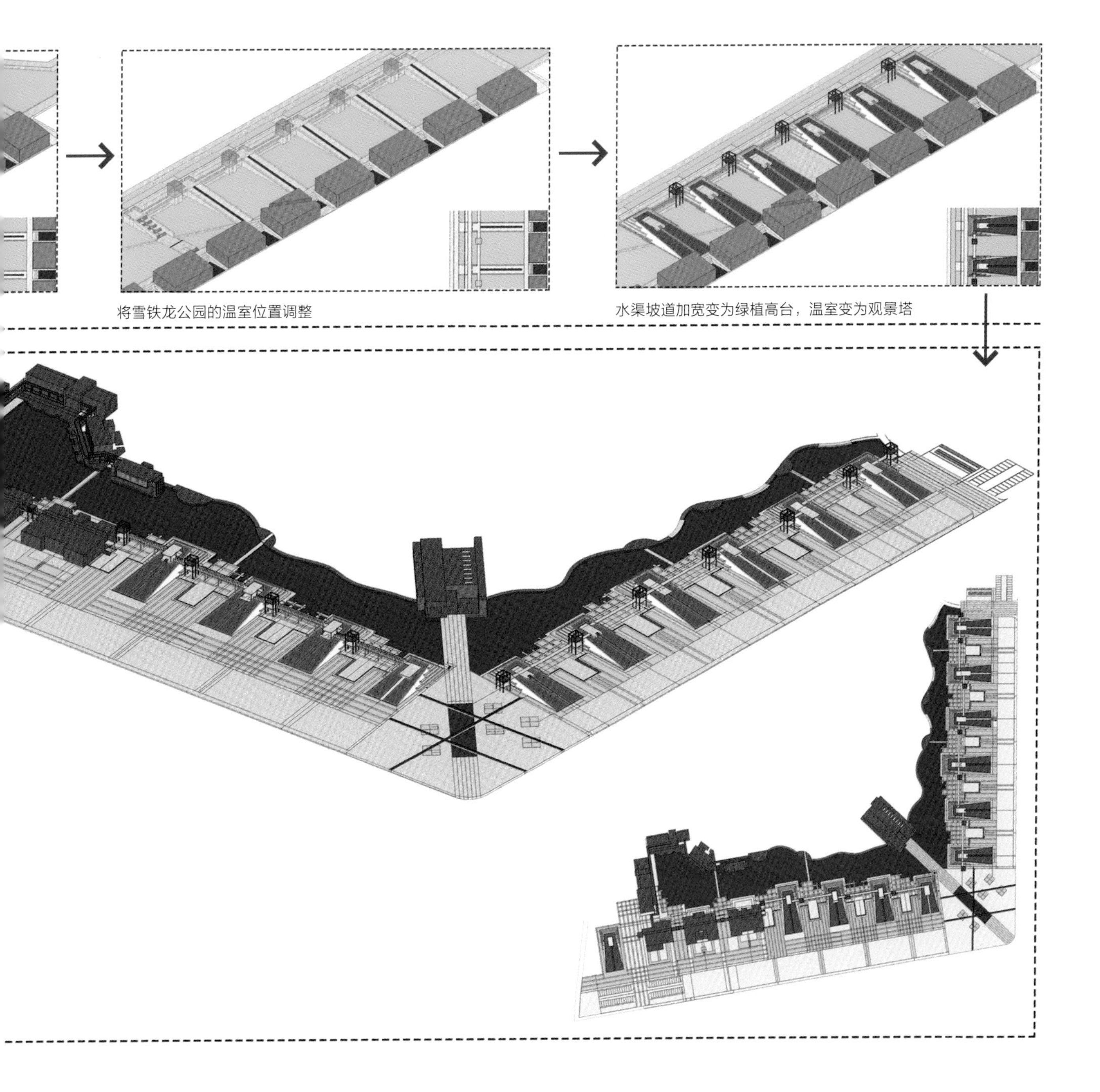

析。

14 瓦伦西亚中央公园 Valencia Parque Central

项目地点：西班牙瓦伦西亚

项目面积：23hm^2

设计（建成）时间：2011 年

设计师：Gustafson Porter

项目概况

瓦伦西亚中央公园（Valencia Parque Central）坐落于西班牙第三大城市——瓦伦西亚的中心城区。城市中心区域被铁路割裂。因此在 2003 年，当地政府决议将场地中原有的铁路线埋入地下隧道，称为“铁路入地计划”。该计划腾退出的 66hm^2 土地被规划为居住区和公园绿地。占地 23hm^2 的瓦伦西亚中央公园便成为这一城市中心区更新计划中最重要的重建项目。

设计构思

瓦伦西亚具有独特的生态特征：它连接了当地最重要的几个生态区——图里亚（Turia）河生态栖息地保护区、韦尔塔（Huerta）农耕区、阿尔武费拉（Albufera）自然公园和地中海。同时由于地理位置特殊，历史悠久的瓦伦西亚成为欧洲大陆一处主要的贸易中心和文化中心。

基于项目背景，设计团队提出三方面设计目标并形成相应设计思路。

1. 重新诠释场地与铁路的关系：确定南北向动线轴和东西向的视觉轴线，使原本被铁路分割的东、西街区产生联系。

2. 反映瓦伦西亚地区的地域景观特点：以当地河流水系、滨海湖、农田、果树林等地域景观为设计灵感，创造公园中主要的六种环境。

3. 体现瓦伦西亚当地历史文化特色：公园中的主要空间被设计师团队视为可容纳历史、文化等主题的“碗”。这一灵感来自象征当地历史文化遗产的传统制陶艺术。全园共有六只“碗”，即六处主要空间。此外，项目设计方案名为 Aigua plena deseny——“充满智慧的水”，这个概念出自瓦伦西亚诗人 Ausi à s March 的诗句。“水”是整个项目的主题元素，在公园的各个出入口有一系列水渠引导游人进入公园中，来到宽阔的水面——这与韦尔塔农耕区的灌溉渠、阿尔武费拉自然公园的景观相呼应，也象征着瓦伦西亚文化的起源和繁荣。

景观布局

公园设计具有清晰的景观结构：南北向动线轴和东西向视线轴共同控制全园。

南北向动线轴是由北广场、中央广场、南广场、林荫道组成的交通空间。东西向视线轴以东侧主入口为起点，经林荫道、长廊，终止于开阔的露天剧场空间。其余部分由根据周边道路确定的入口、动线划分出六处景观空间，即艺术广场、韦尔塔花园、儿童花园、展示花园、露天剧场、芳香花园。“U”形的地形形成“碗”，将公园的独特形态、空间走势和关于“水”的设计主题紧密联系起来，使公园成为一个统一的整体。

参考文献：

[1] Valencia's greatest railway transformation and a major urban initiative for citizens [EB/OL]. Valencia Parque Central,2011[2019-01-14]. https: //valenciaparquecentral.es/

[2] Gustafson P. Parque Central Valencia [J].World Landscape Architecture,2011,(1): 41-50.

[3] Cinzia C.Shaping the Urban Landscape[J].Architettura del Paesaggio,2017,(1): 64-67.

[4] Kim M. Valencia embraces flower power with new Parque Central designed by Gustafson Porter[J/OL].CLAD magazine, 2015[2019-01-14]. http: //www.cladglobal.com/CLADnews/architecture_design/Valencia-embraces-flower-power-as-work-begins-on-Gustafson-Porters-green-heart-central-park/318982?source=related

图 1　区位图

城市和街区尺度上的瓦伦西亚中央公园。

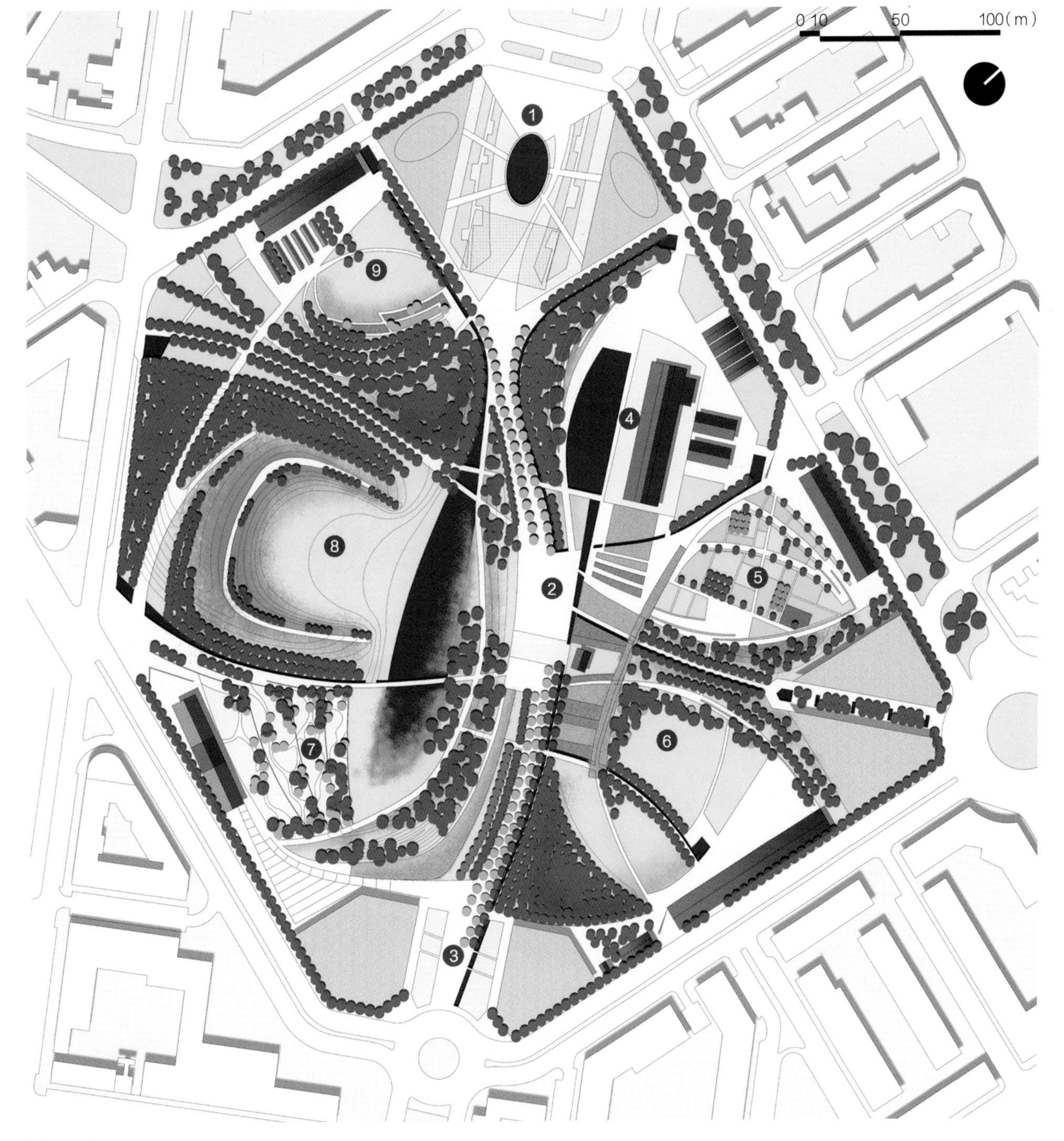

图 2　平面图

1 北广场　2 中央广场和南北大道　3 南广场　4 艺术广场　5 韦尔塔花园　6 儿童花园　7 展示花园　8 露天剧场　9 芳香花园

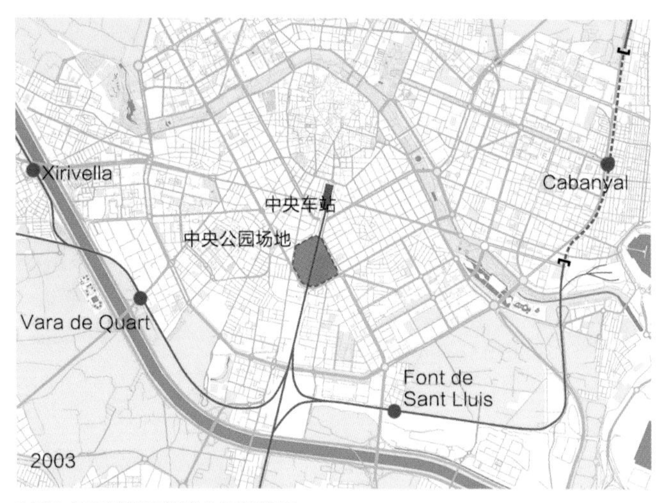

2003 年瓦伦西亚轨道交通线路图

2010 年瓦伦西亚轨道交通线路图

图 3　轨道交通发展情况图

轨道交通线入地，使得中央公园的建设成为可能。

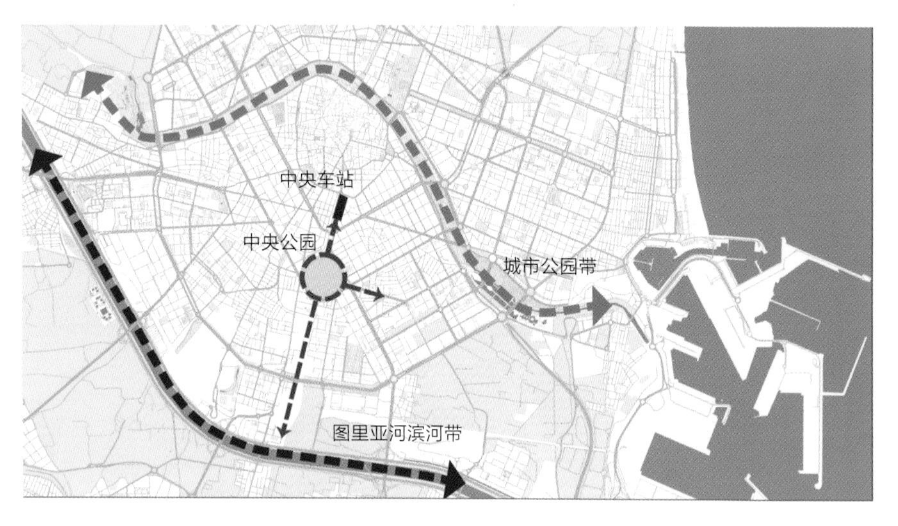

图 4　城区尺度结构分析图

城区尺度上，中央公园与城市绿带、蓝带以及城市周边地区的轴线关系。

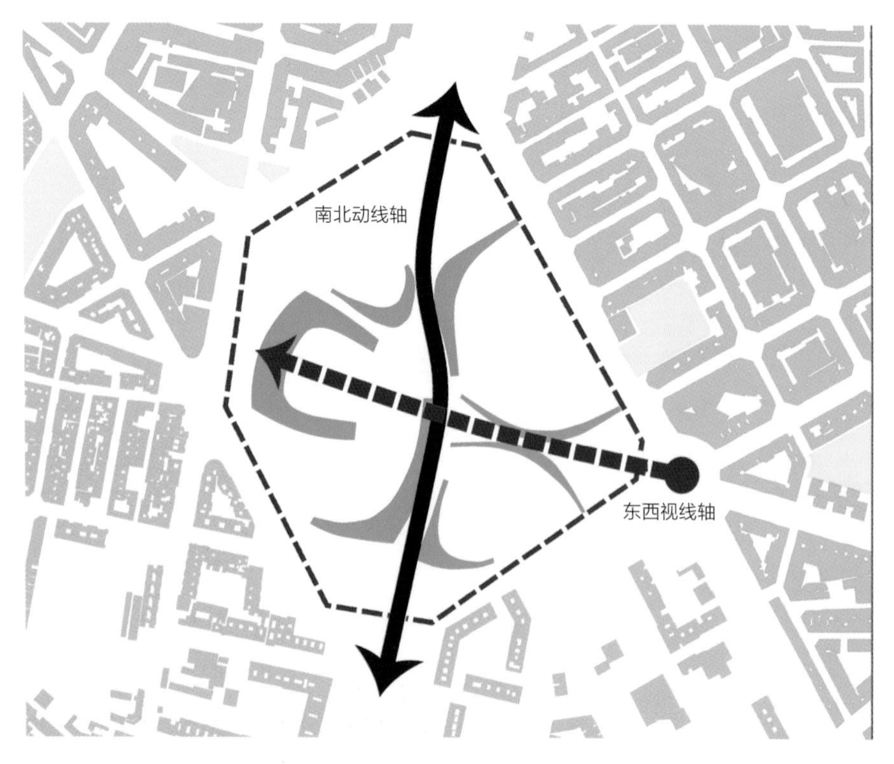

图 5　街区尺度结构分析图

街区尺度上，公园南北动线轴、东西视线轴与周边城市主要道路的关系。

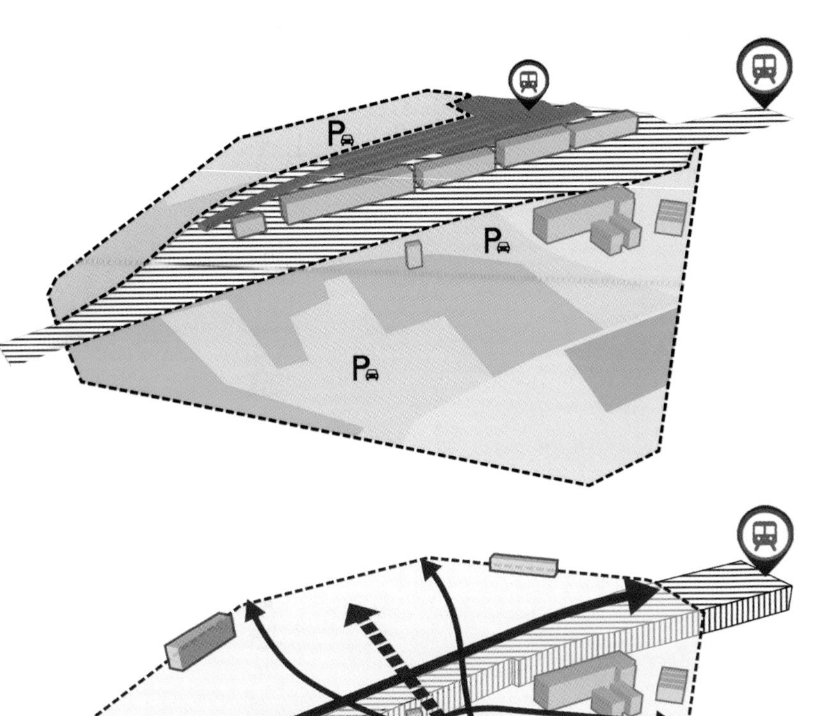

原场地被铁路站场分割为两部分。除铁路站场用地以外为停车场及荒废绿地。场地内有部分历史建筑遗留

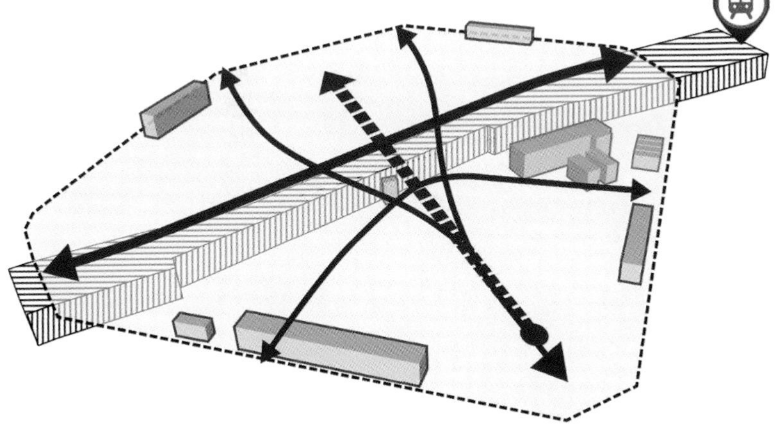

铁路移入地下隧道后，将原站场用地内的历史建筑迁建至场地四周，强调场地边界。并根据周边道路确定出入口以及动线、视线

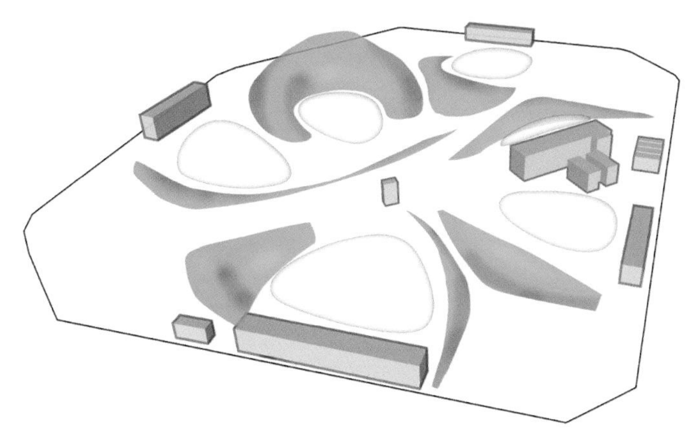

利用半包围式的地形与原有的建筑共同围合形成主要的景观空间

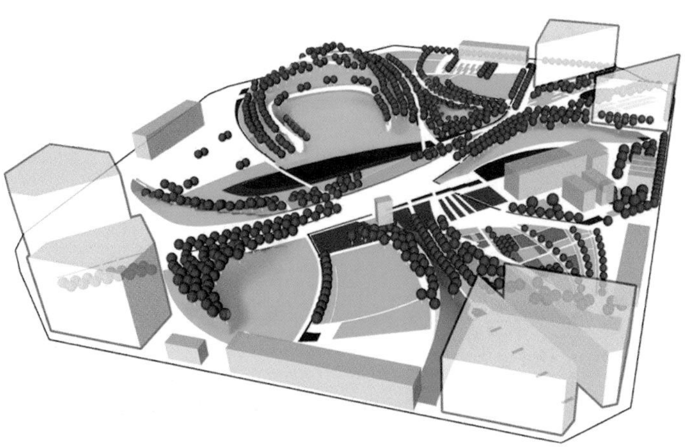

根据地形走势种植高大乔木，强化围合感。在主入口处新增高大建筑，增强标志性

图 6　设计生成分析图
展示瓦伦西亚中央公园由原场地开始的形态生成过程。

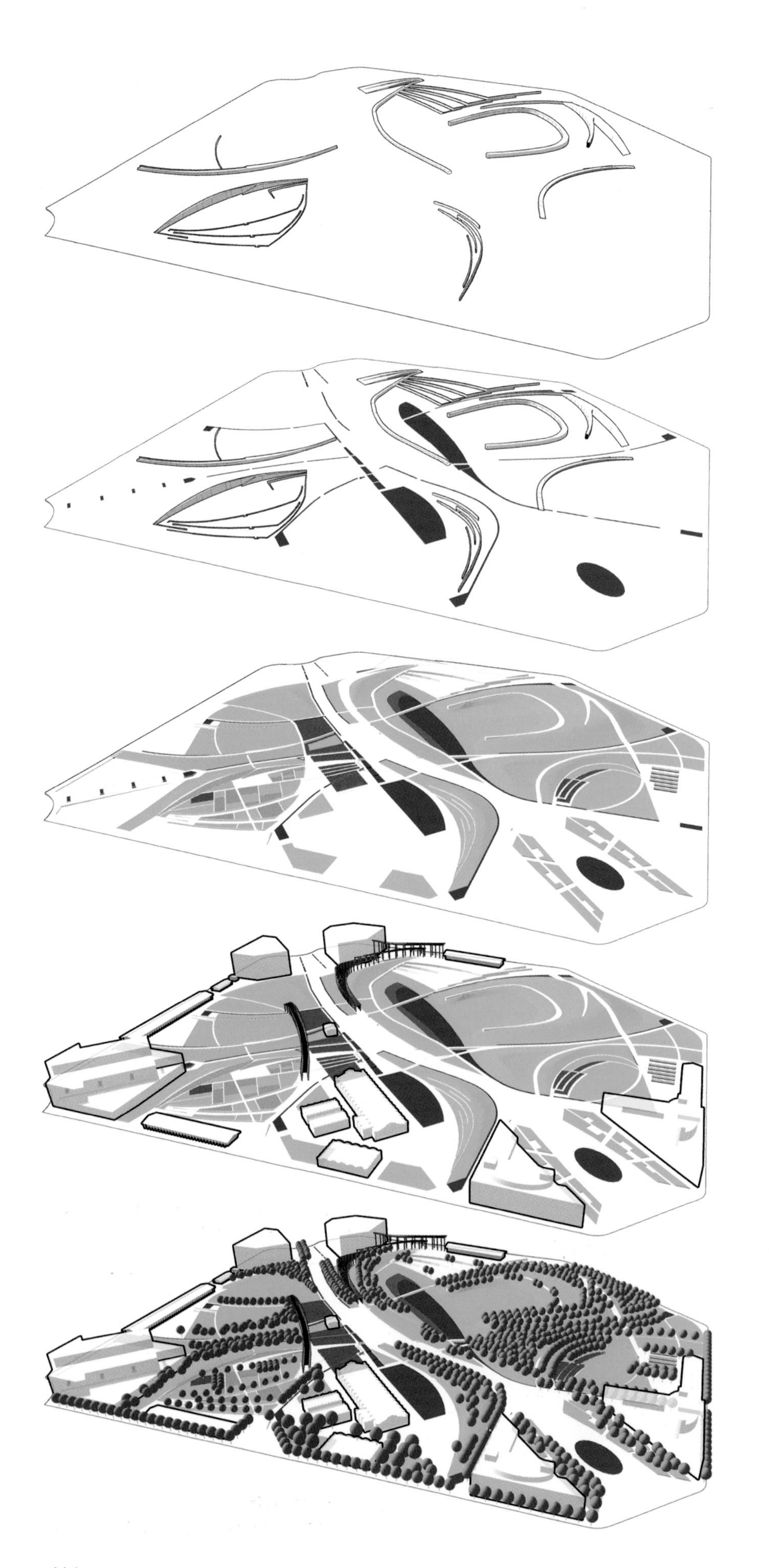

挡土墙：确定场地中主要的结构骨架

水景：点—线—面的水景序列引导人们从主要入口经道路进入景观空间

绿地：形成公园绿色基底，草坡地形围合主要景观空间

建筑与构筑物：原有历史建筑、新增构筑物与地形共同围合景观空间；新增建筑形成主出入口空间

乔木：与地形配合增强空间的围合感，形成沿道路的线性植物景观

图 7　结构分析图

展示公园各个景观结构层的主要功能。

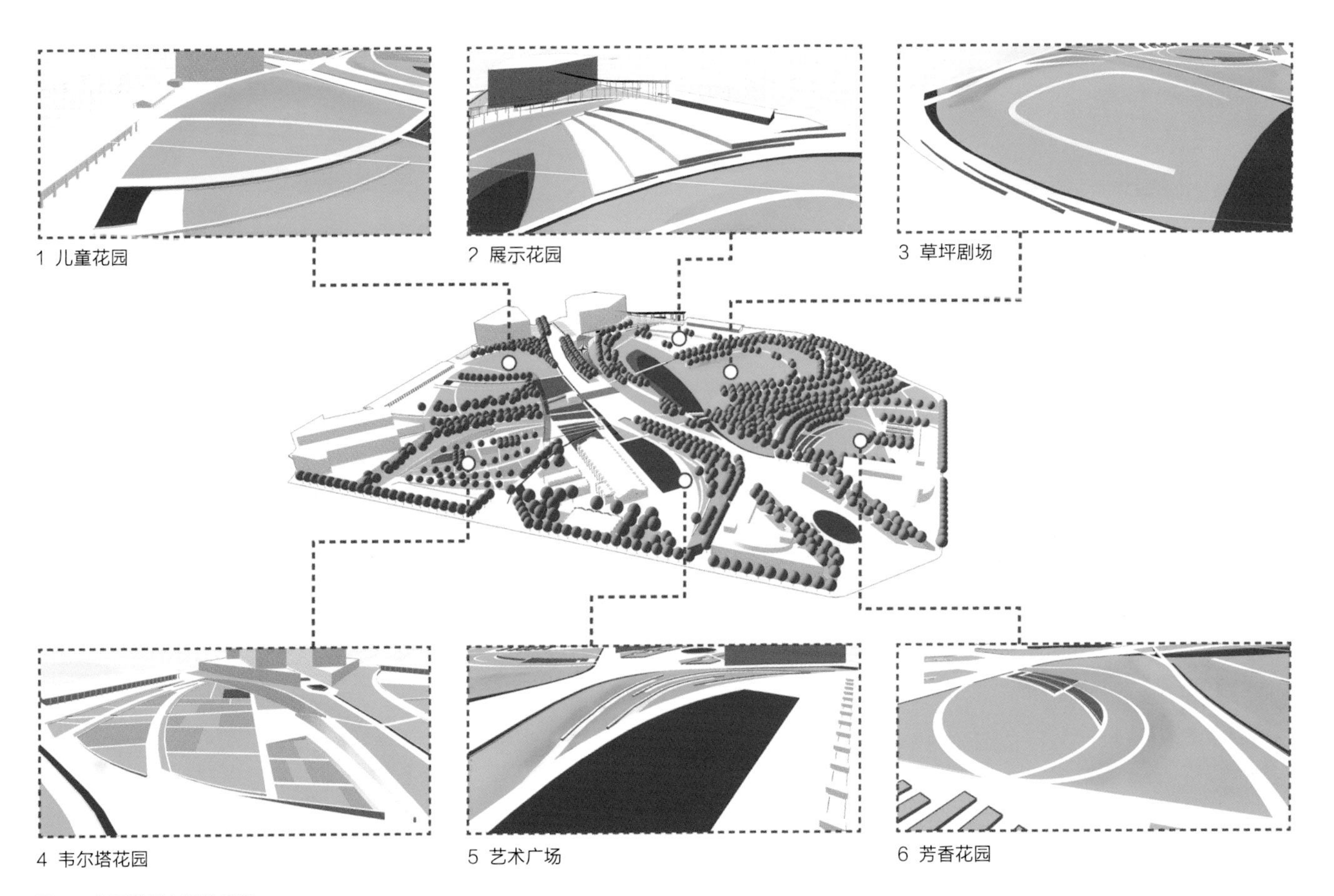

图 8　主要景观空间效果图

展示六处主要景观空间中挡土墙、缓坡地形围合形成的空间效果。

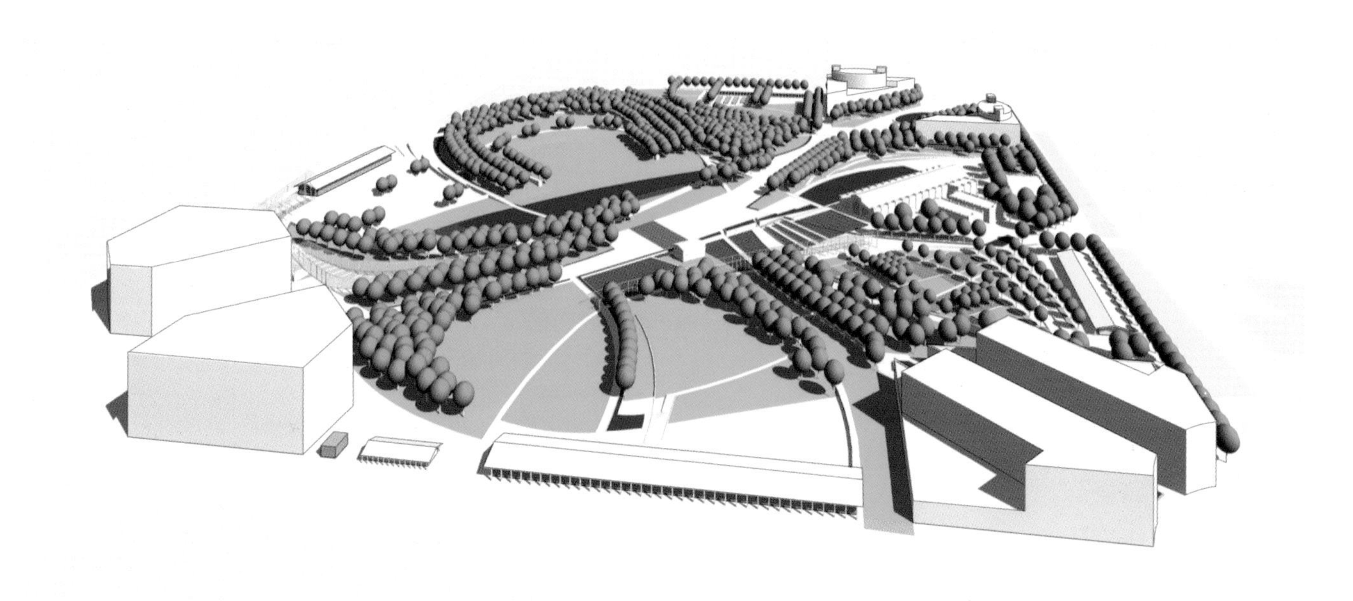

图 9　鸟瞰图

从东南方向鸟瞰瓦伦西亚公园。

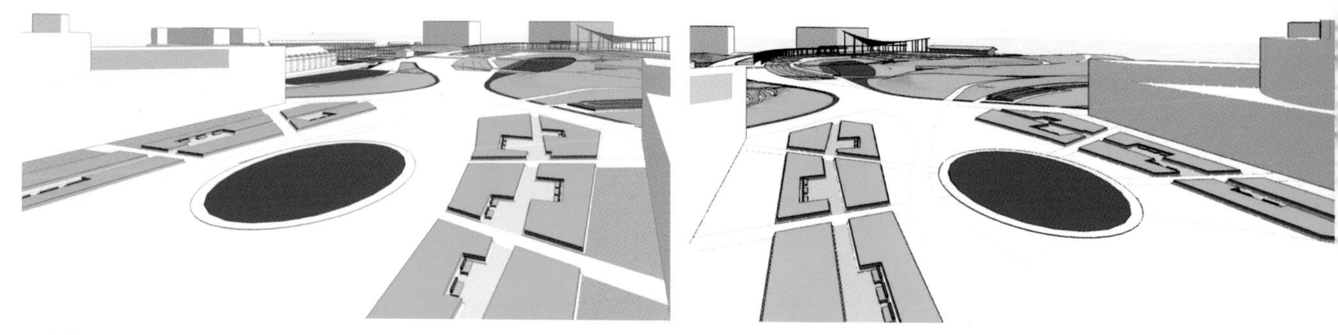

1 北广场出入口

3 草坪剧场北出入口

4 草坪剧场南出入口

图10　主要出入口空间效果图

展示各个主要出入口建筑、地形产生的空间效果及水景的标志、引导作用。

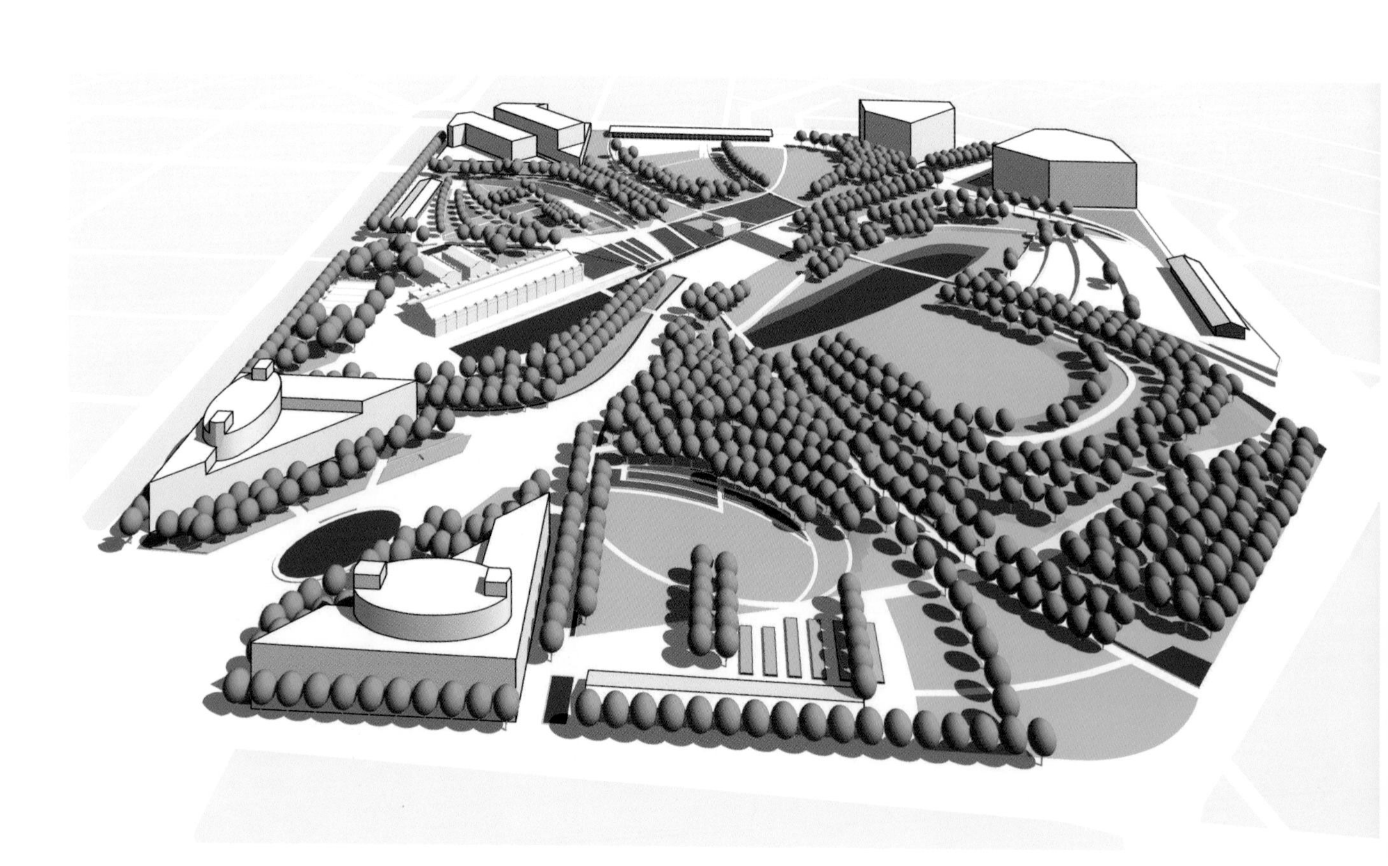

图11　鸟瞰图

从西北方向鸟瞰瓦伦西亚公园。

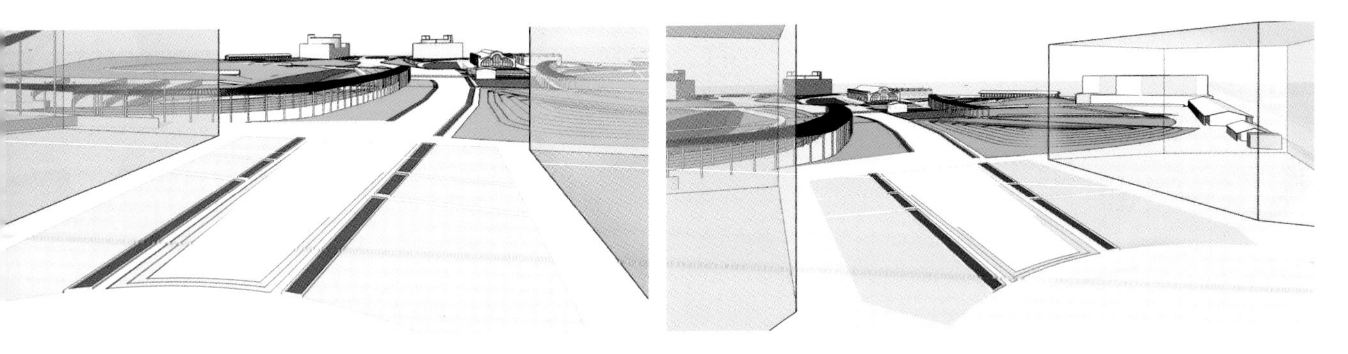

2 南广场出入口

5 东出入口

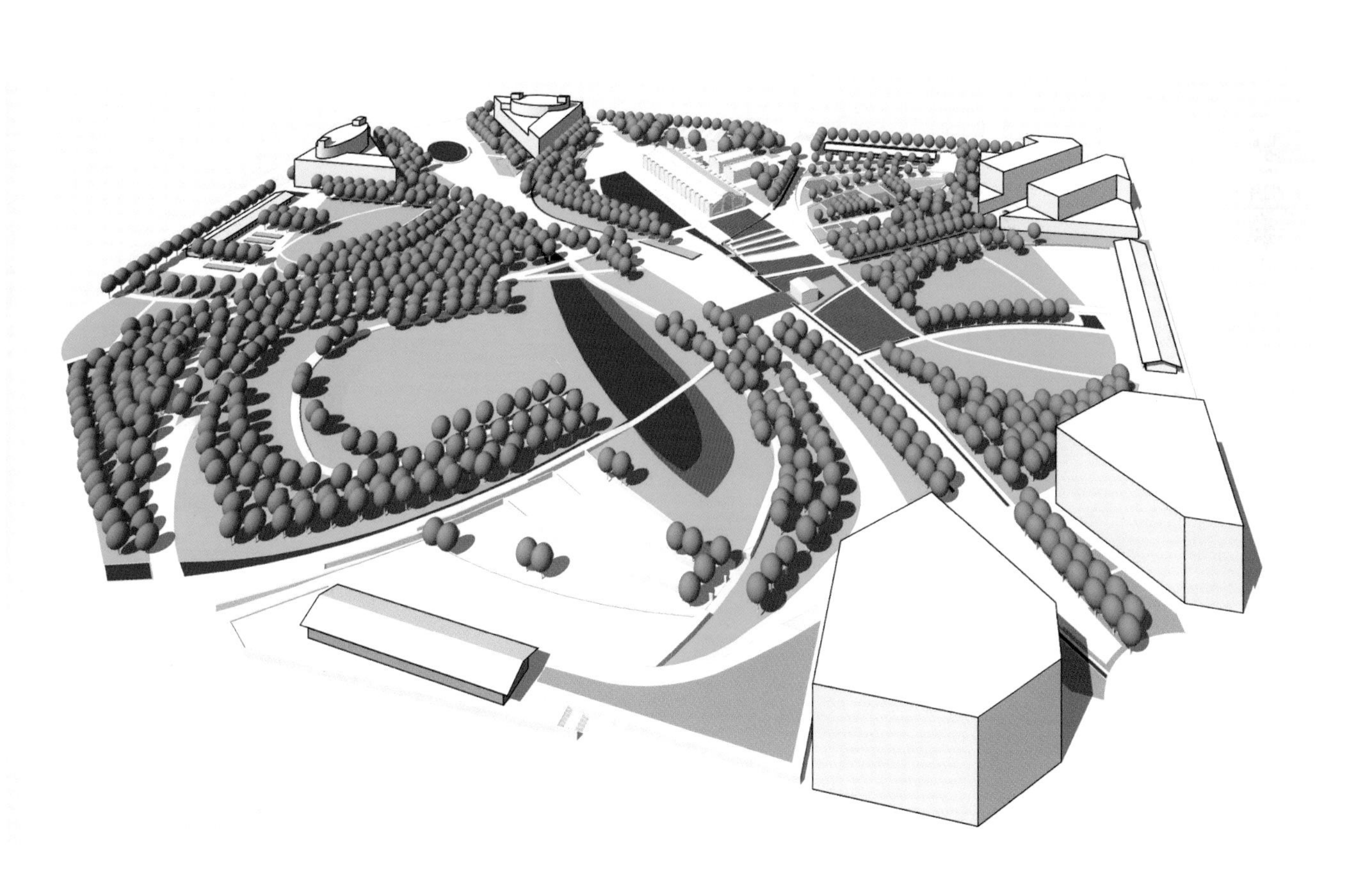

图 12　鸟瞰图

从西南方向鸟瞰瓦伦西亚公园。

地形分析

瓦伦西亚中央公园的地形设计是从“碗”这一概念出发的，创作灵感来自于象征着当地历史与文化遗产的传统制陶艺术。该理念将公园独特的地表形态、空间走势和关于“水”的设计主题紧密联系起来，使公园成为一个统一的整体。中央公园中大小不一的“碗”被赋予了不同的主题，如艺术、活动、人物、景观、历史和关于文化的回忆。水、地形、植物及现有建筑物作为景观设计元素为每个“碗”赋予了个性和特色。

其中，半包围式的缓坡地形和台地、挡土墙是构筑“碗”的基本元素。例如位于视觉轴线上的露天剧场，平面上呈“U”形缓坡地形围合出开敞的草坪空间，地形的坡向引导人们视线向轴线上聚集。艺术广场在历史建筑一侧，平面上呈月牙形的缓坡地形和建筑共同围合形成具有独特文化氛围的小空间。芳香花园的缓坡地形为延展花卉的展示面提供了基础。儿童花园中，小山丘和其围合的草坪成为了孩子们攀登、奔跑、游戏的乐园。在韦尔塔花园、展示花园等“碗”中，一系列台地、挡土墙与缓坡草地形成了软质和硬质的对比。此外，挡土墙还兼具道路、座椅等功能。

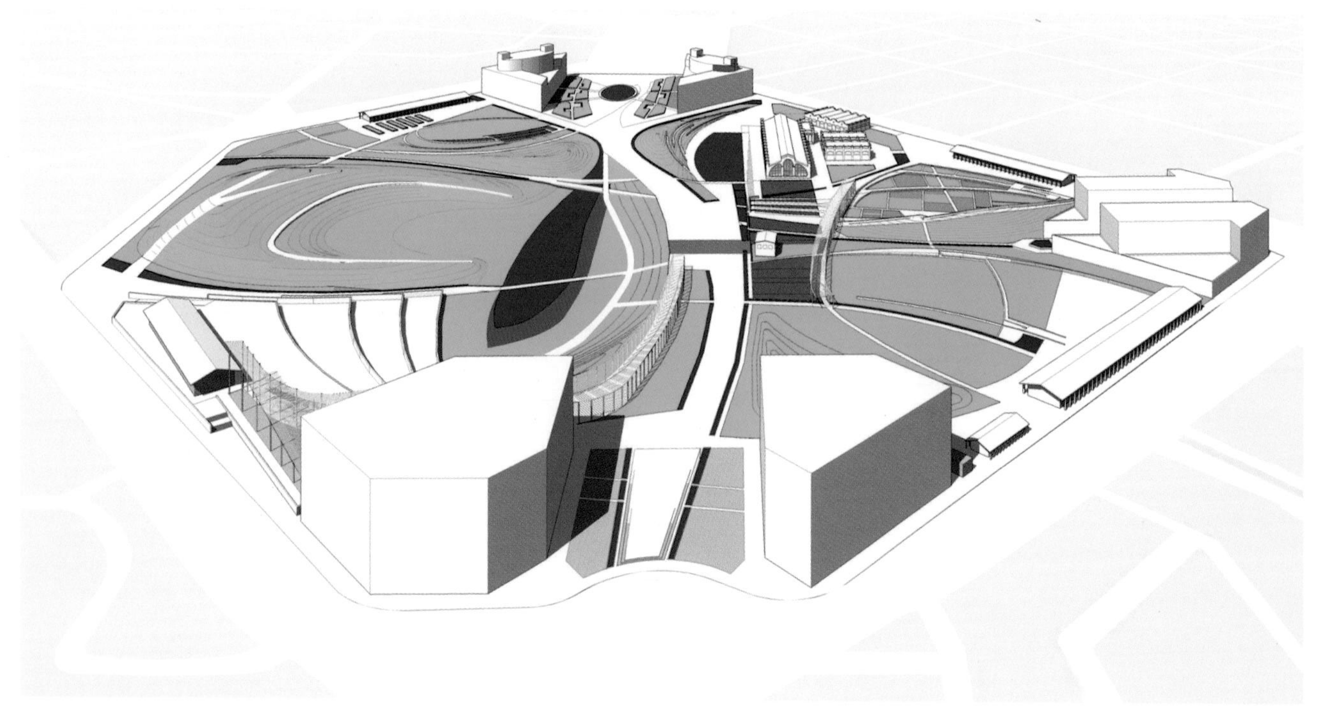

图 13　鸟瞰图

从正南方向鸟瞰瓦伦西亚中央公园。

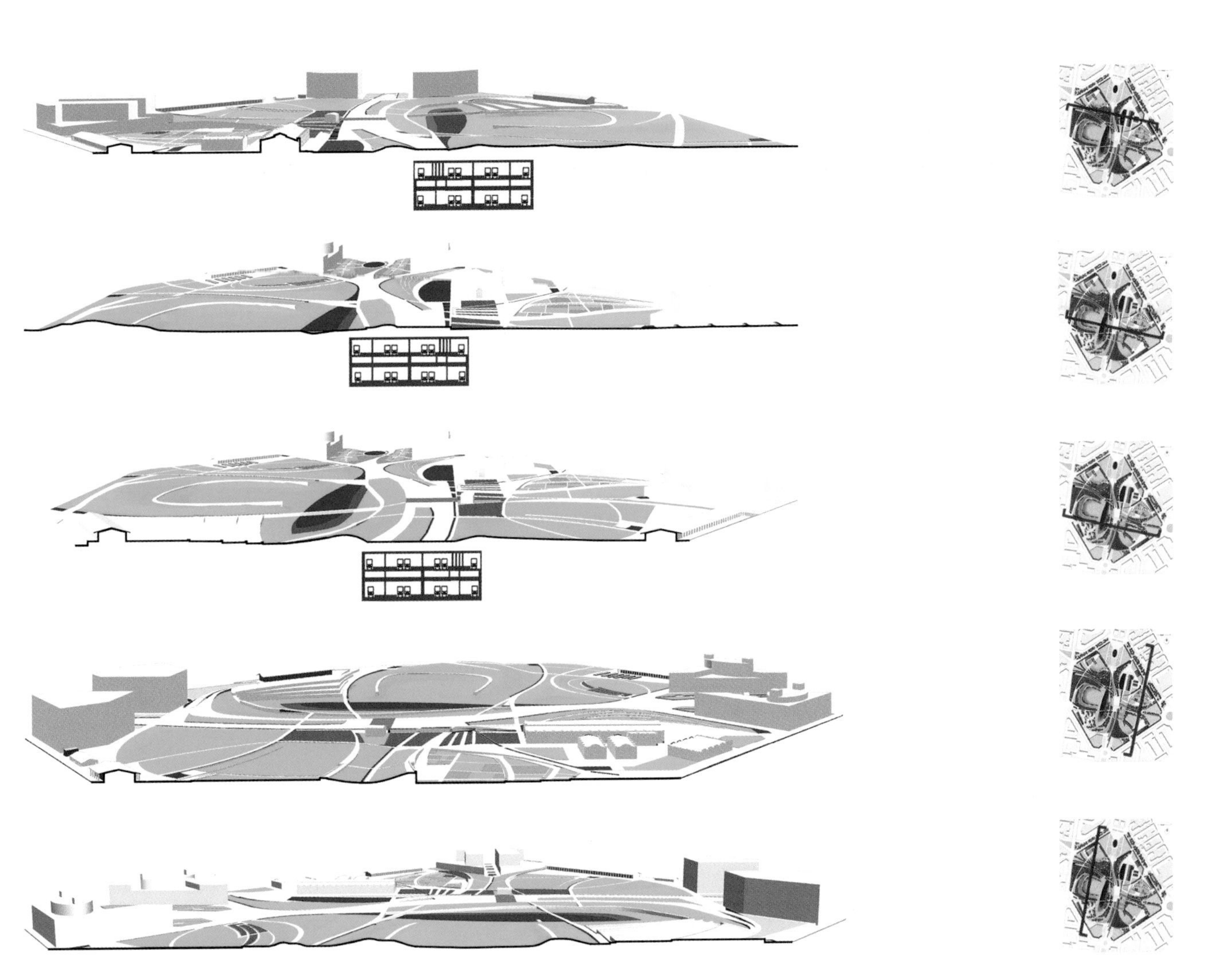

图 14　剖透视序列

展示垂直于南北动线轴、东西视线轴的重要剖面。

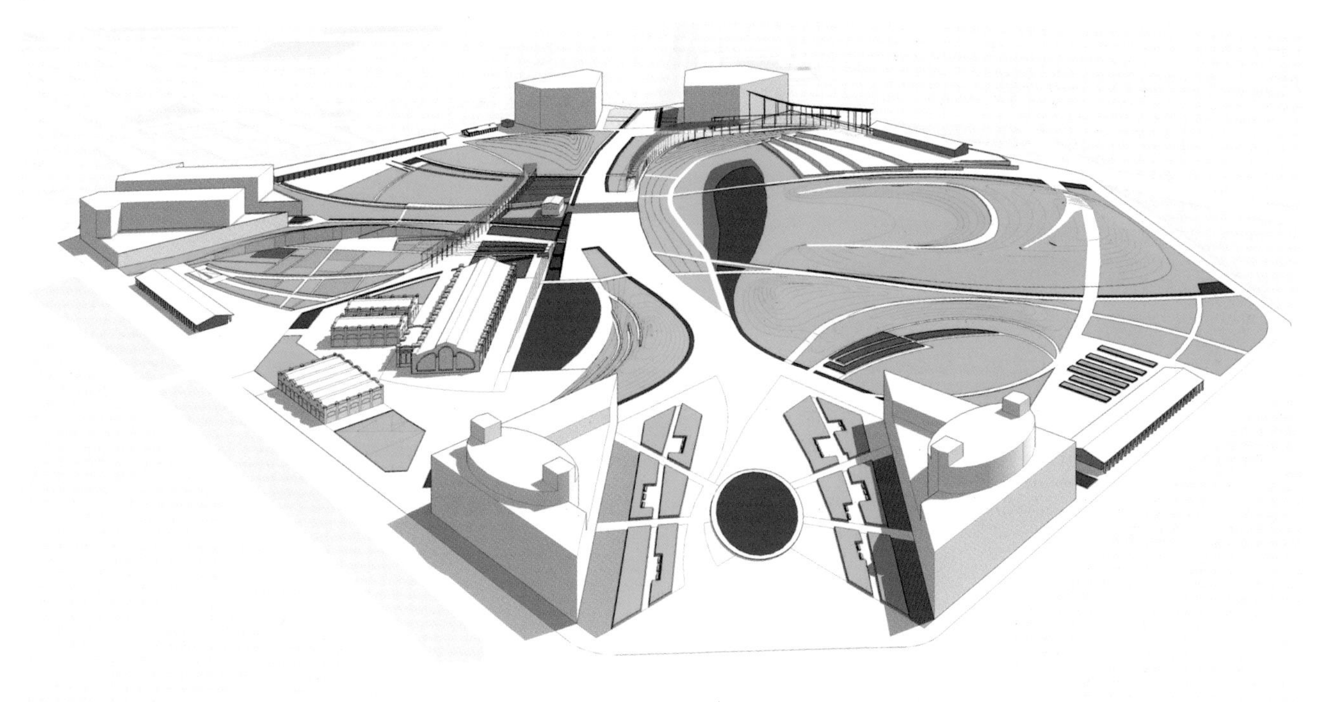

图 15　鸟瞰图

从正北方向鸟瞰瓦伦西亚公园。

15 布鲁克林大桥公园 Brooklyn Bridge Park

项目地点：美国纽约市布鲁克林区

项目面积：34.4hm^2

设计时间：2000-2010 年

设计师：Micheal Van Valkenburghand

项目概况

布鲁克林大桥公园坐落于纽约东河河滨，北起布鲁克林大桥，南至亚特兰蒂大道，总长 1.5km。直至 20 世纪 50 年代，公园所在地都是河滨最繁忙的码头。长期的工业发展已彻底破坏河滨的自然岸线和地形，场地绝大部分被建筑及硬质铺装覆盖。近几十年来，由于临港工业不断萎缩，场地内码头建筑年久失修。此外，场地东南侧的布鲁克林-皇后区高速公路割裂了场地与周边居住区及布鲁克林中心区的交通和视觉联系。

MVVA 公司主导设计的布鲁克林大桥公园，将这片后工业化的滨水区转变为充满活力的城市公共空间。公园以可持续发展为理念，保留了工业时代的特征，以多变的地形创造不同的景观空间，为人们营造出更多或开敞或私密的空间。

设计思路

布鲁克林大桥公园从滨水界面、城市界面和原有码头三个方面构建设计框架。设计通过增加水域、柔化岸线、构建生物栖息地，营建丰富的滨水界面；通过地形塑造和植物设计，营建公园小气候，削弱皇后高速路的噪声；充分利用原场地废弃材料，结合码头不同的基址条件，形成多功能的活动场所。

景观布局

布鲁克林大桥公园一共分为 6 个码头公园。形态和功能各异，使整个公园极具多样性和创造性。

1 号码头：此码头位于整个线性公园的最北端，其主要特色在于地形的塑造。原场地为填海形成的码头，可承受较厚的土层荷载，适合创造崎岖多变的地形空间。设计师通过对地形的再设计，形成了两处朝向不同的开阔草坪，分别可眺望布鲁克林大桥及曼哈顿港口。

2 号码头：此码头设计为运动场地。原场地地势平坦，但码头的承重荷载能力有限，设计师在码头上放置球场。原有仓库的钢架结构被保留下来，体现了工业时代的记忆。

3 号码头：此码头的特色在于静谧的迷宫花园和起伏的大草坪。

4 号码头：此码头原址大部分沉入水中，成为水下的生物栖息地。南侧设计为沙滩，丰富了水岸的边界类型，也让人们能够有更加亲水的体验。

5 号码头：此码头设计为体育场，人们可在此进行踢足球、野餐和钓鱼等娱乐活动。

6 号码头：此码头主要为儿童活动场地，拥有许多供儿童活动的游乐设施，如秋千、滑梯、沙坑和水上乐园等。通过微地形创造出来的小空间增加了儿童活动场地的体验性和趣味性。

参考文献：

[1] Anne R.Here comes everybody[J].Landscape Architecture Magazine,2018,(12)：71-133.

[2] BROOKLYN BRIDGE PARK[EB/OL].MVVA,2018[2019-10-03].http://www.mvvainc.com/project.php?id=3

[3] Brooklyn Bridge Park：A Twenty Year Transformation[EB/OL].ASLA,2018[2019-10-03].https://www.asla.org/2018awards/454576-Brooklyn_Bridge_Park.html

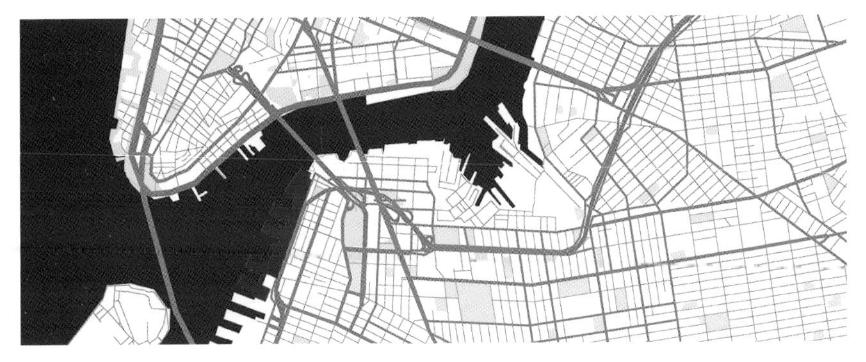

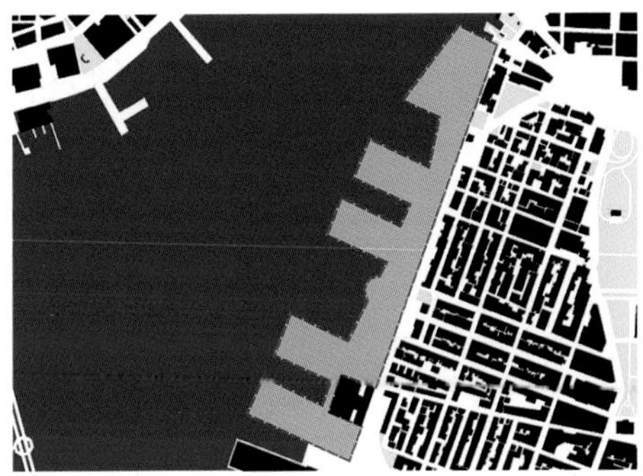

图 1　区位图

城市和街区尺度上的布鲁克林大桥公园。

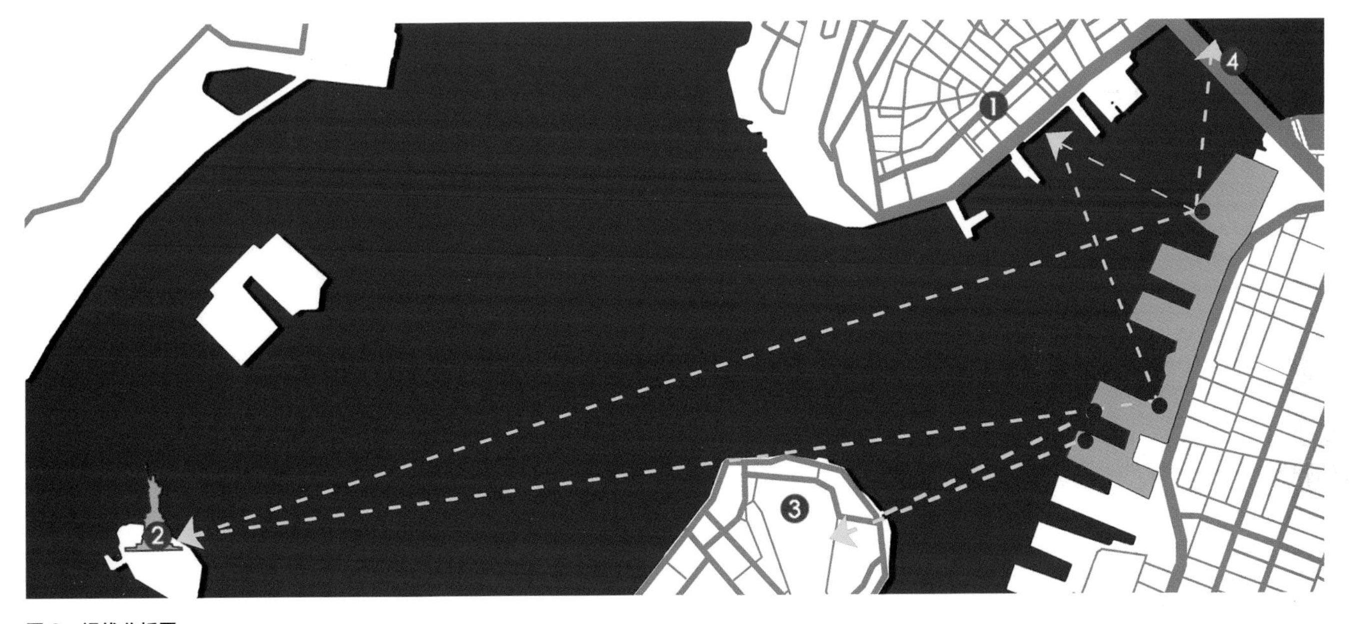

图 2　视线分析图

1 曼哈顿港口　2 自由女神像　3 总督岛　4 布鲁克林大桥

公园内有多个视线观赏点，站在 1 号码头上可以眺望到码头对面的曼哈顿港口、布鲁克林大桥以及远方的自由女神像。站在 5 号码头和 6 号码头上可以眺望到南侧的总督岛。

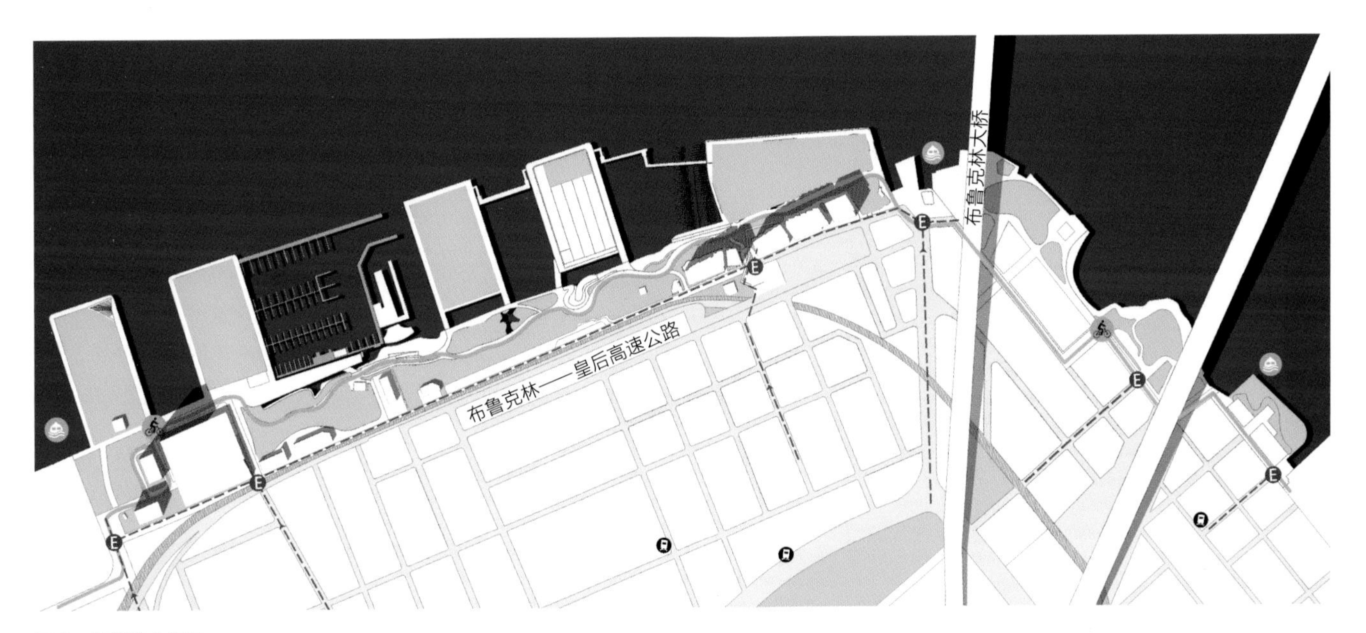

图 3　连接性分析图

皇后高速公路将布鲁克林城区和码头分离，通过设计四个公园主入口以及自行车慢步道，增加了城区与码头公园之间的连通性。

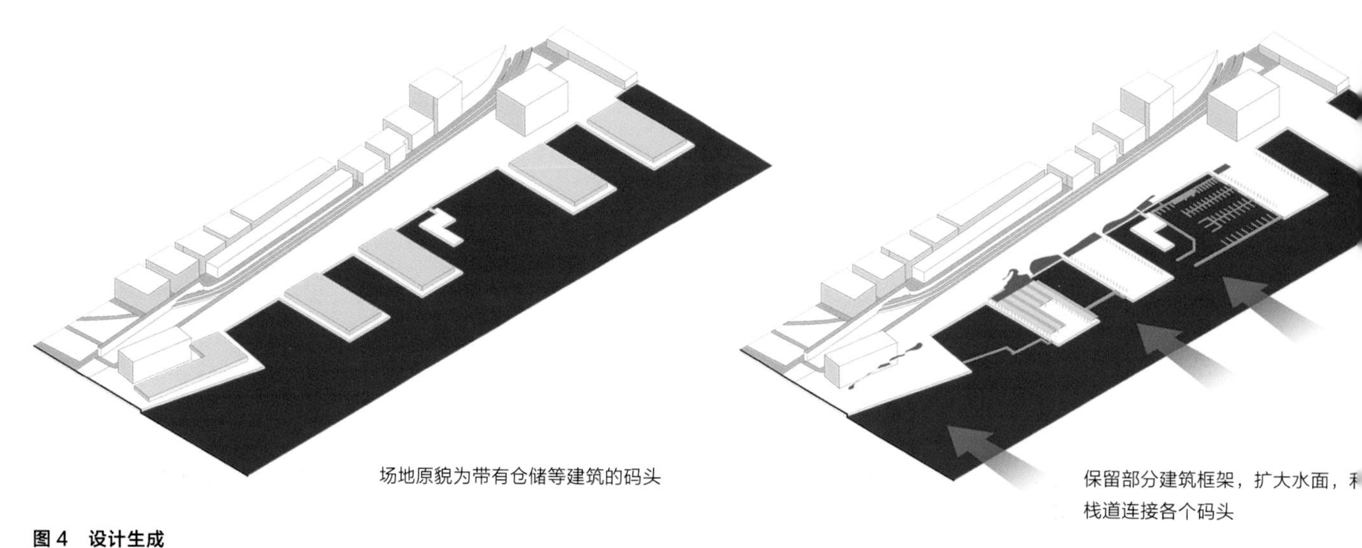

图 4　设计生成

展示布鲁克林大桥公园由原场地开始的形态生成过程。

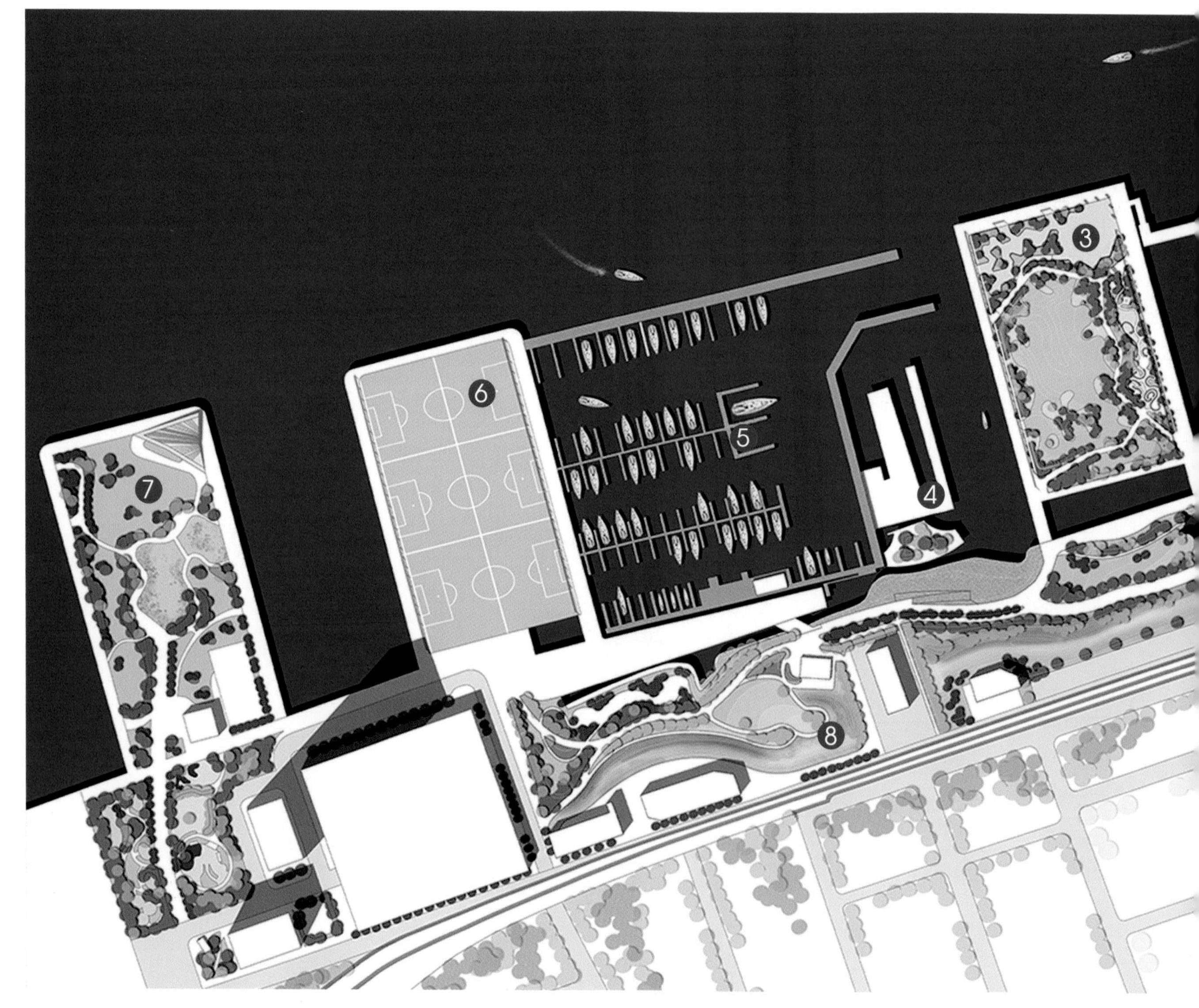

图 **5**　平面图

1 码头一　2 码头二　3 码头三　4 码头四　5 小船停靠区　6 码头五　7 码头六　8 丘状地形

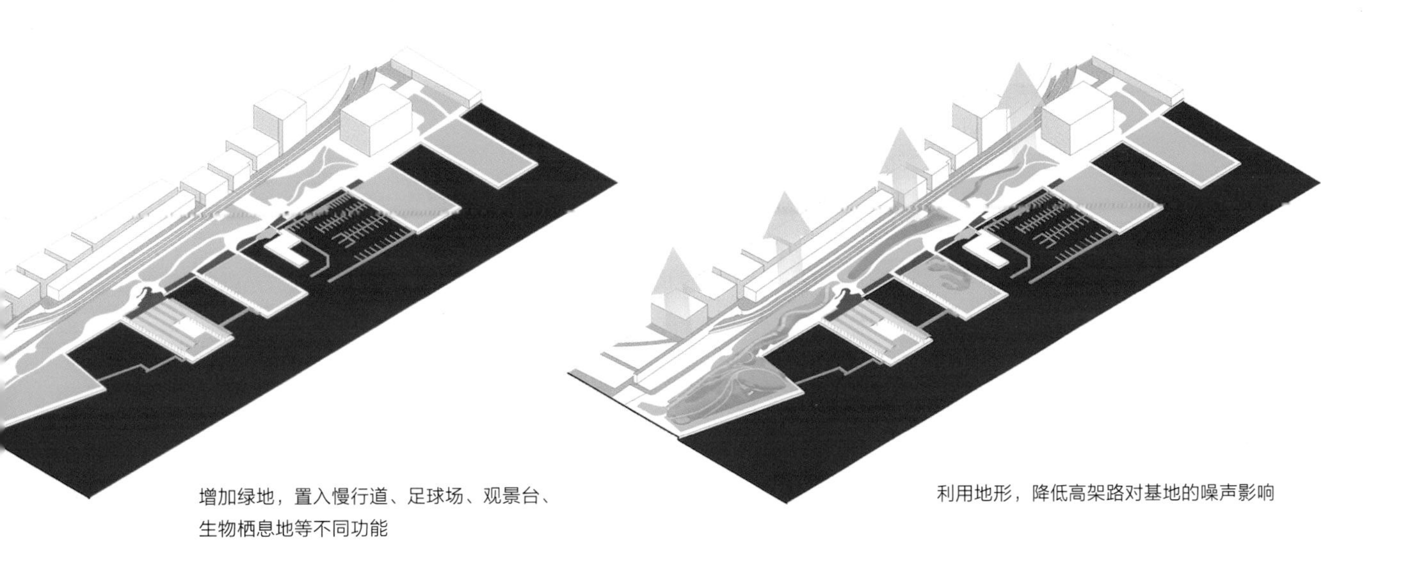

增加绿地，置入慢行道、足球场、观景台、生物栖息地等不同功能

利用地形，降低高架路对基地的噪声影响

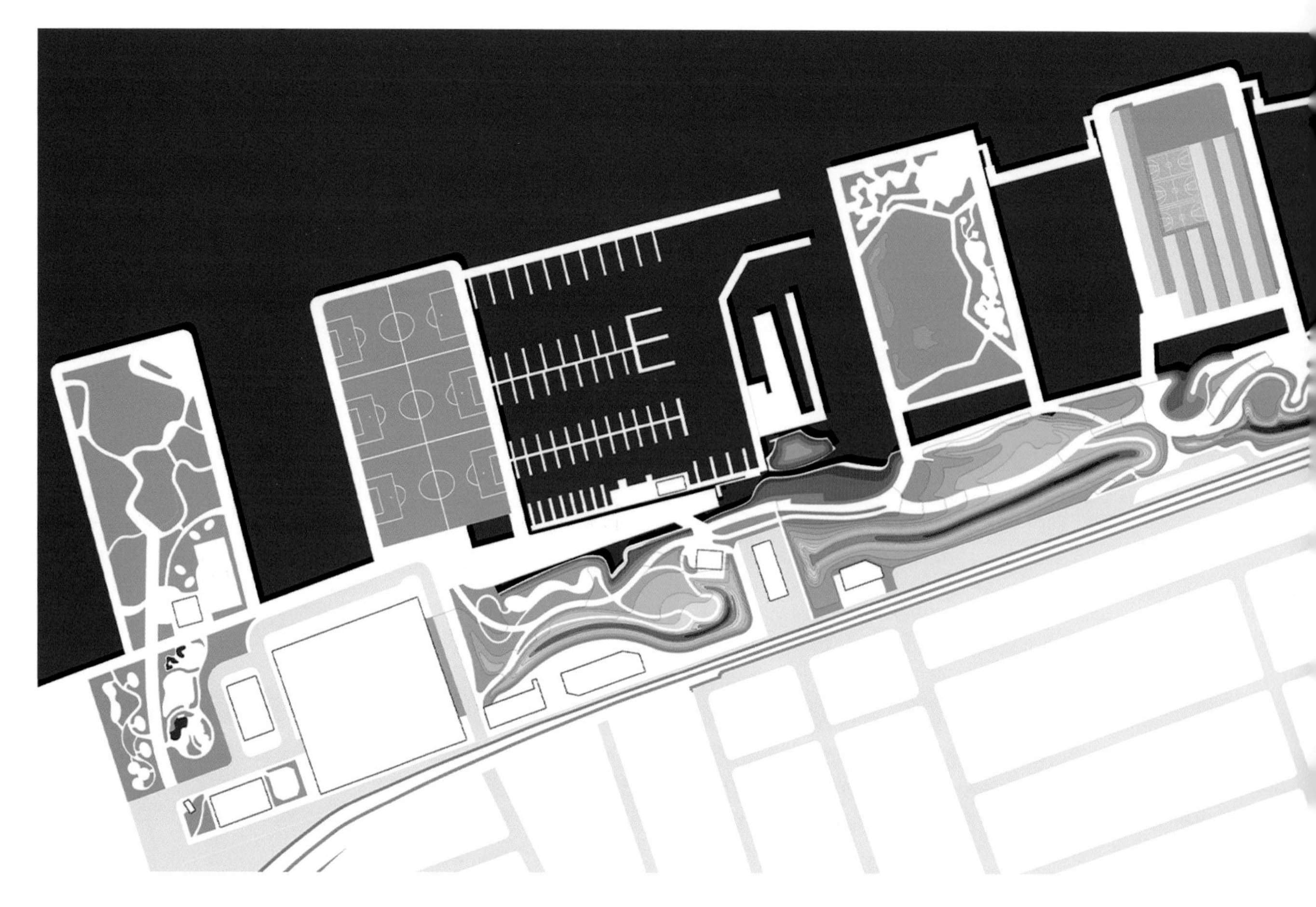

图 6　竖向平面图

展现布鲁克林大桥公园地形变化，等高距 0.9m。

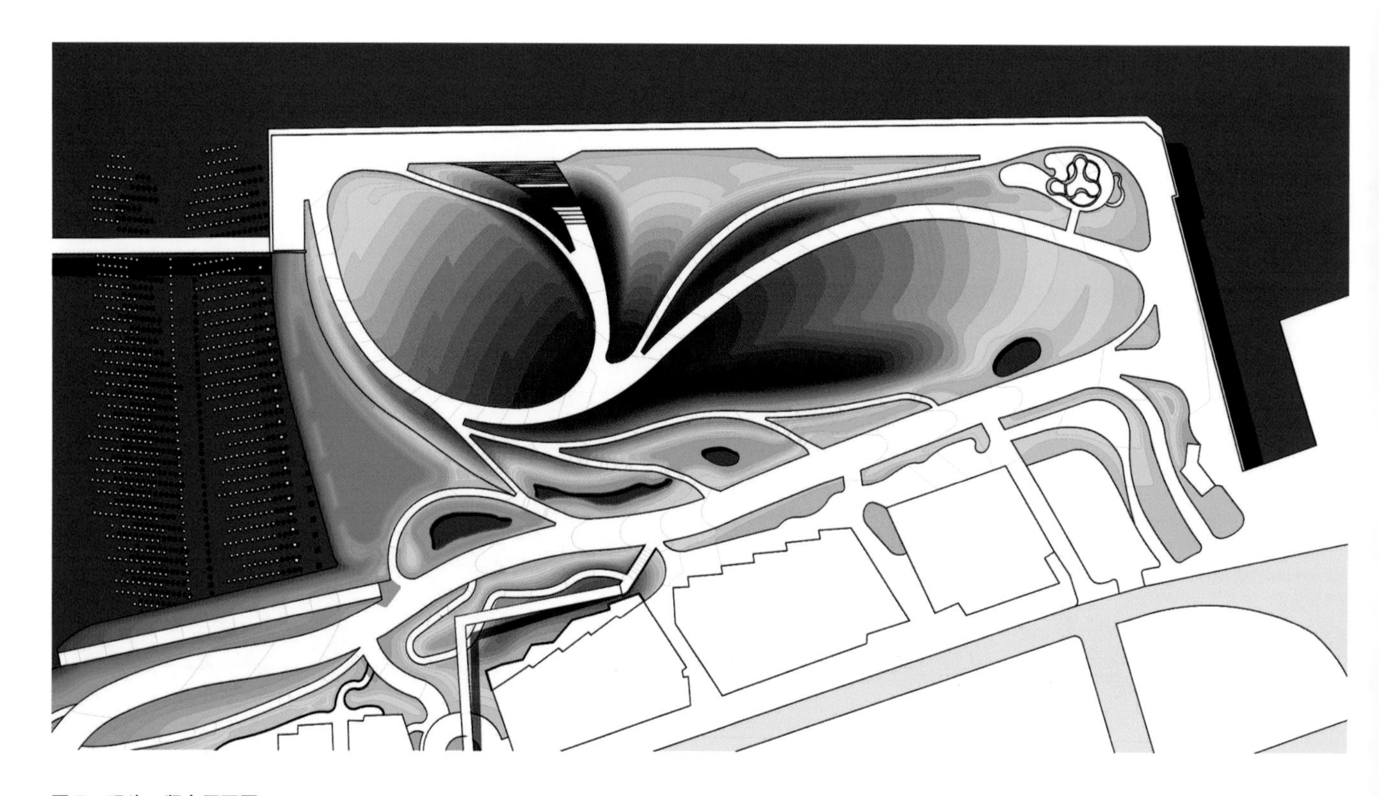

图 7　码头一竖向平面图

展现布鲁克林大桥公园码头一的地形变化，等高距 0.3m。

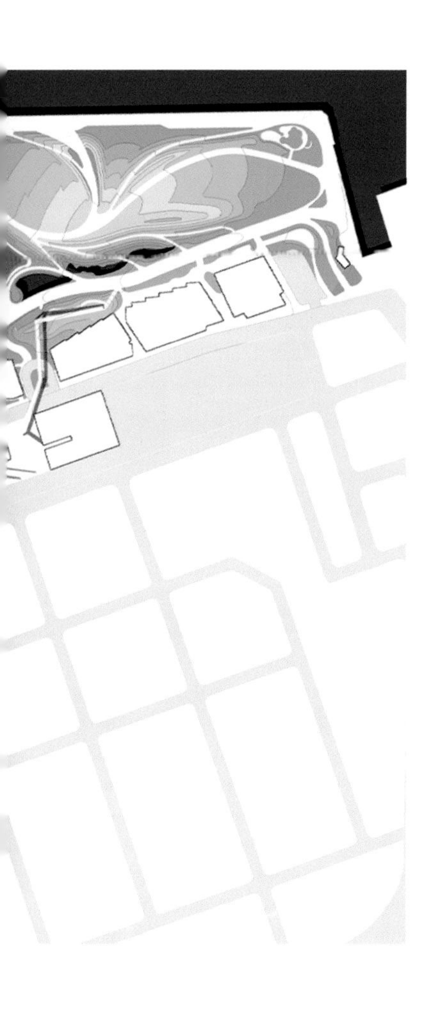

地形分析

衰减噪声：布鲁克林大桥公园主要通过三段高度近 10m 的人造山丘形成障碍，隔断了布鲁克林区至皇后区高速公路（噪声源）和公园游客（听者）之间的直接视线连接，使得公园与高架桥之间的噪声得到有效衰减，减少了 5~8dB。

引导视线：1 号码头的观桥草坪、观港草坪通过设计不同坡向的地形，提供了抬高的观景点，引导游人的观赏视线，观赏西北方向布鲁克林大桥、曼哈顿港口及曼哈顿天际线等不同风景。6 号码头地形形成有明确朝向的草坪，引导游人观赏西南方向的自由女神像、总督岛等。

丰富空间：公园原先陡峭的河堤改造为复杂而多变的空间和路径，使人们能够与河水亲密接触。2 号码头的混凝土舱壁改造成了螺旋式的坡道，构成了皮划艇的入水区。

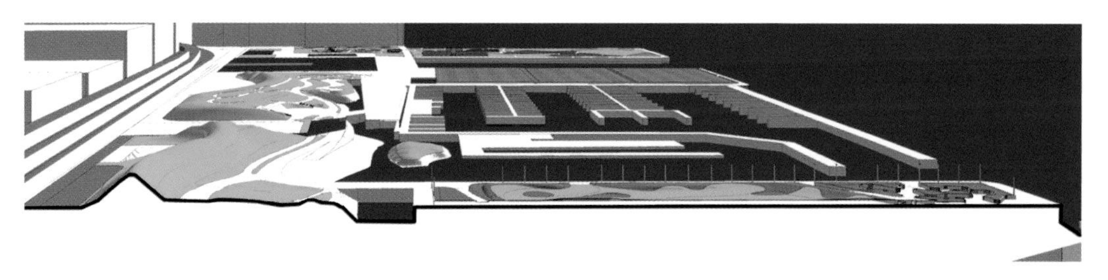

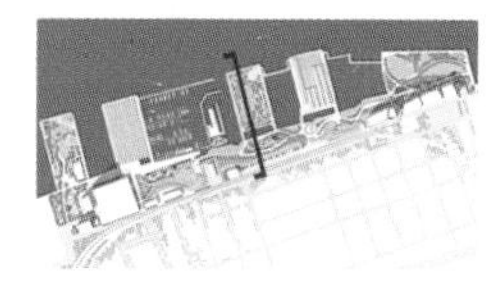

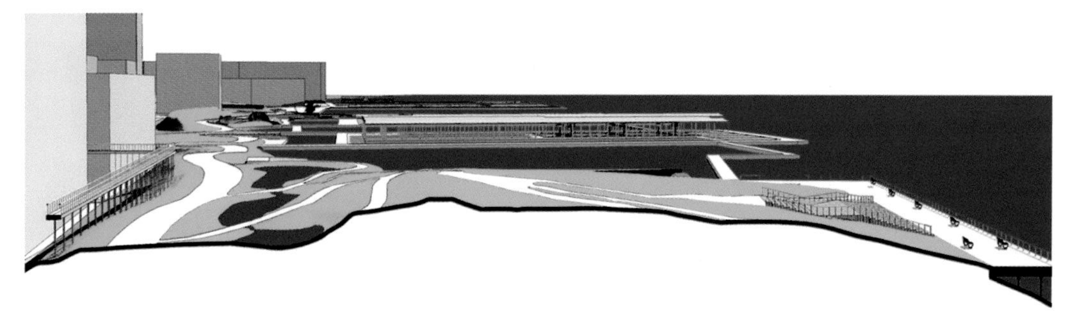

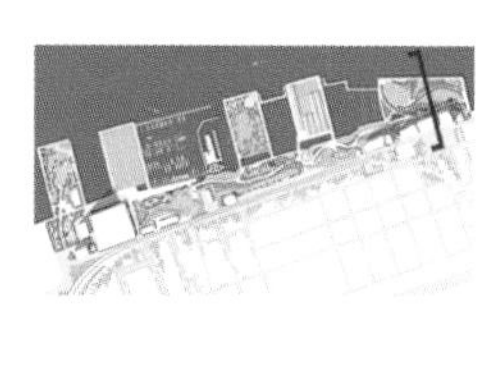

图 8　剖透视序列图

展示公园从西到东高差变化的序列。

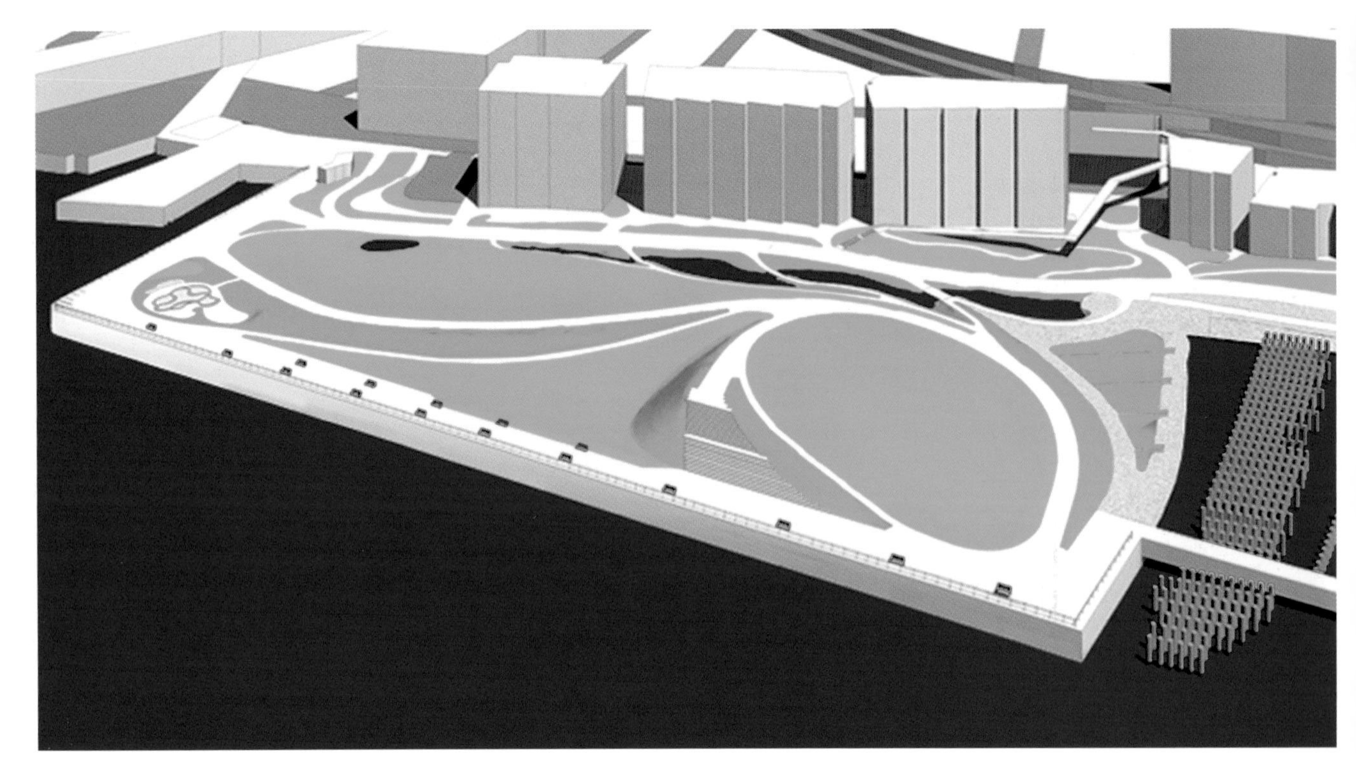

图 9　1 号码头鸟瞰图
从西北方向鸟瞰布鲁克林大桥公园 1 号码头。

望桥草坪效果图

望港草坪效果图

低洼盐沼区效果图

图 10　1 号码头效果图
展示 1 号码头各类空间的景观效果。

2 号码头鸟瞰图

4 号码头鸟瞰图

图 11　其他码头鸟瞰图
从西北方向鸟瞰布鲁克林大桥公园其他码头。

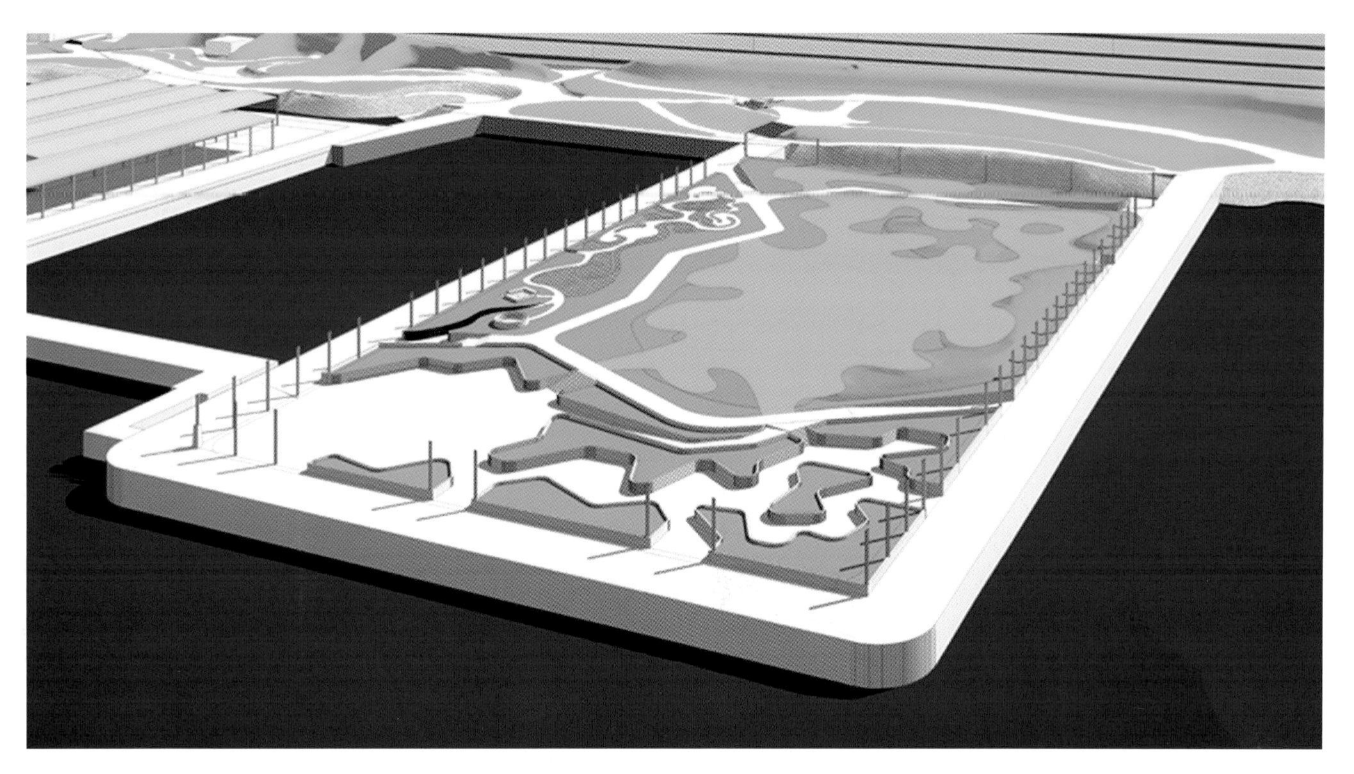

图 12　3 号码头鸟瞰图

从西北方向鸟瞰布鲁克林大桥公园 3 号码头。

中央草坪效果图

迷宫花园效果图

人造土丘西北侧效果图

图 13　3 号码头效果图

展示 3 号码头各类空间的景观效果。

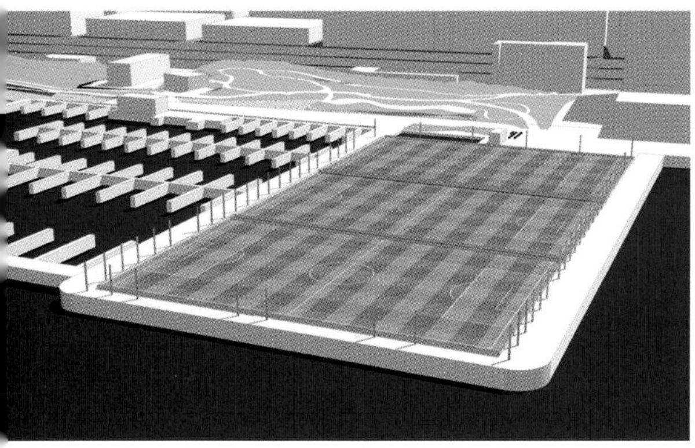

瞰图

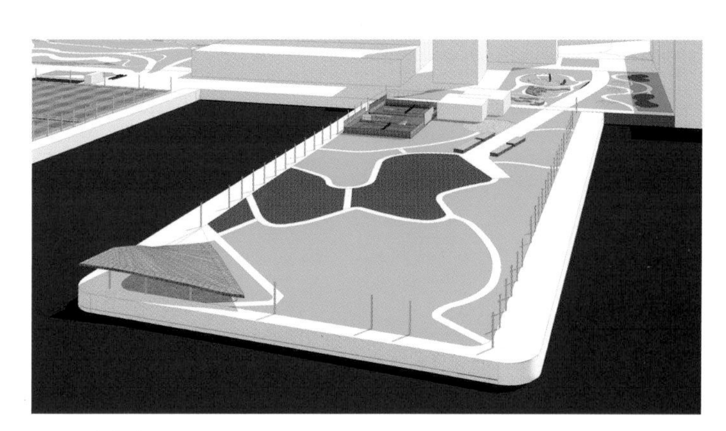

6 号码头鸟瞰图

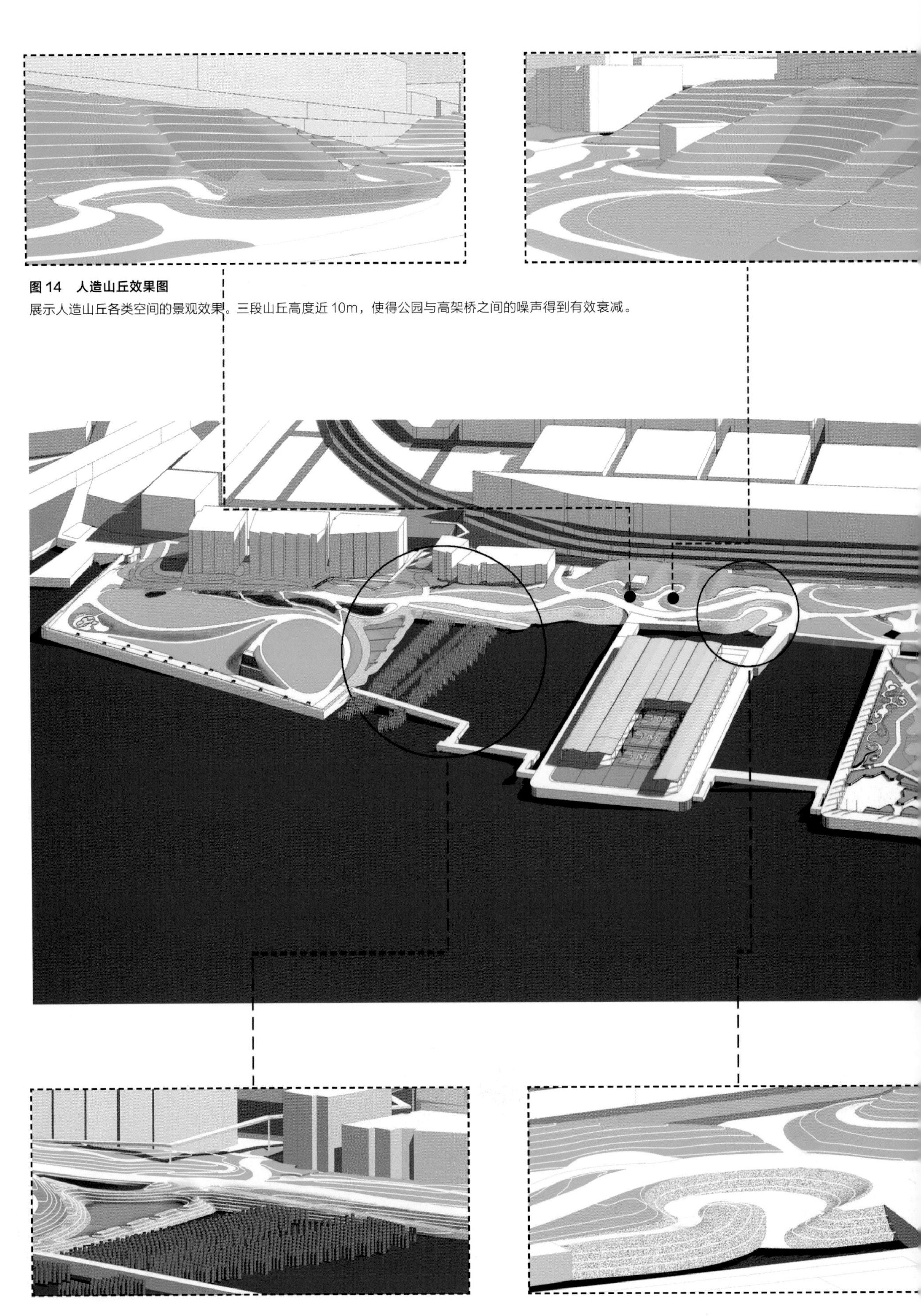

图 14　人造山丘效果图

展示人造山丘各类空间的景观效果。三段山丘高度近 10m，使得公园与高架桥之间的噪声得到有效衰减。

图 15　鸟瞰图

从西北方向鸟瞰布鲁克林大桥公园。岸线上有四处以抛石、植物对驳岸进行了软化处理。

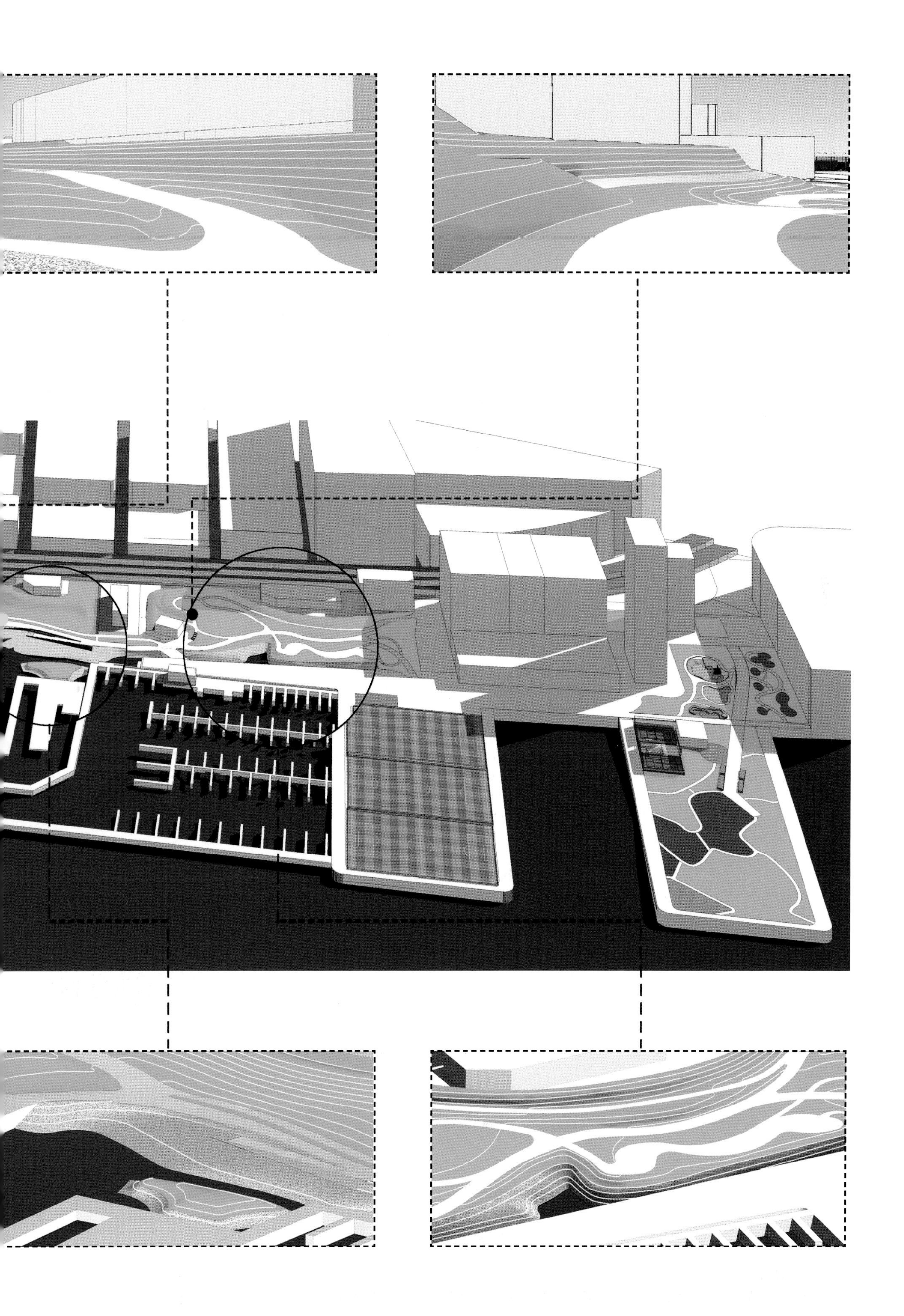

16 拉维莱特公园 Parc de la Villette

项目地点：法国巴黎

项目面积：55hm²

设计（建成）时间：1982–1989 年

设计师：Bemard Tschumi

项目概况

拉维莱特公园（Parc de la Villette）原址曾是巴黎东北的一个屠宰场，在 1982 年的国际竞赛中，举办方要求把它建为一个“21 世纪新型城市公园”。竞赛标书中指出“在过去的 30 年里，城市开放空间已经变成了缺少社会功能和缺乏创造性想法的绿色空间”，要求公园不能再是缺乏吸引力的简单绿地，“目的是……更新城市公园及其在城市的角色的概念……”。这些要求表明，曾经作为园林典范的奥姆斯特德式的城市公园将被颠覆，公园在城市中扮演的角色需要被重新确立。最终建筑师伯纳德·屈米（Bemard Tschumi）的方案在这次竞赛中获胜。

设计构思

屈米设计的拉维莱特公园满足了评委对“21 世纪新型城市公园”的设想，与此同时它的建成也引发了巨大的争议。英国建筑师皮尔斯·高夫宣称“地狱也就是这般模样；一个用荒谬的想法否定自然乐趣的地方；一个下班的时候比上班的时候更机械化的地方。”人们对传统公园的认知被颠覆了。

屈米批判了现代主义的城–园二元论，力图摆脱公园既有的范式。他以一种分裂的、变化的和不稳定的城市发展倾向作为策略，公园以分裂和解构的方式重组，通过自治的点、线、面叠加的方式创造出意想不到的戏剧冲突，并试图从中创造意外的空间效果，为游客提供出乎意料的体验。他离经叛道的设计手法建立了公园与城市的新关系。这种新关系有三点特征：

1. 城市与公园的紧密融合丰富了公园内容。将城市和公园作为一个整体来看待，把城市建筑引入公园，也把城市的活动、事件和内容引入公园，为公园带来了丰富的体验，同时也给城市带来了新的活力。

2. 减少了城市的“真空区”以维护城市安全。传统公园简单的强调和模仿自然，渐渐的使公众，尤其是中青年人群失去兴趣，公园的活力在逐渐衰退。这种衰退会使得公园周边的地带形成一个滋生犯罪的“真空区”，因而通过把公园融入城市，让公众在进行其他活动时也不自觉的使用到公园，可以为公园带来“安全眼”网络，从而减少这种“真空区”。同时，屈米认为公园在晚上也应该开放，而且要有美丽的夜景。大量的夜间照明会吸引人气，从而避免公园成为各种犯罪的滋生地。

3. 灵活的空间结构使得公园能适应现代城市的快速变化。随着后工业化时代的到来，人员、物品、信息的聚集和流动使得城市形态变得愈加庞大、混杂和易变。屈米希望通过公园弹性的空间结构来适应日新月异的城市活动、事件和内容，这种结构在设计中主要通过“点、线、面”系统组成的景观网络来控制。在弹性网络结构的控制之下，城市的改变不仅不会造成公园格局的破坏，反而可以通过网络结构的延伸，去控制并修补破碎的城市空间。

参考文献：

[1] Lodewijk B.Designing Parks：With 187 Illustrations[M].Architectura&Natura Press,Amsterdam,1992.

[2] Bernard T.The Manhattan Transcripts[M].Wiley,1981.

[3] Rem K.Delirious New York：A Retroactive Manifesto For Manhattan[M].Oxford University Press,1978.

[4] OMA.Parc-de-la-villette.1982[EB/OL].[2018-11-10].https：//oma.eu/projects/parc-de-la-villette

[5] Alan T.Great City Parks[M].London and New York,2001.

[6] Parc de la Villette[EB/OL].[2018-11-10].http：//www.tschumi.com/projects/3/

[7] 艾伦·泰特．城市公园设计[M]．周玉鹏，肖季川，朱青模译．北京：中国建筑工业出版社，2005.

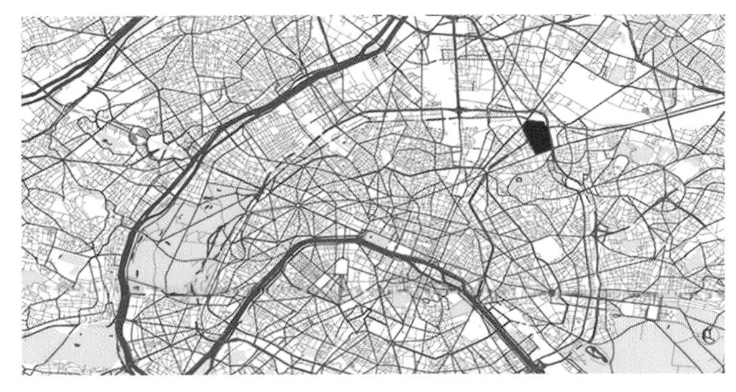

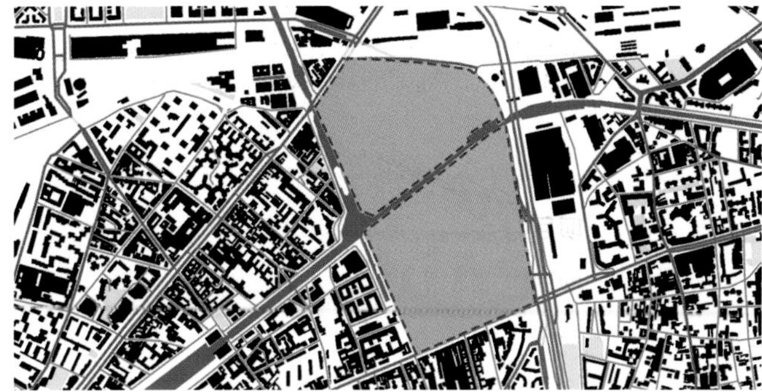

图1　区位图

城市和街区尺度上的拉维莱特公园。

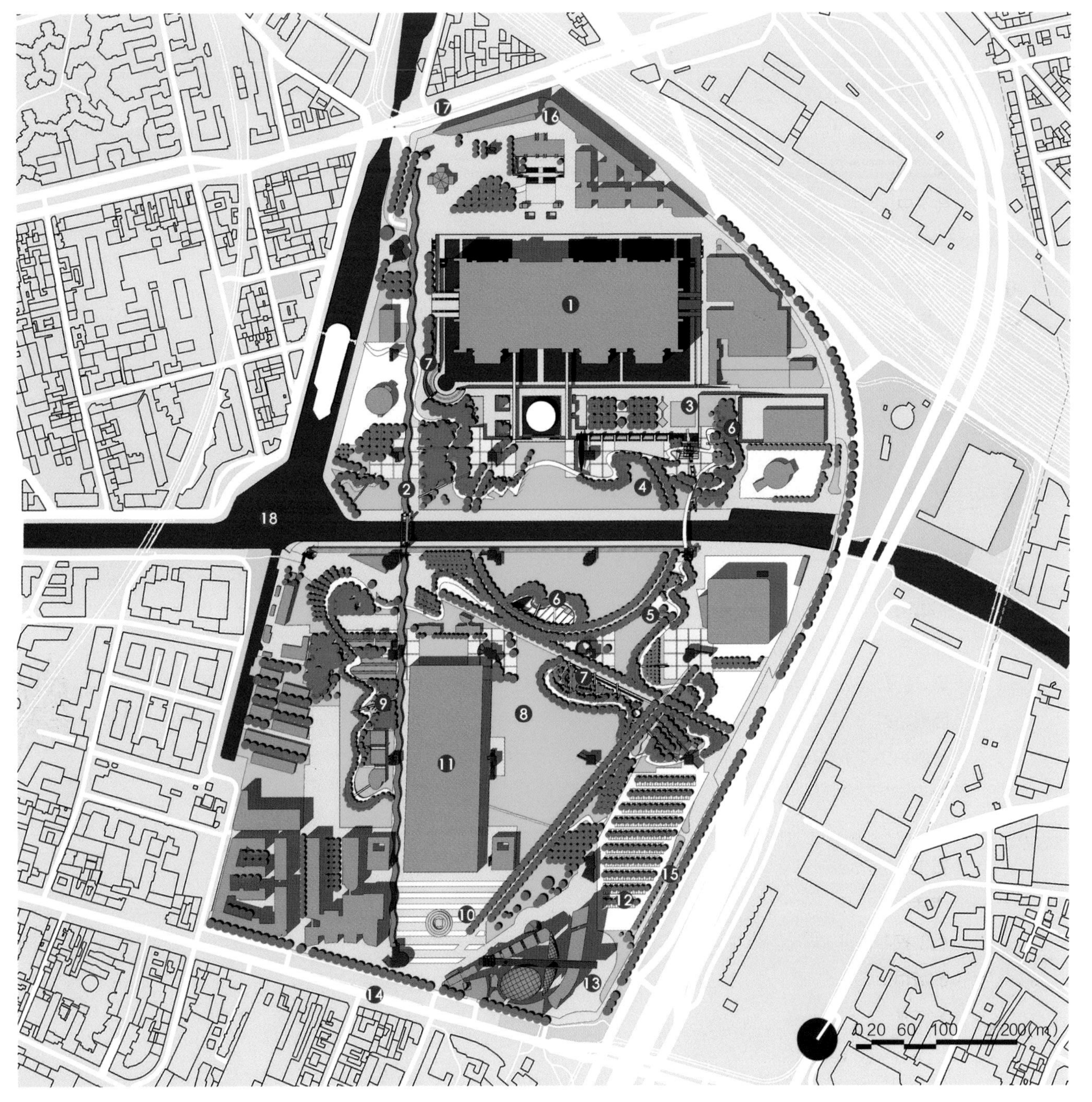

图2　平面图

1 科技馆　2 长廊　3 下沉广场　4 环形草坪　5 花园　6 葡萄园　7 竹园　8 大草坪　9 游戏场

10 喷泉　11 市场　12 停车场　13 音乐厅　14 地铁站　15 林荫道　16 地铁站　17 街道　18 运河

清理场地

加设城市建筑

博物馆

市场大厅

乌尔克运河

点-网系统

Folly 红色构筑物

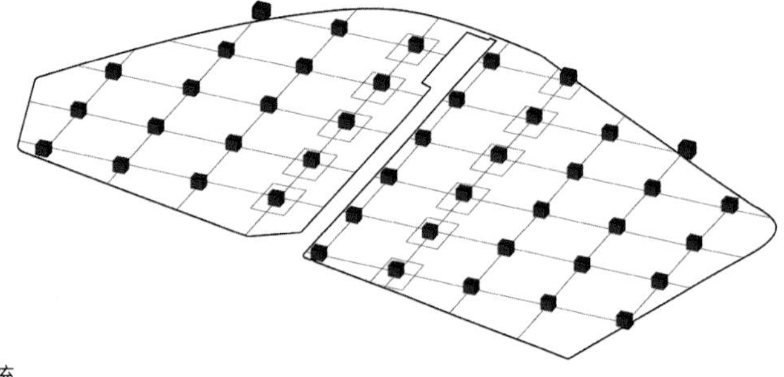

线系统

道路

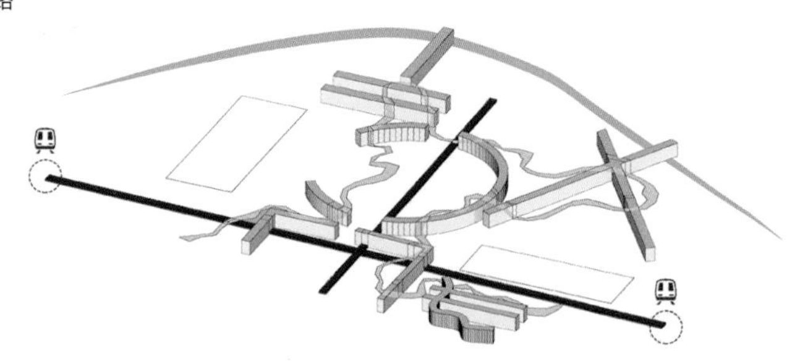

面系统

公共建筑 大面积活动场地

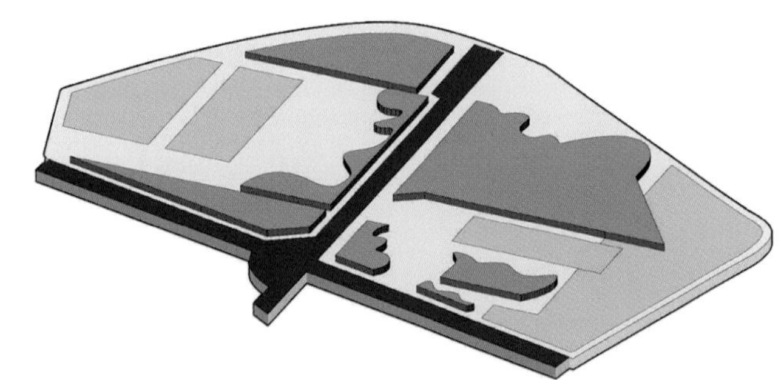

场地最终生成

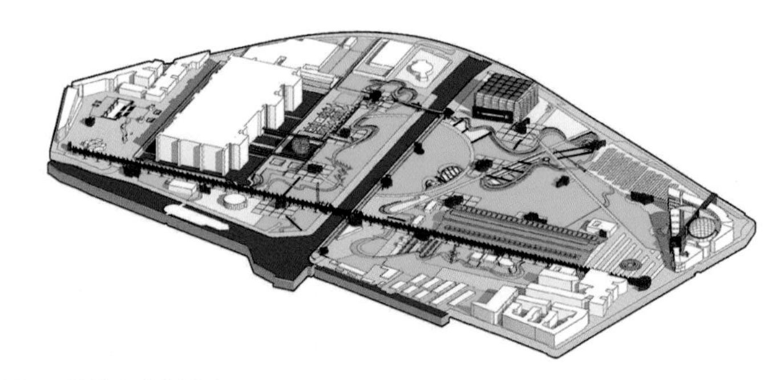

图 3　设计生成分析图

拉维莱特公园由原场地开始的形态生成过程。

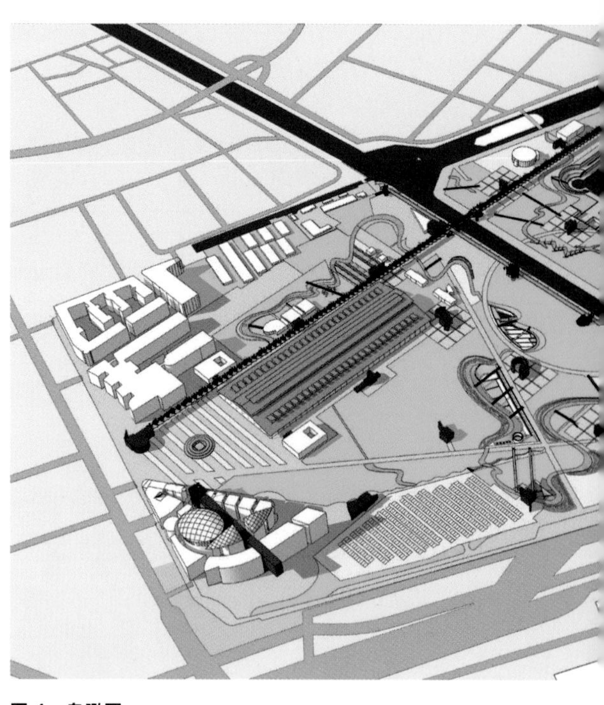

图 4　鸟瞰图

拉维莱特公园场地全貌。

“点”要素局部展示

“线”要素局部展示

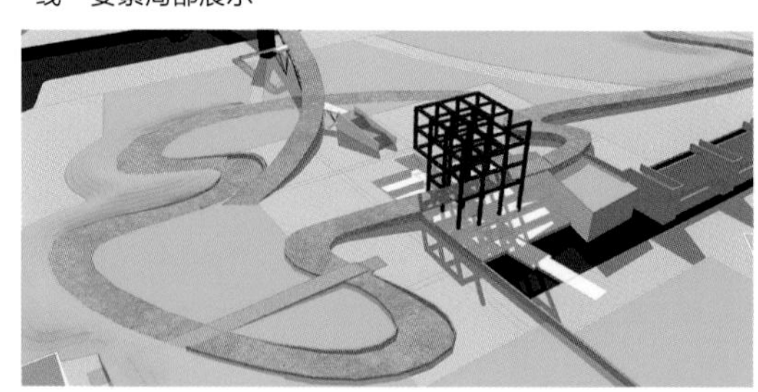

“面”要素局部展示

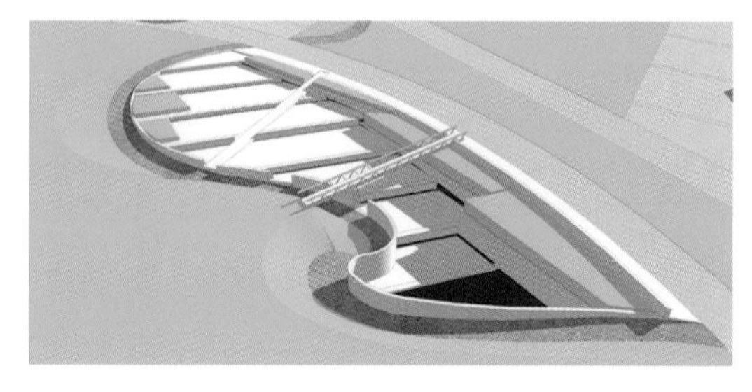

图 5　效果图

“点、线、面”三要素局部效果展示。

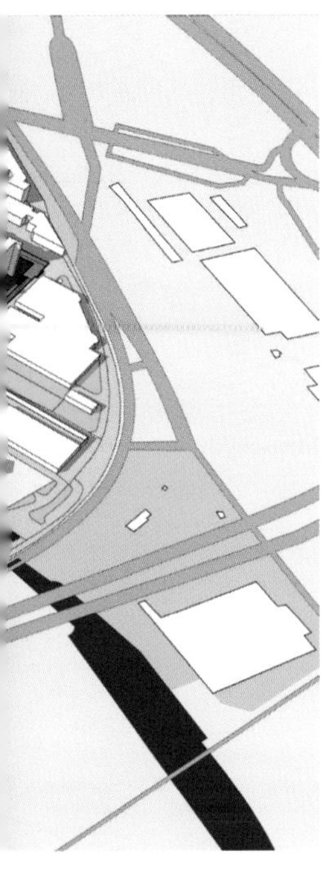
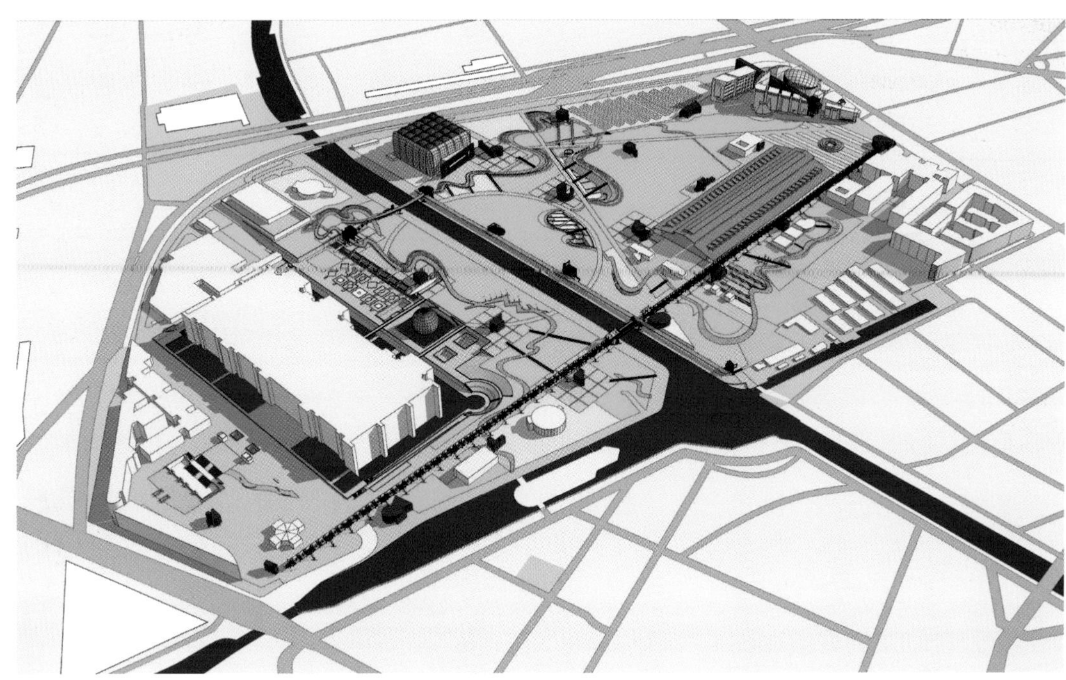

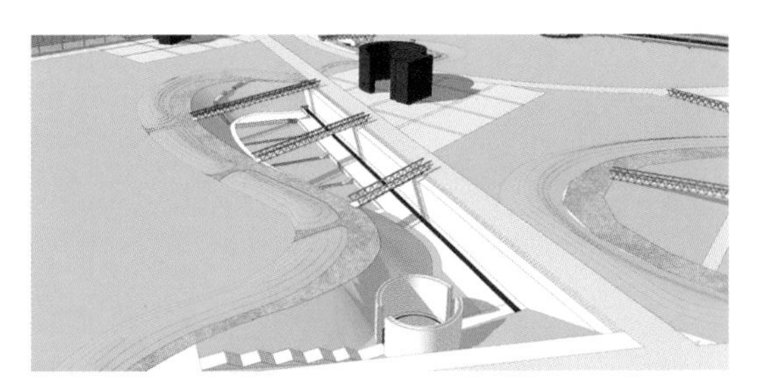
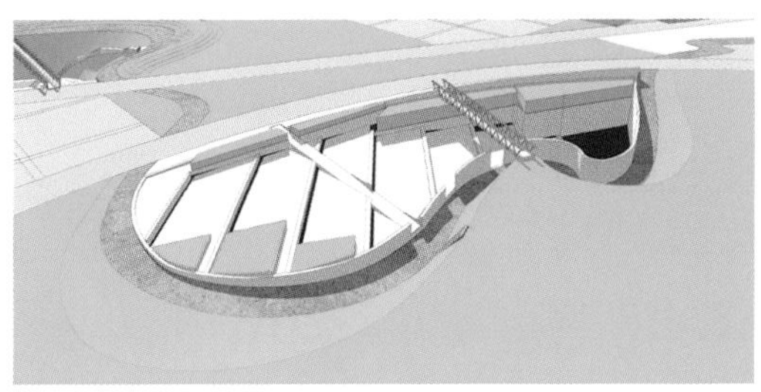

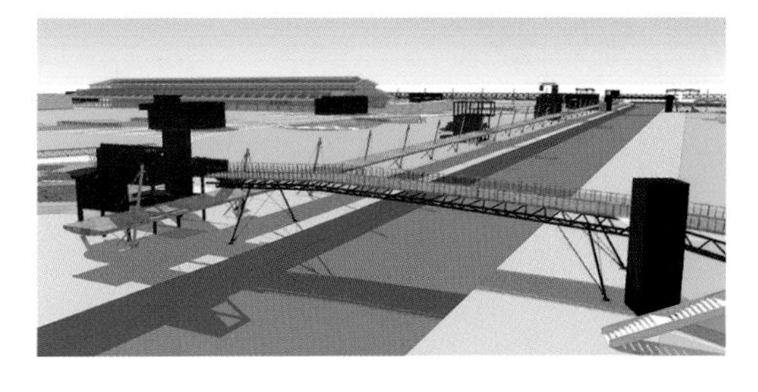

地形分析

拉维莱特公园被视为景观都市主义的滥觞，屈米的设计基于三层叠合的结构体系，“点-线-面”三个体系之间相互联系，它们彼此之间覆盖、交叉、延续、断开，使得公园具有很强的伸缩和可塑性，能够随着城市的发展而发展。

“面”单元包括多个主题园和草坪空间。主题园的构造元素非常丰富，包含构筑、水体、台地、高差等。地形被用来隔离空间、连接场地或利用高差营造主题园，公园地形设计归纳总结成三种类型：（1）微地形包围主题园；（2）栈桥连接场地；（3）主题园通过自身高差处理，形成相对独立的园中园。

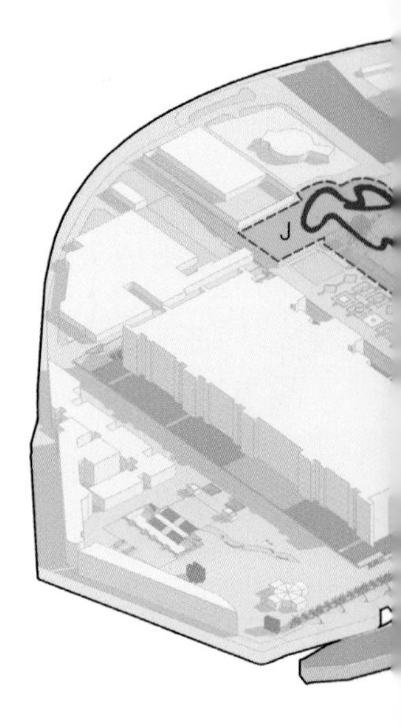

图 6　竖向设计

公园地形设计归纳总结成三种类

类型一

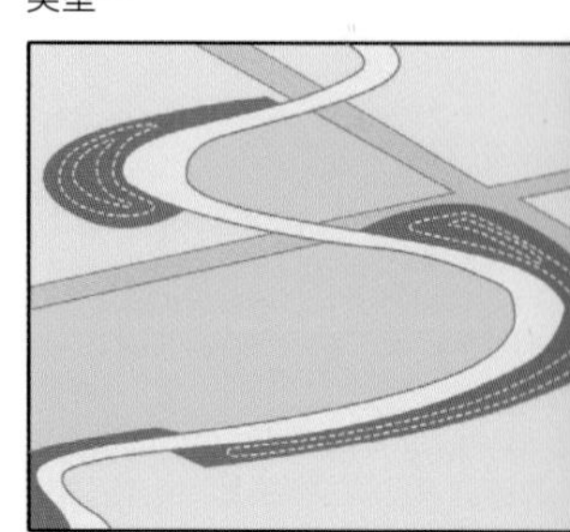

类型二

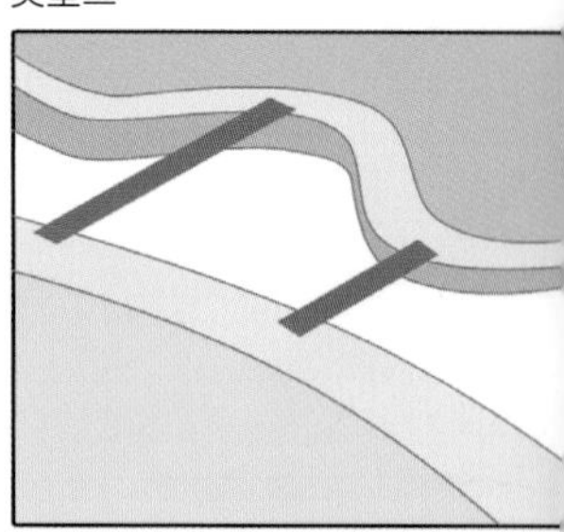

类型三

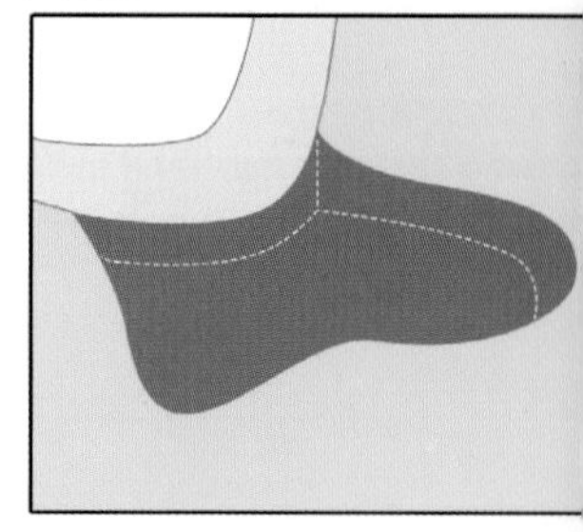

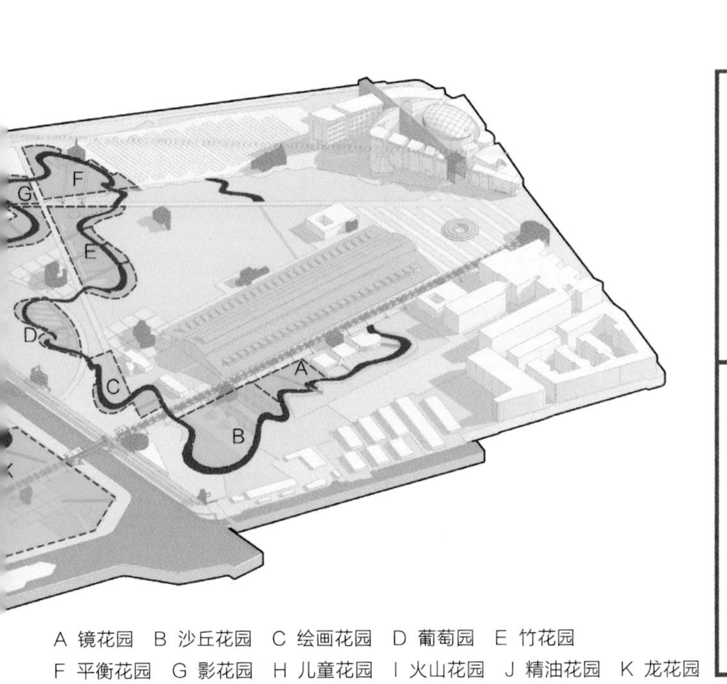

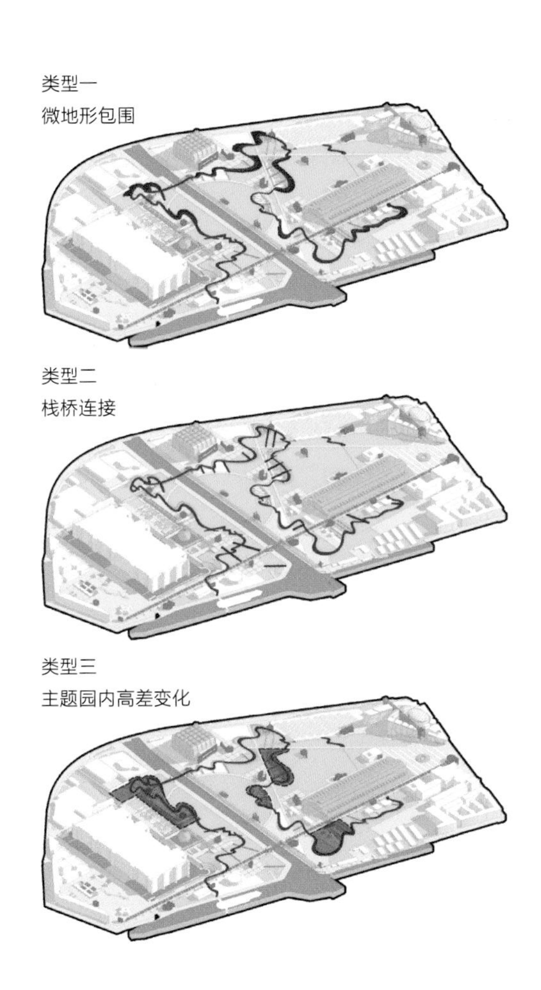

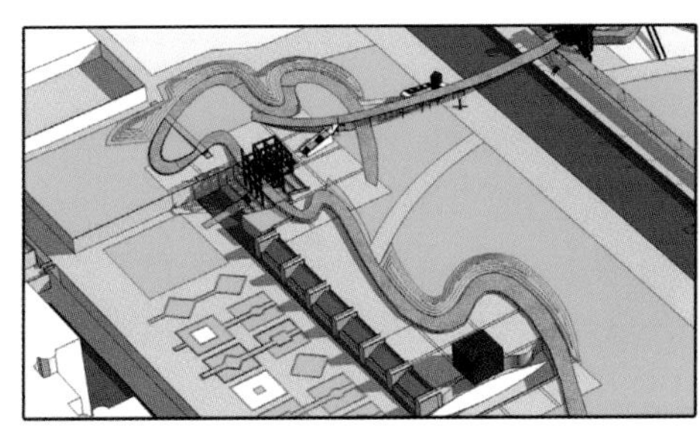

葡萄园、竹园等主题园通过局部下沉、场地切割等设计手法形成相对独立的“园中园”

对比屈米—库哈斯拉维莱特公园设计方案

1982年，作为纪念法国大革命200周年九大工程之一的拉维莱特公园（Parc de la Villette）举行设计方案公开邀请赛，吸引了来自全世界出色的各界设计师。

屈米（Tschumi Bernard）和库哈斯（Rem Koolhaas）提交的方案中，明确提及了他们先前在各自著作中对于城市全新的解读，并最终分别荣获一、二等奖，这两个经典的方案被视为景观都市主义最初的实践，对当代城市公园设计影响极其深远。

屈米的主要设计思维和设计手法来源于他的《曼哈顿手稿》（Manhattan Tran-scripts），库哈斯的设计思维来源于他《癫狂的纽约》（Delirious New York A Retroactive Manifesto for Manhanttan）一书。

设计思维对比

库哈斯“摩天大楼”

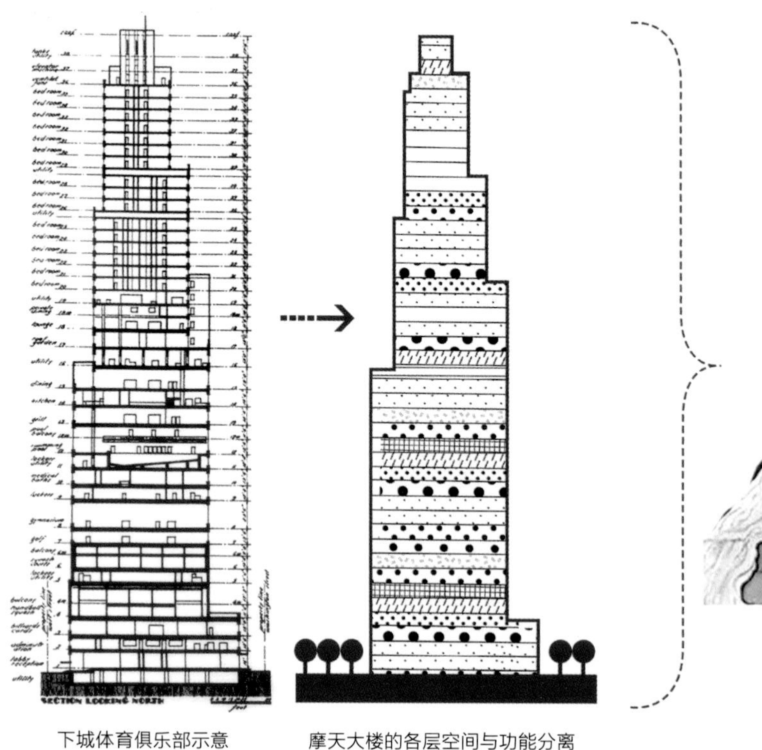

下城体育俱乐部示意　　摩天大楼的各层空间与功能分离

对两者进行分析比较，发现屈米和库哈斯的拉维莱特公园竞赛方案都不约而同地将视野放于都市中来，尤其是屈米的《手稿》主导的“点-线-面”系统与库哈斯《癫狂的纽约》提到的“条带”系统有相似的思考结构，两者都探索了公园与城市的新关系。

从设计思维、设计内容对比来解析二者的相似与区别。

设计思维对比

屈米“曼哈顿手稿”

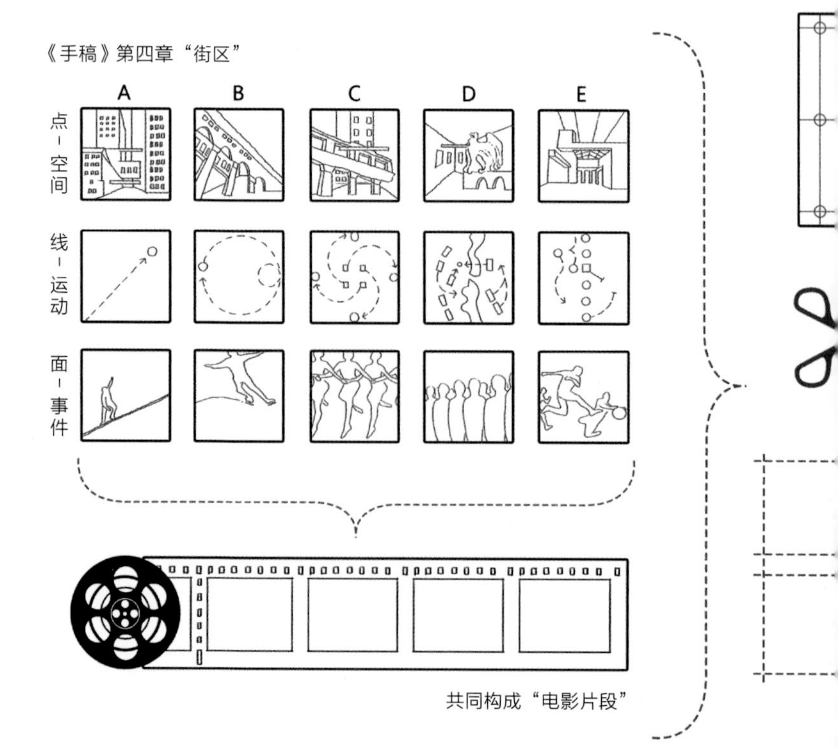

共同构成“电影片段”

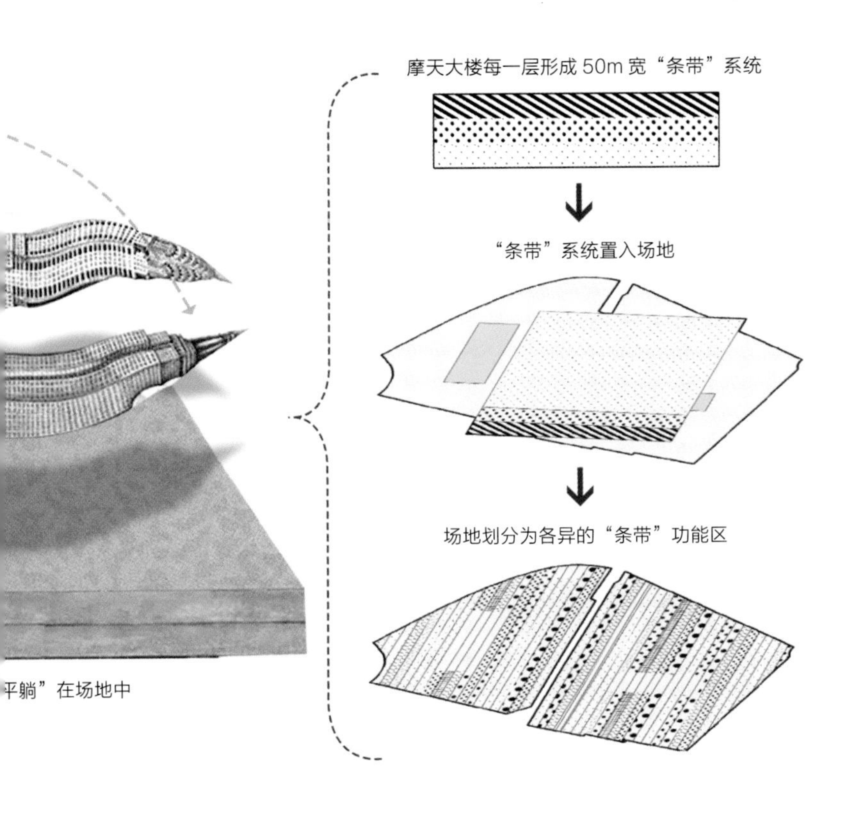

图 7　设计思维对比 库哈斯“摩天大楼”

《癫狂的纽约》中库哈斯对城市摩天大楼进行了研究：摩天大楼在垂直空间上可以不断延伸，创造了各自独立的楼层，楼层的均质和分离让每层的功能各不相同。

这种空间与功能分离的思想，被他总结为“下城体育俱乐部”，并引入到拉维莱特公园方案中。他将摩天大楼垂直空间重复延伸的方式转化到水平空间中，试图以一种“条带”系统的方式来建立一种可更改、延伸的景观网络，以容纳多种城市事件、活动，他将这些条带称作“水平的摩天楼”。

这便是控制场地设计结构的“条带”层叠系统由来，仿造摩天大楼的每一个独立楼层，库哈斯将场地用 50m 宽的“条带”划分为多种功能分区。

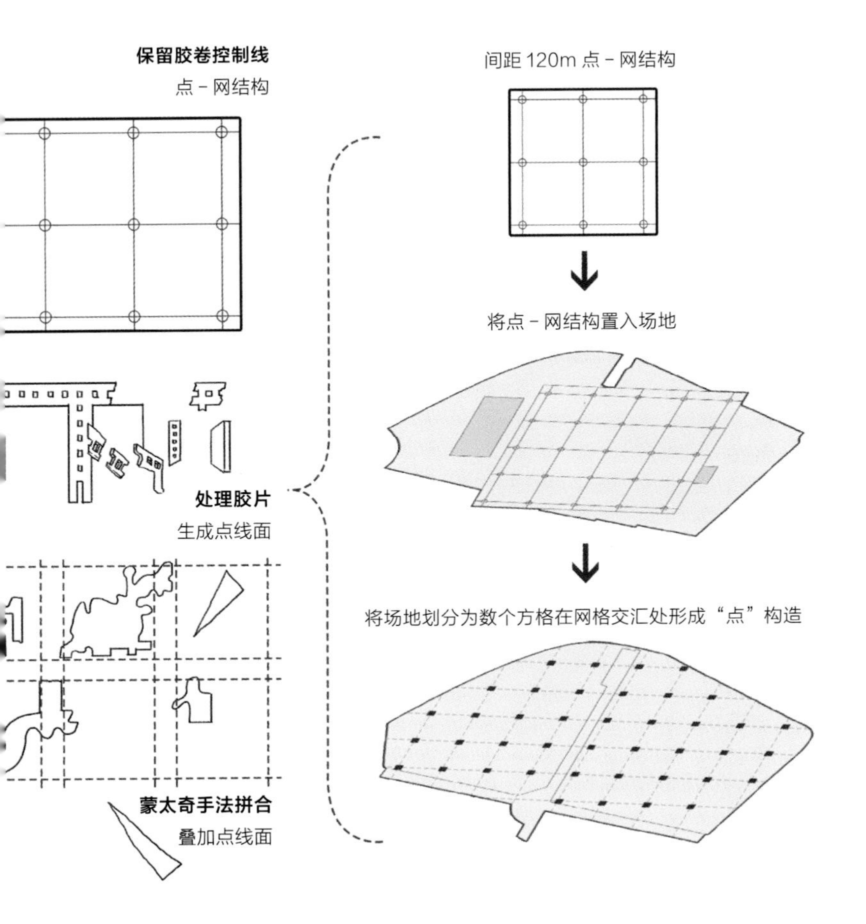

图 8　设计思维对比 屈米“曼哈顿手稿”

《曼哈顿手稿》最初来源于屈米 1981 年在一个画廊展览中的画作，这些作品试图将建筑表现从传统的形式中解脱出来，转而表现出空间与用途的复杂关系，其中暗含的喻意与 20 世纪的城市有关。

《手稿》共分为四章，分别是“公园”“街道”“塔”“街区”，它们可以被理解为来自都市、电影和其他领域的观察员的一次建筑解读，针对了分裂、矛盾、缺乏一致性、可以相互置换的当代城市。

《手稿》一书中的第四章的“街区”把空间、运动、事件抽象出来，打破它们后又用“蒙太奇”手法重新建立，最终形成拉维莱特公园设计中著名的“点 - 线 - 面”层叠系统。点对应空间，线对应运动，面对应事件，他将建筑学中所蕴藏的一种分裂的、变化的和不稳定的倾向作为他的策略。

这便是控制场地设计结构的“点 - 网”结构的由来，屈米保留控制线，用间距 120m 的网格将场地分解，把功能用叠层的方式布置在场地中。

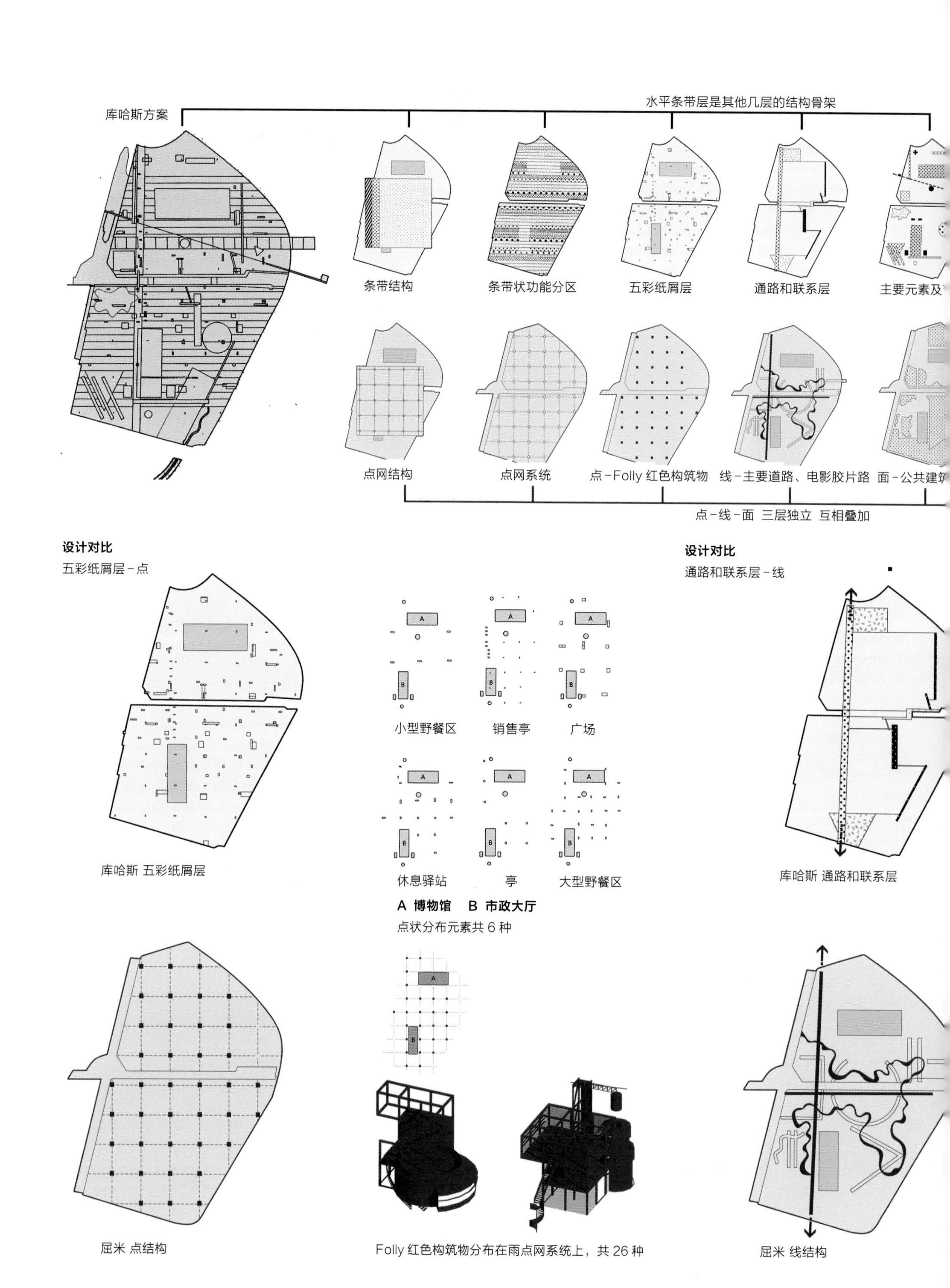

图 10　五彩纸屑层对比“点”结构

两者相对而言有相似的结构，都是利用数学关系来分布点状功能空间。

图 11　通路和联系层对比“线”结构

可以发现两个方案都有横跨南北两侧

图 9　设计对比

库哈斯

在宽度 50m 的“条带”结构的控制下，库哈斯的“条带”系统主要分为

1. 五彩纸屑层：地段中点状分布的小型元素；
2. 通路和联系层：主要道路，公园内部与外部环境的联通线路；
3. 主要元素层：公共建筑以及主要景观建造。

屈米

在间距 120m 的“点－网”结构的控制下，屈米的“点－线－面”系统主要分为

1. 点：由（Folly）红色构筑物均匀散布在间距 120m 的“点－网”结构方格网上，在场地形成控制性结构；
2. 线：主要道路以及“电影胶片路”（串联各类主题园区的游步道）；
3. 面：公共建筑以及大面积空间活动场地。

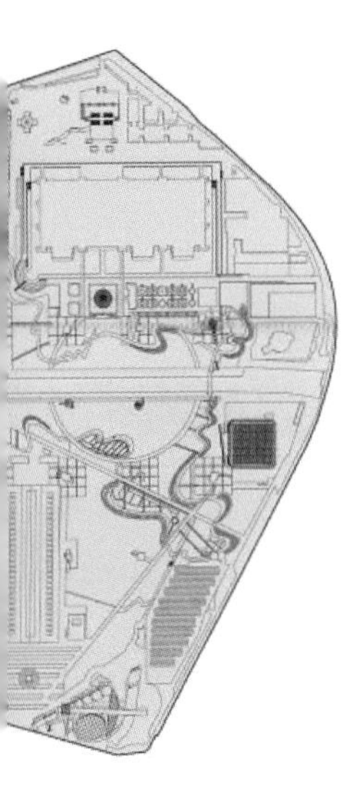

屈米方案

似的南北向道路设计 以连接公园附近地铁站

市环境发生了关系，不再是孤立的城－园对立。

设计对比

主要元素及节点－面

库哈斯 主要元素及节点

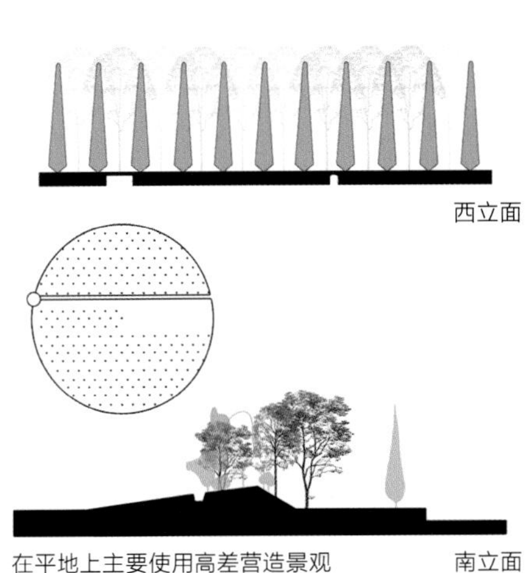

在平地上主要使用高差营造景观

屈米 面结构

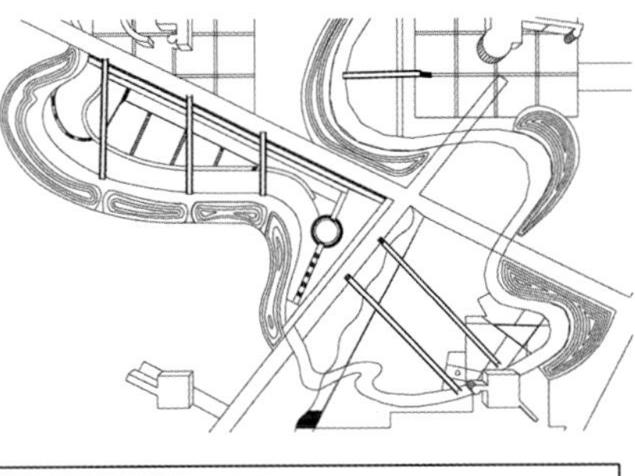

在平地上活动场地使用高差塑造景观

图 12　主要元素层及联系节点对比“面”结构

在平缓的场地上，两者都通过自身营造高差来塑造空间，丰富场地景观体验。

17 西园 West Park

项目地点：德国慕尼黑
项目面积：60hm²
设计（建成）时间：1983 年
设计师：Peter Kluska

项目概况

德国慕尼黑由于历史和地理等各种原因的影响，导致城市公共绿地分布极不均衡，尤其是城市的西南部，这里有大片的居住区和众多的人口，却没有一块较为完整的公共绿地供市民日常使用。1977 年德国慕尼黑成功申办园艺博览会，以此为契机，开始公开对西园（West Park）的设计方案进行招标。最终 Peter Kluska 的方案脱颖而出成为中标方案，并得以建成。

原址为一块采石矿场荒地，地形平坦且周围交通复杂。场地北临高速公路，且被高速公路横穿而过分为两块，环境恶劣并严重影响到周围居民的生活。因此场地曾被认为是极不适合建造公园。

1978 年 1 月场地开始进行施工，同年 4 月进行植物种植。由于园艺博览会的时间临近，从周围的市政苗圃和农场中移植了超过 6000 株 20～40 余年树龄的大树以及十万余株灌木，以保证会展期间的景观效果。在园艺博览会之后，极具特色的园中园被保留，并且增加了游乐场、玫瑰园、骑行道，从而西园成为了深受人们欢迎的城市公园。

设计构思

该方案可能借鉴了奥姆斯特德设计的布鲁克林希望公园中的长草地，构思的核心是通过精彩细致的地形设计，将公园塑造为一条长达 3.5km，最大高差 25m 的谷地，为此不惜运来高达 150 万 m^3 的土方量。谷地概念一方面呼应了公园所在的慕尼黑区域的环境特征——阿尔卑斯山山前谷地的环境，同时也隔绝了外部城市干道的干扰，并将公园东西两部分完美的结合起来。

景观布局

慕尼黑所处的上巴伐利亚地区在历史时期曾受到阿尔卑斯山冰川活动的影响，在山前地区分布有冰川堆石形成的山丘，山脉中的地下水流出地面，形成河流和沼泽，冰川期后这些沼泽逐渐转化为湖泊。根据这样的区域自然景观，西园确定了连绵山谷的设计概念。

西园被城市干道划分为东西两个部分，通过连续弯曲的谷地统一公园布局，被干道割裂的部分则用高架桥与两侧的谷地完美衔接，使游客从如画般的谷地景观中突临城市干道上部，产生强烈的戏剧性效果。设计者 Peter Kluska 还在此处设计了框景，从中眺望幽长的山谷，让人联想到希望公园中的长草地。

东西半园部分各下挖 6～8m，挖出的土方堆叠到公园边界，以形成屏障。低洼处设置为湖面，收集公园雨水，周边设置了主题花园、游乐设施和剧场等，谷地中心形成深远的视景线，谷地周边的山坡上是各种活动场地以及休息平台，如画般的地形和种植很好地隔绝城市和周围嘈杂的交通。

参考文献：
[1] Peter Kluska：Landschaftsarchitektur：Projekte+Wettbewerbe 1970-2010. Hirmer 2013, ISBN 978-3-7774-5681-2. Seite 84.

图 1　区位图

城市和街区尺度上的慕尼黑西园。

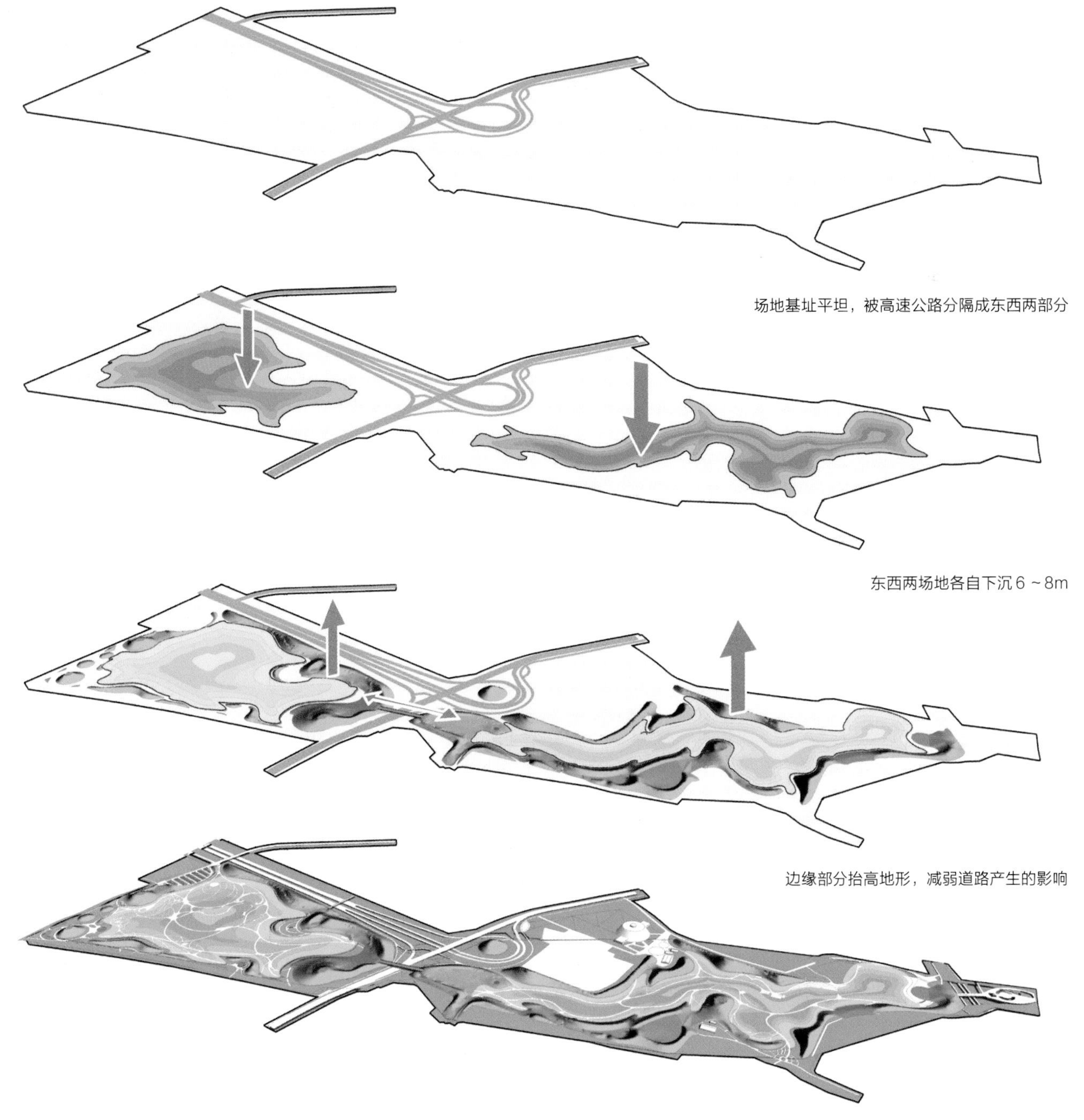

图 2　设计生成分析图

该场地原先地形平坦，场地北临高速公路，且场地被高速公路横穿而过分为两块。方案创造了一条幽长的谷地，整合了场地，并形成如画效果。

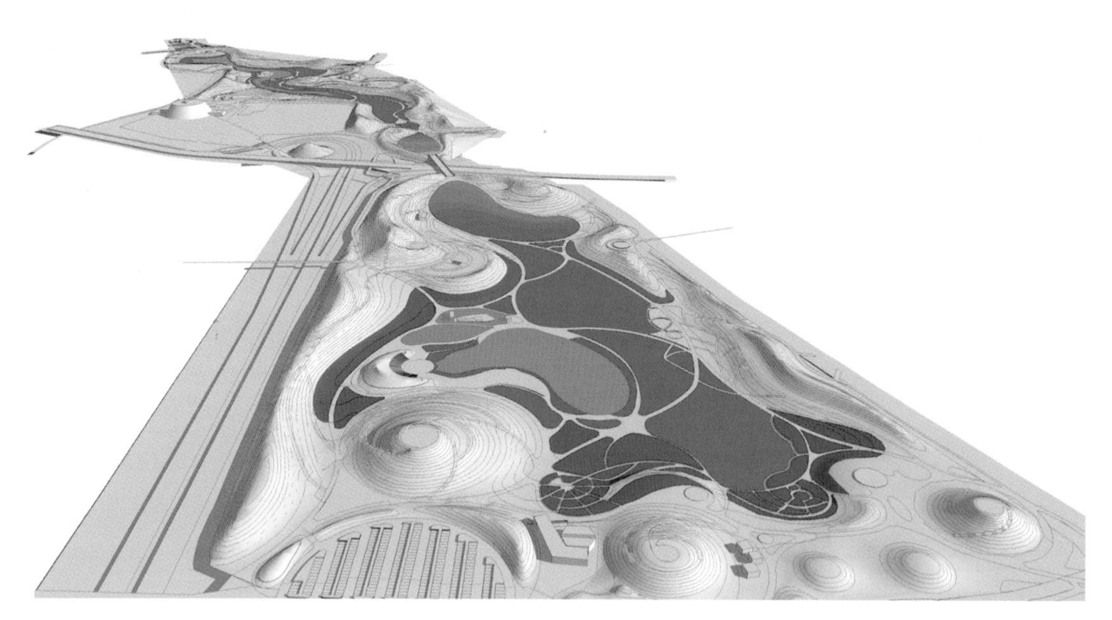

图 3　鸟瞰图

由西向东整体鸟瞰（绿色部分为主要的谷地）。

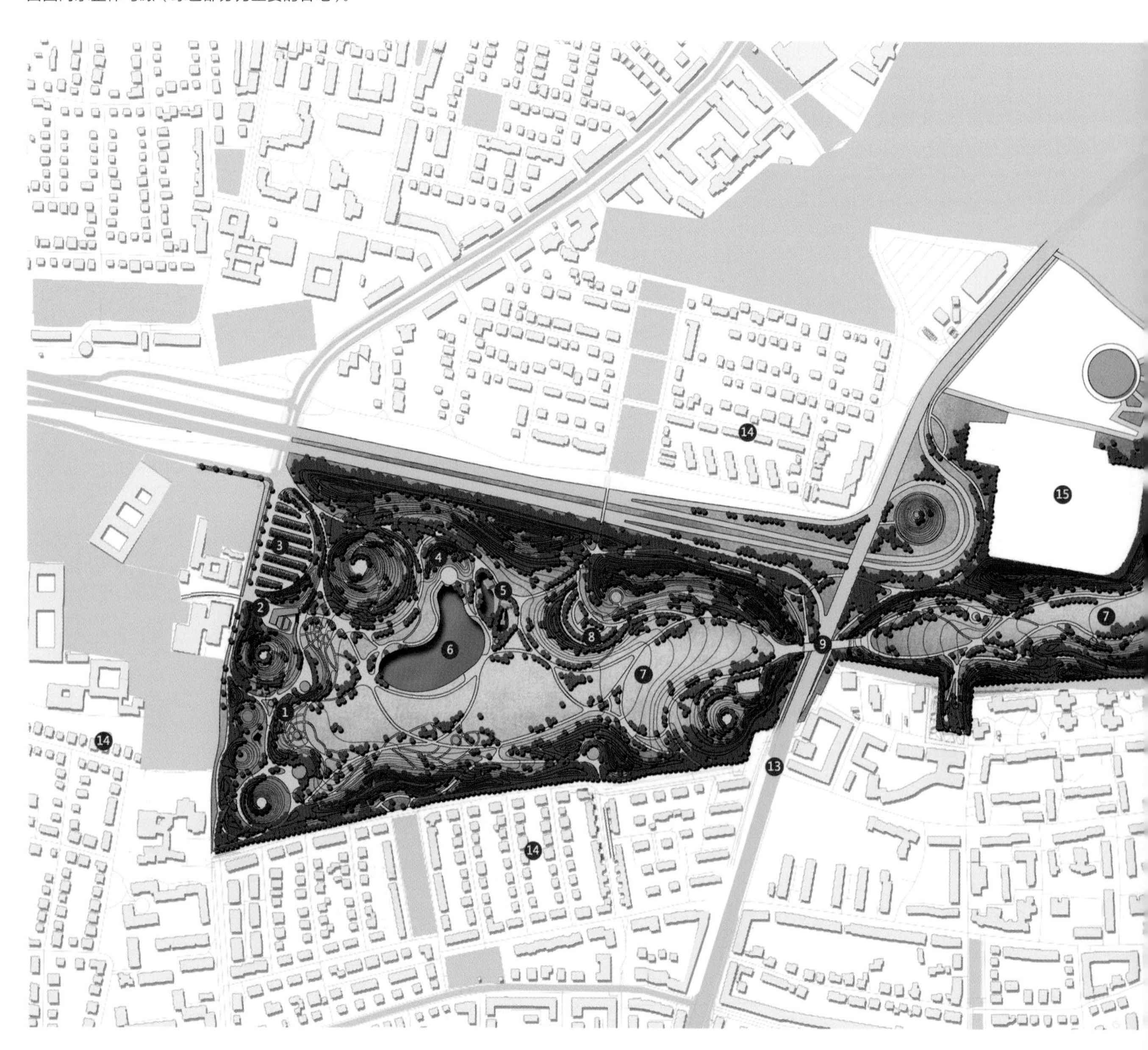

图 4　鸟瞰图

由东向西整体鸟瞰（绿色部分为主要的谷地）。

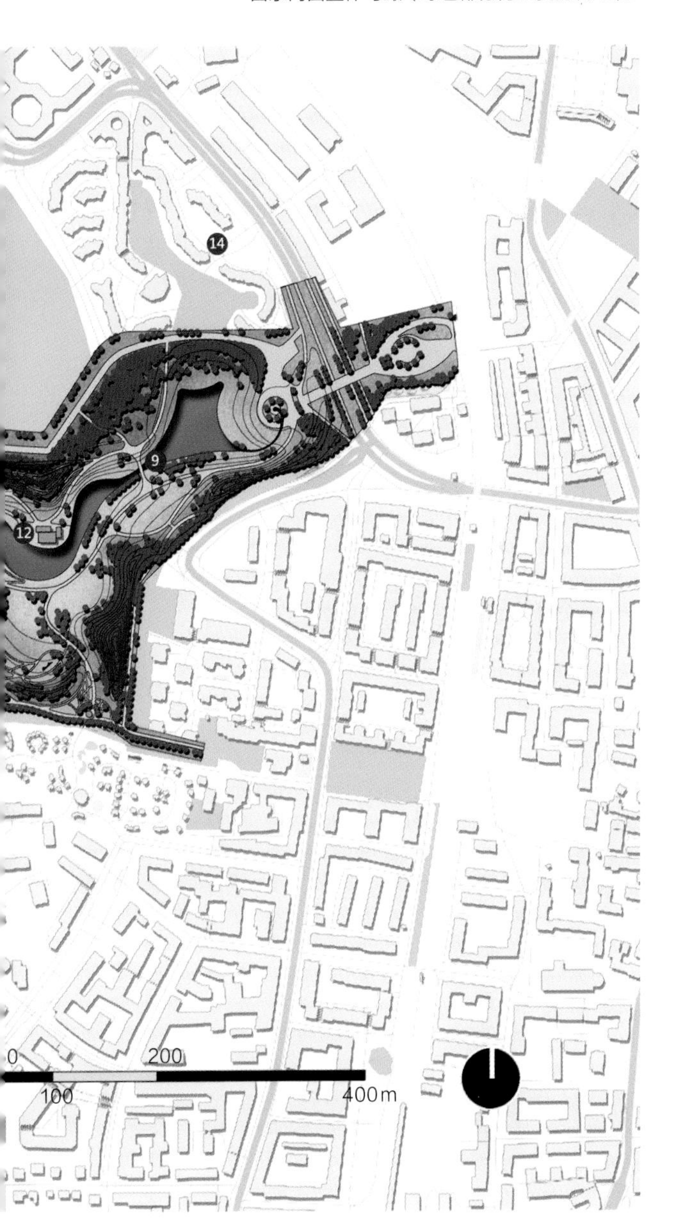

图 5　平面图

1 玫瑰园
2 入口建筑
3 停车场
4 剧场
5 亚洲园林
6 景观湖
7 中央谷地
8 观景平台
9 人行天桥
10 游乐场
11 螺旋山
12 展览馆
13 高速公路
14 居住区
15 运动场

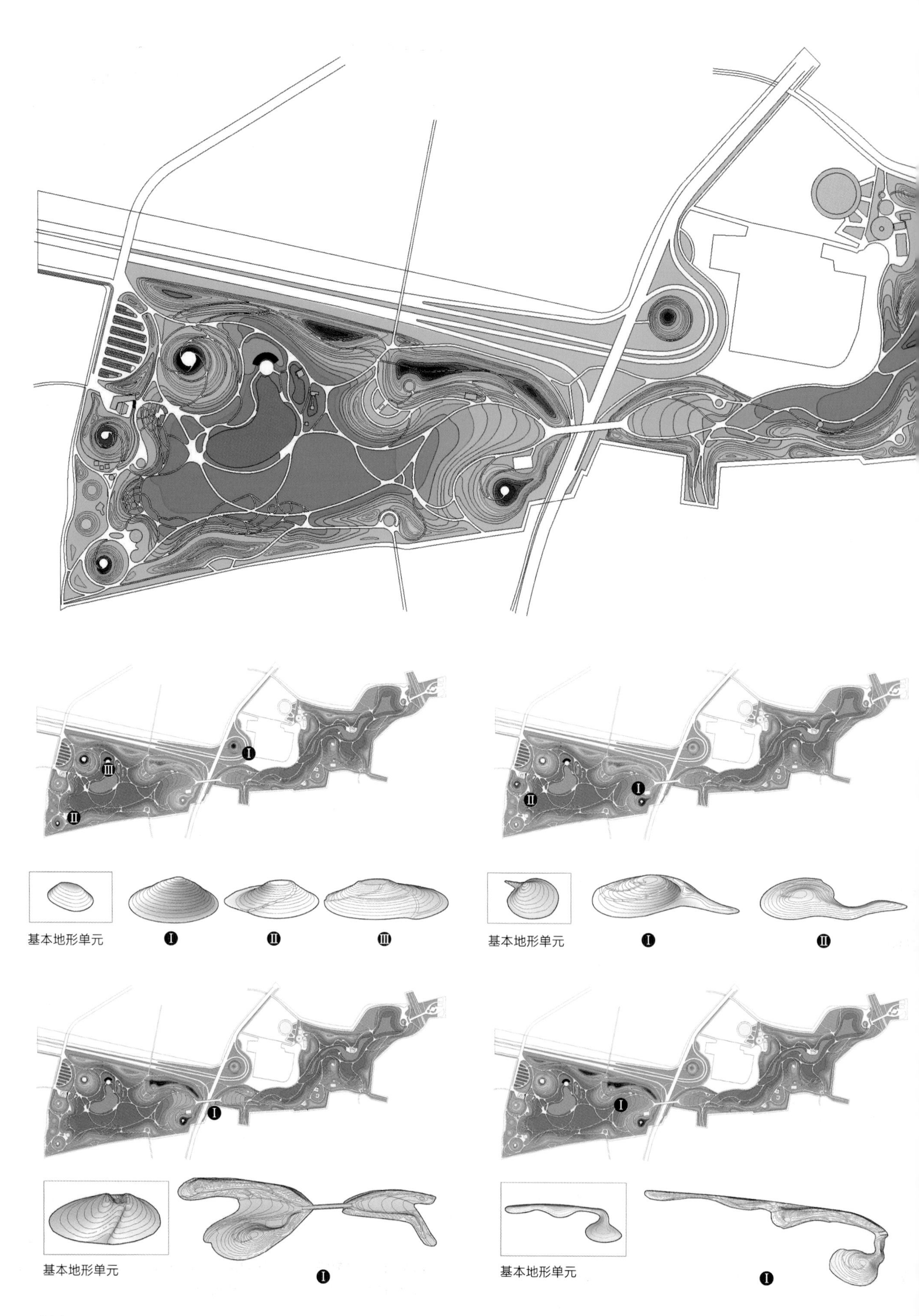

I
II
III
基本地形单元
I
II
III
I
II
基本地形单元
I
II
I
基本地形单元
I
I
基本地形单元
I

地形设计

西园地形设计可以视为一个带有多个支谷的连续谷地，联系了东西两部分。公园边界的地形类型丰富，由最简单的单峰型到各种复杂的组合型，围合出中心的谷地，并隔绝了交通噪声的干扰，形成了如画宁静的空间效果。

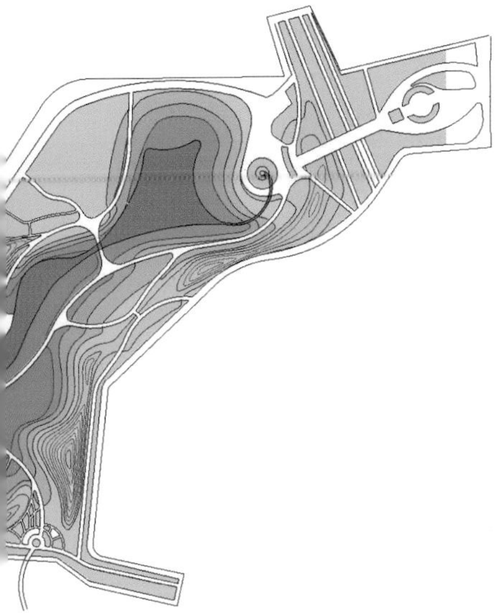

图 6　竖向设计图
等高距 1m

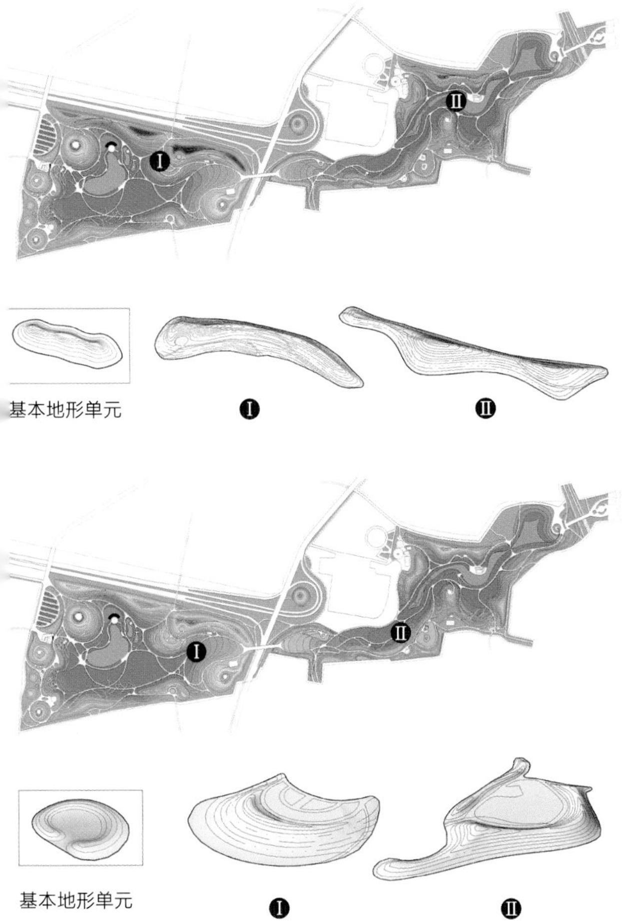

基本地形单元　Ⅰ　Ⅱ

基本地形单元　Ⅰ　Ⅱ

图 7　地形单元分析
将西园的地形分类分析，由单一型到组合型。

图 8　剖透视分析图

由西往东的不同剖透视分析图，分别是西部水池处、西部草坪处、西部草坡处和东部水池处。

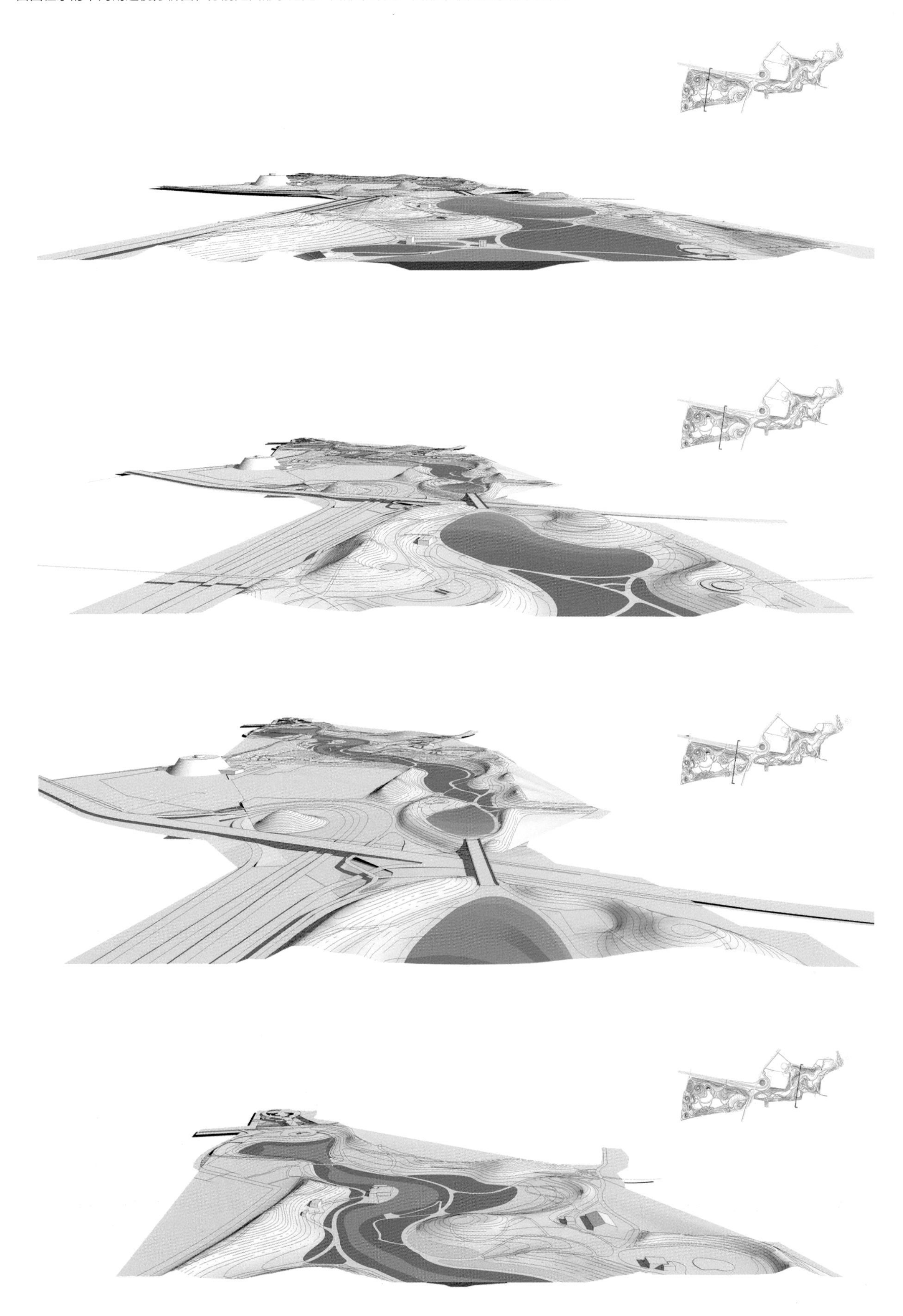

图 9　希望公园与西园对比

西园的设计手法与由奥姆斯特德设计的希望公园类似，希望公园的长草地由场地地形高差形成了幽深的谷地景观效果，西园则以巨大的土方创造幽深的谷地，以此统一公园东西两个部分。

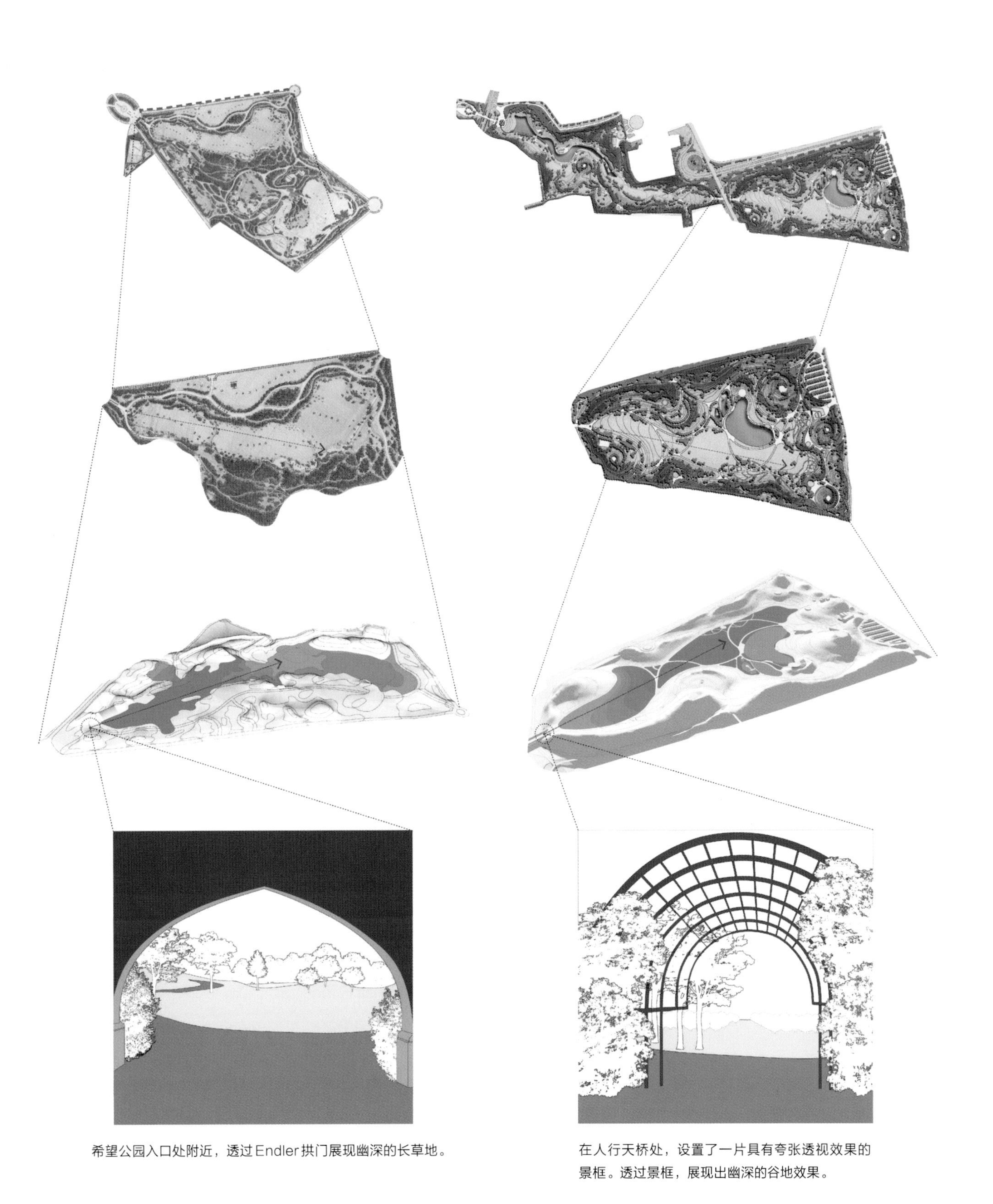

希望公园入口处附近，透过 Endler 拱门展现幽深的长草地。

在人行天桥处，设置了一片具有夸张透视效果的景框。透过景框，展现出幽深的谷地效果。

18 维贡府邸 Château de Vaux-le-Vicomte

项目地点：法国巴黎

项目面积：96hm²

设计（建成）时间：1661 年

设计师：André Le Nôtre

项目概况

维贡府邸（Château de Vaux-le-Vicomte）在巴黎南面约 50km，曾经是位于文森和枫丹白露两座皇家宫殿之间的一个小城堡，1641 年为尼古拉·富凯购得。大约 1656 年，富凯请著名建筑师路易·勒沃为他建造了一座府邸，并聘请年轻的造园师勒诺特设计花园。当时为了建成这一巨大的府邸花园，不惜拆毁了三座村庄，腾退出 800m×1200m 的矩形场地。勒诺特将花园视为建筑物整体的一部分，创造出法国古典主义园林的第一个成熟的代表作。

景观布局

维贡府邸根据原地形和水系确定 1 条纵轴、3 条横轴及多条横向辅助轴线。中轴线两侧有草地、水池等，再外侧是林园，布局清晰，富有变化。

中轴线是全园最华丽、最丰富、最有艺术表现力的部分，全长约 1km，宽约 200m，在各层台地上有不同的题材，以不同的处理方法布置着水池、植坛、雕像和喷泉等。

花园在中轴线上采用三段式处理：第一段靠近府邸，台地上的两侧是顺向长条绣花式花坛，图案丰满生动，色彩艳丽；第二段是花园中轴路两侧，两侧草地边上密排着喷泉，水柱垂直向上，称为“水晶栏杆”。再往前走，最低处是由一条水渠形成的横轴。水渠的此岸有一排小落水，从石雕的假面和贝壳中涌出，泻入渠中，彼岸有 7 个深龛，龛中设雕像，这一段水面叫“水剧场”。南北两边的台阶都隐蔽在挡土墙后的两侧，更加强了水面空间的完整性。第三段是过了水剧场，登上大台阶，前面高地顶上耸立着大力神赫拉克勒斯像。它后面围着半圆形的树墙，有 3 条路向后放射出去，是中轴线的终点。

花园的三个主要段落，各具鲜明的特色，富于变化。第一段紧邻府邸，以绣花花坛为主，强调人工装饰性；第二段以水景为主，重点在喷泉和水镜面；第三段以树木、草地为主，增加了自然情趣。花园三段落之间的过渡，循序渐进、独具匠心。第一段以圆形的小型水池结束，下几级台阶，两侧各有约 120m 长的横向水渠，与大运河相呼应，增强了横向轴线感。第二段以方形的大型水镜面结束，预示着大运河的临近。大运河边缘的飞瀑，与运河形成动与静的强烈对比。与瀑布相对的岩洞中，饰有雕像和喷泉，进一步活跃了水景气氛。

参考文献：

[1] Brix M.The Baroque Landscape André Le Nôtre&Vaux le Vicomte[M].Translated by Steven Lindberg.New York: Rizzoli,2004.

[2] Steenbergen C, Reh W. Architecture and Landscape—The Design Experiment of the Great European Gardens and Landscapes [M].Basel: Birkhäuser-Publishers for Architecture,2003.

[3] Weiss A S. Mirrors of Infinity:The French Formal Garden and 17th-Century Metaphysics[M].New York: Princeton Architecture Press,1995.

[4] 陈志华．外国造园艺术[M]．郑州：河南科学技术出版社，2001.

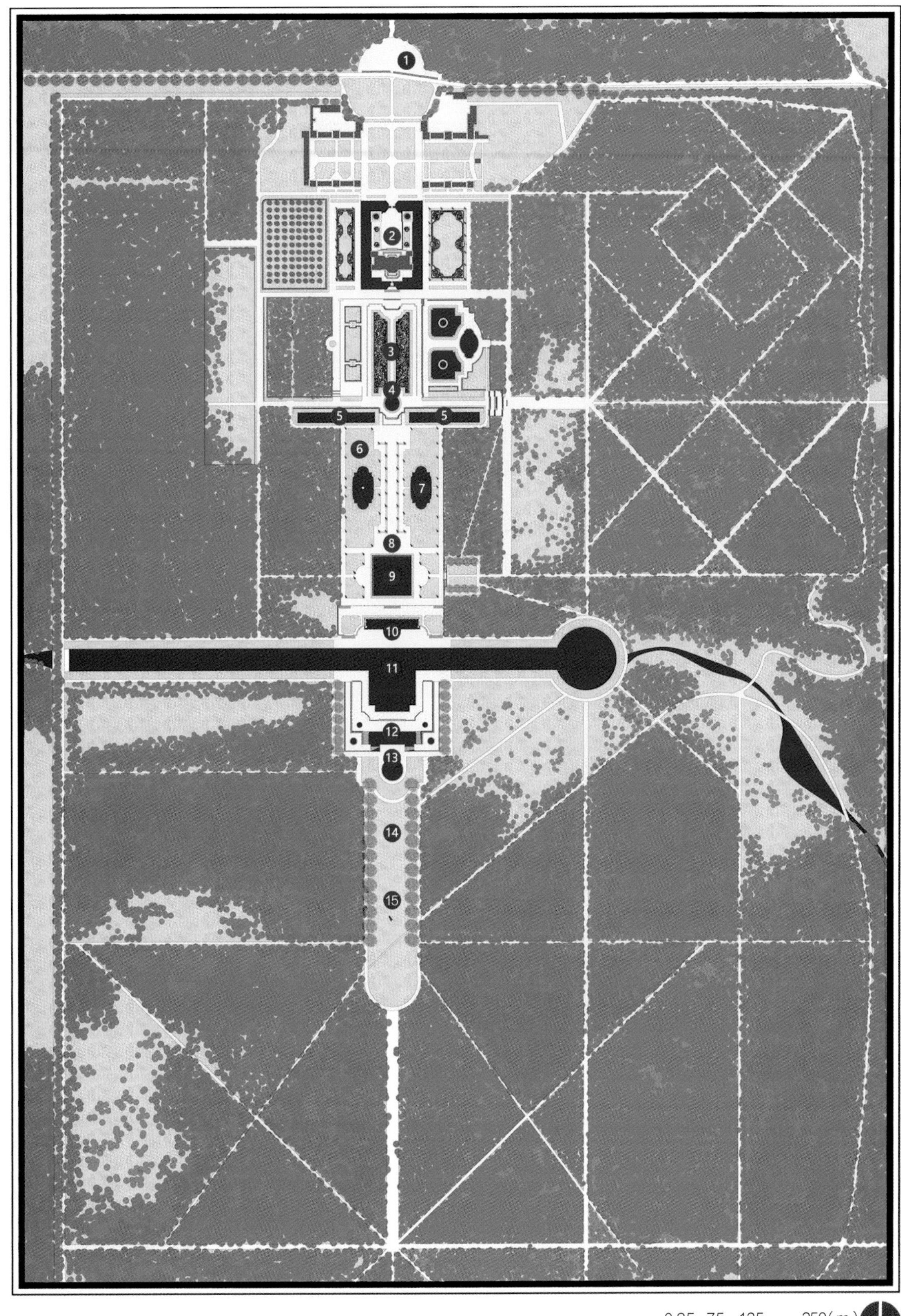

图1　平面图

1 主入口　6 草坪花坛　11 大水渠
2 府邸建筑　7 椭圆形水池　12 水剧场
3 刺绣花坛　8 水晶栏杆　13 喷泉水池
4 圆形水池　9 方形倒影池　14 斜坡草坪
5 水渠　10 瀑布　15 赫拉克勒斯雕像

图 2　区位图

维贡府邸的区位。

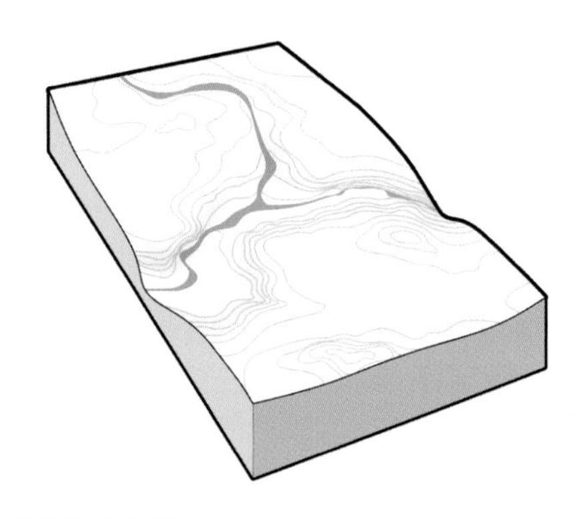

原有地形及水系

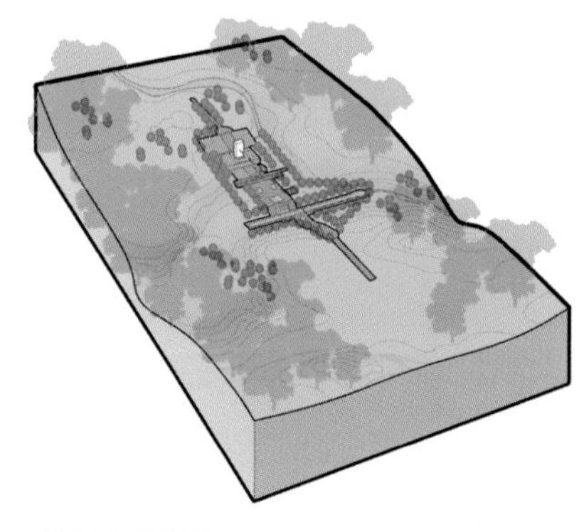

地形和水系改造

维贡府邸花园

图 3　设计生成分析图

根据原地形和水系确定主要横轴、纵轴，在此基础上建成府邸花园。

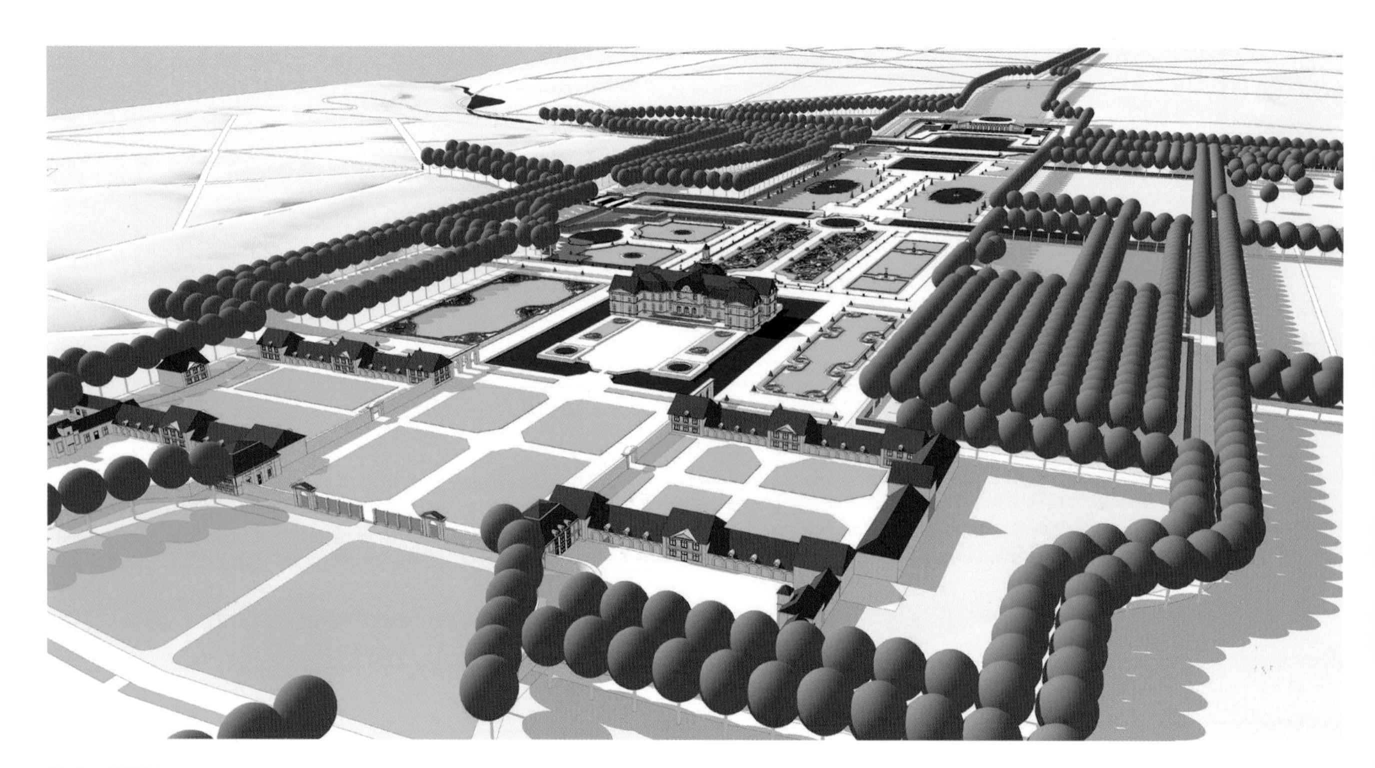

图 4　鸟瞰图

由北向南整体鸟瞰。

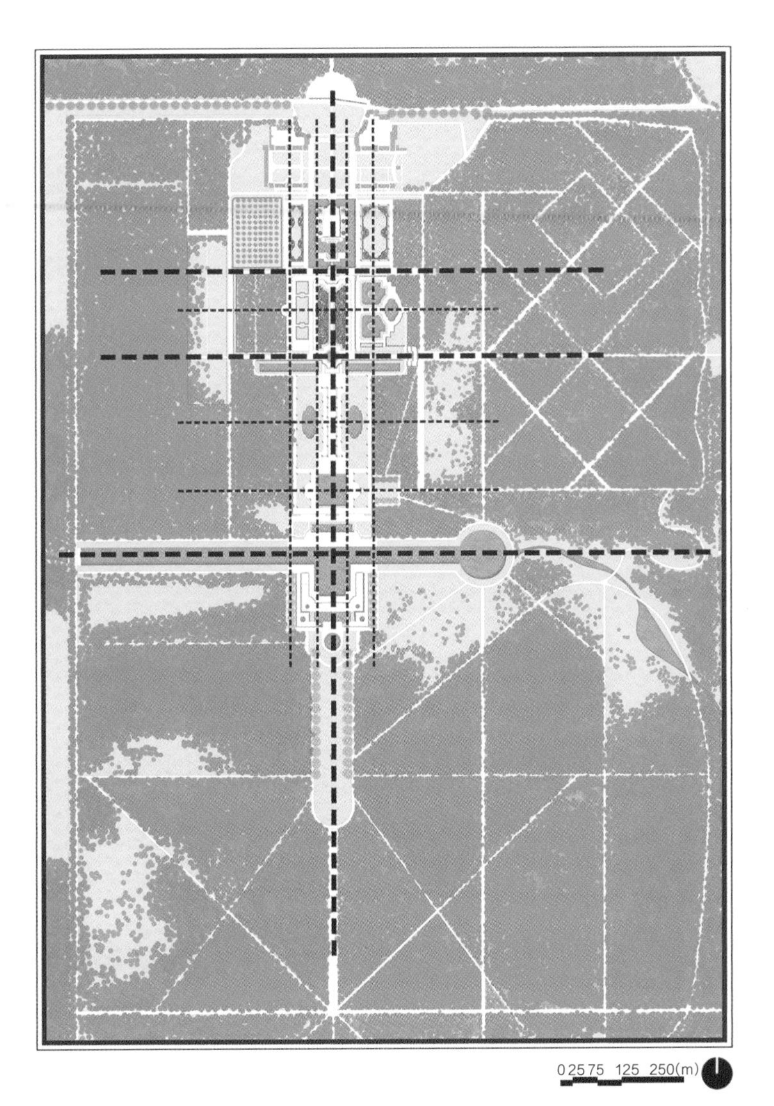

图 5　轴线分析图

维贡府邸主要有 1 条纵轴和 3 条横轴及多条横向辅助轴线。1 条南北向的纵轴串连起了宫殿、水池、花坛、雕像、喷泉等多种景观元素。3 条东西向的横轴分别在宫殿南侧、小水渠和大水渠处，形成游览的节奏。另外还有辅助轴线，使平面布局更具有秩序感。

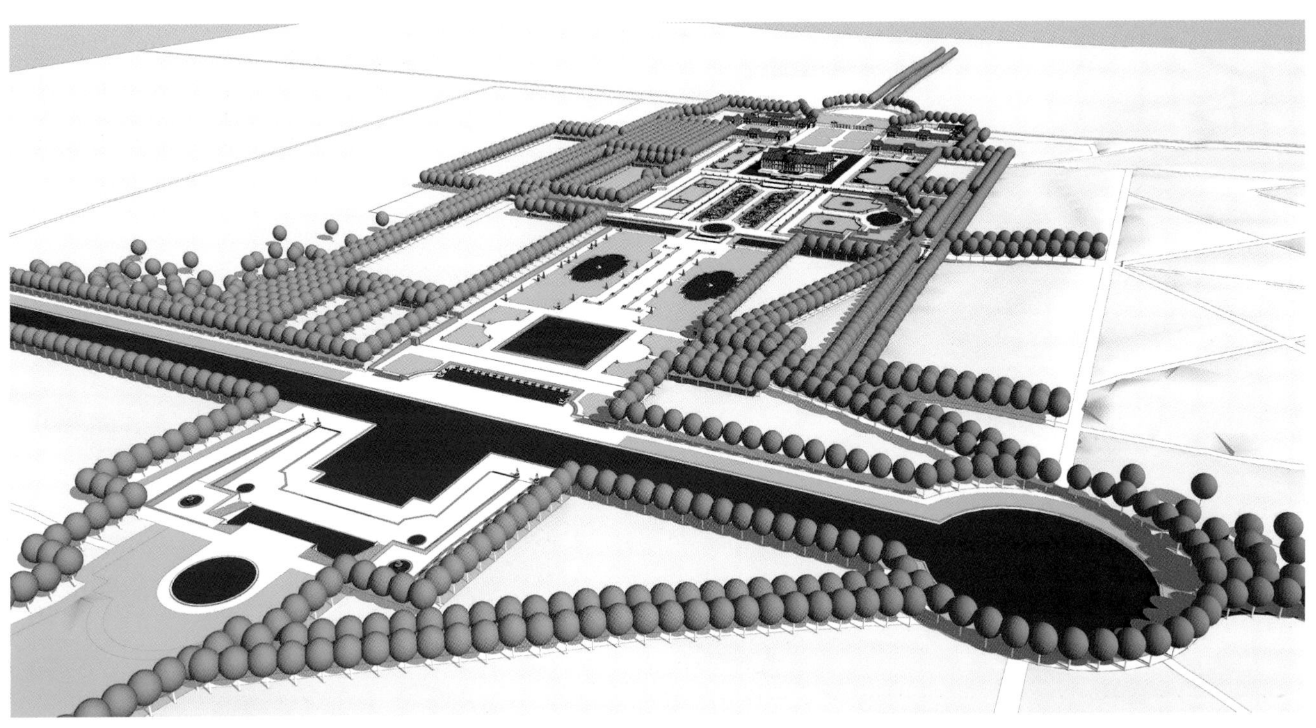

图 6　鸟瞰图

由南向北整体鸟瞰。

图 7　主轴线剖透视图

主轴线由许多元素构成，并存在许多微地形。主轴线与大水渠垂直，串连起府邸建筑、刺绣花坛、草坪花坛、方形倒影池、大水渠、洞窟、斜坡草坪和赫拉克勒斯的雕像。其中大水渠为全园的最低点，赫拉克斯雕像处为最高点。

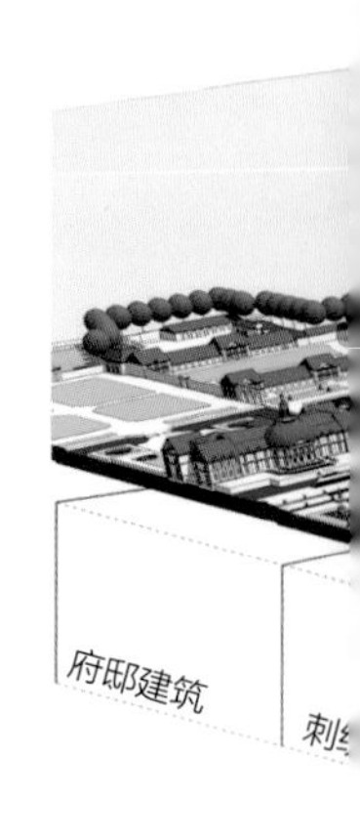

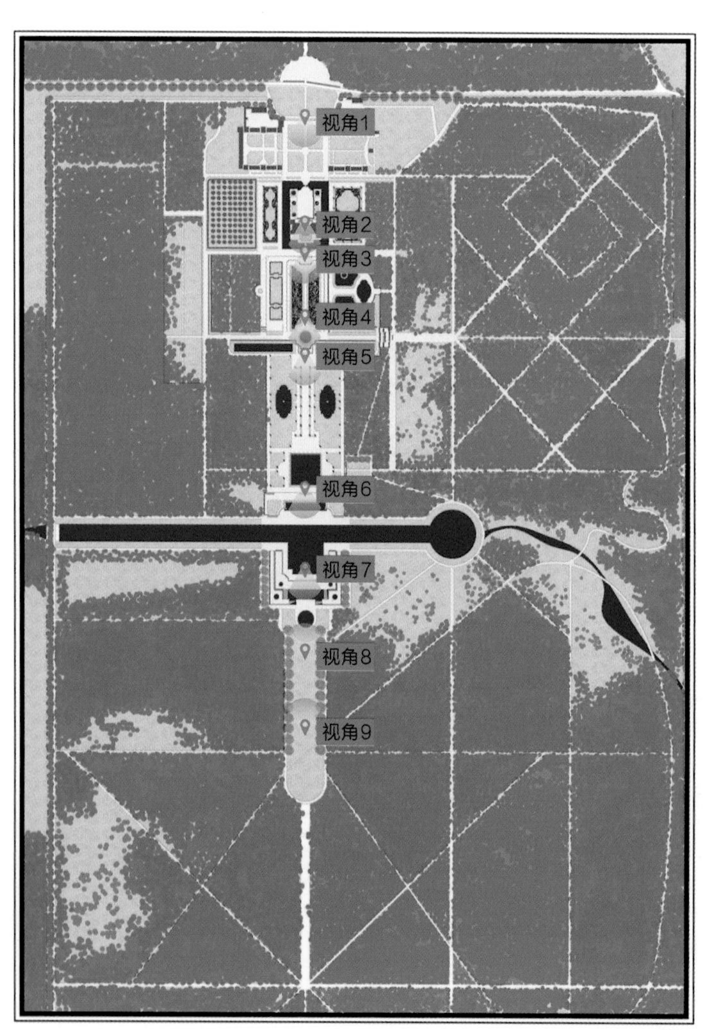

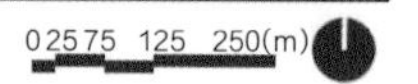

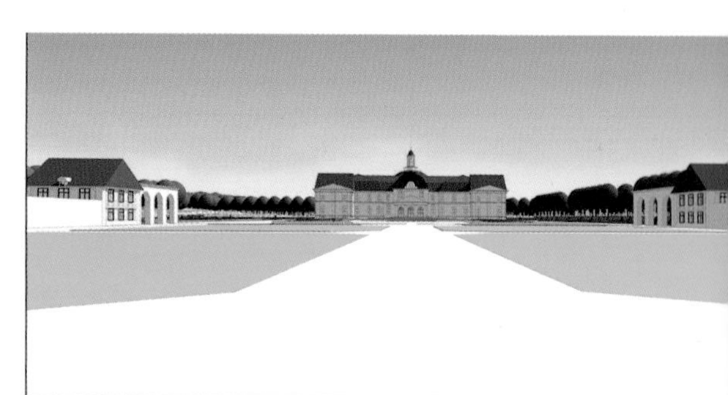

视角 1

视角 2

视角 3

图 8　主轴线效果图分析图

沿主轴线由北往南视角不断变化。

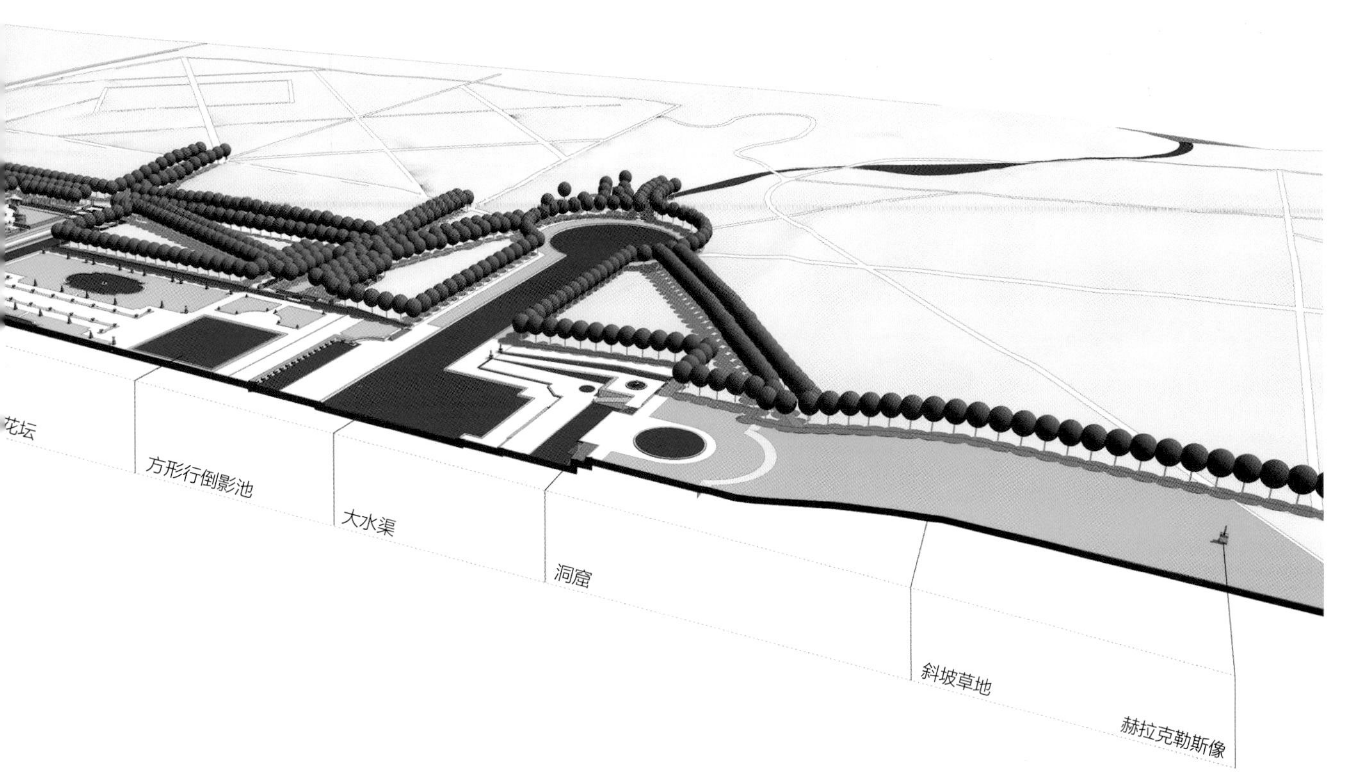

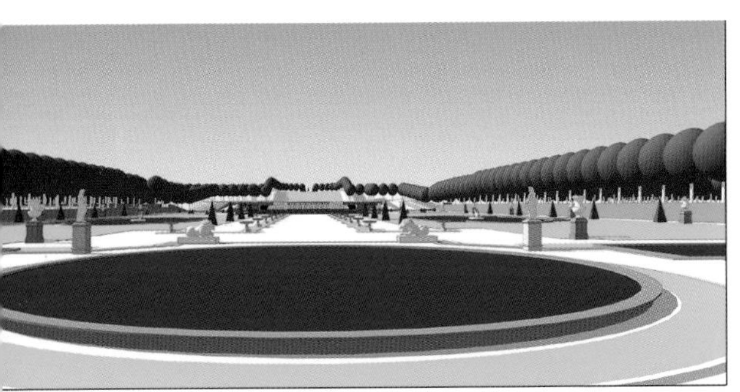

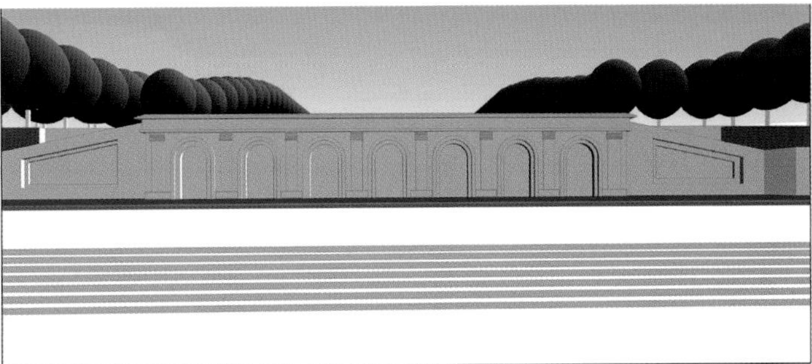

视角 7

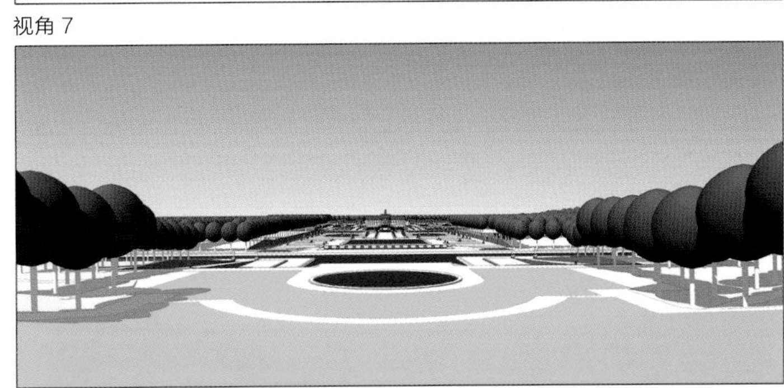

视角 8

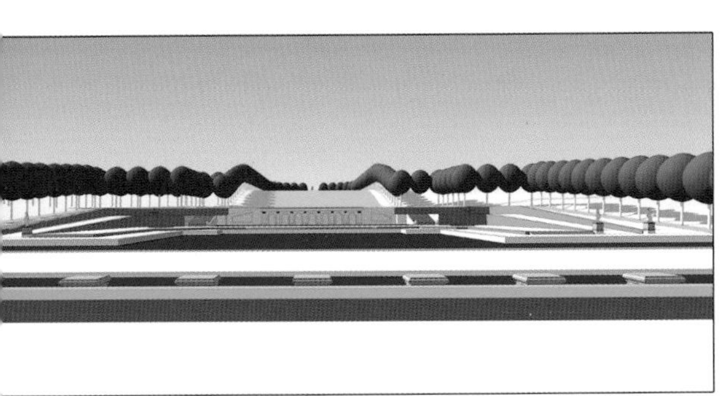

视角 9

地形设计

维贡府邸的设计通过空间尺度和地形的变化营建视错觉。原河谷地形的利用和改造，塑造了多重灭点，也消隐了两条构成横轴线的水渠，为花园增添层次并增强戏剧性。

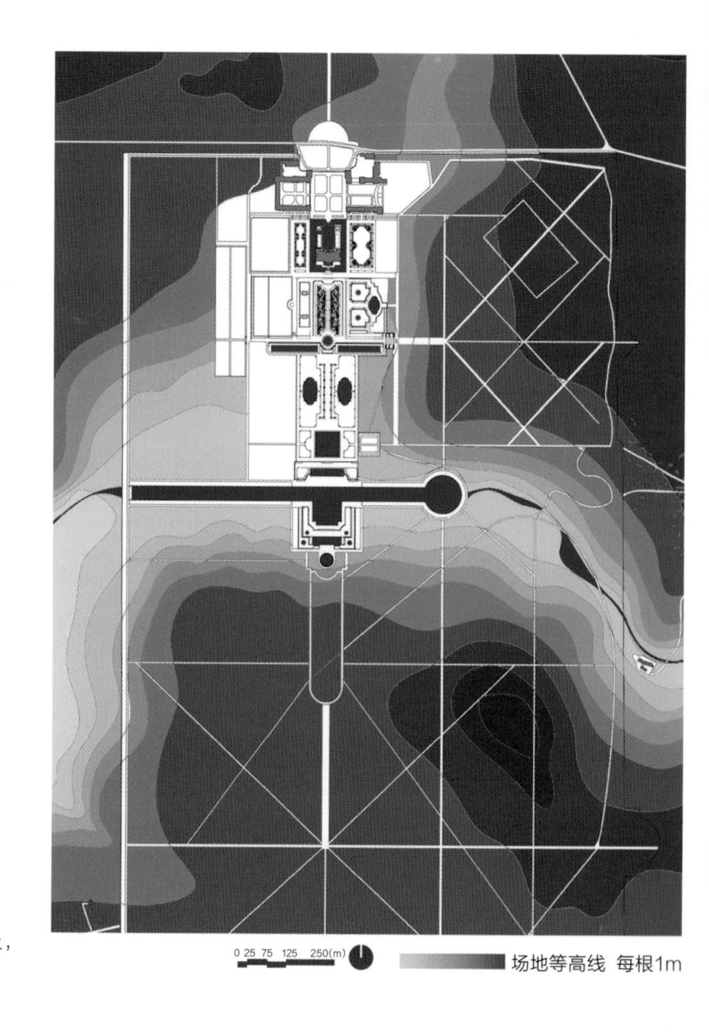

图 9　竖向设计图

等高距 1m，在保留原有河谷地形上，重新梳理地形。

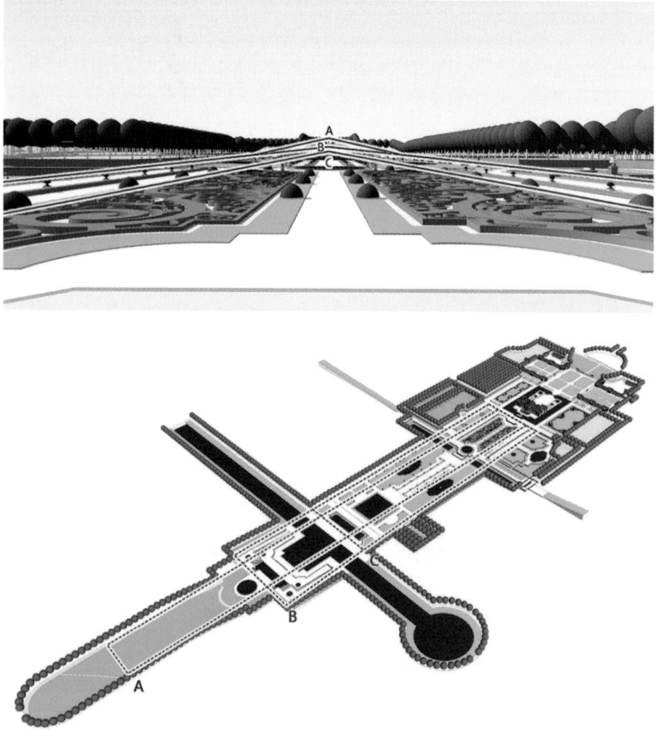

图 10　纵轴线视错觉分析图

原河谷地形改造为系列台地和坡地，塑造出多重灭点，增加了花园的视错觉。

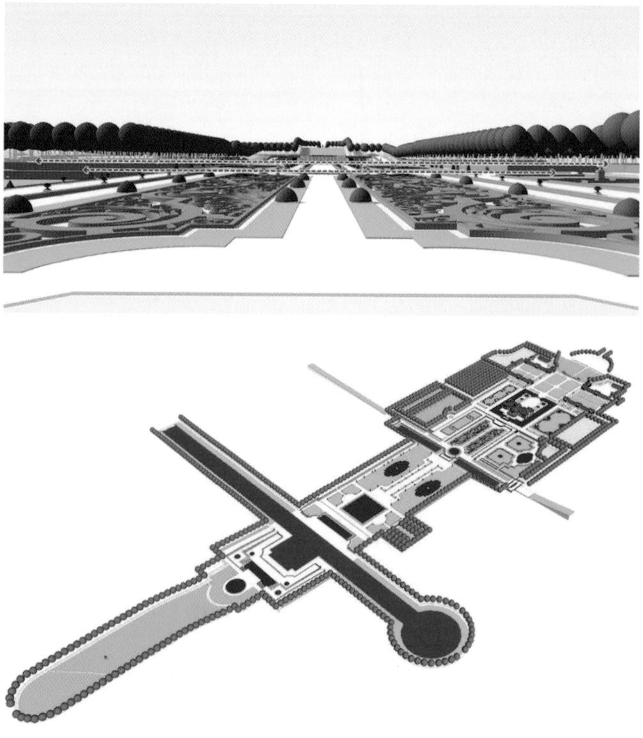

图 11　横轴线视错觉分析图

通过原河谷地形的改造，两条构成横轴的水渠被隐藏，走近时才被突然发现。

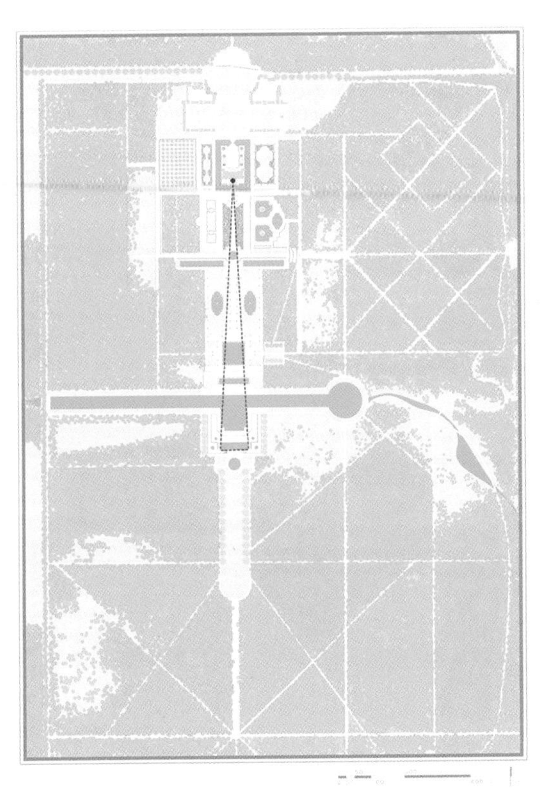

图 12　水景视错觉分析图

以府邸建筑上的钟楼为原点，看向大草坡的方向，随着距离的增加，水面的尺度也随之增加，以抵消透视效果。

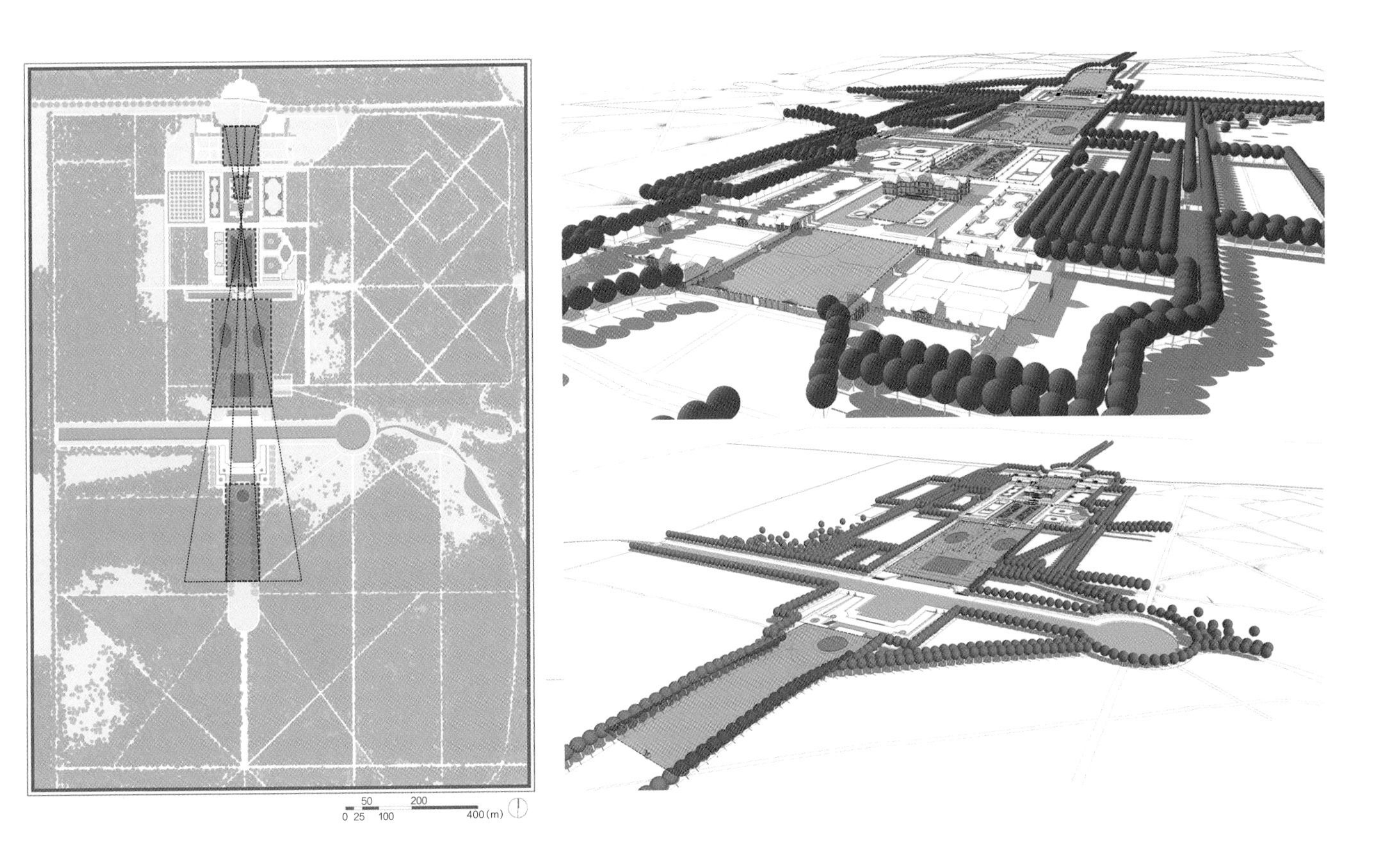

图 13　鸟瞰错觉分析图

以府邸建筑上的钟楼为原点，看向大草坡的方向，随着距离的增加，草坪和场地的尺度也随之增加，以抵消透视效果。

19 宁波生态走廊 Ningbo Eco-corridor

项目地点：中国宁波

项目面积：136hm²

设计（建成）时间：2006-2011 年

设计师：SWA

项目概况

为减轻宁波老城的压力，2002 年宁波市规划局提出建设“宁波东部新区”的计划。该计划包括超过 1000hm² 的城市发展用地，环抱在 136hm² 生态走廊四周，并共同组成了绿色线型网络。宁波市地处东南滨海水网低地，但是由于受到长期的农耕活动以及城市发展的影响，湿地和水生生境大面积减少。

宁波生态走廊（Ningbo Eco-corridor）综合当地地形、水文以及植被特点，尽可能地恢复湿地生态环境，设计建造成为 3.3km 长的“活体过滤器”。第一阶段的建设完成之后，有相当数量的动植物回到生态走廊的环境中来，这直接证明了该项目在修复自然系统、水道和栖息地等方面所采取的合理措施带来的切实效益。

设计构思

为使生态走廊改造达到预期效果，设计团队协同水质学家、湿地专家和水文工程师们展开详细的调查分析，充分了解当地状况、测绘出水文循环图、自然水流分布图，对潜在的协同效应进行预判。

根据分析结果，团队希望能够在地势相对较低处建设水道网络，通过竖向规划引导雨水径流，建设野生生物栖息地，由此改善运河水质。与此同时，生态走廊也充分发挥城市绿地的公共属性，为新居民提供兼具休闲娱乐和教育教学功能的场所。

景观布局

宁波生态走廊成为宁波东部新城开放空间系统的重要支撑，精心规划了生态湿地、雨水花园、动植物栖息地等，设计建造了城市公共空间与步行系统，在修复区域生态环境和原生栖息地的同时，改善了公共环境，提升了城市居民的生活水准。

参考文献：

[1] Ningbo East New Town Eco-Corridor[EB/OL].[2018-10-12].http://www.swagroup.com/projects/ningbo-east-new-town-eco-corridor/

[2] Eco-Corridor Resurrects Former Brownfield[EB/OL].[2018-10-24].https://www.asla.org/2016awards/index.html

图 1　区位图

城市和街区尺度上的宁波生态走廊。

图 2　公园与城市结构的关系

位于宁波水网平原之上的东部新城和生态走廊。

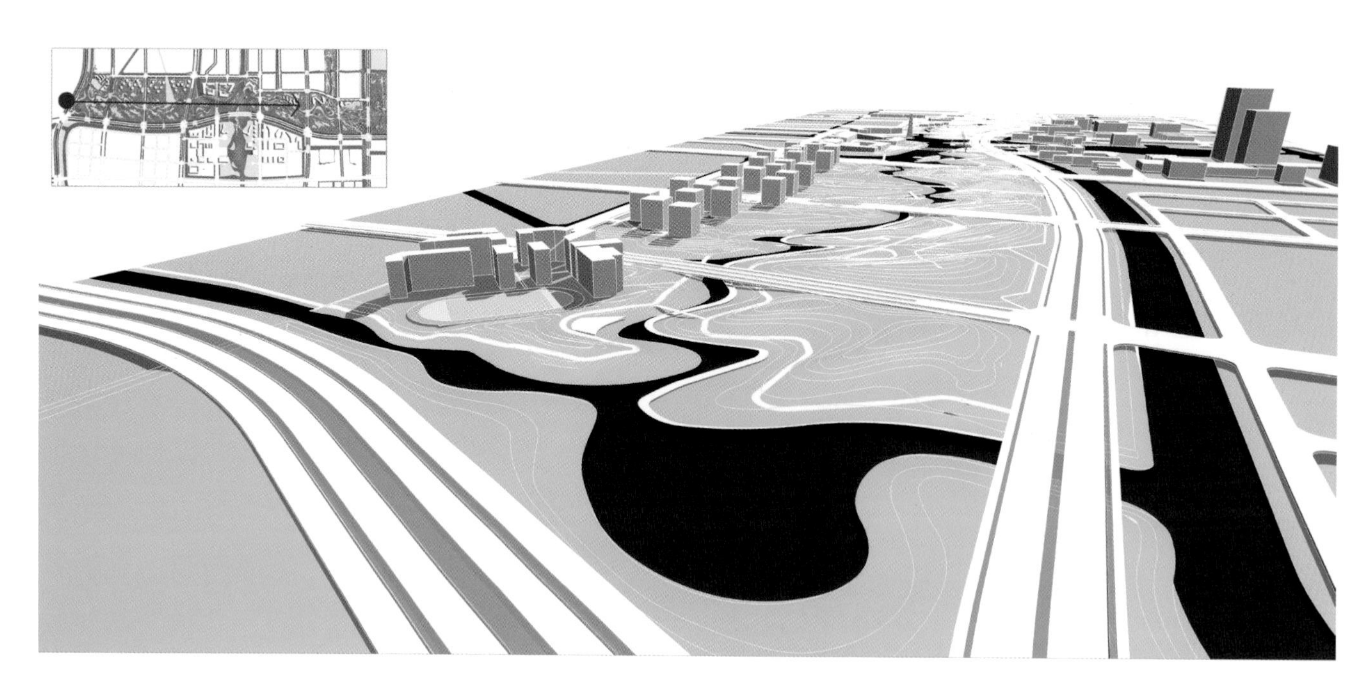

图 3　鸟瞰图

由北向南整体鸟瞰。

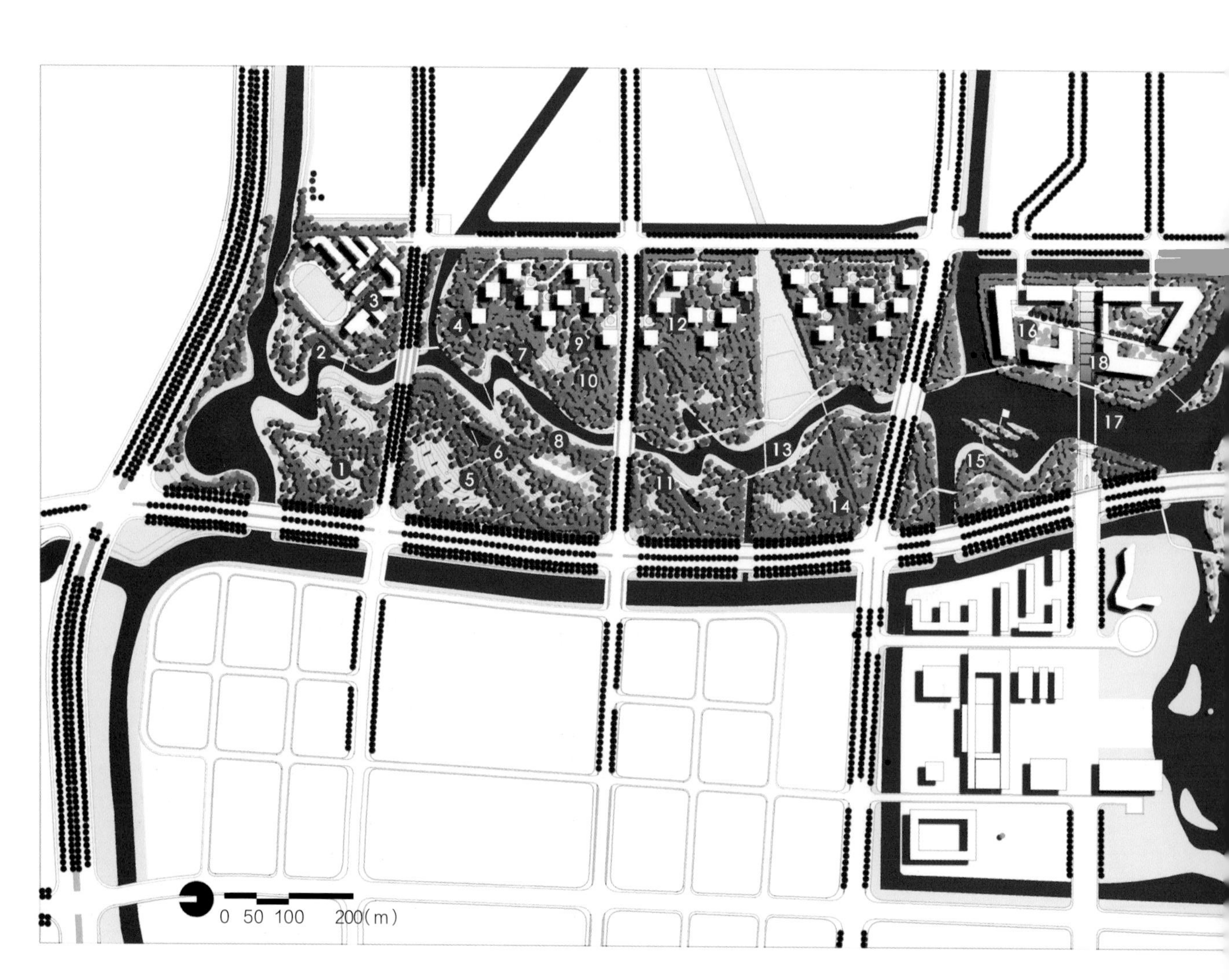

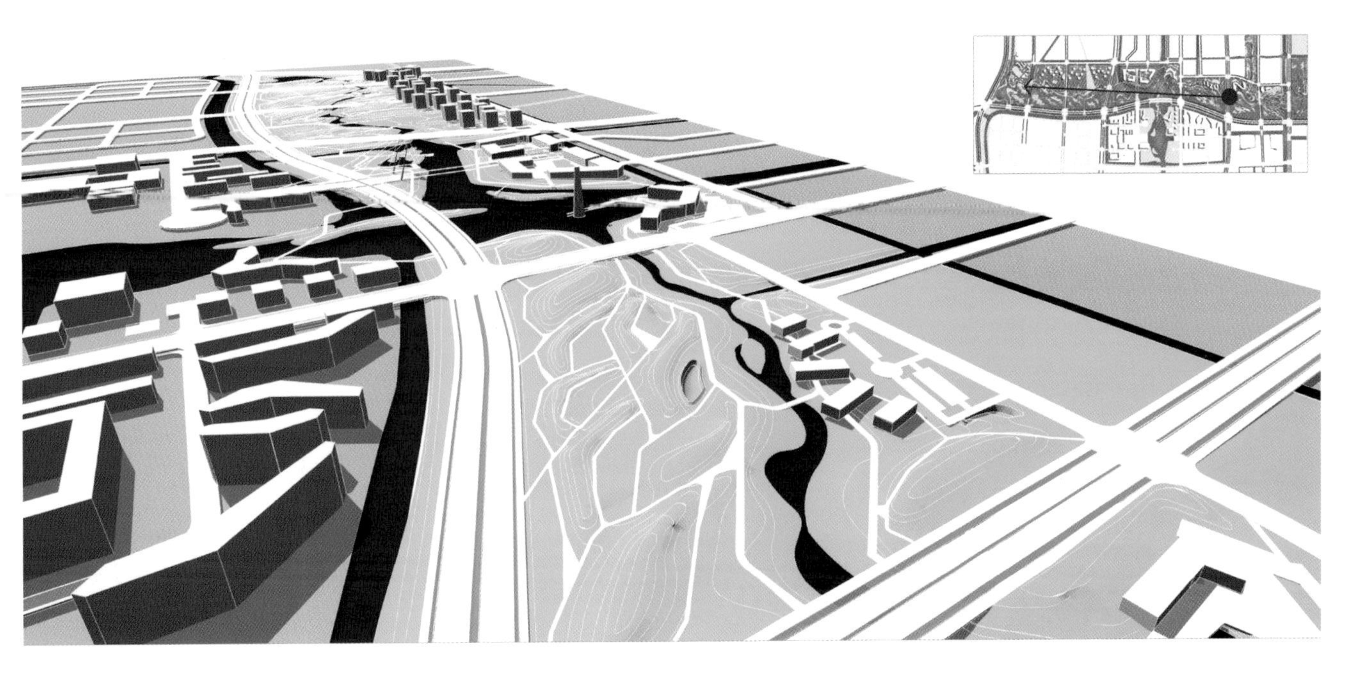

图 4　鸟瞰图

由南向北整体鸟瞰。

图 5　平面图

1 风力磨坊丘
2 户外教学空间
3 学校
4 户外野餐区
5 艺术步行桥
6 生物滞留池
7 池塘
8 康复花园
9 沙滩排球场
10 儿童游乐场
11 人行环路（设有自行车道）
12 高层住宅
13 天桥
14 泵房设施
15 雕塑花园
16 校区
17 人行天桥及鸟瞰台
18 水净化系统
19 码头
20 观赏塔
21 儿童教育中心
22 篮球场
23 滑板公园
24 排球场
25 停车场
26 社区
27 滨水平台
28 攀岩区
29 社区中心
30 湿地
31 社区花园
32 木栈道
33 海滨长廊
34 湿地

场地现状有大量的断头路和破碎的运河

连接破碎的水体，修复破碎的河道，改善运河水质

竖向设计呈现指状交叉地形，挤出曲水岸线

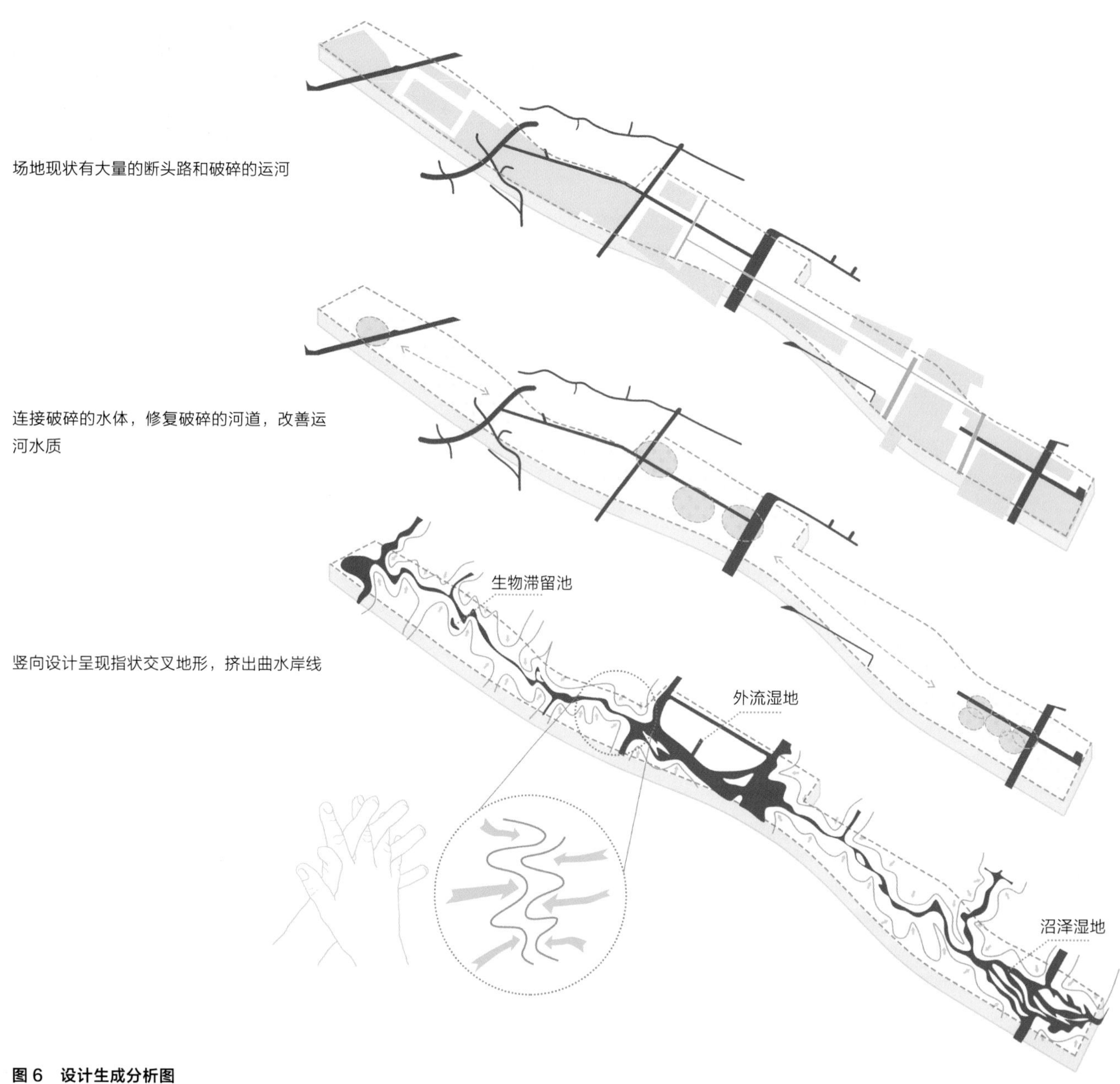

图 6　设计生成分析图
宁波生态走廊由原场地开始的形态生成过程。

图 7　效果图
场地局部效果图，左图可见社区中心、滨水平台、湿地和天桥；右图可见湿地景观区道路交通。

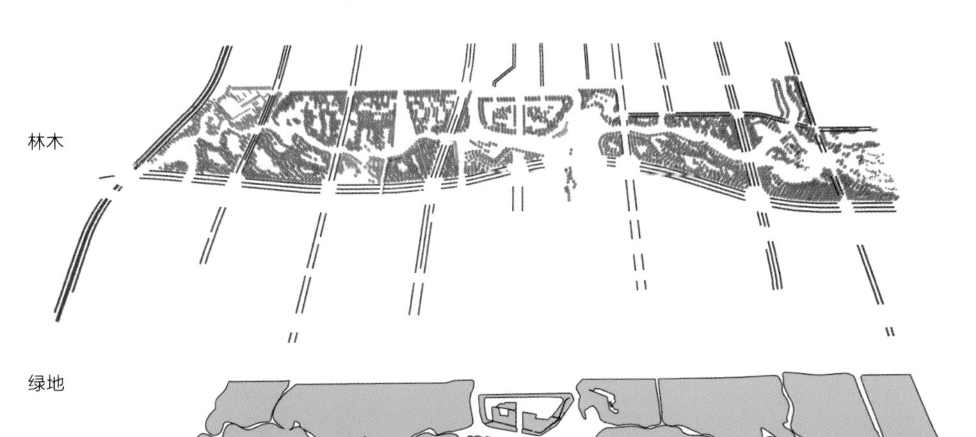

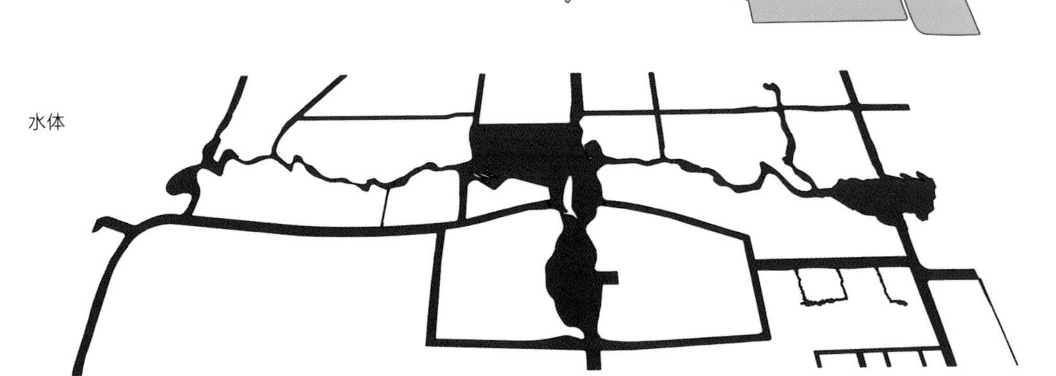

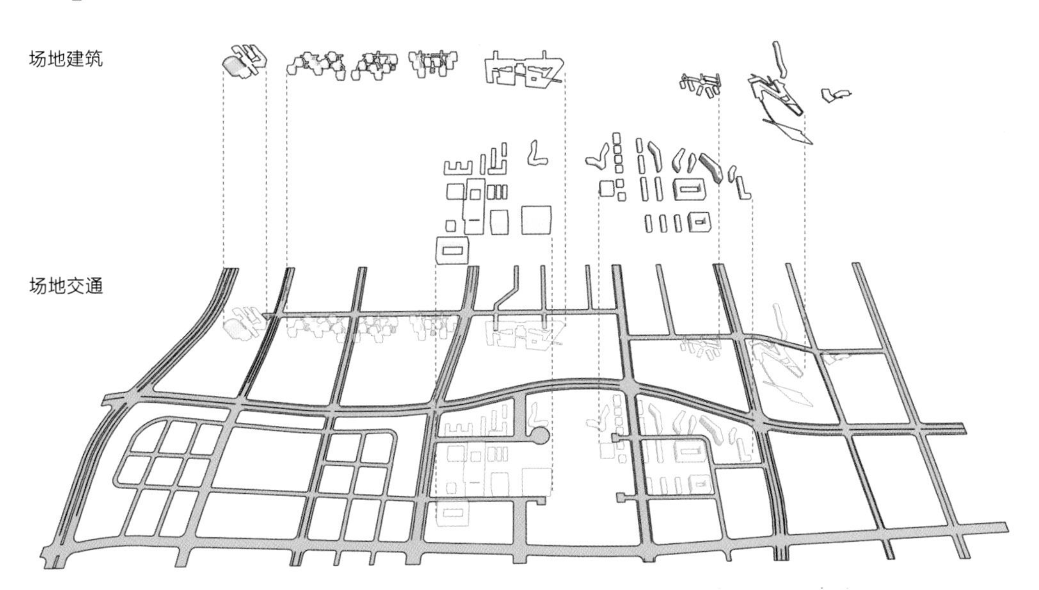

图 8　功能界面分析图

通过设计改造，宁波生态走廊为动植物营造出了重要的栖息地，改善了公共健康，建造大量公共活动空间，进一步推进城市的可持续发展。

综合考虑生态、气候、规划与美学，对落叶树种、常绿树种进行合理布局，并大量使用本地植被，重建生态走廊多样的植被群落，为野生动物重建良好生境。

地形设计

通过竖向规划，在生态走廊区内形成了地势起伏的山丘和山谷。在兼顾生态效应的同时考虑到水体景观效果，结合微地形的走势，水体也呈现出许多不同形态，创造出各式各样的活动空间。

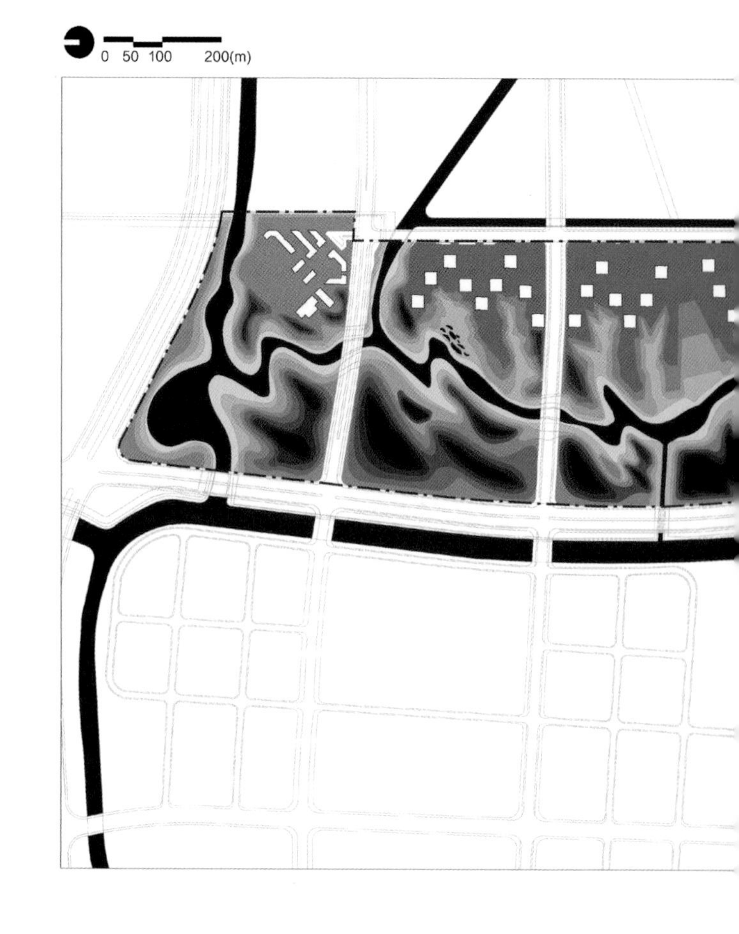

生态设计

河岸的植被、生物洼地和雨水花园可以净化来自附近开发区、其他建筑区等硬质表面的雨水。随着地势的变化，植被种类呈现组群差异，根据植物的不同高度、形态和颜色展现出独特的空间格局。

生态走廊沿岸，原本大量的垂直驳岸被软质的植被驳岸代替，如仿照自然设计的低地河漫滩景观，在滨水植物区创造出绿色缓冲带与水生生境，提供栖息地的同时净化水质。

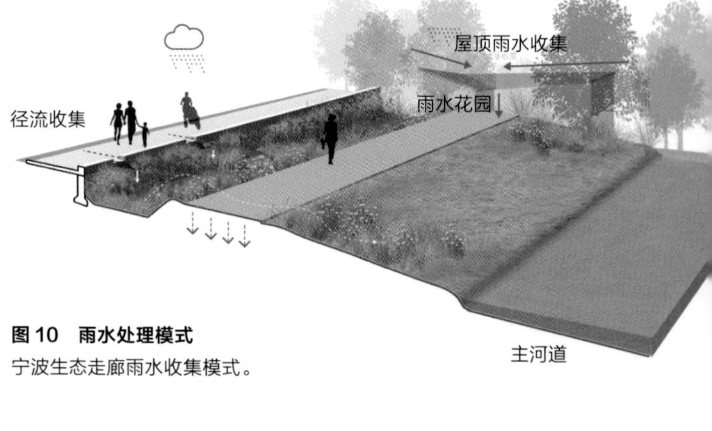

图 10 雨水处理模式
宁波生态走廊雨水收集模式。

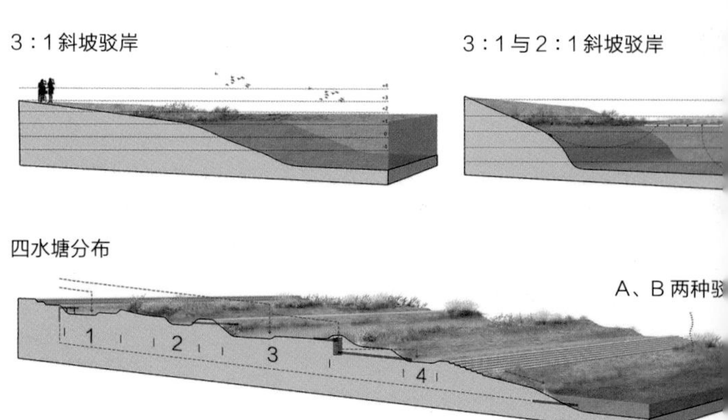

图 11 雨水处理模式
在滨水植物区创造出绿色缓冲带与水生生境，在提供高栖息地的同时净化水质。

图 9 竖向设计
等高距 1m

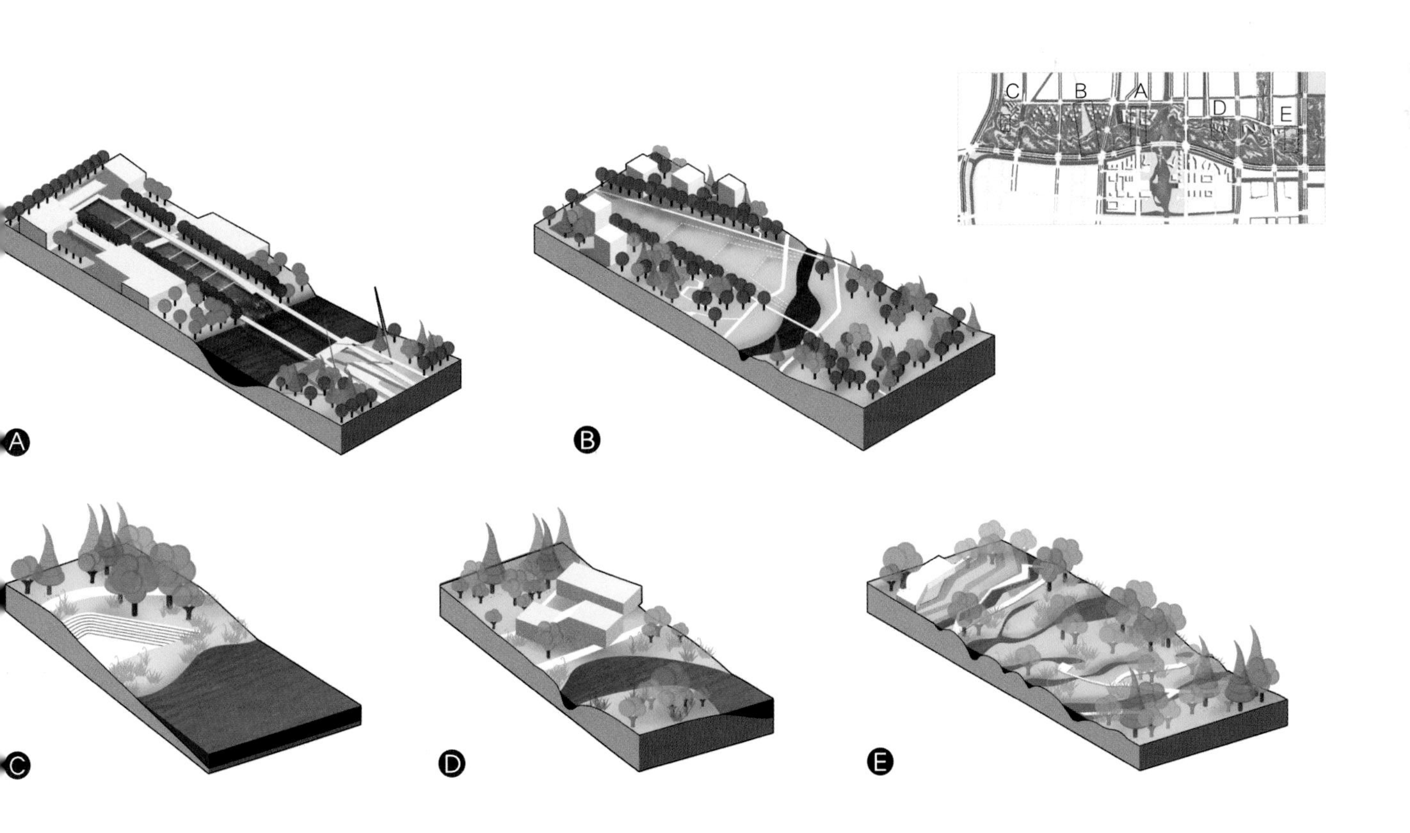

图 12 水岸模式分析
单一的硬质垂直驳岸改造为多样化的柔性驳岸。

20 海莱尼城市公园 Hellenikon Metroplitain Park

项目地点：希腊雅典

项目面积：530hm²

设计时间：2004 年

设计师：ITERAE、OLM 团队等

项目概况

海莱尼城市公园（Hellenikon Metroplitain Park）坐落于希腊雅典，距离主城区约 20km。场地的前身为海莱尼机场，该机场于 2001 年停止使用，并于 2004 年改建成夏季奥运会的奥运村。同年，希腊环境部发起了一场公开的国际竞赛，旨在将该场地设计成为“具有非凡规模和非凡设计的二十一世纪城市公园”。

竞赛要求设计一座占地 530hm² 的大型城市公园，公园需具备休闲活动、体育健身、生态修复、文化传播等多种功能，并且需要处理设计场地内与周边的住房、工作、交通以及建设资金等问题。2004 年 4 月，ITERAE、OLM 团队的设计成果从众多方案中脱颖而出并取得了最后的优胜。但由于一系列现实问题，公园最终并未按照该方案建设实施。

设计构思

方案的重点在于一系列基于地形改造和雨水收集的时序策略。通过在不同时间段实施对应的建设措施，以生态廊道为骨架，分阶段逐步完成大型公园的整体建设。方案依据机场建设时破坏的自然溪流的原有位置，设计了 6 条宽 200 ~ 300m 不等的生态廊道，将东侧高地上的城市与西侧的海岸连接起来，从而缝合了被庞大的机场空间割裂的城市与海岸。生态廊道利用精心设计的起伏地形，形成了具有雨水管理、生态修复、慢行步道、公共活动等多种功能的综合性生态绿廊。

景观布局

方案的设计策略主要包括生态廊道、硬质景观、分阶段种植、边缘最大化利用四个方面。“生态廊道”是一个由地形、水体和植被构成的复合系统，以生态廊道为骨架，户外休闲、体育健身、观赏游憩等多种活动得以在整个公园中展开。“硬质景观”包括了机场跑道以及其他具有场地特色的建筑和设施，机场跑道是公园的主要视觉和游览轴线，串接公园的不同区域。“分阶段种植”从地形改造开始，利用生态廊道内的雨水收集和有限的树种，逐步扩大植被的种植范围。“边缘最大化”是指通过生态廊道扩大城市和公园的接触面，从而改善附近居民的生活环境，并提高周边地产价值。此外，该方案在噪声控制、环路设计和灯光景观等方面都有一定的考虑。

参考文献：

[1] Hellenikon Metropolitan Park[EB/OL].2015.http://architettura.it/architetture/20050514/index.htm

[2] David Serero.Hellenikon Metropolitan Park And Urban Development [EB/OL].2005.http://serero.com/press/hellenikon/

[3] Hellenikon Metroplitain Park[EB/OL].2015.http://www.o-l-m.net/en/projects/11-project/161-hmp-en

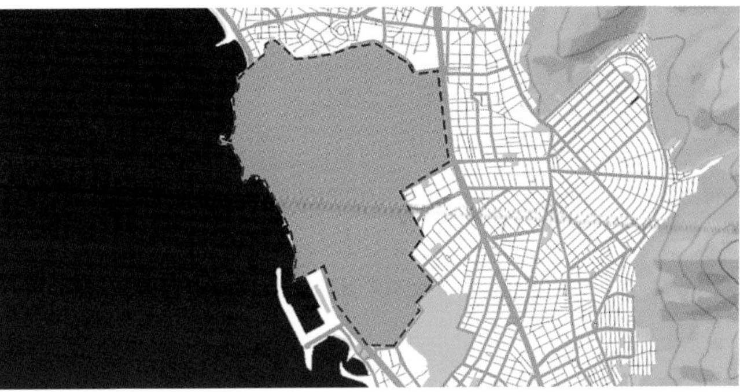

图 1　区位图

城市和街区尺度上的海莱尼城市公园。

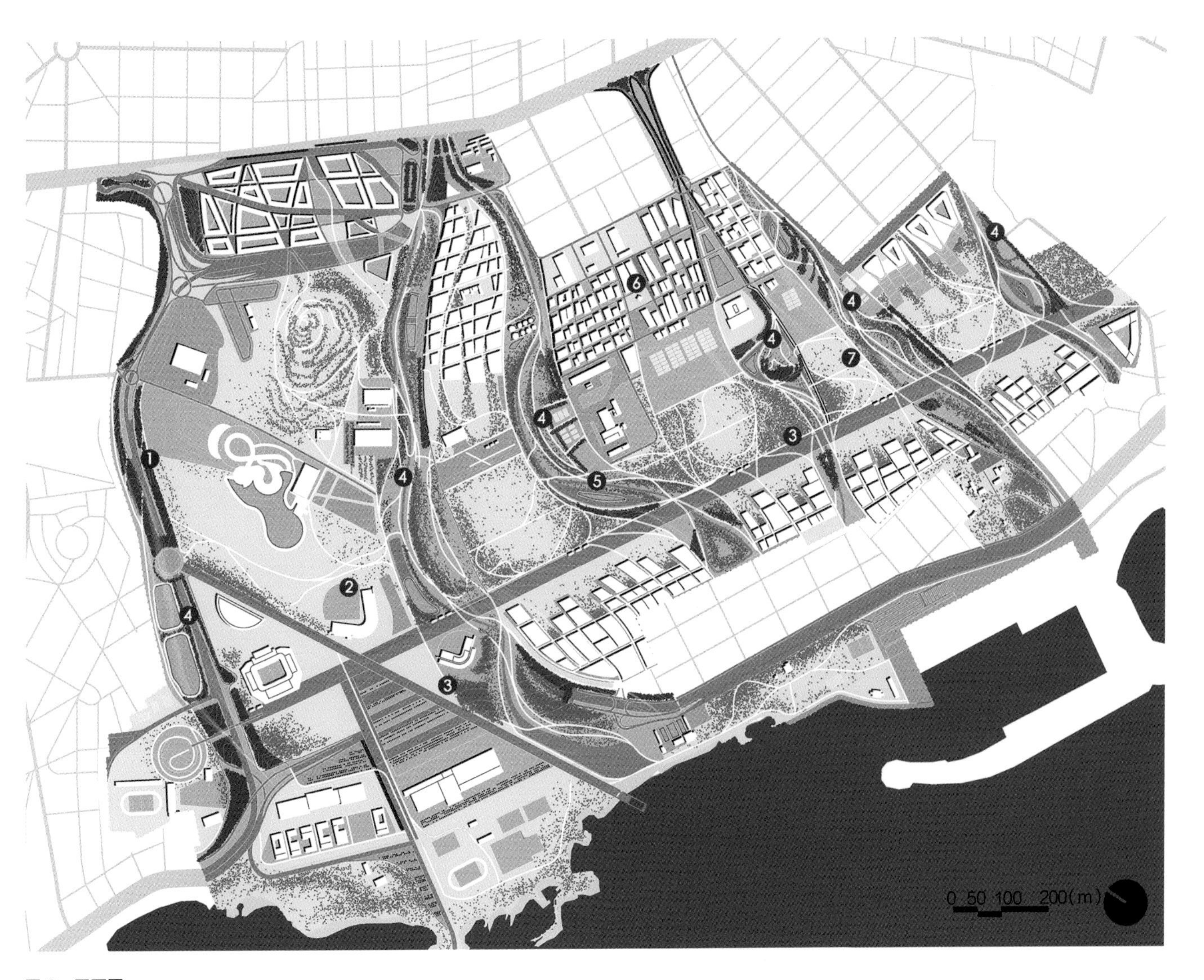

图 2　平面图

1 城市干道　2 体育场馆　3 保留的机场跑道　4 生态廊道　5 生态水池　6 新社区组团　7 散步道

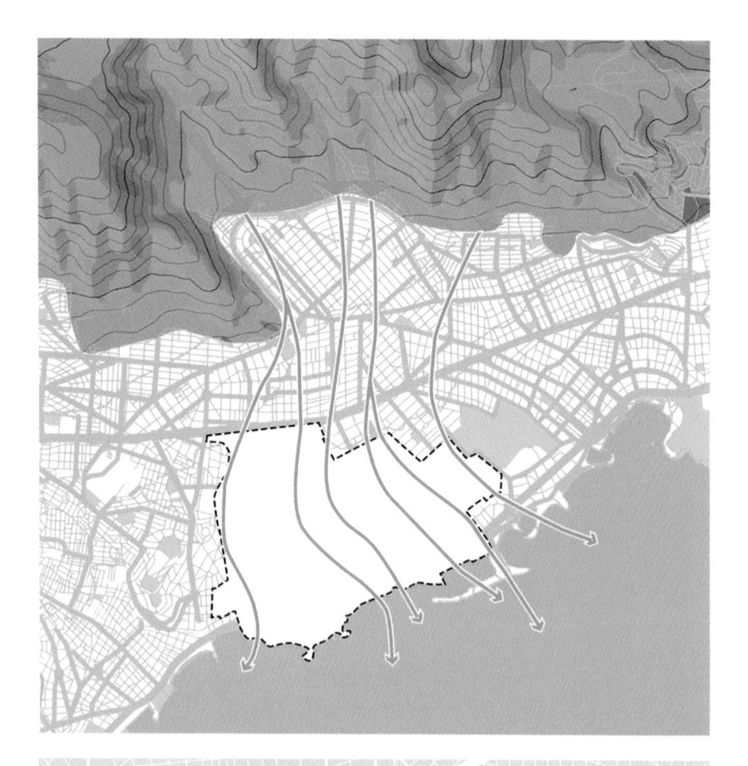

机场建设前场地有 6 条自然溪流，从北边山地流到南部的海湾中

保留机场跑道，依据原先溪流位置构建绿色生态廊道，连接城市和海岸

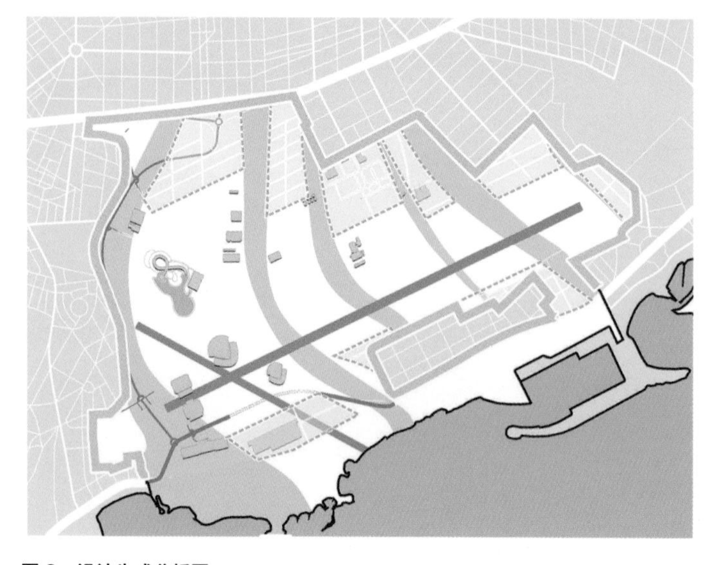

以生态廊道为骨架，扩大绿化和生态恢复区域，围绕生态廊道及城市、公园的交界面设置休闲场地和慢行路线

图 3　设计生成分析图

展现海莱尼城市公园从原场地逐步建设完成的演化过程。

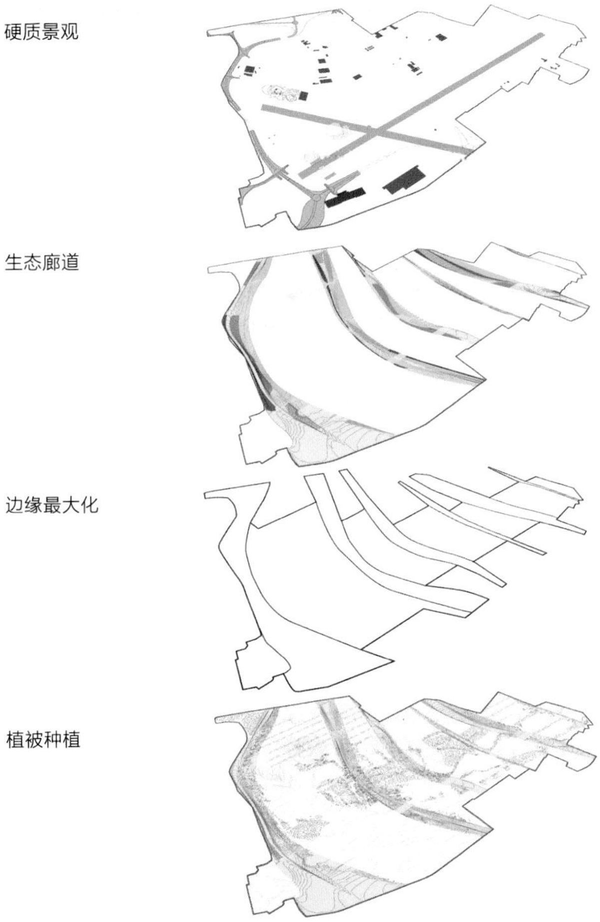

硬质景观

生态廊道

边缘最大化

植被种植

图 4　设计要素分析图

硬质景观：包括机场跑道在内的一系列具有特色的机场设施。机场跑道是公园的主要视觉和游览轴线，串接公园的不同区域。

生态廊道：主要由地形、水体、植被构成，通过雨水管理，形成连接城市、公园和海岸的综合性生态廊道。

边缘最大化：利用生态廊道扩大城市和公园的边界接触面，改善周边居民的生活环境，并提高周边地产价值。

植被种植：从地形改造开始，利用生态廊道内的雨水收集和有限的树种，分步扩大植被的种植范围。

图 5　鸟瞰图

6 条再现古老溪流的生态廊道连接了本被割裂的城市和海岸，巨大的机场跑道成为了新的公园轴线。

地形设计

场地整体地势由东向西缓慢倾斜，东西两侧高差约有 50m。方案的地形处理措施主要集中在 6 条生态廊道上，通过精心组织的地形塑造实现了四个设计目标：一是雨水的管理，利用起伏地形组织园内的汇水线路和集水区域，雨水得以汇集到生态廊道内，并以地表水的形式暂时储存；二是土地环境的提升，雨水管理改善了原本贫瘠的土质，为植被生长提供了良好的土壤条件；三是植被的分步种植，在土壤修复的基础上，种植地被、灌木和先锋树种，并逐年扩大种植的规模，从而实现园内的植被覆盖；四是景观空间的塑造，依托于廊道内的地形、水体和植被，创造丰富多样的活动场所，为人们的休闲、娱乐、文化活动提供多种可能性。

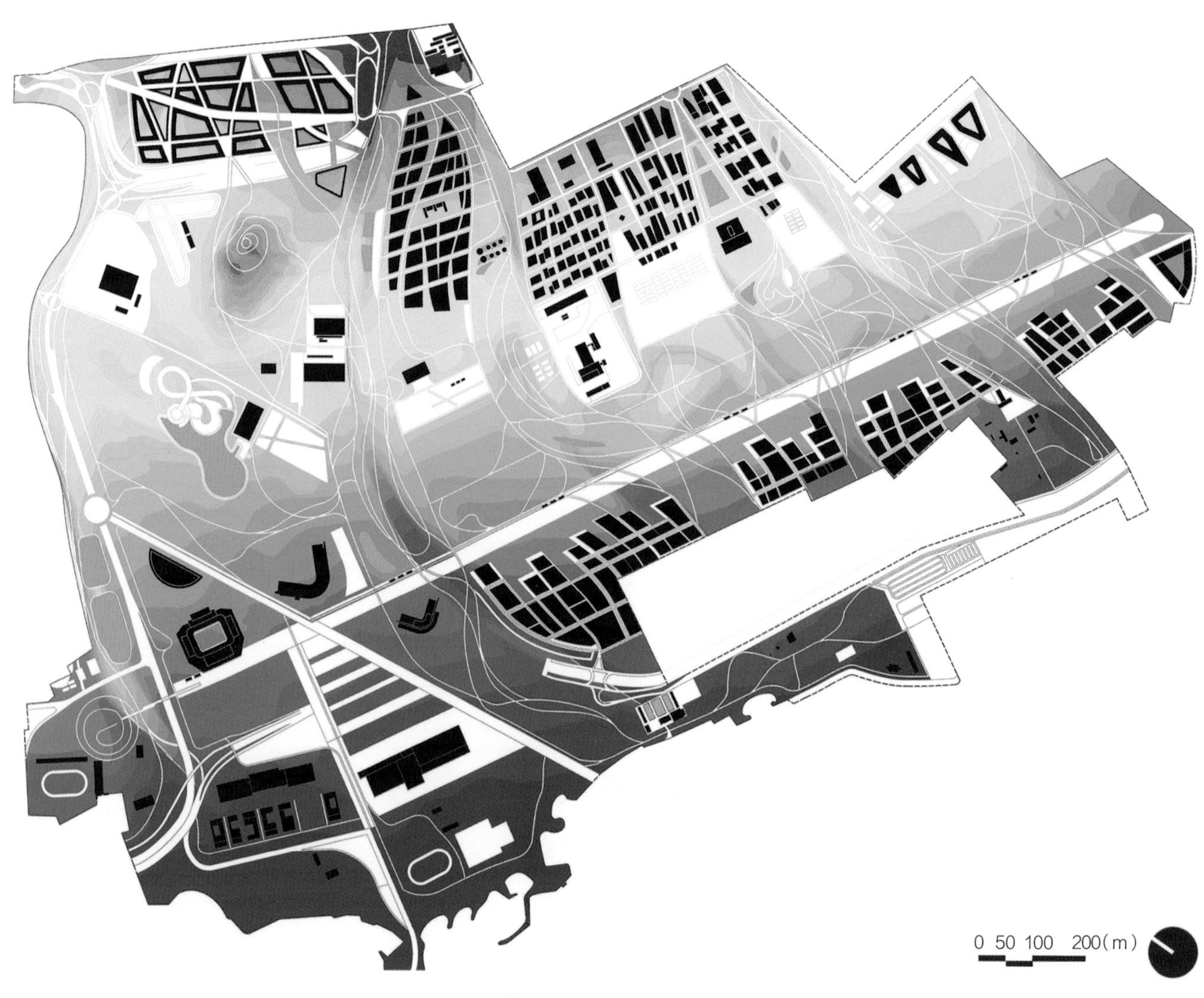

图 6　鸟瞰图

场地高度由城市到海岸逐步降低，6 条廊道内的地形变化较为丰富。

图 7　生态廊道透视图

方案设计了 6 条生态廊道，主要由地形、水体和种植三部分组成，宽度 200～300m 不等。

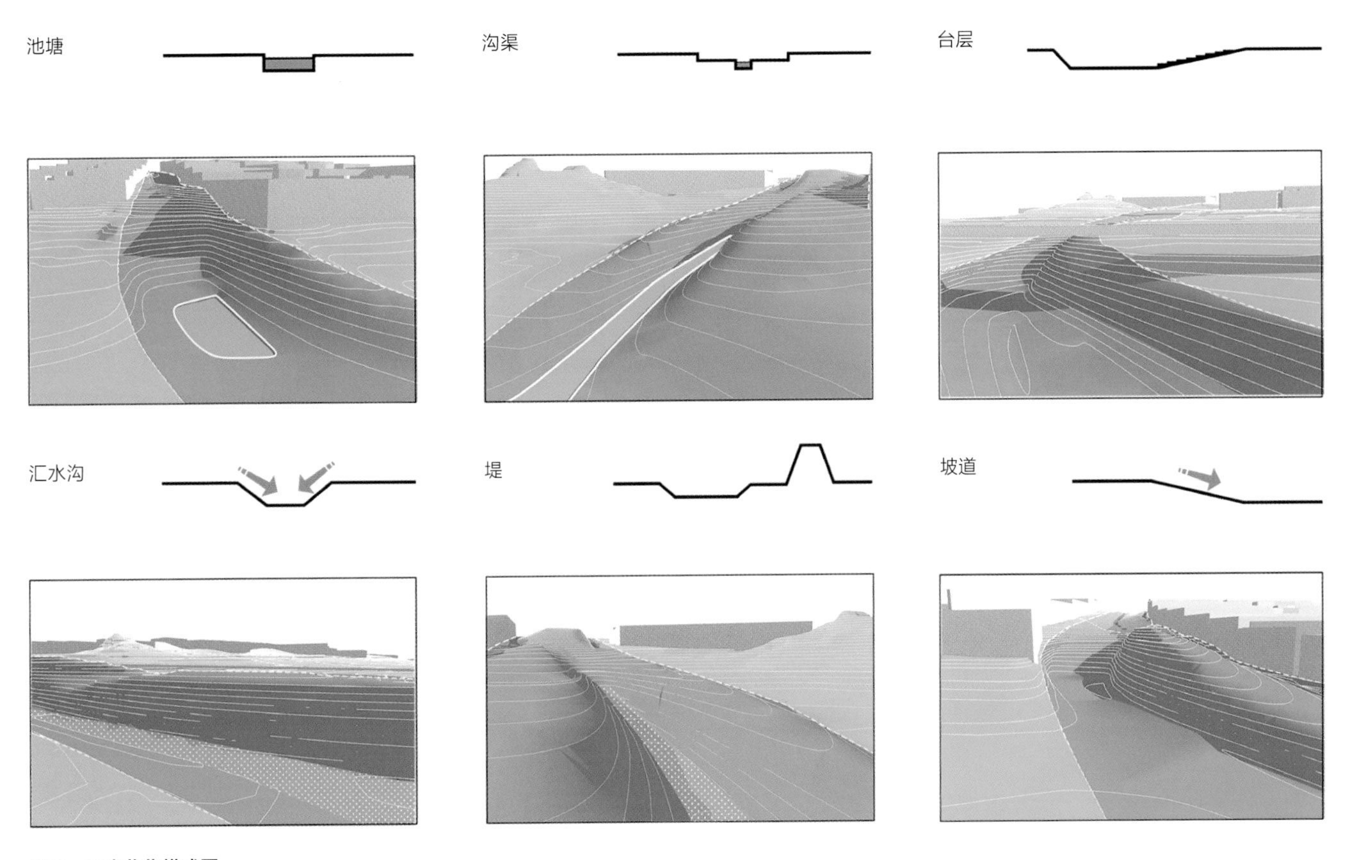

图 8　雨水收集模式图

通过地形塑造，场地内的雨水汇集到生态廊道中，并通过不同的方式下渗或是储存在地表。

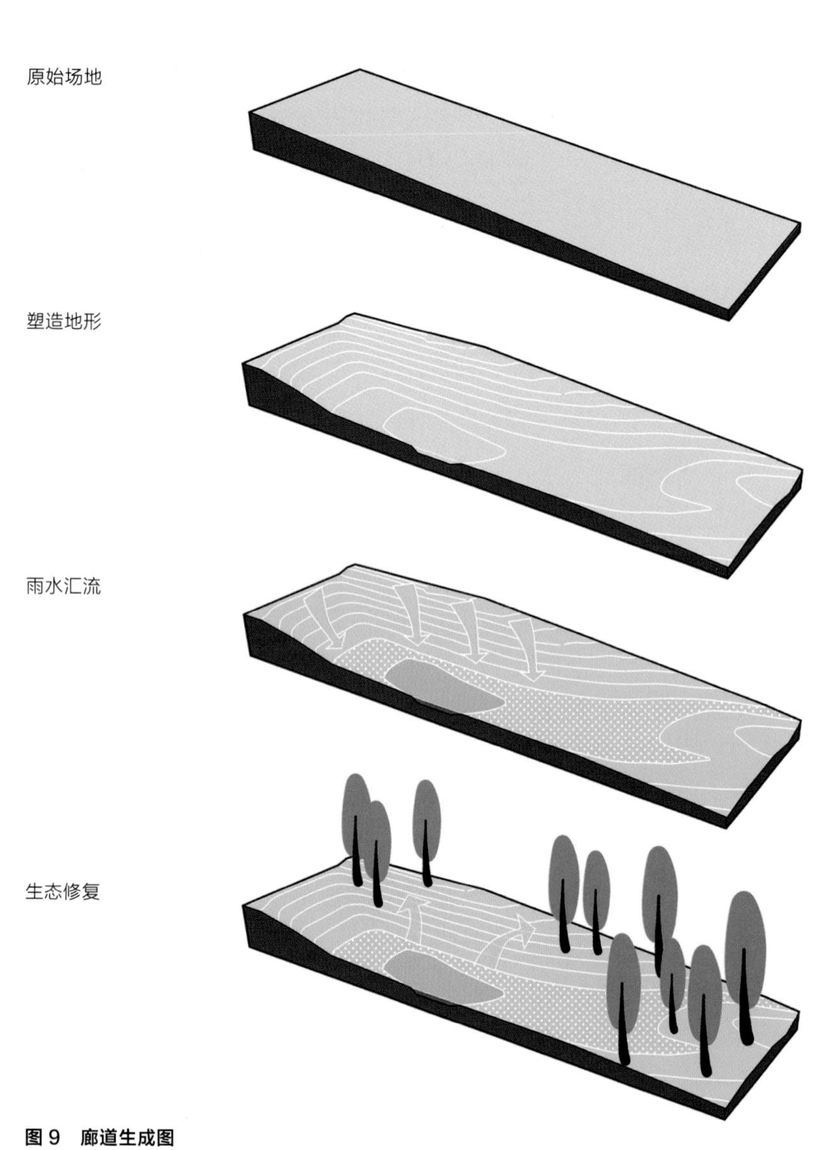

图 9　廊道生成图

展现原始场地逐步转换为生态廊道的过程。

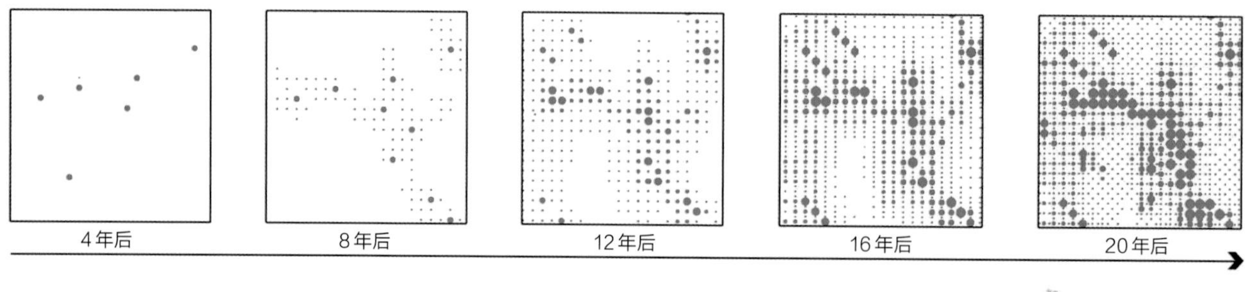

图 10　分步种植模式图

方案制定了一个历时 20 年的种植计划，最初主要种植速生的常绿矮灌木丛，使土壤改良后再种植高等植物。

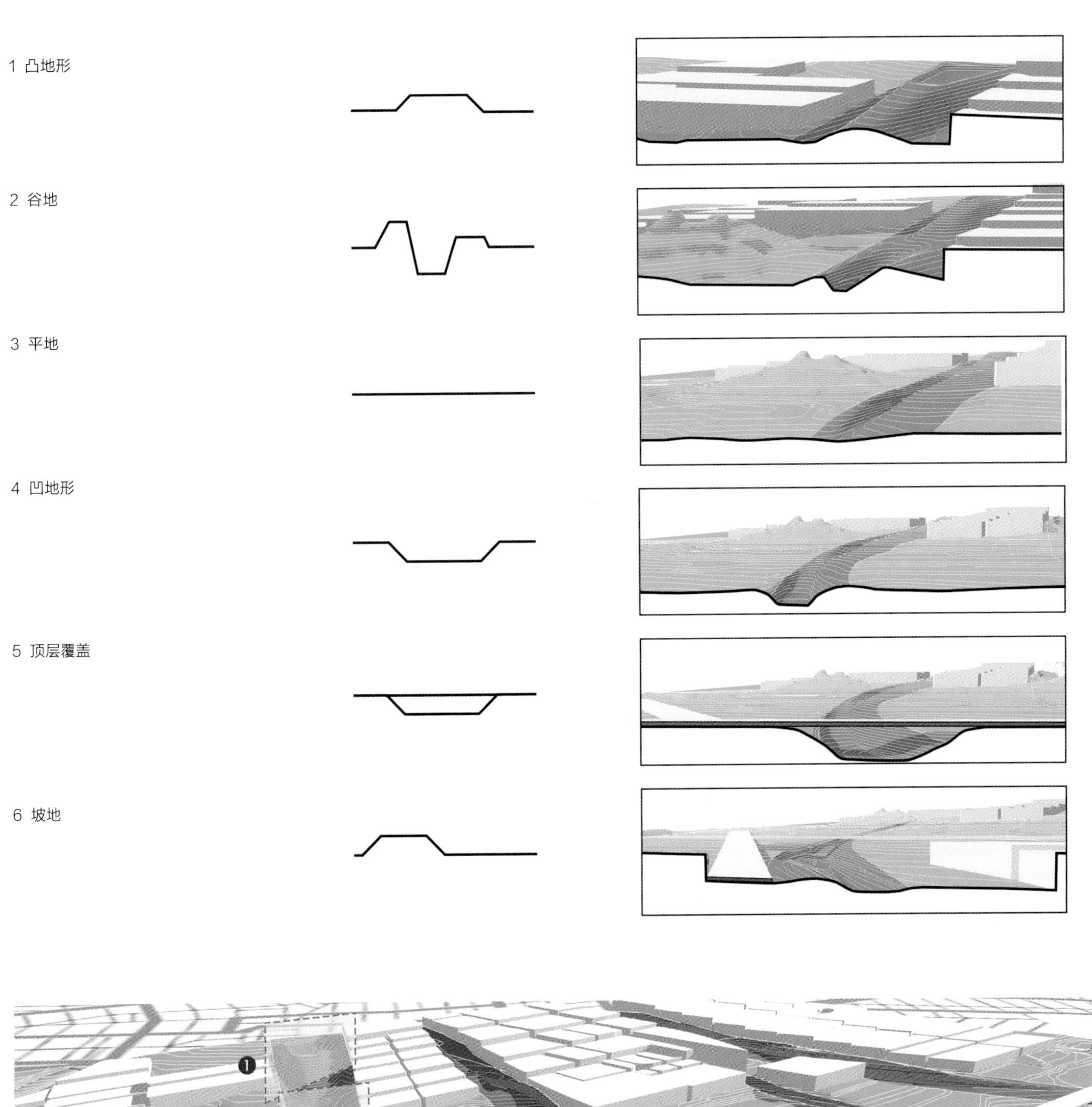

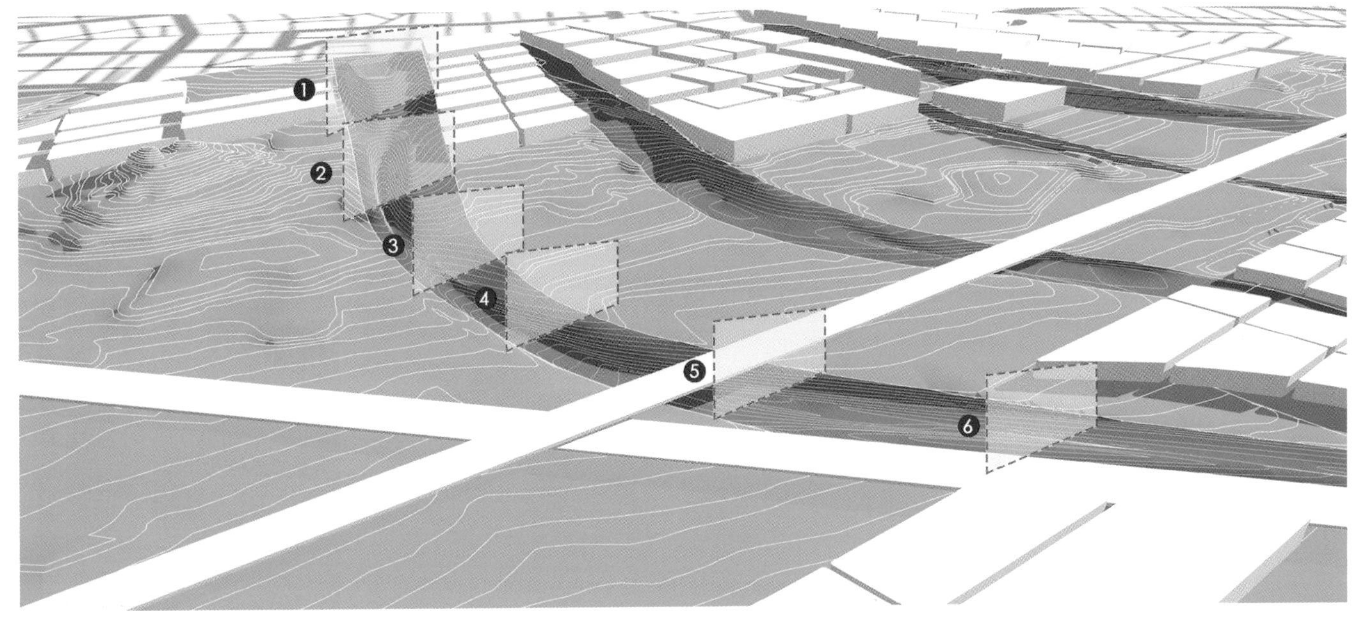

图 11　廊道剖面图

以其中一条廊道为例，展现廊道中丰富的空间变化。

建筑类
Architecture

01 布鲁克林植物园游客中心 Brooklyn Botanic Garden Visitor Center

项目地点：美国布鲁克林

项目面积：1.2hm²

设计（建成）时间：2012 年 5 月

设计师：Weiss、Manfredi

项目概况

2004 年春季，布鲁克林植物园在十周内就迎接了 50 万名游客。因此，布鲁克林植物园委员会（BBG）决定建造一个新的入口以更好地迎接和引导人流。原先委员会将游客中心选址于植物园中樱桃园的中轴线上，东西侧是茂密的樱桃林，并与北侧的布鲁克林博物馆形成南北向轴线。后来在 HMWhite 事务所的建议下，游客中心进行了重新选址。事务所提出，游客中心应为一个新的城市地标，不但能够体现布鲁克林植物园的特色，还要实现从城市空间到自然空间的转换。这些建议说服了委员会，于是将游客中心重新选址于植物园东北角，紧邻繁忙的华盛顿大街，并为公众提供了一个更加开放的广场空间——在植物园樱花节期间，该入口一天可接纳 3.7 万人。

设计构思

设计团队希望布鲁克林植物园游客中心（Brooklyn Botanic Garden Visitor Center）能在城市和植物园之间建立一种美好的景观联系，并作为一个与花园无缝衔接的建筑空间，向游客提供由城市空间过渡到花园空间的美妙体验。设计团队与市政工程师之间紧密合作，还在场地中建立了一个完善的雨洪管理体系。

景观布局

设计把地形、土壤和植物作为将建筑与景观互相融合的关键要素。

设计师保留原地形，利用原先的土坡和池塘，组织了一系列的雨水收集和净化渠道，形成了一个完整的雨洪管理体系。此外，设计师通过切割地形将建筑嵌入场地，形成对植物园山势的顺延与呼应。930m² 的屋顶绿化上种植着 4 万株植物，包括多种草类和球茎植物。建筑跟随着植物的季节变迁，与环境完美融合。场地中的道路和植物大部分被精心保留，它们作为植物园历史景观的一部分而被赋予新的含义。土坡上的银杏小路如今成为俯瞰游客中心和植物园的好去处，部分银杏树被用作建筑的室内装饰材料。植物园内的原有路径从建筑物的上下两侧蜿蜒穿过，引领游人体验一系列丰富的景观空间。设计师与土壤科学家一同对场地土壤、挡土墙、分层的台地花园和雨水花园进行设计，共有超过 100 种植物被仔细研究和精心种植。设计完美地将建筑、绿色屋顶和 1.2hm² 的植物园游客中心景观环境相互融合，最终形成由城市通向布鲁克林植物园的新通道。

参考文献：

[1] Clifford A P. Groundswell [J]. Architectural Record,2012,(7):74-79.

[2] Honor award—Brooklyn Botanic Garden Visitor Center Landscape [J]. Landscape Architecture Magazine,2013,(10):177.

[3] K.G.Brooklyn Botanic Garden Visitor Center [J]. Architecture Magazine,2012,(12):84.

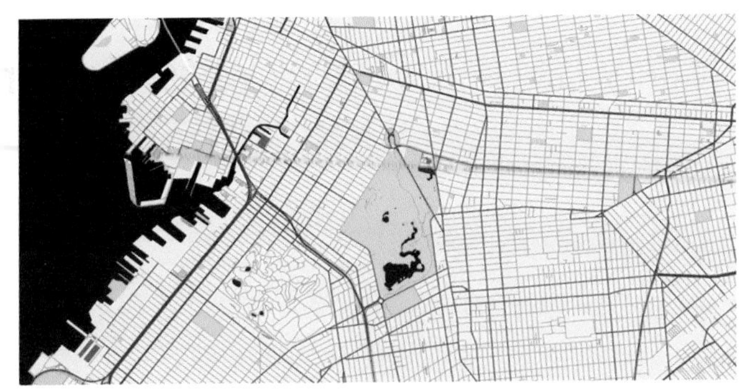

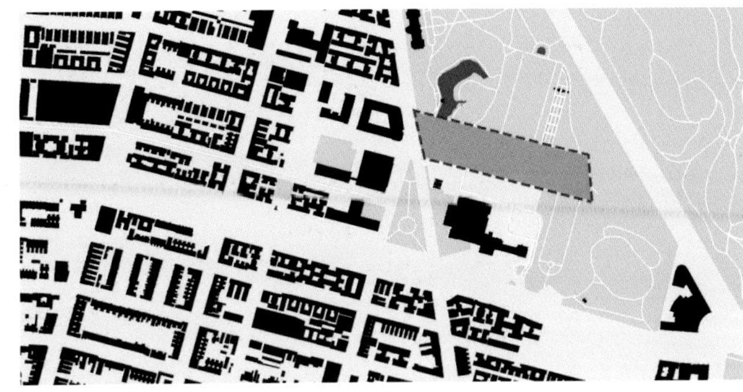

图1 区位图

城市和街区尺度上的布鲁克林植物园游客中心。

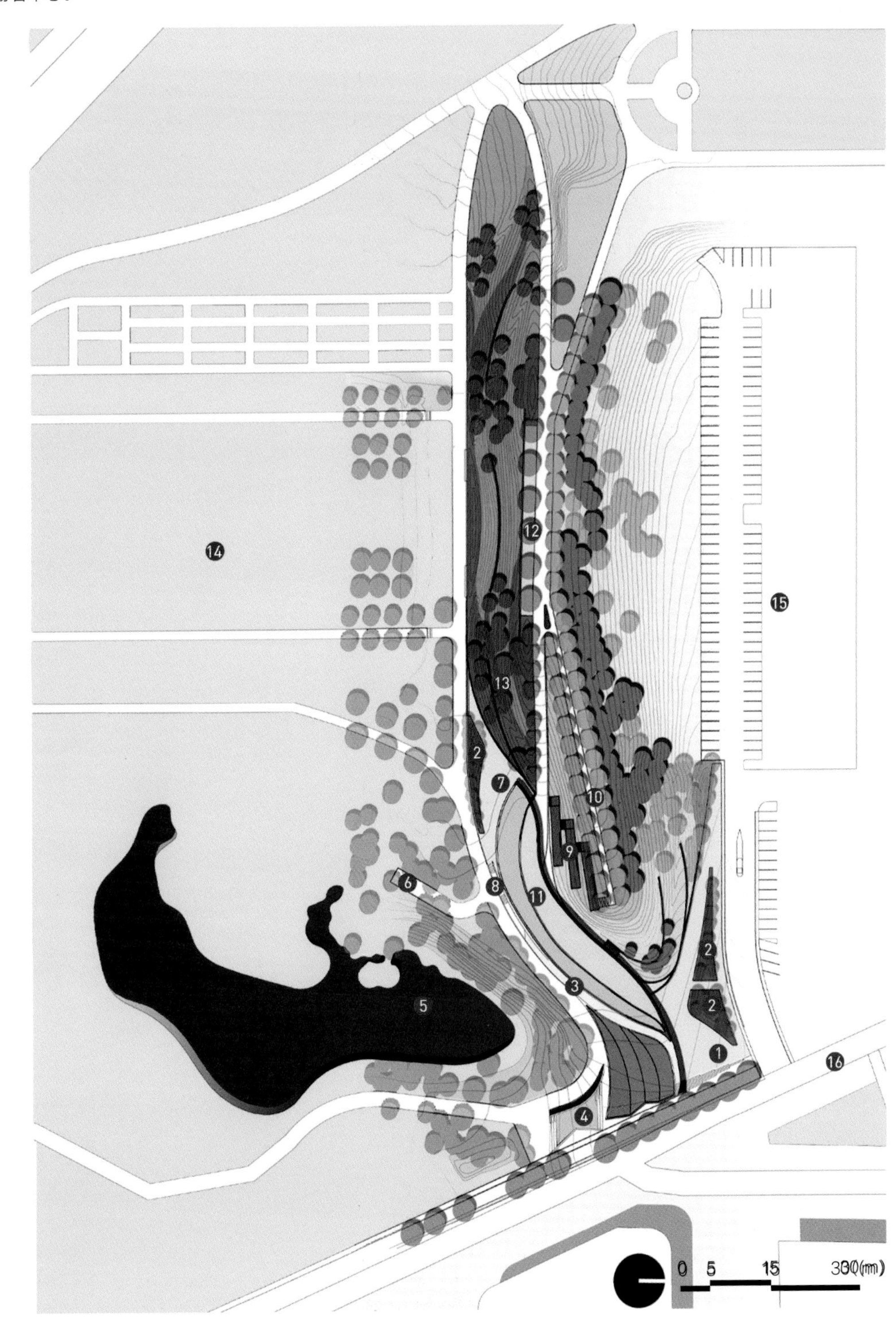

图2 平面图

1 入口广场
2 雨水花园
3 玻璃廊道
4 下沉广场
5 日本花园
6 观水台
7 活动广场
8 室外楼梯
9 银杏平台
10 银杏小径
11 屋顶花园
12 山坡平台
13 分层花园露台
14 樱桃园
15 停车场
16 华盛顿大街

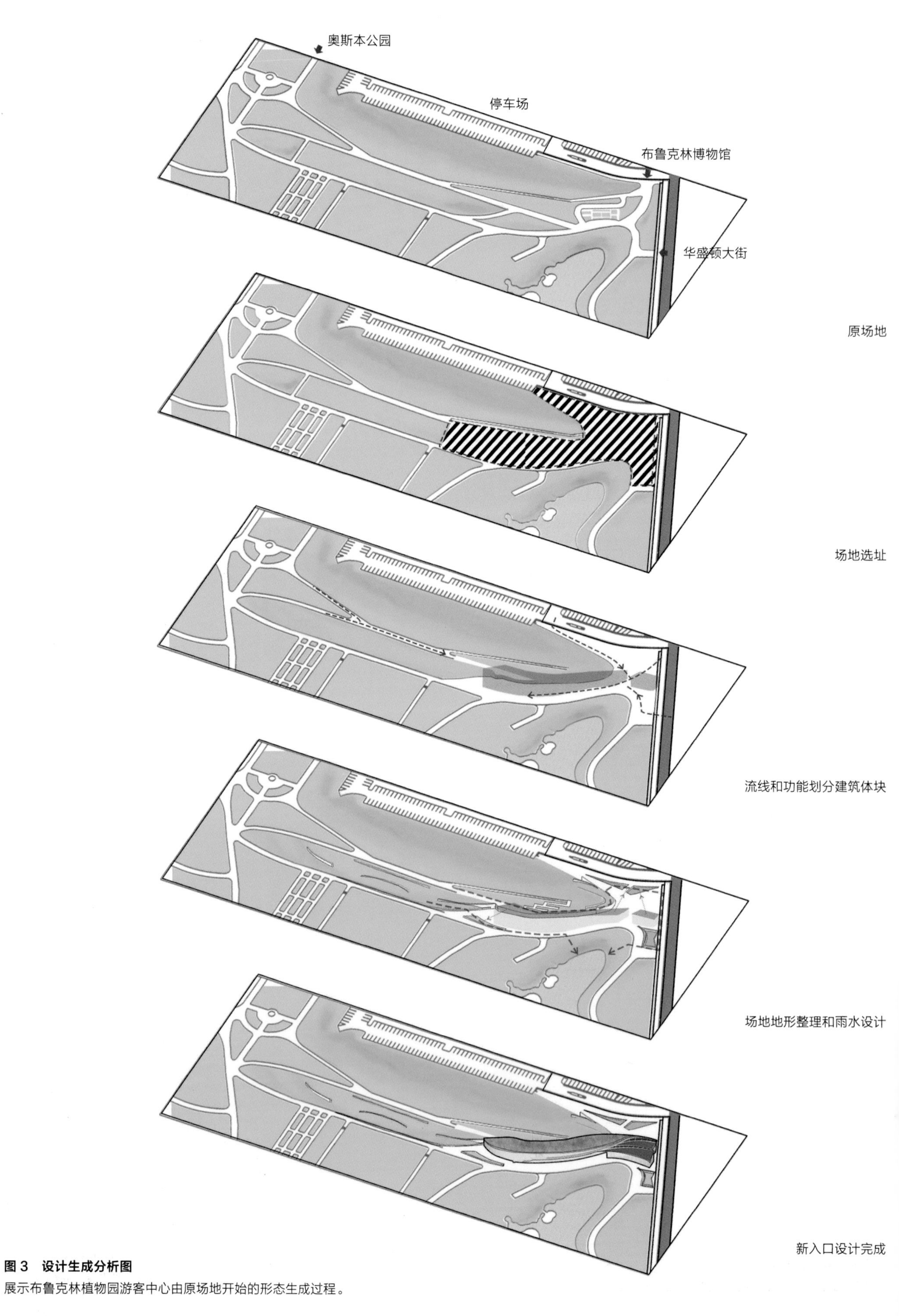

图 3　设计生成分析图

展示布鲁克林植物园游客中心由原场地开始的形态生成过程。

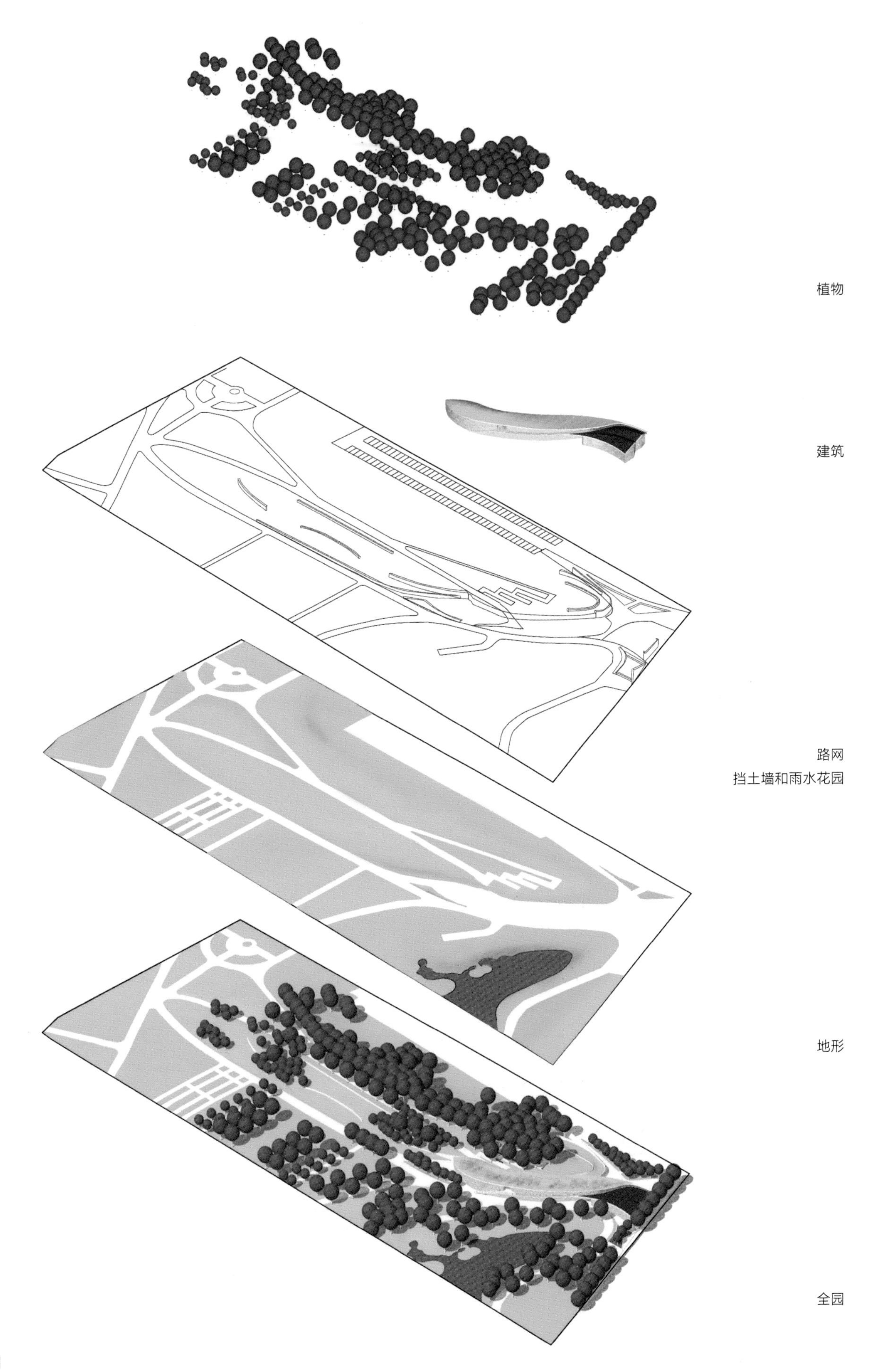

图 4　结构分析图

分层展示布鲁克林植物园游客中心的景观结构。

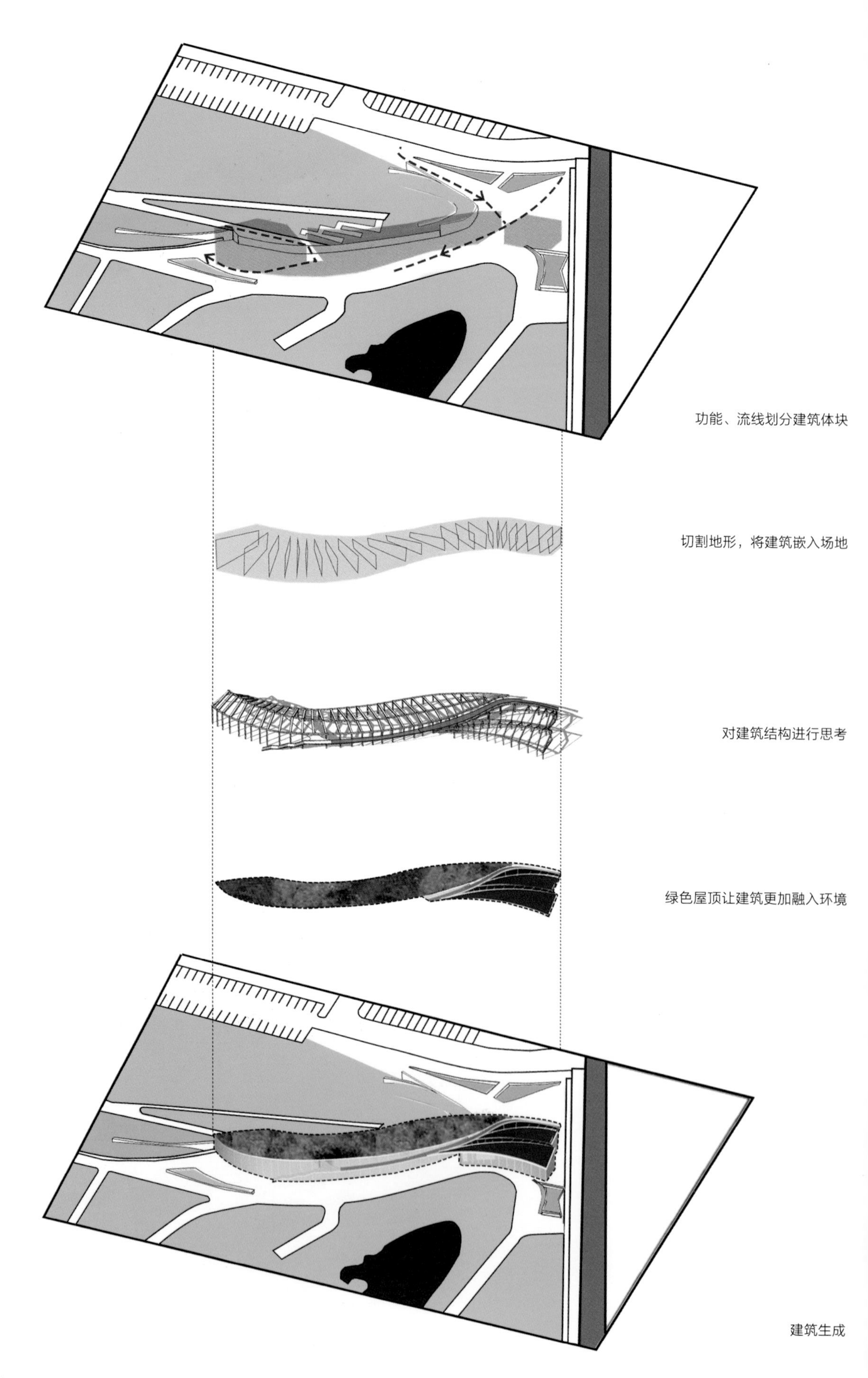

图 5　建筑生成分析图

展示布鲁克林游客中心建筑设计由原场地开始的形态生成过程。

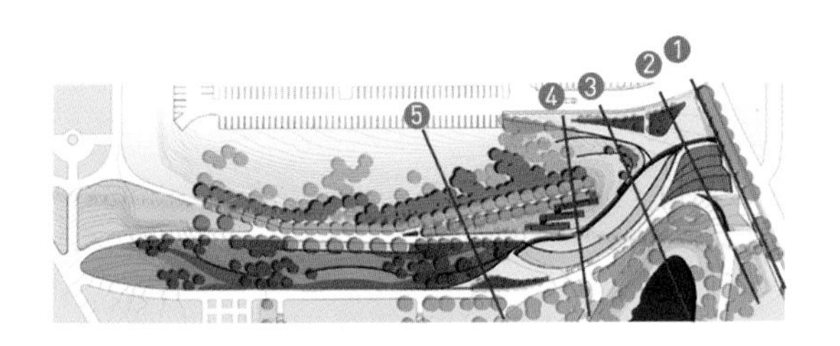

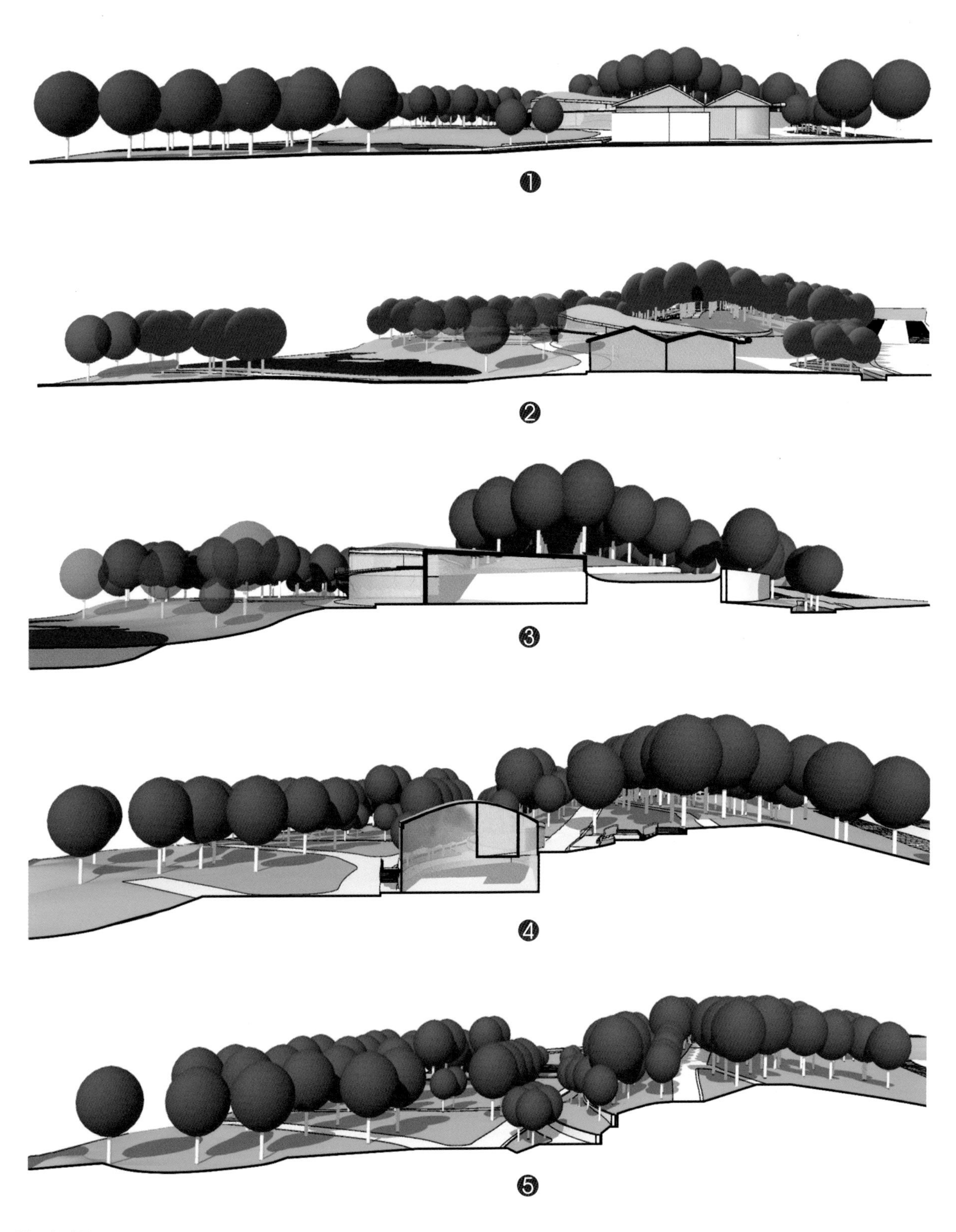

图6　剖面序列图

展示布鲁克林游客中心景观设计从城市空间到花园空间的序列。

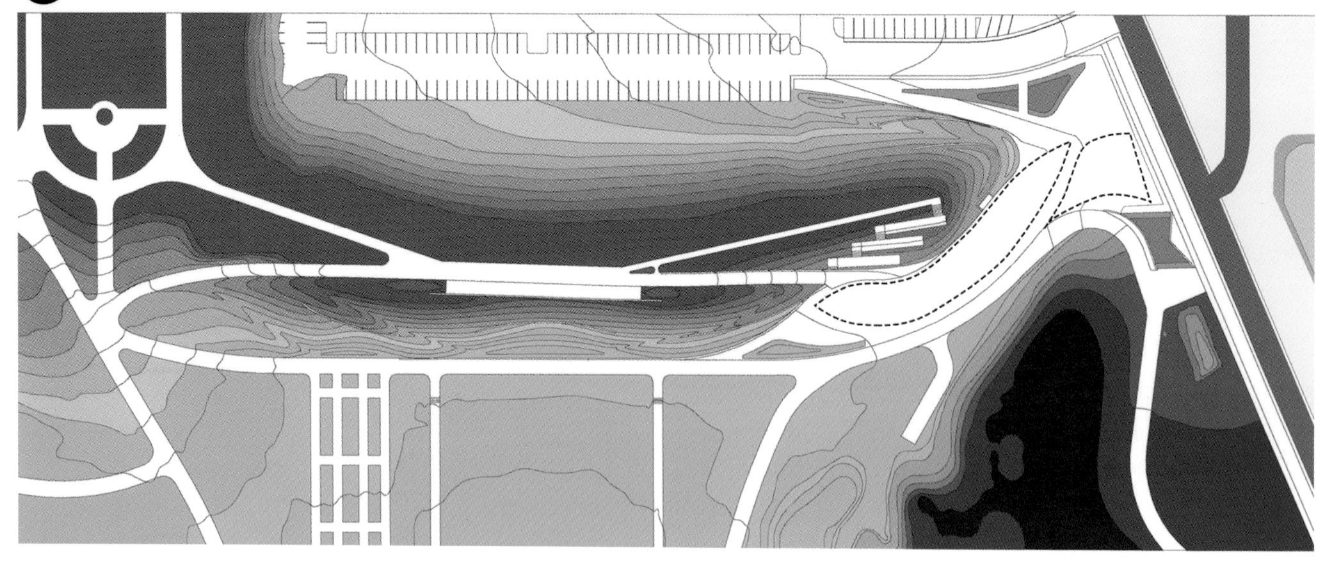

图 7 竖向分析图

展现布鲁克林植物园游客中心地形变化，等高距 0.7m。

地形分析

设计师利用现状地形进行雨洪管理设计，设置了一系列的生态景观设施，如雨水花园、绿色屋顶、渗透洼地、蓄水台层等。

同时结合对土壤的合理修复，以及对植物的精心挑选和种植，在场地中形成一个完整的生态景观系统。

此外，场地的竖向规划不仅使建筑与环境完美融合，还为游客创造了丰富多变的空间体验，并具有一定的生态科普意义。

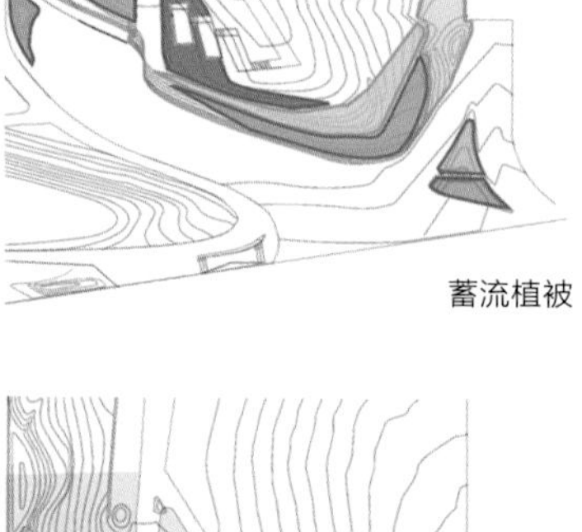

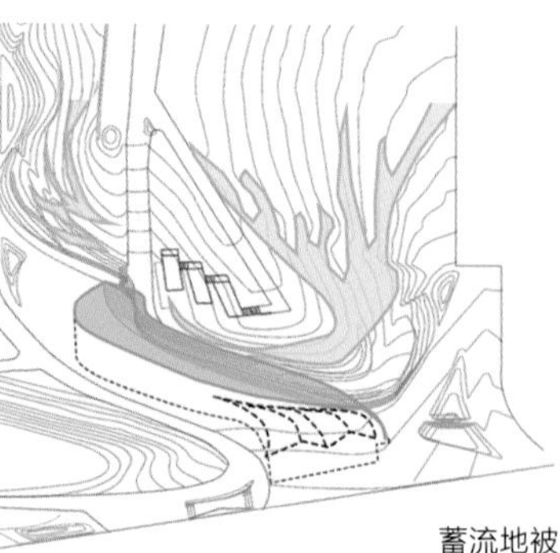

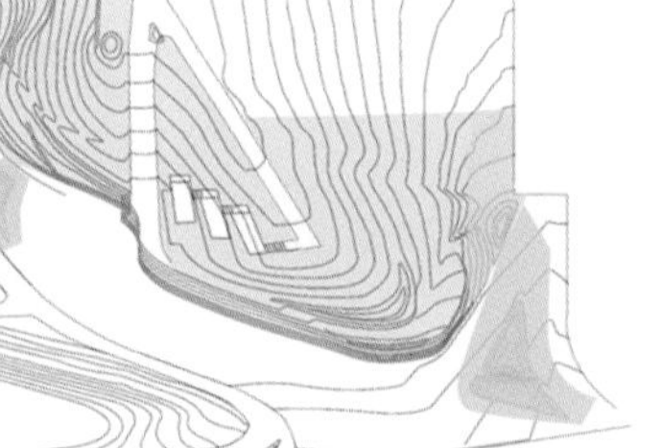

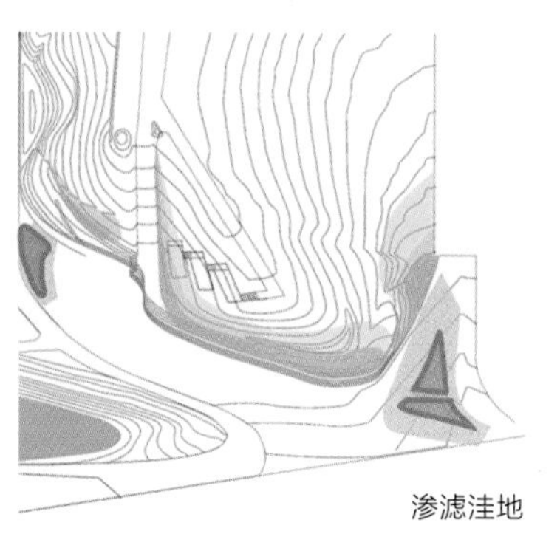

图 8 植被、土壤、雨水分布分析图

从雨洪管理出发的场地植被种植和土壤修复。

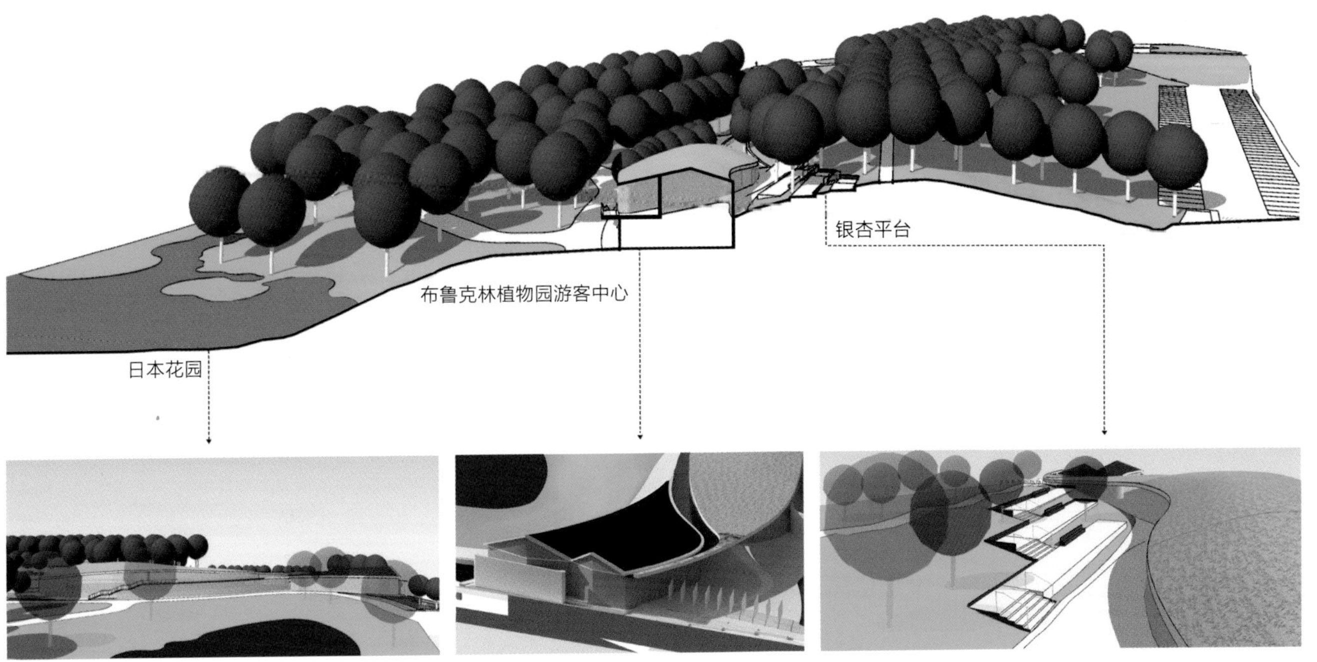

图 9　剖面图

展现布鲁克林植物园游客中心从南到北高差变化的序列。

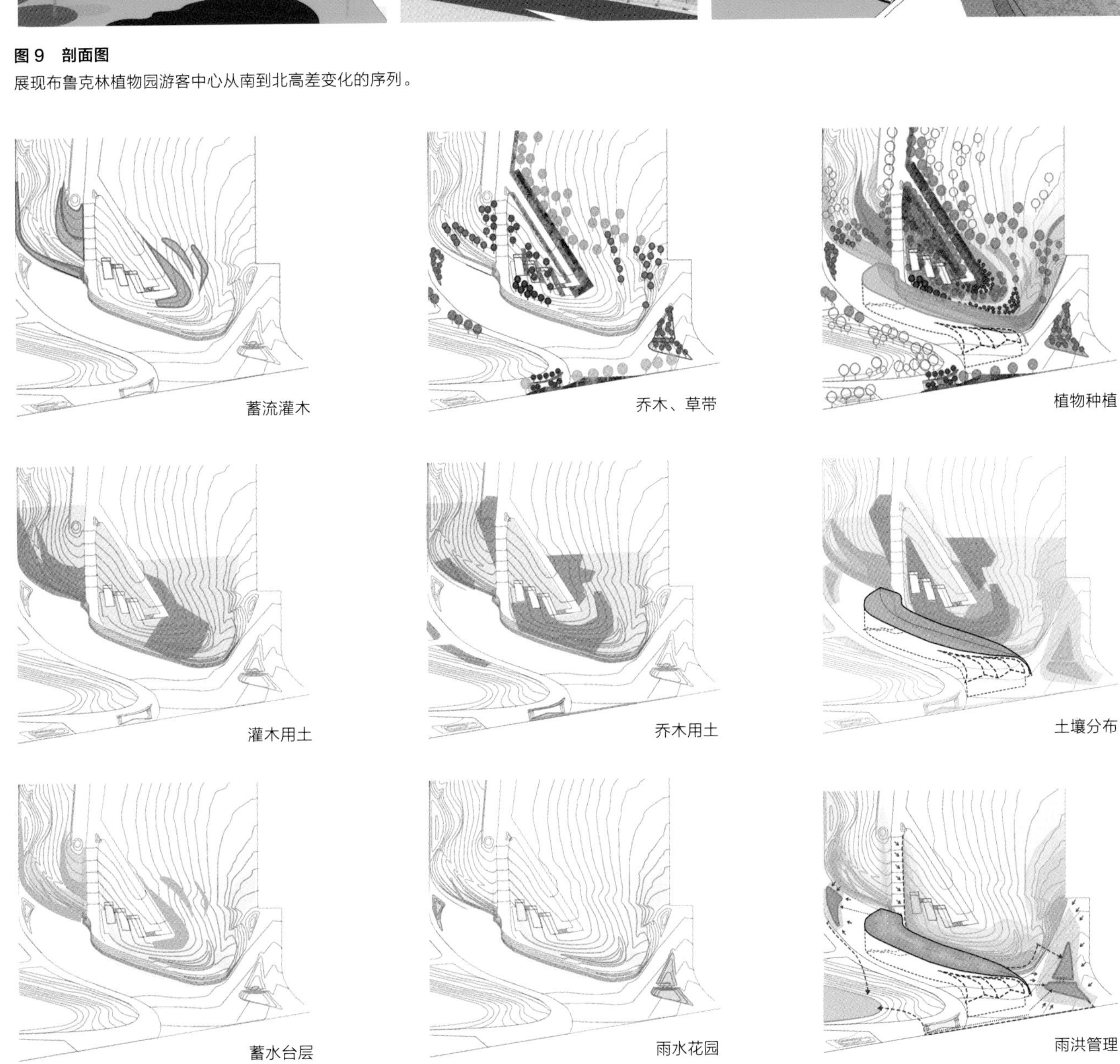

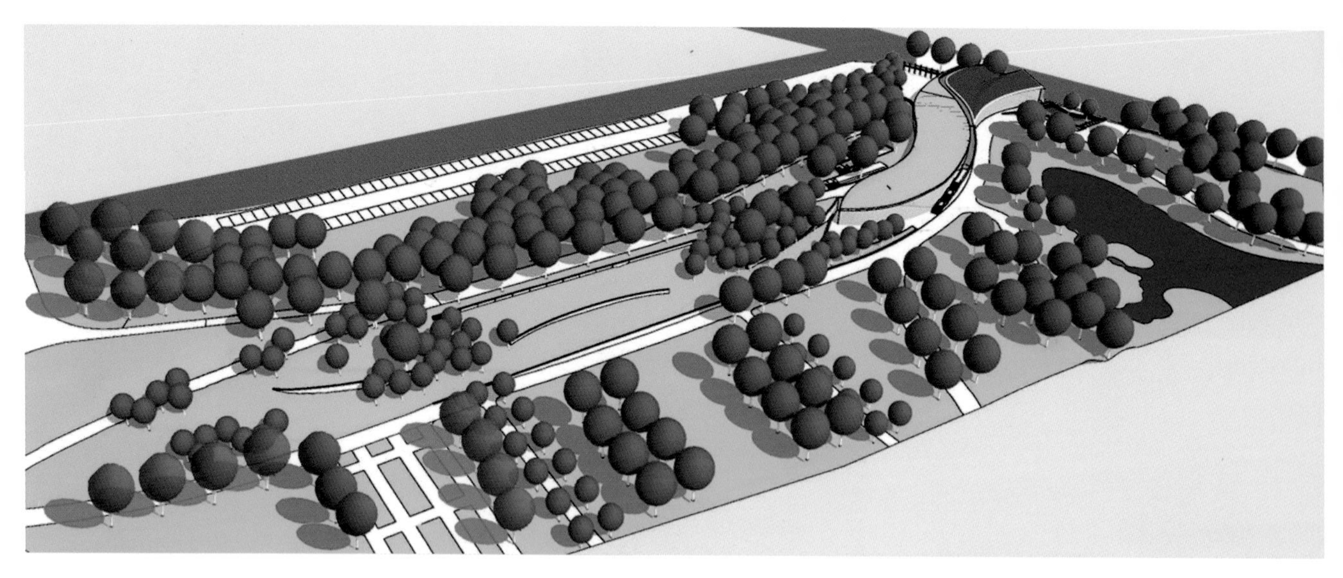

图 10　鸟瞰图

从西南向东北鸟瞰布鲁克林植物园游客中心。

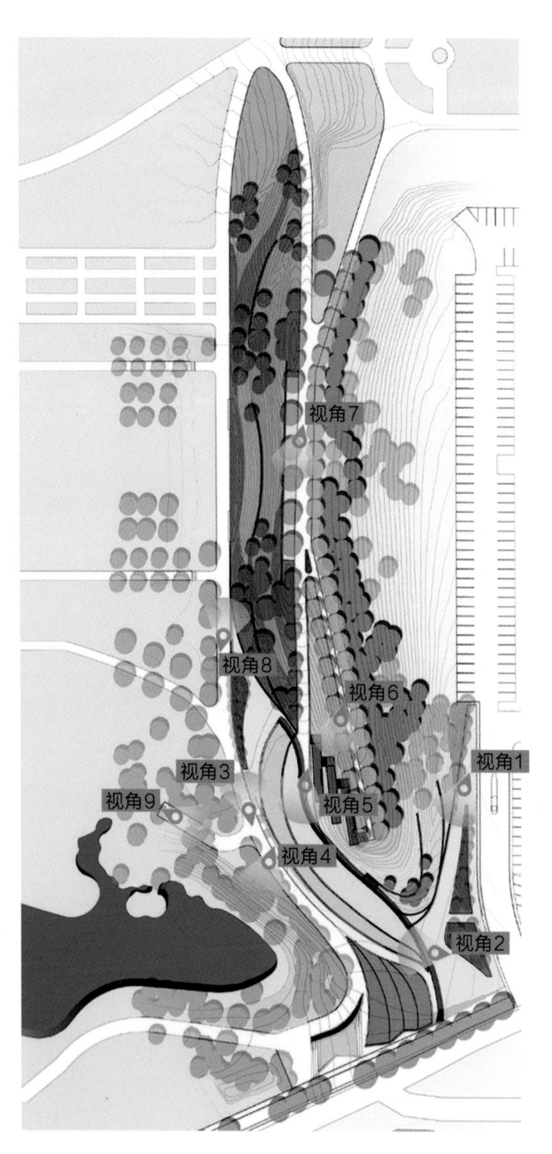

视角 1

视角 2

视角 3

图 11　效果图

多角度直观展现布鲁克林植物园游客中心的设计细节。

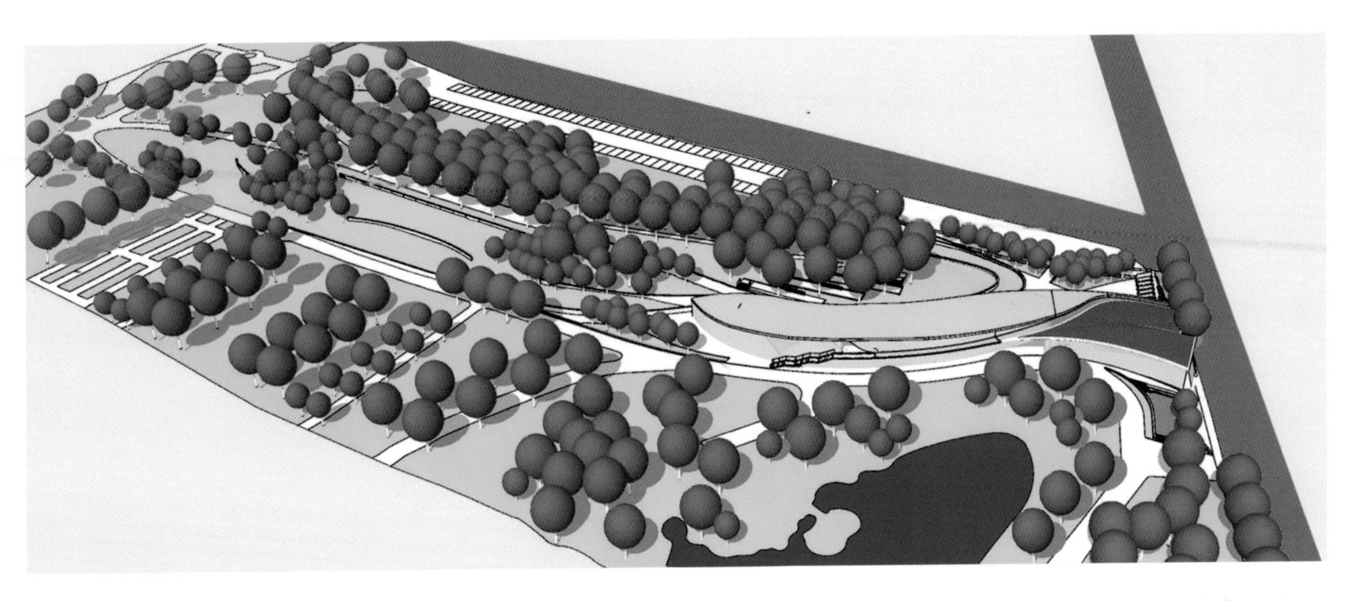

图 12　鸟瞰图

从东南到西北鸟瞰布鲁克林植物园游客中心。

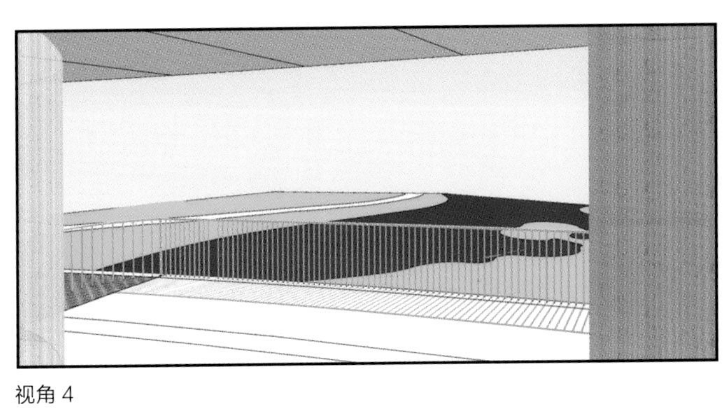

视角 4

视角 5

视角 6

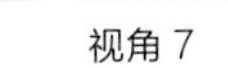

视角 7

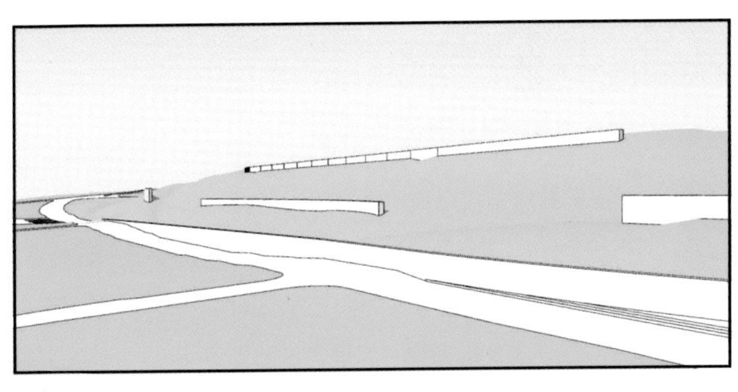

视角 8

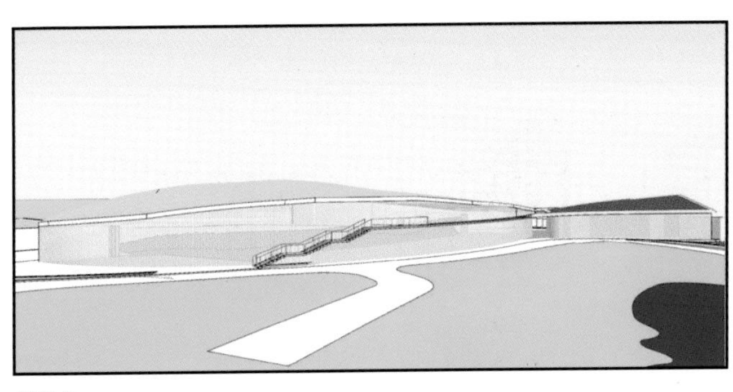

视角 9

02 路易斯安娜美术馆 Louisiana Museum of Modern Art

项目地点：丹麦哥本哈根

项目面积：2.8hm^2

设计（建成）时间：1855-1958 年

设计师：Jorgen Bo、Vilhlem Wohlert

项目概况

路易斯安娜美术馆（Louisiana Museum of Modern Art）坐落于丹麦哥本哈根北部 40km 的哈姆莱贝克，这里曾是建于 1855 年的乡间别墅。在 20 世纪 50 年代，原有的别墅建筑与由建筑师 Jorgen Bo 以及 Vilhlem Wohlert 设计的砖木结构建筑一起，建设成为路易斯安娜美术馆，于 1958 年首次开放。而在此后，两位建筑师不断对博物馆进行加建，形成了如今融合自然、建筑、艺术的完美场所。

设计构思

路易斯安娜美术馆历经几十年的增建和改建，功能日益完善，参观游线日益复杂。设计师充分利用滨海地形，以入地、覆土等方式控制建筑体量，让壮观的滨海景观、简洁的庭院空间和建筑内部空间之间一直保持着完美的衔接。

景观布局

路易斯安娜美术馆建筑选址位于一片可以俯瞰大海的高地上，建筑沿着高地边缘建设，形成多层次的绿色景观空间。游人从入口建筑进入，沿着展览游线，可以欣赏园内的自然景色以及西边的湖泊。参观的过程中，游人可以走出建筑到达开阔的草坪，从高处眺望大海。

建筑室内的流线由入口别墅开始，而后转向无窗的地下展厅，再转入加建的临时展厅——这是密斯式的全透明玻璃建筑，其后是建于陡坡上的湖边陈列室。走廊的尽端是咖啡厅，从咖啡厅可达室外的草地平台。室外的廊架处有通往地下陈列室的入口。参观完地下陈列室后，经过主展厅和商店，人们会回到入口别墅中。整个展览游线形成一个完整的闭环。

在室外，道路穿越平坦的花园绿地，连接了入口别墅、咖啡厅前平台、主展厅后平台和海边，使得室内外的游览联系紧密。

美术馆自开馆后，设计师就不断对其进行加建。1958 年，美术馆最先开放了原有别墅、陈列室和咖啡馆。1966 年，别墅附近新增了用于临时展览的空间，建筑的色调和风格与原有陈列室相同。1971 年，对 1966 年时扩建的建筑再次加建，增加了陈列室和地下电影院。1976 年，在咖啡厅的北侧增加音乐和演讲大厅。1982 年在入口别墅东南侧新建了售票处和商店，形成了陈列室侧翼的结构，整体风格与原有陈列室风格不同，采用灰色大理石建造。1991 年，新增地下陈列室，连接了咖啡厅与侧翼建筑的尾端，形成了连贯的建筑参观游览路线。2003-2006 年，美术馆对所有建筑进行现代化改造，以适应其参观、聚会的功能。

参考文献：

[1] About Louisiana[EB/OL]. Louisiana Museum of Modern Art,2018[2019-01-20]. https：//www.louisiana.dk/en

[2] Michael S. Louisiana Architecture and Landscape [M]. Humleb k：Louisiana Museum of Modern Art,2017.

[3] Michael B. Jorgen Bo, Vilhelm Wohlert：Louisiana Museum, Humlebaek [M].Ernst J Wasmuth,1993.

[4] 野村綾子，稲垣淳哉，古谷誠章 . 回遊式美術館における視覚体験のシークエンス分析：インゼル・ホンブロイヒ美術館とルイジアナ美術館の比較から [C]. 学術講演梗概集 .E-1, 建築計画 I, 各種建物・地域施設，設計方法，構法計画，人間工学，計画基礎 ,2010：293-294.

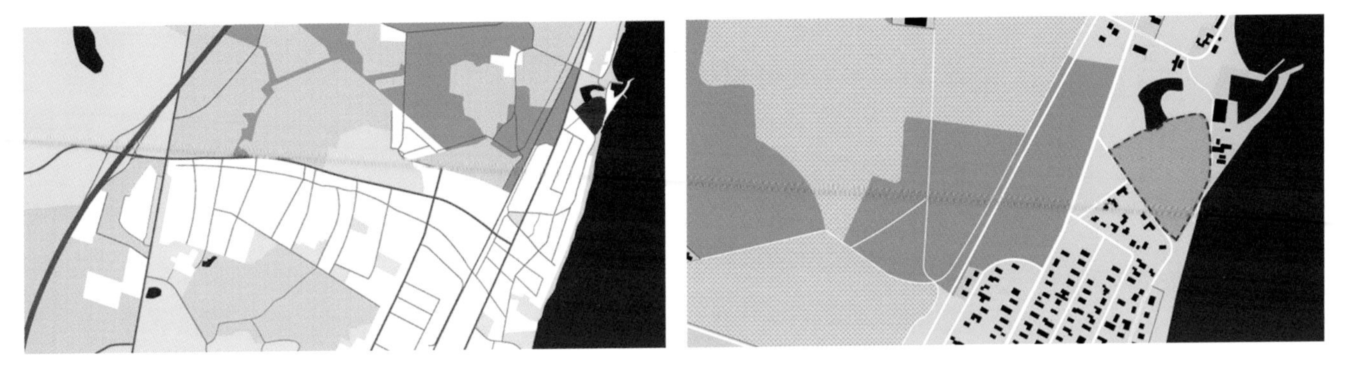

图 1　区位图

城市和街区尺度上的路易斯安娜美术馆。

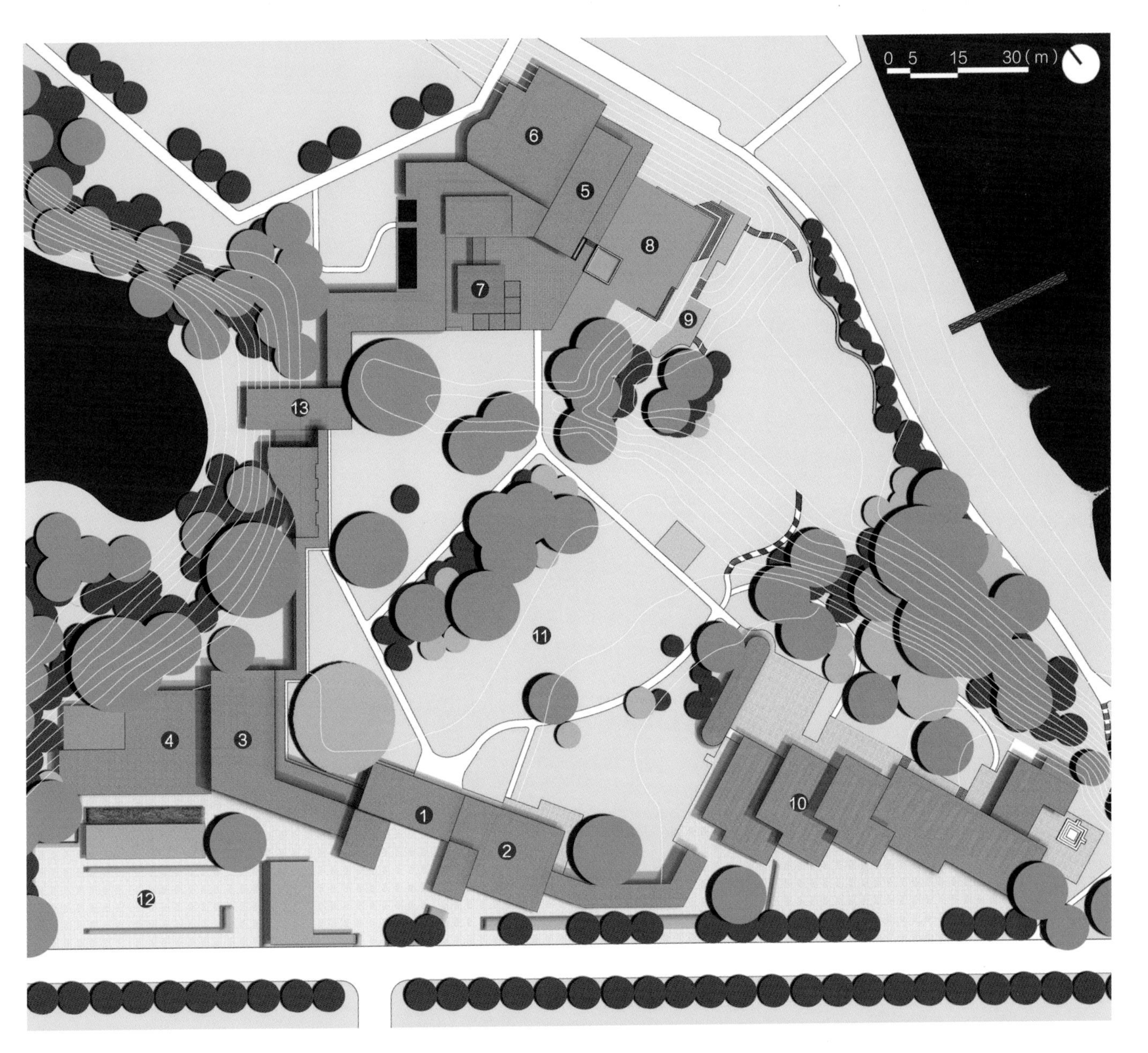

图 2　平面图

1 入口别墅　2 商店　3 临时展展厅　4 陈列室和地下电影院　5 咖啡厅　6 音乐与演讲大厅　7 廊架
8 草地平台　9 地下陈列室　10 主展厅　11 雕塑花园　12 停车场　13 湖边陈列室

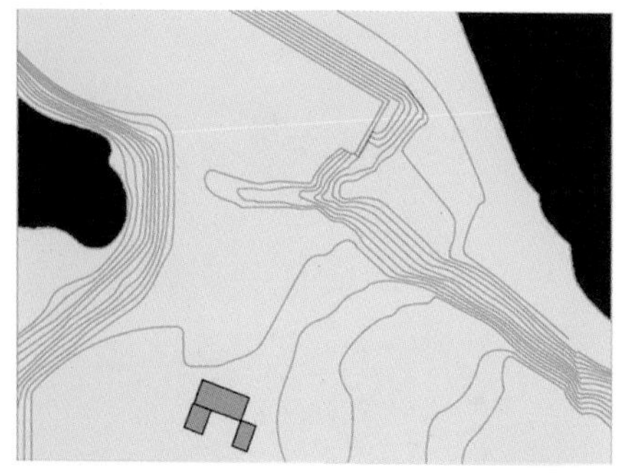

1855 年 乡间别墅

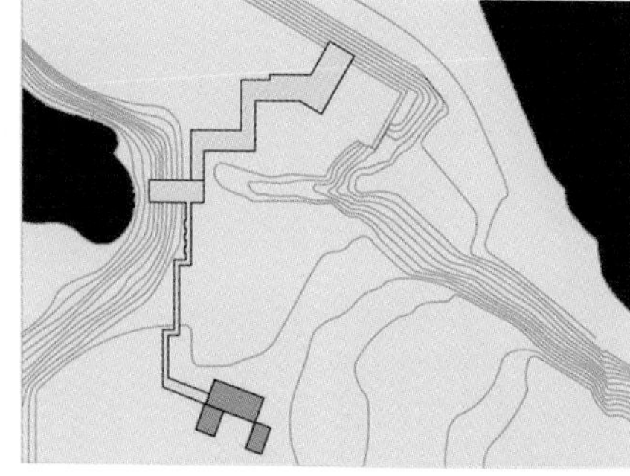

1958 年 加入砖木结构建筑

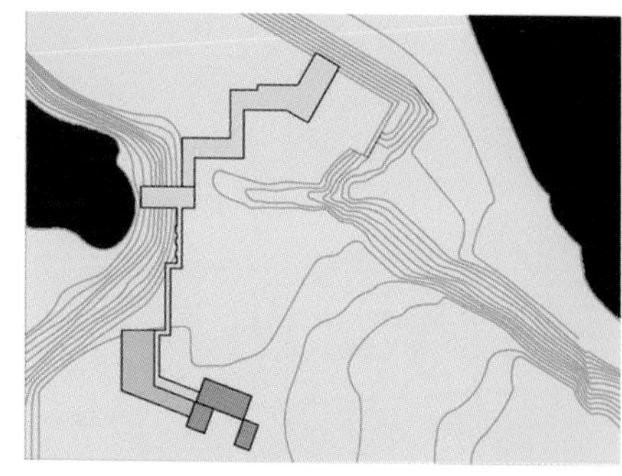

1966 年 增加用于临时展览的空间

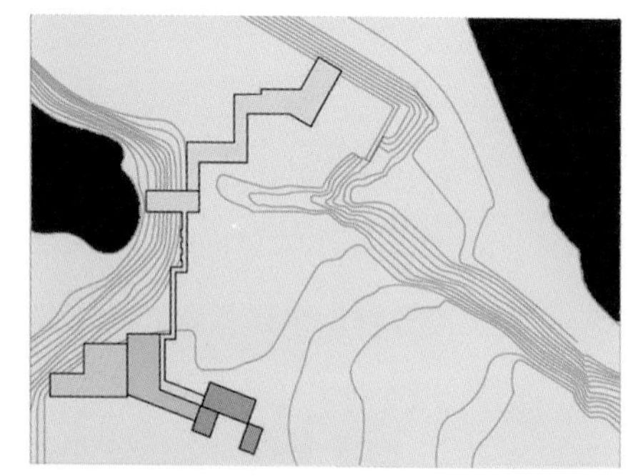

1971 年 增加陈列室与地下电影院

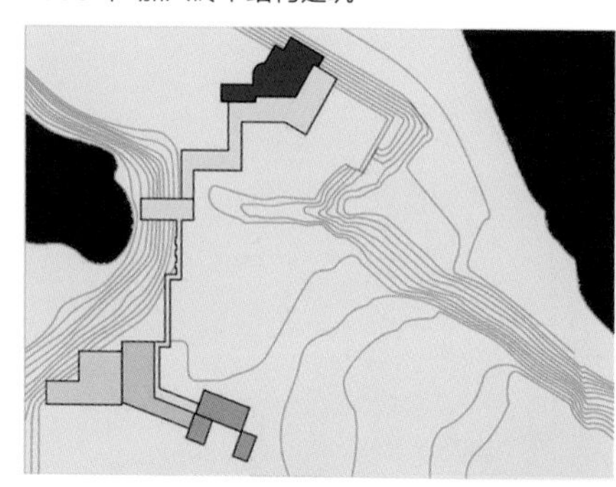

1976 年 增加音乐和演讲大厅

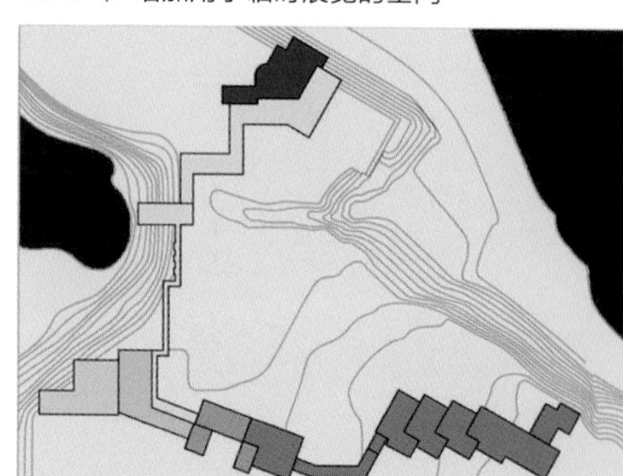

1982 年 增加售票处、商店和主展厅

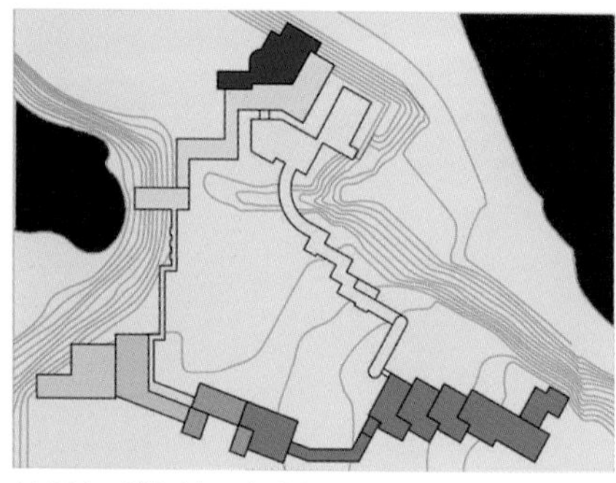

1991 年 增加地下陈列室

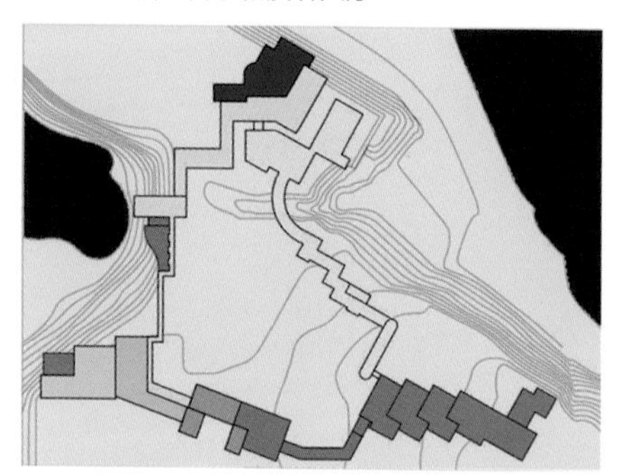

至今 对所有建筑进行现代化改造

图 3 建筑扩建图

展示路易斯安娜美术馆建筑自 1855 年以来扩建演变的历程。

图 4 鸟瞰图

从西南方向鸟瞰路易斯安娜美术馆。可见美术馆建筑位于地形之上，一侧是内湖，另一侧是大海。

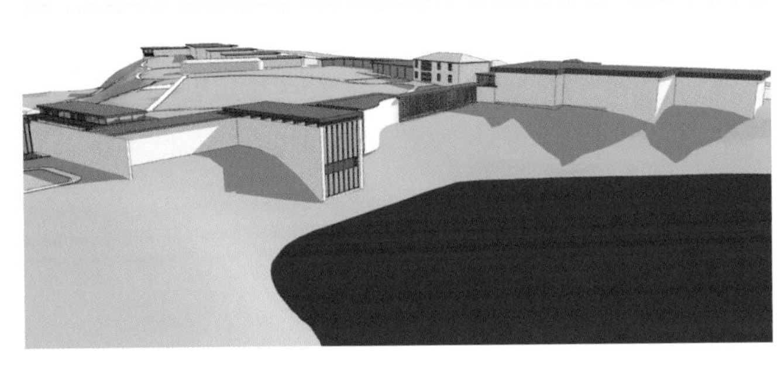

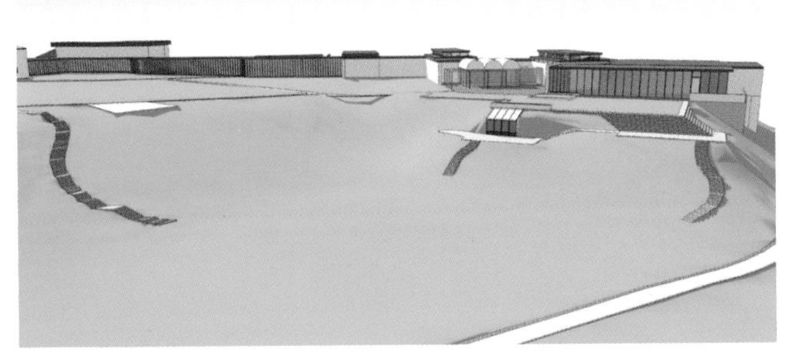

图 5　局部透视图

左上：咖啡厅面向大海，从咖啡厅来到室外，开敞的草坪面向大海，在地形之上建设了多个层级的阶梯与平台

右上：咖啡厅面向大海，草坡下方是地下陈列室，从室外廊架处的入口可以进入地下陈列室，同时地下陈列室有出入口可以到达室外的草坡

左下：从湖泊一侧看美术馆

右下：从大海一侧看美术馆

图 6　鸟瞰图

从东北方向鸟瞰路易斯安娜美术馆。可见美术馆建筑内庭院朝向大海建设，丰富的高差处理，给游客带来不同的体验。

地形分析

路易斯安娜美术馆选址于滨海高地上。美术馆在早期增建和改建过程中，顺应原有的地形走势，沿高地靠湖一侧的边缘展开建设，以取得室内对湖泊、大海的观景视线。后期的增建过程中，设计师尊重原有的地形和庭院空间，沿高地靠海一侧的边缘结合地形建设覆土建筑，维持了由室内到庭院、大海的景观序列。

在高地靠海侧的边缘陡坡处，结合覆土建筑出入口设置了多层级的平台与阶梯，加强了室内外的竖向交通联系。室外道路与地形相结合，或穿过平坦的公园绿地，或穿过树林谷地，或穿过开敞的绿地草坡，为人们提供了丰富的游览体验。道路两旁还散布着室外雕塑作品，使博物馆的展陈得以由室内向室外拓展。

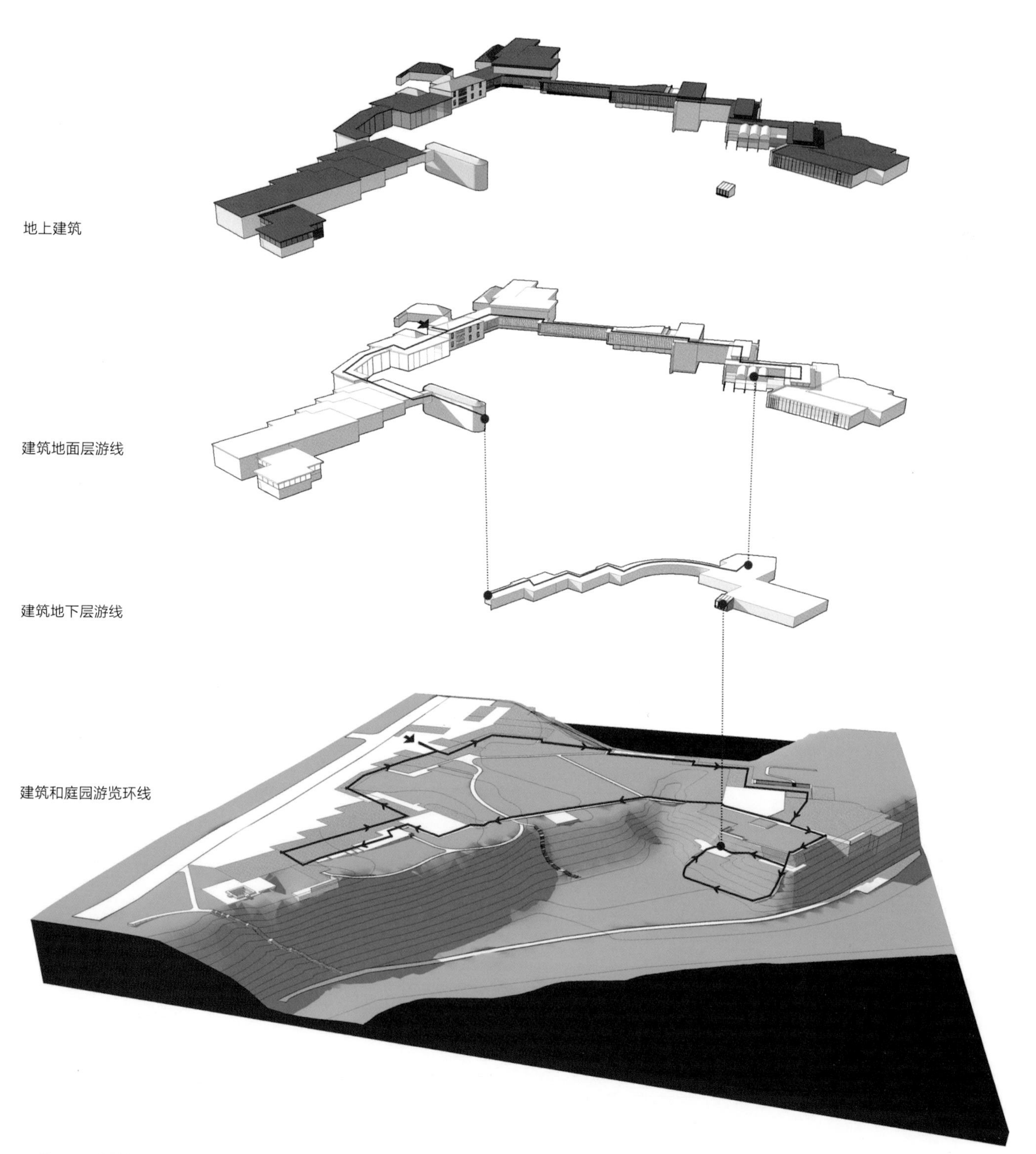

图 7　层次结构路线图

美术馆参观游线由地上和地下两部分组成，形成闭合完整的参观线路。室外的游览路线可以通过地下建筑入口重新进入到展览游线当中。

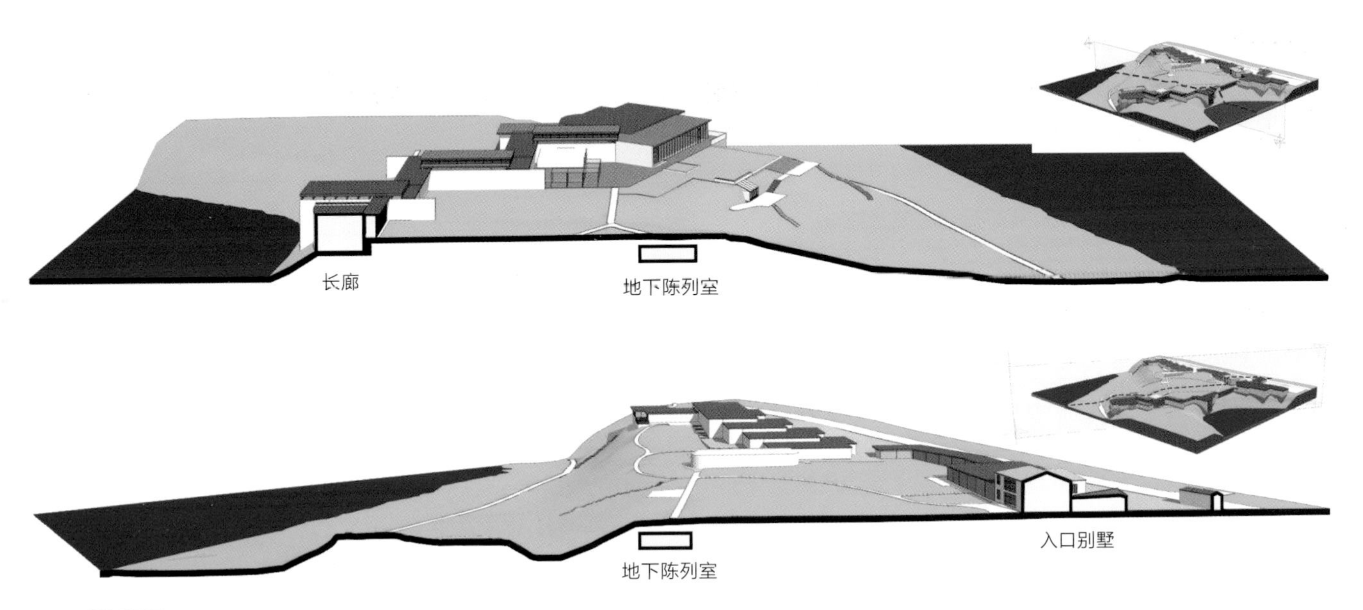

图 8　剖透视图

上图：砖木结构建筑长廊处剖透视图

下图：入口别墅处剖透视图

图 9　竖向平面图

路易斯安娜美术馆建筑属于山地建筑，建筑内部空间随地形的变化而变化（等高距 1m）。

03 伊瓜拉达墓园 Igualada Cemetery

项目地点：西班牙伊瓜拉达

项目面积：10.9hm²

设计（建成）时间：1985-1995 年

设计师：Enric Miralles、Carme Pinós

项目概况

伊瓜拉达墓园距离巴塞罗那市中心约 67km。设计者米拉雷斯（Enric Miralles）是著名的西班牙建筑师，他的设计注重建筑与整体自然环境的联系，融合了景观、雕塑的特征，形成了对建筑更加广泛的定义，而非传统意义上的建筑。墓园共分为两期建成，分别是 1985～1990 年与 1990～1995 年。项目开展的缘由之一是当地公墓容量不足，同时政府希望能够借此开发一处公墓景观以刺激旅游业。墓园由 1600 个壁龛、40 座坟墓和家庭墓穴、一座公墓、一座教堂和一座殡仪馆构成。

设计构思

1. 时间的永恒

在设计者看来，时间是永恒的，因此他的建筑包含了场地过去、现在与未来。设计者将过去存在的地形、视觉元素等重新拼贴，以揭示场地的过往历史。同时，设计者希望墓园的形态是经受过时间洗礼的，因此整个设计保持未建成的状态——随着时间流逝，纪念牌、陵墓门逐渐因生锈而改变颜色，树木渐渐覆盖整个场地。

2. 生死循环

在东西方文化中，对于墓园的看法不尽相同。设计者认为墓园不仅是逝者的空间，生者也能在此体验到孤独而平静的景观。设计师主张为游人提供一个理解生死循环的场所——墓园的主题为"安息之城"，即死者与生者的灵魂在此相聚。设计者将大部分的空间留给生者行走或停留，并借树木、铺装、雕塑引导人流的速度与方向。缓缓下降的坡道隐喻着人生的道路终归于尘土。

景观布局

伊瓜拉达墓园位于一片未经开发的坡地，四周为加泰罗尼亚的丘陵地。丘陵地由于地壳运动演化出蜿蜒的山谷，形成了独特的自然景观。墓园的设计则与整体自然环境相呼应，在坡地上新开挖了曲折蜿蜒的人工峡谷。峡谷自由的曲线形态象征着生命的长河。

墓园设计层次分明，为三层立体丧葬结构。第一层与外界道路相连，位于同一层面，主要设置有入口、小教堂、殡仪馆；墓园的入口空间平坦粗犷，在进入下一层的坡道的起点位置有两个钢柱雕塑作为标识突出——未经防锈处理的钢柱具有苍凉的力量感；小教堂为一处覆土建筑，其主体空间与山体融合，有楼梯连接可以到达楼层顶部，可以眺望整个墓园的样貌；殡仪馆则位于混凝土墙后，顶部是弧形的天窗，内部由玻璃墙将室内与走廊分割开来。

真正的墓群位于地下的两层台地空间，步道缓缓下降，深入墓园内部。地下二层的道路两旁设置壁龛，地下一层则是单边设置。墓穴深入土地内部，象征着逝者轮回而又归于尘土。沿着地下二层的道路走到尽头是一个椭圆广场，视野在这里完全封闭，只留有头顶上的天空。

参考文献：

[1] Igualada Cemetery Park,Barcelona(Spain)[EB/OL].[2018-10-23].http：//www.cpinos.com/index.php?op=1&ap=0&id=89

[2] Anatxu Z.Igualada Cemetery:Enric Miralles and Carme Pinós Architecture in Detail[M].Phaidon,1996.

[3] Peter R.Groundswell：Constructing the Contemporary Landscape[M].The Museum of Modern Art，2005.

图1　区位图

城市和街区尺度上的伊瓜拉达墓园。

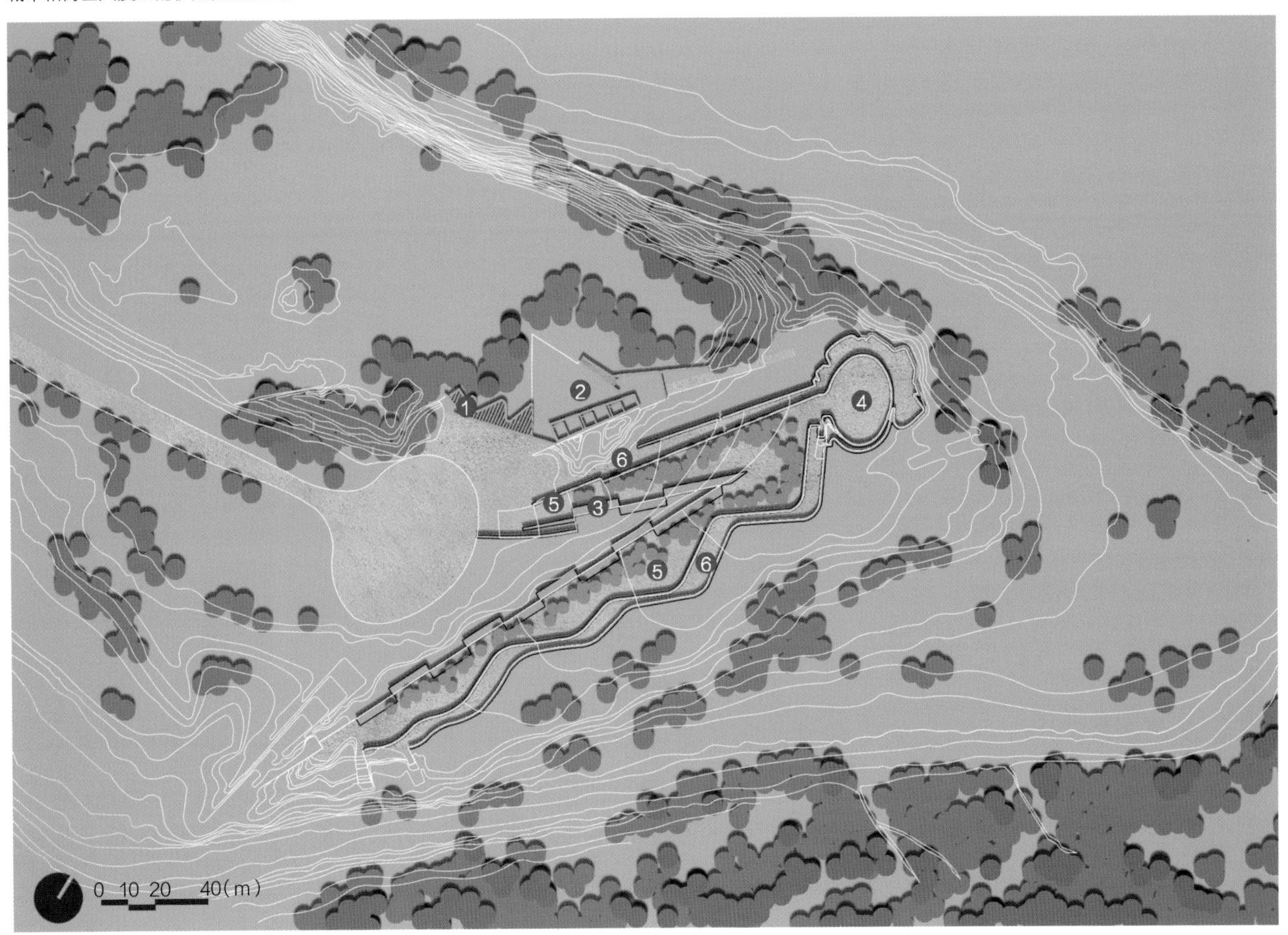

图2　平面图

1 殡仪馆　2 小教堂　3 壁龛墓穴　4 椭圆广场　5 地下二层步道　6 地下一层步道

伊瓜拉达墓园内部空间效果，从下层空间的转角处望去，一侧向上到达入口，一侧继续下降连接路两侧的壁龛

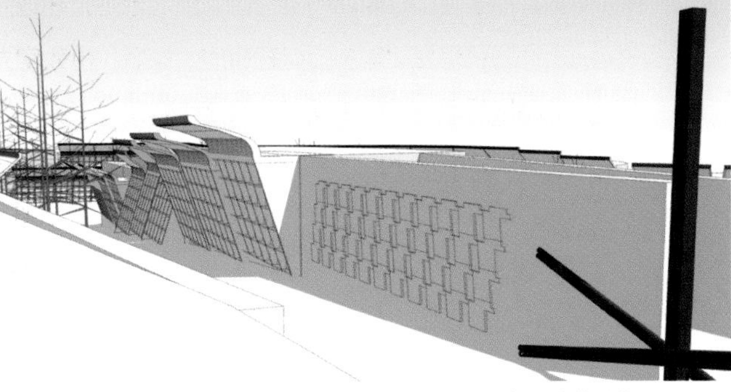

伊瓜拉达墓园入口空间效果，墓园的入口有十字形钢柱形成的雕塑标识突出空间，从此向下是漫长的坡道丧葬空间

图3　透视图

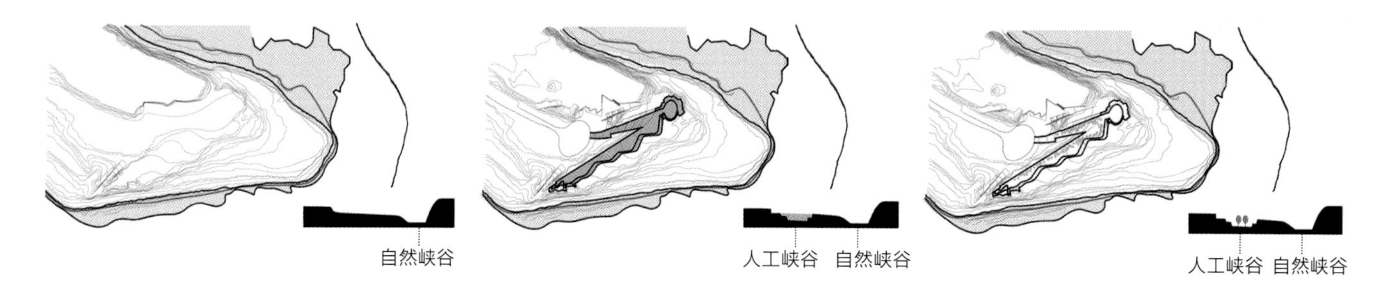

图 4　历史地形演变

设计者从原有的区域地貌汲取设计灵感——新的墓园设计是横亘在自然中的人工峡谷。

图 5　周边地形概况图

伊瓜拉达墓园位于谷地一侧的坡地上。

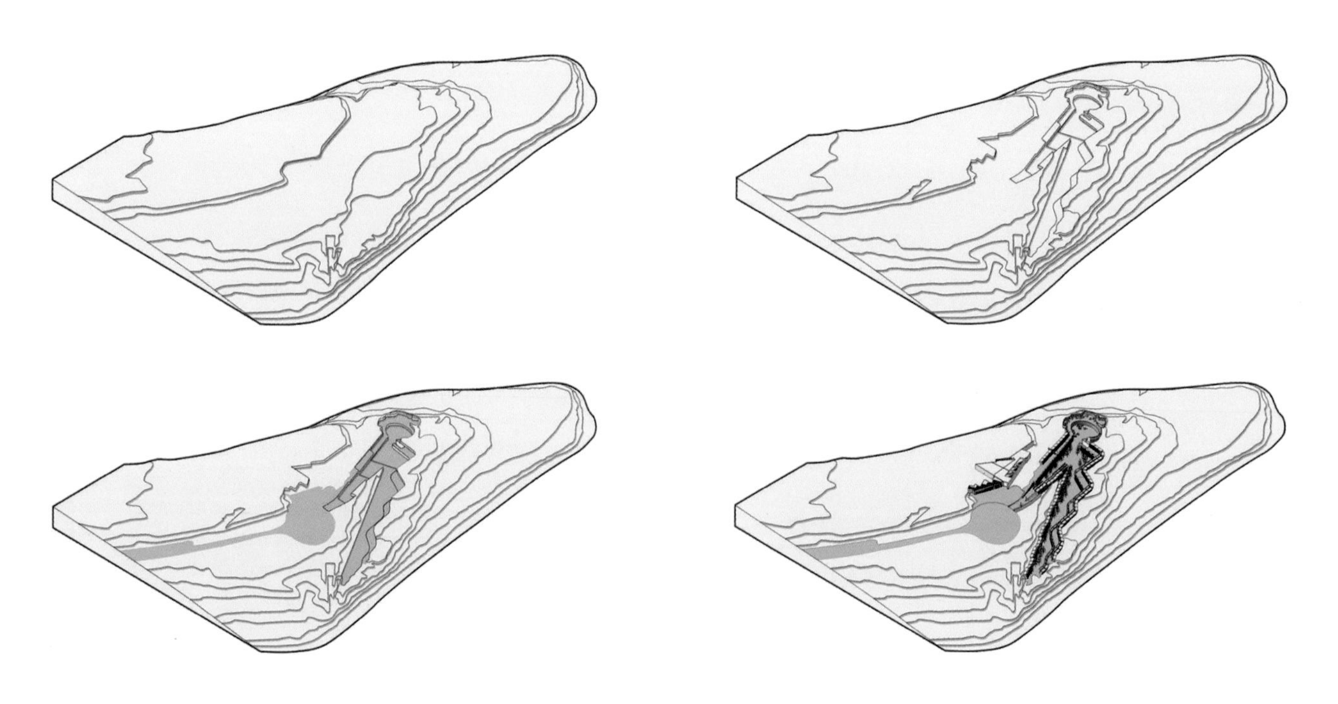

图 6　设计生成分析图

展现伊瓜拉达墓园由原场地开始的形态生成过程。

图 7　结构分析图

分层次分析伊瓜拉达墓园的构成元素。

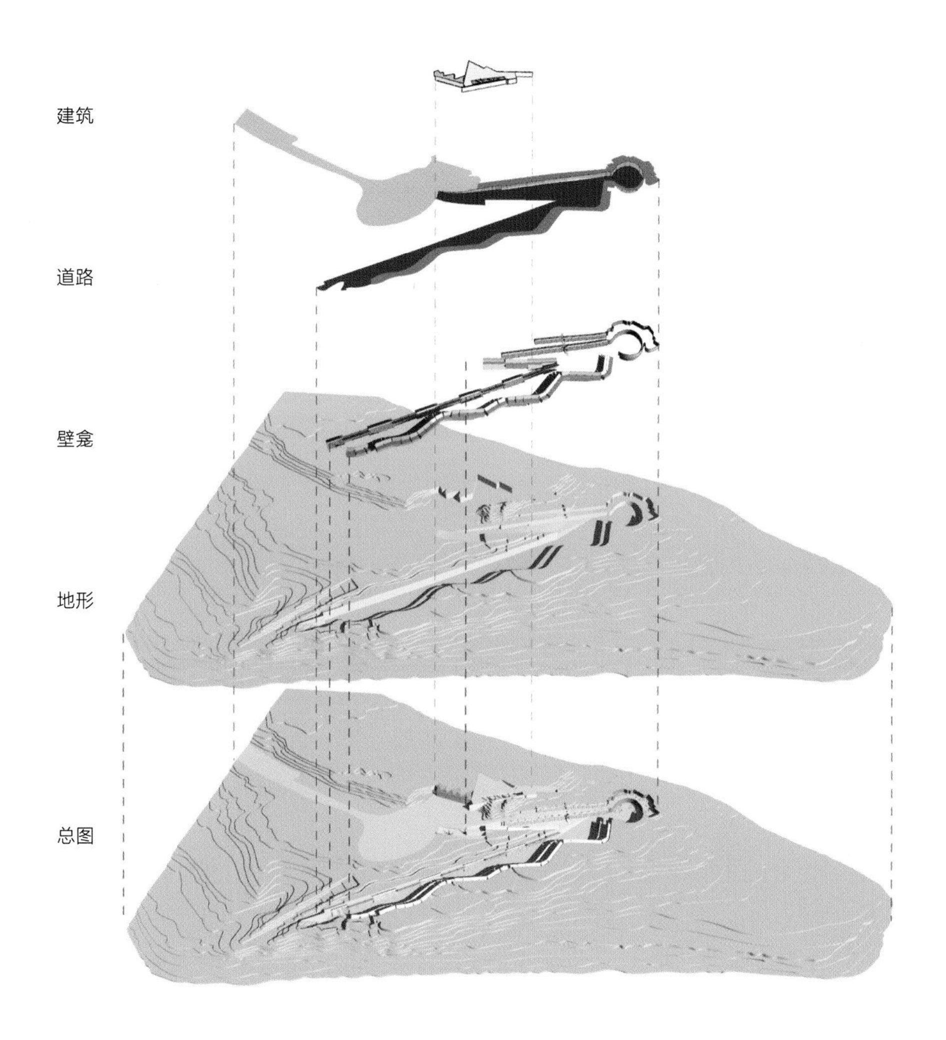

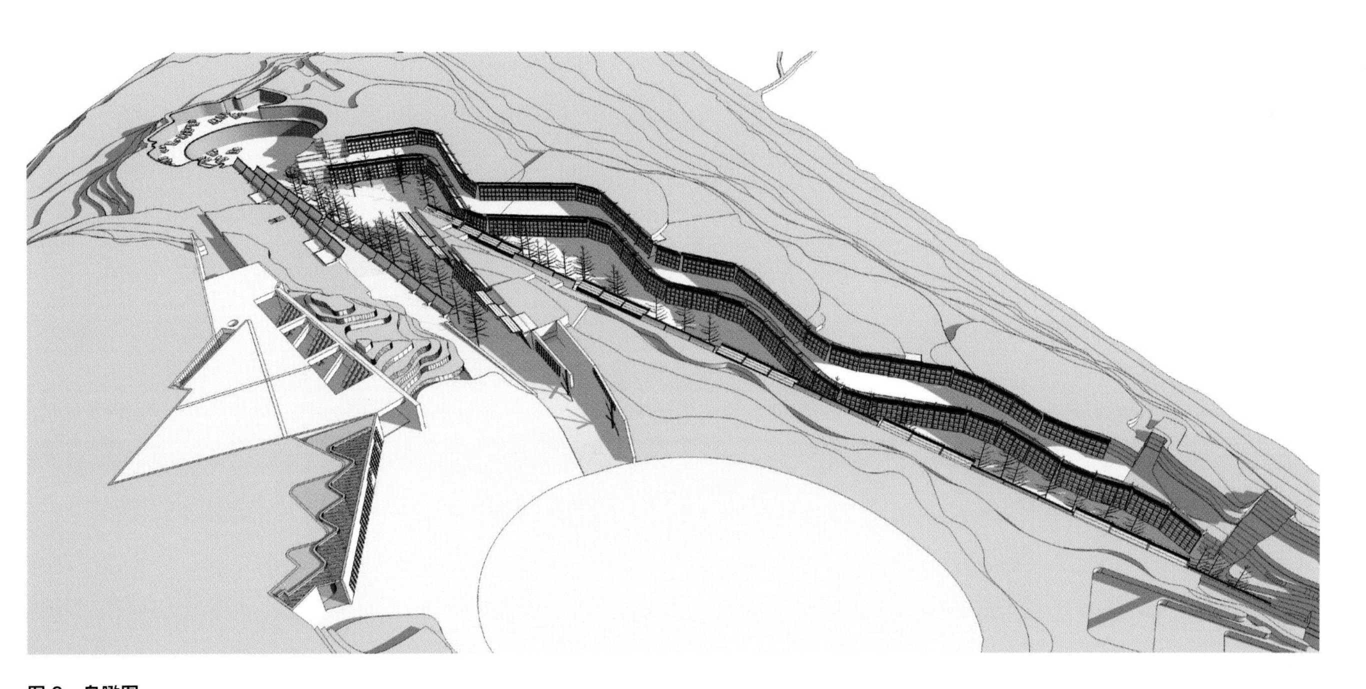

图 8　鸟瞰图

从入口广场方向俯瞰伊瓜拉达墓园。

地形设计

伊瓜拉达墓园的地形设计整体考虑了区域地形特征，它不仅仅是一座建筑，更是一处与自然环境完美融合的大地景观作品。墓园建造于丘陵地山坡上，其形态灵感来源于周边环境的山谷、溪涧形态。墓园主体部分为下沉空间，由入口广场开始通过一条“V”形的步道缓缓下坡，串联一系列功能空间。

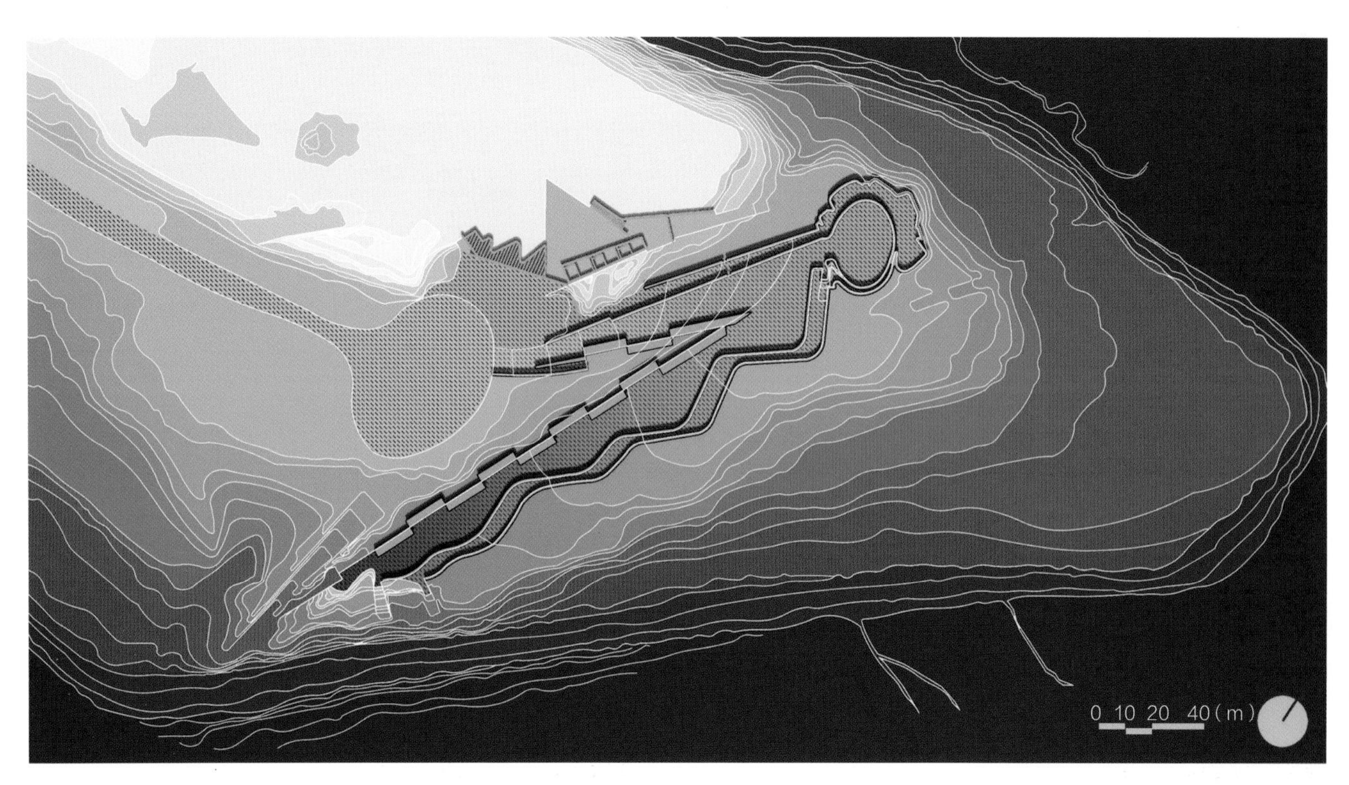

图 9　竖向平面图

伊瓜拉达墓园所在区域的整体自然地形呈西高东低的趋势；墓园地下一层坡道共下降 9m，地下二层坡道共下降 12m，两层坡道之间有 3～4m 高差，等高距 1m。

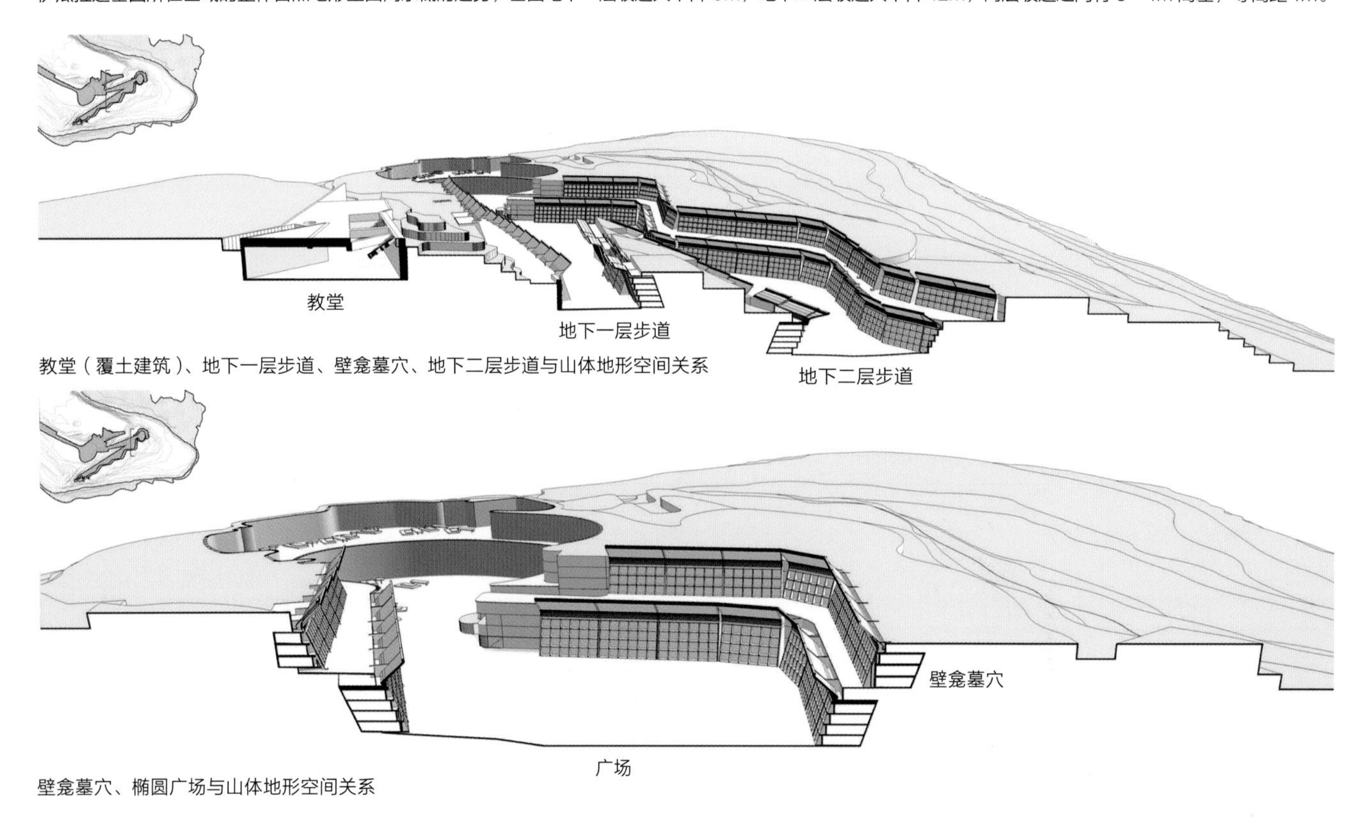

教堂（覆土建筑）、地下一层步道、壁龛墓穴、地下二层步道与山体地形空间关系

壁龛墓穴、椭圆广场与山体地形空间关系

图 10　剖透视图

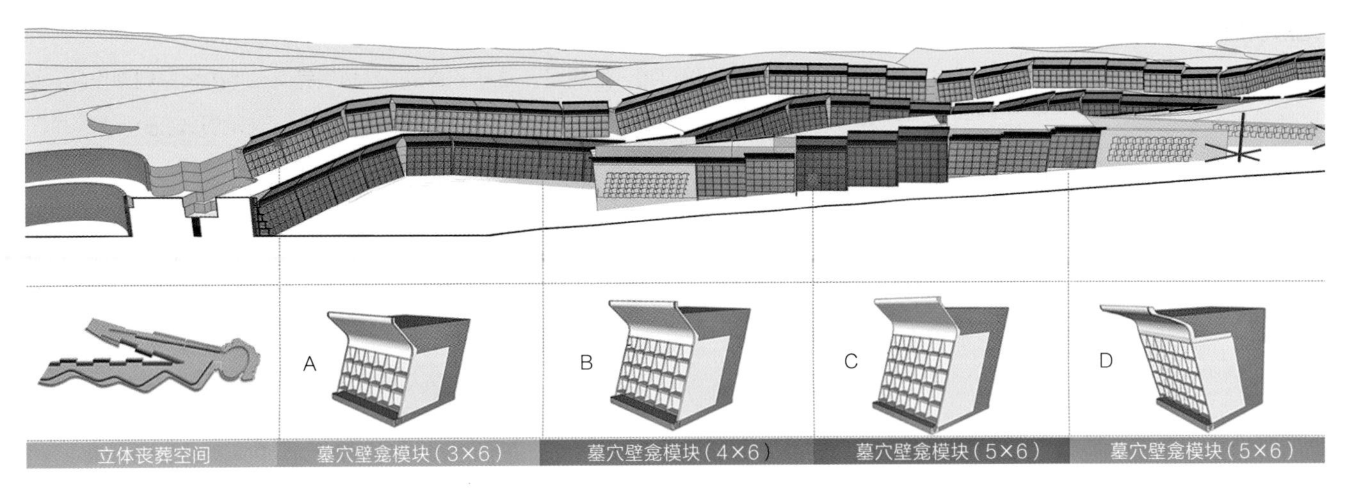

图 11　壁龛形制分析图

通过纵向剖透视分析墓园壁龛，共分为 4 种模块。

伊瓜拉达墓园地下一层空间效果

伊瓜拉达墓园小教堂内部空间效果

图 12　透视图

图 13　鸟瞰图

从椭圆广场方向俯瞰伊瓜拉达墓园。

后记
Postscript

本书中的案例资料是一个长期积累的过程。案例解析可能是学习设计最为直接有效的方法，因此，我们的每一届研究新生，第一课便是案例解析，由我们根据学生情况选择出不同案例，确定分析内容，指导学生从“结果”分析出其空间形式的来源，每个案例练习周期从数周到数月不等。近十年下来，积累了大量的案例资料。这些案例也应用到了本科设计课程的教学中，反响较好。几年前，在中国建筑工业出版社杜洁女士的建议下，产生整理集结成书的想法。本书入选的案例共有 23 个，按照风景园林与建筑划分成两大类，每一类按照面积大小加以排列。考虑到案例表达的统一性，不少案例选择了部分分析成果。

首先感谢历届参与书中案例解析的研究生，他们是谭敏浩、王韵双、朱文英、席琦、周璐、韩冰、夏甜、吕林忆、黄小乐、谢小璇、姜雪琳、常媛、陈晨、张宜佳、邓佳楠、吕婉玥、师晓洁、方濒曦、邢鲁豫、冯心愉、包翊琢、左心怡、郑艾佳、吴迪、王晴等。其中，王韵双、方濒曦等同学还统一了本书的排版，在案例整理过程中，我们经过了多次讨论，同学们付出了很多努力。感谢中国建筑工业出版社的杜洁、武洲两位编辑，为本书的出版给予了支持和帮助。因受专业水平的限制，书中的不妥之处还请各方专家同行指正。